Klaus Knizia

Kreativität
Energie
und
Entropie

Klaus Knizia

KREATIVITÄT ENERGIE UND ENTROPIE

Gedanken gegen den Zeitgeist

ECON Verlag
Düsseldorf · Wien · New York · Moskau

Die Deutsche Bibliothek – CIP-Einheitsaufnahme

Knizia, Klaus:
Kreativität, Energie und Entropie: Gedanken gegen den
Zeitgeist / Klaus Knizia. – Düsseldorf; Wien; New York; Moskau:
ECON Verl., 1992
ISBN 3-430-15496-0

Gesetzt aus der Sabon, Linotype
Satz: Lichtsatz Heinrich Fanslau, Düsseldorf
Papier: Papierfabrik Schleipen GmbH, Bad Dürkheim
Druck und Bindearbeiten: Bercker Graphischer Betrieb, Kevelaer
Printed in Germany
ISBN 3-430-15496-0

Ich finde, viele Menschen in unserer gefährlichen Zeit, die scheinen verliebt zu sein in Elend und Tod, und sie werden geradezu ärgerlich, wenn man ihnen Hoffnung macht. Sie glauben, Hoffnung sei irrational, und sie sähen den Tatsachen ins Gesicht, wenn sie sich hinsetzen und fauler Verzweiflung frönen. Ich kann diesen Leuten nicht zustimmen. In unserer Welt die Hoffnung aufrechtzuerhalten, dazu braucht es Intelligenz und Energie. Und denen, die verzweifeln, fehlt es oft nur an der Energie.

Bertrand Russell

Die 90er Jahre werden ein kritisches Jahrzehnt. Die Entscheidungen, die wir während der nächsten zehn Jahre treffen, werden das Wachstum der Weltbevölkerung im nächsten Jahrhundert bestimmen. Sie werden entscheiden, ob diese sich verdreifacht oder nur verdoppelt, bevor sie zum Stillstand kommt, und ob die Zerstörung der Umwelt schneller oder langsamer vor sich gehen wird. Die nächsten zehn Jahre werden darüber entscheiden, wie das 21. Jahrhundert aussieht, und vielleicht entscheiden sie auch über die Zukunft der Erde als Lebensraum für den Menschen.

Dr. Nafis Sadik,
Exekutivdirektorin des Bevölkerungsfonds
der Vereinten Nationen

Inhaltsverzeichnis

1. Über dieses Buch

Mehr als ein Jahrzehnt ist vergangen, seit das Buch *Energie – Ordnung – Menschlichkeit* erschienen ist. Das vorliegende Buch sollte eine erweiterte Neuauflage werden. Bei der Bearbeitung ergaben sich jedoch einerseits durch die Aktualisierung des Zahlenmaterials wesentliche Veränderungen, zum anderen war es notwendig, in der Argumentation erheblich weiter auszuholen in dem Versuch, den Irrtümern des Zeitgeistes mit rationalen Argumenten entgegenzutreten, so daß, aufbauend auf dem ersten, ein weitgehend neues Buch entstand. Am Tenor des ersten Buches brauchte sich auch bei dieser Ausgabe nichts zu ändern. Gleichwohl möchte ich durch einen veränderten Titel, der im Grunde das gleiche aussagt, eine Unterscheidung der beiden Auflagen ermöglichen. Was damals die öffentliche Meinung bewegte, hat im Zusammenhang mit Fragen der weltweiten Energieversorgung und damit auch der Güterproduktion, der Gefährdung der Umwelt durch menschliches Handeln aus Indifferenz wie auch aus Not noch an Schärfe gewonnen, und vieles hat sich seither durch den Lauf der Geschichte noch deutlicher dargestellt. Ein damals längst bekanntes Problem der möglichen Klimagefährdung durch Spurengase, vom CO_2 über die FCKW oder N_2O beispielsweise, hat an Schärfe gewonnen. Die Weltbevölkerung steigt weiter an. Ein insgesamt bedrückendes Bild. Bedrückend dann, wenn wir uns weiter weigern, die Instrumente aus Naturwissenschaft, Technik und Wirtschaft einzusetzen, über die wir heute verfügen, um langfristig und friedlich, um human und vernünftig gegenzusteuern.

Wenn wir unter Ökologie im weitesten Sinn die Lehre von den Zusammenhängen verstehen, dann soll dieses Buch ein ökologisches Buch sein. Es soll allerdings nicht den Gedanken von der unausweichlichen Ökokatastrophe aufnehmen, der, seit Paul Ehrlich diesen Begriff vor 20 Jahren prägte, eine wachsende Anhängerschaft zu finden scheint, sondern aufzeigen, daß wir mit heutigen Mitteln einer solchen Katastrophe sehr wohl ausweichen können und in der Lage sind, die Lebensfähigkeit auf unserer Erde zu erhalten. Es soll aber auch verdeutlichen, daß Ökologie funktionierende Ökonomien voraussetzt und die Verteufelung des Profits einen Mechanismus sucht, die Wirtschaft zu schwächen, obwohl sie doch letztendlich den aufwendigen Schutz der Umwelt finanzieren muß und obwohl gerade eine funktionierende Wirtschaft Voraussetzung ist für die Unterstützung der Schwachen, hier wie in der Dritten Welt.

Die Grundbedingung für ein Überleben der Menschheit, für den Erhalt der Lebensfähigkeit auf unserem Planeten wird allerdings sein, daß wir rechtzeitig lernen, der friedlichen Nutzung der Kernenergie hohe Priorität einzuräumen – in der Erkenntnis, daß die uns heute verfügbare Energie aus fossilen Quellen – jenes über Jahrmillionen *Ersparte* aus kernphysikalischen Vorgängen in der Sonne – in wenigen Generationen aufgezehrt sein wird und daß das Einsammeln der uns von der Sonne zugestrahlten Energie zu geringe Erträge bringt, um den wachsenden Energiehunger zu stillen. Um es deutlich gegen den Lärm des Zeitgeistes auszusprechen: Diejenigen, die den sorgsamen Ausbau großtechnischer Anlagen behindern, obwohl heutige Kohlekraftwerke strengsten Umweltschutzanforderungen genügen, die gegen die auf westlichen Sicherheitsstandards beruhende friedliche Nutzung der Kernenergie sind und die auch nicht die Chancen sehen, die in zukünftigen Techniken zur Streckung des Öls liegen, die verursachen das, was sie zu verhindern anstreben – sie vertiefen die Not und gefährden die Lebensgrundlagen.

Utopisten beanspruchen mit hohem moralischen Anspruch, die Lebensbedingungen auf der Welt zu erhalten oder zu bessern, beachten dabei jedoch nicht die naturgesetzlich vorgegebenen Rahmenbedingungen einer materiellen Versorgung. Sie verneinen sie oftmals geradezu. Wem geben sie Rechenschaft, wenn sie ähnlich den Verkündern sozialer Utopien scheitern, mit Not für Millionen Menschen im Gefolge, mit einer verarmten und geschädigten Erde als Ergebnis?

Klaus Knizia Dortmund und Herdecke/Ruhr, Herbst 1991

1.1 Vorwort zur Ausgabe »Energie – Ordnung – Menschlichkeit«

Die Betrachtung der Natur ermangelt der leitenden Idee, und die philosophische Spekulation ermangelt der Erfahrung!

Francis Bacon

Kaum ein anderer Fragenkomplex hat seit Bestehen der Bundesrepublik Deutschland die öffentliche Diskussion so erhitzt wie die künftige Sicherung unserer Energieversorgung. Wir alle kennen die Breite und Intensität, mit der dieses Thema landauf, landab behandelt wird – in den politischen Parteien, in Massenmedien, in Vereinen, Verbänden und selbst im Familienkreis. Dabei ist besonders die Elektrizitätswirtschaft in das Spannungsfeld der öffentlichen Meinung geraten, hauptsächlich im Hinblick auf die Frage, ob der Bau neuer Kraftwerke, vor allem neuer Kernkraftwerke, zwingend notwendig ist. Nicht zu Unrecht vergleicht man diese Auseinandersetzung mit einem Glaubenskrieg, denn es geht inzwischen nicht mehr nur um sachliche Argumente, um die nüchterne Abwägung des Für und Wider von energiepolitischen Entscheidungen; in zunehmendem Maße gewinnen gesellschaftspolitische Aspekte

Bedeutung, werden Fragen der zukünftigen Daseinsgestaltung mit einbezogen. Die daraus zwangsläufig folgende Emotionalisierung trübt den Blick für die Tatsachen, läßt das sachliche und fachliche Argument in den Hintergrund treten zugunsten einer Betrachtungsweise, die den Realitäten und den vorgegebenen Randbedingungen nicht mehr in der gebührenden Weise Rechnung trägt. Was heute not tut, ist, die Dinge so zu sehen, wie sie wirklich sind. Jeder von uns, wo immer er auch stehen mag, hat die Pflicht, sich an der Wirklichkeit zu orientieren.

Dieses Buch soll nicht die Reihe jener Publikationen verlängern, die es sich zur Aufgabe gemacht hat, den Sicherheitsstandard von Kernkraftwerken zu erläutern, technische Details der Stromerzeugung oder der Kohleveredelung abzuhandeln oder über die Entsorgung von Kern- und sonstigen Kraftwerken zu schreiben. Hier wird vielmehr der Versuch unternommen, Hintergründe aufzuzeigen und Entwicklungslinien deutlich zu machen. Es geht dabei ebenso um eine Standortbestimmung wie um Perspektiven, die die zukünftige Entwicklung ins Visier nehmen. Wir brauchen ein Konzept, an dem sich die notwendigen Detailentscheidungen ausrichten.

Der Anspruch, einen Königsweg gefunden zu haben, kann bei der Kompliziertheit der Materie nicht erhoben werden. Die Konzentration auf die Darstellung der hauptsächlichen Einflußgrößen vereinfacht das Bild so weit, daß auch dem Nichtfachmann eine fundiertere Meinungsbildung ermöglicht wird. Details, die für die Ingenieurarbeit wesentlich, jedoch für den Dialog in Fragen der Energiepolitik von geringerer Bedeutung sind, wurden zugunsten der Klarheit vernachlässigt. Eine Vertiefung im Anschluß an die Lektüre ist jedoch über eine umfangreiche Fachliteratur allen zugänglich.

In diesem Sinne soll das vorliegende Buch ein Diskussionsbeitrag sein zu Fragen, wie das Energieproblem angegangen werden kann. Eine Lösung dieses Problems wird Voraussetzung für jeden Versuch, einen friedlichen Überlebenskompromiß zu erreichen. Es erschien mir zweckmäßig, Argumentationen aus meiner Schrift *Verzagen und versagen? – Nein danke* mit zu verwenden; die Idee ist dort wie hier die gleiche: die Bürger anzusprechen, die nach einer realistischen Alternative zur Daseinsangst und aus ideologischem Blendwerk suchen.

Bundeskanzler Schmidt forderte die Ingenieure auf, sich ihrer Bringschuld bewußt zu sein und die Bürger über die Energieversorgung aufzuklären. Ich habe versucht, das in diesem Buch zu tun und die Energieversorgung nicht nur in ihren Grundelementen zu erläutern, sondern sie auch in den Zusammenhang Gesellschaft und Umwelt zu stellen. Wir Ingenieure haben längst begriffen, daß unsere Verantwortung wächst, und wir handeln danach. Wir wären froh, wenn wir Gleiches von anderen gesellschaftlichen Gruppen erfahren würden.

Eine Bringschuld in Sachen Aufklärung der Öffentlichkeit zur Energieversorgung kann nur erfüllt werden, wenn die zu informierende Seite auch wirklich zuhört. So ist auch meine Bitte an den Leser, alles unvoreingenommen zu lesen und sich nicht von marktschreierischen Medien unkritisch hinters Licht führen zu lassen.

Könnten wir diesen Zustand des Hinters-Licht-Führens nicht überwinden, so wäre es schade um die Arbeit vieler ernsthaft bemühter Ingenieure, Naturwissenschaftler, Journalisten und Politiker. Viele versuchen sich heute ein Bild über die notwendigen Schritte in der Energieversorgung zu machen. Um urteilen zu können, muß jedoch wenigstens ein Verständnis der grundsätzlichen Gedankengänge in der Energietechnik vorliegen. Neben technische Zusammenhänge müssen auch Zahlen gestellt werden, sollen die Überlegungen nicht im unverbindlichen bleiben.

Und noch eins: Es mag manchem Leser erstaunlich erscheinen, Technik und Philosophie in einem Buch Seite an Seite behandelt zu sehen. Wir sollten jedoch nicht vergessen, daß die Philosophen noch bis zur Mitte des vergangenen Jahrhunderts auf der Höhe des naturwissenschaftlichen Wissens waren. Erst die ungeheure Wissensausweitung in der Hauptphase der Industrialisierung brachte die Spaltung, brachte den sichtbaren Bruch zwischen Geisteswissenschaften und Naturwissenschaften, insbesondere der Technik. Jeder hat in seinem Umkreis schon einmal erlebt, wie Menschen sich amüsiert ihres völligen technischen Unverständnisses brüsten, die niemals als Banausen, beispielsweise in Sachen moderner Literatur oder der Bildungspolitik, gelten möchten.

Es hat sich ein Zustand gebildet, bei dem sich die Technik – geprägt von Zwängen der Wirklichkeit – und die Philosophie geradezu unter Ablehnung realistischer Zwänge auseinanderentwikkeln konnten. Alltag und Anspruch an das Leben klafften mehr und mehr auseinander. Sorge um das tägliche Brot scheint Aufgabe der einen Seite, um Kultur und Bildung die der anderen Seite zu sein. So kann sich denn bei einer manchmal sehr lautstarken Minderheit eine Meinung ausbilden, die Leistung ablehnt, Technik allenfalls mit Umweltverschmutzung, Ausbeutung und Arbeitsplatzvernichtung durch Rationalisierung gleichsetzt.

Die philosophische Deutung der Welt darf nicht mehr länger im Unverbindlichen ideologischer Wunschträume verbleiben. Sie hat sich an Fakten dieser unserer Welt zu orientieren, soll Philosophie nicht zu einem Geisterschiff werden, das die Ufer der Realität meidet.

Dieses Buch ist ein Versuch, beide Seiten erneut zum Gespräch zusammenzuführen.

Klaus Knizia — Dortmund, März 1981

2. Technik und Menschlichkeit

> Dies ist aber der Kern jeder sozialen Idee: das geprägte Zusammenspiel von Einzelexistenz und Gemeinschaft überhaupt. Es ist nicht Willkür oder brutaler Zwang, nicht beliebig um seiner Selbst willen aus Ehrgeiz herstellbar. Es ist vielmehr als soziale Idee die schöpferische Antwort des Menschen auf die ihn durch Not ansprechenden Forderungen der Natur. Sie zwingen ihn, durch Phantasie und Erfindung ihnen zu entsprechen oder unterzugehen.
>
> *Kurt Schilling,*
> *»Geschichte der sozialen Ideen«*

Hunger und Not sind starke Antriebe menschlichen Handelns; sie stehen am Anfang jeder sozialen Bindung des Menschen, sie stehen aber auch am Anfang jeder Technik.

Versuche zu ihrer Bewältigung haben dem Menschen in seiner langen Geschichte Teilerfolge beschert, beseitigen konnte er sie bisher nicht. Diese Teilerfolge mußten oft mit neuen Problemen erkauft werden. So ist eine der wesentlichsten Ursachen für Hunger und Not die mangelhafte Versorgung der Welt mit Energie, denn Energie ist unerläßlich für die Befriedigung menschlicher Bedürfnisse.

Heute erleben wir die Welt als beinahe hoffnungslos übervölkert. Der überwiegende Teil ihrer Bürger ist immer noch von Hunger bedroht. Millionen müssen sterben, weil es ihnen an Nahrungsmitteln fehlt.

Hunger und Not haben die Menschheit in ihrer Geschichte bis heute nicht verlassen. In vielen Anstrengungen hat sie es unternommen, diese ihre größte Sorge geistig zu bewältigen und für Abhilfe zu sorgen – ohne ausreichenden Erfolg, wie wir heute wissen.

Am Anfang unserer heutigen naturwissenschaftlichen Zeit steht der Roman von Thomas Morus über ein Nirgendland: *Utopia*. Seine sozialrevolutionäre Idee führte zurück in die Askese, in die Bedürfnislosigkeit des Menschen, aus der heraus Probleme seiner Versorgung wie auch seines sozialen Zusammenlebens lösbar sein sollten.

Wir sehen jedoch bis heute, daß asketische Lebensführung, erlegt man sie ganzen Völkern durch Religion oder Ideologie auf, zwar manchmal das subjektive Empfinden von Not und Hunger mildern kann, kaum jedoch zu praktischem Handeln führt, das weiteres Abgleiten in Not verhindert.

Ein Jahrhundert nach Thomas Morus hat Francis Bacon mit seiner *Nova Atlantis* ein Gesellschaftsbild gemalt, in dem die Technik durch materielle Hilfe alle Probleme – auch die sozialen – zu lösen schien. Wir wissen, daß auch das eine Utopie bleiben mußte, da es jenseits von Hunger und Not Spannungen im Zusammenleben der Menschen gibt, die die Technik eben nicht zu lösen vermag – die sie vielleicht sogar hervorruft –, und daß die Gewichte menschlicher Besorgtheit sich völlig verlagern können.

Thomas Morus und Francis Bacon haben eine Vielzahl von Vorläufern und Nachfolgern, die andere Utopien schrieben – viele angelehnt an die Staatsidee Platons, viele aber auch resignierend und ironisch, um bestehende unvollkommene Gesellschaftsformen anzugreifen.

Schon in der Aufklärung, dem Zeitalter der Wissenschaften, trat neben die Furcht vor Hunger und Not die Sorge, eine mehr und mehr durch den Menschen gestaltete Umwelt könne zu künstlich geraten und damit dem Leben unangemessen werden.

Rousseaus Frage: »Wie können wir Fehler und Mißstände der Zivilisation vermeiden, falschen und künstlichen Bedürfnissen entgehen, die das Glück zerstören, für das wir geboren sind?« ist auch heute noch die Grundfrage in der Auseinandersetzung um Nutzen oder Schaden der Technik in den Ländern, die von Hunger und Not weit entfernt scheinen. Sie ist auch die Grundfrage der heutigen Umweltbewegung.

In den armen Ländern gibt es andere Prioritäten. Knapp 200 Jahre ist es jetzt her, daß Thomas Robert Malthus befürchten mußte, die Menschheit wäre dazu verurteilt, immer zwischen dem *zum Leben Zuwenig, zum Sterben Zuviel* dahinvegetieren zu müssen. Sie muß das in vielen Gebieten der Erde auch heute noch tun.

Malthus konnte nichts von den Fortschritten in Naturwissenschaft und Technik ahnen. Er wußte nicht, daß sie wenigstens einem Teil der Menschheit die Befreiung vom Hunger bringen würden. Das unvergleichliche 19. Jahrhundert brach gerade erst an, das energetische Zeitalter begann – es sollte in der Spätphase der Industrialisierung, die unsere Generation miterlebt hat, wenigstens einem Teil der Menschheit für eine begrenzte Zeit das Gefühl geben, die Not sei mit den verfügbaren Mitteln zu bannen.

Wie bei vielen Veränderungen war der allgemeine Nutzen dieses energetischen Zeitalters nicht gleich abzusehen, und noch Marx mußte befürchten, daß die Zustände für das Proletariat nicht gebessert würden, daß diese Klasse – ausgebeutet – ebenfalls immer am Rande des Existenzminimums zu leben hätte. Malthus und Marx setzten Signale, deren Bedeutung darin lag, Impulse zu geben. Sie drückten vermutlich ein allgemeines Lebensgefühl aus, das bereits auf der Suche nach Verbesserungen war.

Hatte Platon geglaubt, die anzustrebende Gesellschaft ließe sich durch eine neue Erziehung herbeiführen, durch eine Erziehung zu Vernunft und Einsicht, so sah Marx in Revolution und Gewalt die Mittel zu einer Verbesserung der Lebensumstände aller.

»Wegweiser stehen auf der Stelle«, sagt der Aphoristiker Stanislaw Jerzy Lec. Nun, ich meine, sie vermögen auch zum Ausgangspunkt zurückzuweisen. Nach den Erfahrungen mit Revolutionen, die die Marxsche Lehre durchsetzen sollten, scheint mir heute die Platonsche Idee von der neuen Erziehung der Jugend den kürzeren Weg zu einer besseren Welt zu bieten. Die Zeit, die uns bei der wachsenden Weltbevölkerung, bei schrumpfenden Rohstoffreserven und beeinträchtigter Regenerierfähigkeit der Umwelt bleibt, um einen langwährenden Überlebenskompromiß zu finden, ist zu kurz, um sie mit gewalttätigen Revolutionen zu verschwenden. Wir sollten deutlich aussprechen, daß die Veränderungen, die die Technik zum Nutzen der Menschen vollbracht hat, weit den Nutzen aller Revolutionen überwiegen, und wir lernen zudem heute an dem mühevollen Aufbruch der osteuropäischen Staaten, welche Spätschäden solche Revolutionen hervorzurufen vermögen.

Unsere Hoffnung muß daher darin liegen, evolutionäre Verbesserungen unter Einsatz unserer heutigen Mittel und Wege zu erzielen. Das gilt für erfolgreiche politische Systeme, für Wirtschaftssysteme, aber auch und gerade für die Technik. Unsere Hoffnung kann daher nicht darin liegen, die Technik zu verteufeln, sondern darin, sie optimal zu nutzen. Ist es nicht erstaunlich, wenn manche Ideologien die Risiken einer Revolution mit unendlichem Leid in der Hoffnung auf eine danach folgende bessere Welt geradezu herbeisehnen, andererseits aber jedes vermeintliche zusätzliche Risiko aus der Technik strikt abgelehnt wird, obwohl wir alle in unserem heutigen Leben völlig von dieser Technik abhängen?

Vielleicht haben wir zur Ausformung eines Überlebenskompromisses noch zwei Generationen Zeit, vielleicht weniger – kaum mehr. Da hilft nicht Aufrufen zum Kampf gegen etwas, da der Begriff Kampf bereits die Zerstörung enthält, sondern nur Aufrufen zur *Arbeit* für etwas. Verbesserungsbedürftiges ist zu verbessern, Schlechtes zu beseitigen. Aus jungen Kämpfern werden zwangsläufig alte Kämpfer, und daran sollten wir keinen Bedarf haben.

Evolution heißt die Parole, nicht *Revolution.* In diesem Sinn sind Revolutionäre Reaktionäre – der Weg ist ihnen wichtiger als das Ziel. Was sie zerstören wollen, wissen sie, wie sie es besser machen wollen, bleibt unausgesprochen und – wie die Beispiele der jüngeren Geschichte lehren – auch unbewiesen.

Eine Idee, die nicht durch ihre eigene Qualität überzeugt, sondern erst aus der Relativierung an einem zu dem Zweck nachteilig dargestellten Feindbild lebt, das zu bekämpfen ist, fällt hohl in sich zusammen, wenn dieses Feindbild nicht mehr besteht. Was machte der Marxismus ohne das Feindbild des Kapitalismus? Hält man nicht auch heute noch, trotz der Erfahrung mit dem Nationalsozialismus, ganze Völker in Käfigen gefangen wie Tiere, umstellt von solchen *Feindbildern*?

Kampf, Zerstörung, Wiederaufbau umfassen Zeitspannen, die länger sind als unsere verfügbare Zeit. Jede Revolution, die ein industrialisiertes Land trifft, entzieht darüber hinaus für ein oder zwei Generationen diesem Land die Möglichkeit einer Mithilfe bei der Unterstützung der Dritten Welt, also der Mithilfe bei der materiellen Ausformung des *Überlebenskompromisses*.

Zu den Problemen innerhalb der einzelnen Gesellschaften und des Einzelnen in der Gesellschaft tritt – was nicht zuletzt durch die moderne Kommunikation immer deutlicher wird – die Problematik der Menschheit als Ganzes. Die weiter wachsende Weltbevölkerung ist dabei, das ökologische Gleichgewicht zu zerstören. Und die scheinbare Erschöpfung der herkömmlichen Rohstoffvorräte und der Regenerierfähigkeit der Umwelt zwingen uns, in einer mehr und mehr künstlichen Welt zu leben, in einer Welt, die die von uns so sehnlich gewünschte Natürlichkeit nur von der Technik zurückempfangen kann, eben wegen der großen Zahl der Menschen und ihrer noch lange nicht befriedigten natürlichen Bedürfnisse. Die friedliche und gewaltlose Beendigung des Bevölkerungswachstums wird deshalb zur vorrangigen Aufgabe bei der Sicherung aller menschlichen Zukunft.

Ingenieure wissen, daß ein Spannungsfeld – eine Potentialdifferenz – nutzbar gemacht werden kann; Politiker erfahren in diesen Jahren, daß Spannungsfelder auch Spielraum schaffen für Agitation, die nur vordergründig der Allgemeinheit dient; Agitatoren bedienen sich jedoch einer Pseudologik, mit der Vorurteile geweckt werden in der Hoffnung, der Bürger erspare sich die Unlust der Realitätsprüfung, wenn ihm griffige Schlagworte gegeben werden. Die Technik, besonders die Energietechnik, aber auch die Wirtschaft in industrialisierten Ländern mit hohem durchschnittlichen Wohlstand haben heute Bündel solcher Schlagworte zu entkräften.

Die Suche der Alchimisten nach Gold, der Quacksalber nach einem Lebenselixier, der technischen Phantasten nach einem Perpetuum mobile entsprechen einander. Alle drei wollen von der Natur vorgegebene Grenzen durchbrechen. Seit rund 300 Jahren, seit Leibniz und Newton, wissen wir, daß es das Perpetuum mobile nicht geben kann – und seit 200 Jahren nimmt die Pariser Akademie keine Erfindung zum Perpetuum mobile mehr an. Handelt die Menschheit heute bereits so, als habe sie allgemein die Grenzen der Vernunft als unübertretbar anerkannt? Oder versucht sie nicht häufig, diesen drei unser naturwissenschaftliches Irren verkörpernden Grundfiguren nachzueifern, wenn sie dabei nur die Augen vor wirklichen Problemen verschließen kann, Scheinlösungen gewinnt und Zeitaufschub erhält? Werden nicht beispielsweise in der Energietechnik heute fortwährend Patentlösungen angeboten, die – vergleichbar mit dem Perpetuum mobile – Naturgesetze, aber auch Gesetze der wirtschaftlich-technischen Machbarkeit überschreiten? Im Bereich der Ideologie scheint sogar rationales Vorgehen oftmals geradezu ein Kunstfehler zu sein, wird starrsinniges Festhalten an nachweisbar irrigen Weltmodellen als Fortschritt ausgegeben. Stehen nicht Ideologen, Alchimisten, Quacksalber, technische Phantasten geistig in einer Reihe?

Der Mangel an Energie und Gütern in unserer Welt duldet keine Scheinlösungen mehr, keinen feige erschlichenen Zeitaufschub.

Alle materiellen Vorgänge sind an Energieumsetzungen gebunden, die den beiden Hauptsätzen der Thermodynamik unterliegen. Diese Hauptsätze haben für alles Leben eine grundsätzliche Bedeutung, nicht nur bei natürlichen Vorgängen, sondern auch bei allem Handeln des Menschen. In der Frage des Verbrauchs von Materie und Energie zur Lösung jeder technischen Aufgabe vermögen sie, zwischen beiden Faktoren Verknüpfungen herzustellen. Umfassender läßt sich sagen: Natur und Technik, alles Leben, aber auch alles menschliche Handeln werden von ihnen entscheidend beeinflußt. Auch die Wirtschaft unterliegt ihren Zwängen.

Letztlich erfordert jede Beschaffung von Energie und Gütern den vorherigen Einsatz von Energie. Zunächst ist immer Energie zu investieren. In diesem Zusammenhang zu sagen, eine Lösung sei gegenüber einer anderen unwirtschaftlich, heißt, sie verbraucht mehr an Energie. Es ist deshalb unsinnig, unwirtschaftliche Lösungen aus Gründen scheinbarer Energieersparnis anderen vorzuziehen. Kapital und Zeit sind grundsätzliche kostbare Hilfsquellen bei dem Versuch, die ausreichende Versorgung aller rechtzeitig zu sichern. Kapital und Zeit aber verschwenden wir heute völlig sorglos, ohne uns darüber klar zu sein, daß wir damit Hunger und Not verlängern, Rohstoffe vergeuden und die Umwelt gefährden.

Der Mensch spielt mit seiner physischen Arbeitskraft bei den Energieumsätzen, die unsere Welt braucht, physikalisch keine Rolle mehr. Seine Kreativität hingegen macht ihn zum ausschlaggebenden Faktor. Sie verbessert die Wirtschaftlichkeit und erfindet neue Quellen. Seine Vernunft sollte ihn hindern, nach Windrädern und ähnlichem als entscheidender Energiequelle zum Erhalt der Lebensfähigkeit für eine noch wachsende Menschheit in einer ausreichend geschützten Umwelt Ausschau zu halten.

Nicht *Reduzierung des Wirtschaftswachstums* heißt die Aufgabe, zu der wir die Vernunft und die Kreativität des Menschen aufrufen müssen, sondern *Reduzierung des Wachstums der Weltbevölkerung auf friedliche und humane Weise.* Sollte uns das nur gelingen mit erheblich steigenden Zuwachsraten des wirtschaftlichen Wachstums, auch in Industrieländern, so ist Wachstum eine ethische Notwendigkeit. Stagnation des Wirtschaftswachstums bei Weiterwachsen der Weltbevölkerung führt zu einer Vergrößerung der Unterschiede zwischen Arm und Reich, da die Reichen die Macht, die Kraft, die Ausbildung und vermutlich auch die Eigensucht haben, ihren Lebensstil zu behalten, anderen aber noch mehr vorzuenthalten. Wirtschaftswachstum wird immer nur von Satten in wohlhabenden Volkswirtschaften verteufelt, bei Hungernden ist es der Hoffnungsschimmer – die Volksbewegungen in Osteuropa legen ein beredtes Zeugnis davon ab. *Weltweit ausreichendes Wirtschaftswachstum ist vermutlich die wichtigste Voraussetzung für eine friedliche Begrenzung des Bevölkerungswachstums.*

Georg Picht schreibt in *Wahrheit, Vernunft, Verantwortung* in einem Essay mit dem Titel *Prognose, Utopie, Planung. Die Situation des Menschen in der Zukunft der technischen Welt:* »Unsere Verantwortung bei dem Entwurf, der Planung und bei der Produktion der technischen Welt bemißt sich danach, ob diese Planung

Situationen schafft, in denen eine neue Freiheit und eine neue Vernunft ermöglicht wird.« Die Technik ist bereit, diese Verantwortung zu übernehmen und somit »eine neue Freiheit und eine neue Vernunft« zu ermöglichen. Diese neue Freiheit entsteht mit Hilfe der Technik aus unserem Freiwerden von Not und Angst als Antrieb für das Überleben. Sie ermöglicht sittliches Handeln, das seinen höchsten Stellenwert immer aus dem eigenen inneren Antrieb und in seiner Ausrichtung auch auf uns Fernstehende erhält. Sie ermöglicht aber auch die Vertiefung unserer Urteilsfähigkeit durch eigenverantwortliche Arbeit an uns selbst.

Diese neue Vernunft muß uns lehren, überall da, wo Hunger und Not noch nicht überwunden sind, zu helfen. Die Enge unserer Welt zwingt uns zu einem humanen Bewußtsein, das die ganze Menschheit einschließt.

Dieser von Picht gemeinten *Freiheit* in einer komplexen technischen Welt muß eine Herrschaft der Erzogenen im Platonschen Sinn entsprechen, ebenso wie in ihr Freiheit des Individuums und *Selbstdisziplin* Entsprechungen sind. Da die technische Welt dem Menschen körperliche Arbeit und monotone geistige Verrichtungen abnehmen wird, wird die Bewältigung von Aufgaben mehr und mehr ihre geistige Durchdringung erfordern. Die neue Freiheit wird nicht eine neue Freizeit sein; vielmehr wird die schöpferische Betätigung des Menschen in den Vordergrund treten. Die lediglich *ausführende Arbeit*, von der Marx in seinem Werk allein Kenntnis nimmt, ist dabei, der *erfindenden, überwachenden, organisierenden, Entscheidungen treffenden*, kurzum der *kreativen Arbeit* zu weichen.

Not macht erfinderisch. Mag auch unsere materielle Welt begrenzt erscheinen, der Mensch ist in seiner Kreativität nicht begrenzt und demzufolge fähig, in dieser begrenzten Welt die Lebensumstände zu verbessern. Die Entwicklung von Naturwissenschaft und Technik ist im weiteren Sinn eine Mutation des Menschen, die seine Einsichten und Fähigkeiten in hohem Maß steigert. Auch diese Evolution des Menschen verläuft wie jede Evolution nach dem Prinzip *Versuch und Irrtum*. Das allein bedeutet schon, daß Technik niemals risikofrei sein kann. Sie verläuft dann erfolgreich, wenn sie größere künstliche oder auch natürliche Risiken durch weit kleinere, im Extremfall gegen Null gehende technische Risiken ersetzt. Diese Evolution ermöglicht durch weiteres Wissen auch eine neue, vertiefte Vernunft.

Die Erweiterung menschlicher Fähigkeiten und Einsichten verändert aber auch die Verhaltensweise, und hier zeigt sich eine deutliche Verknüpfung mit der Politik. Schafft nicht die durch die Energietechnik bewirkte Entlastung des Menschen von körperlicher Schwerarbeit das Proletariat ab? Wird nicht die erweiterte Freiheit und Freizeit des Menschen weitergehende Bildung insgesamt ermöglichen und damit seine Urteilsfähigkeit über den Rahmen des für die Technik erforderlichen Wissens hinaus vertiefen? Ist nicht materielle Sicherung und vertiefte Urteilsfähigkeit der Menschen Voraussetzung für eine Begrenzung des Bevölkerungswachstums? Sollte nicht die durch die Technik verminderte menschliche Arbeit für eigene Bedürfnisse mehr Möglichkeiten schaffen, für Hilfsbedürftige zu arbeiten?

So wie der einzelne sein Handeln und Wollen auf einen weiteren Kreis der Menschen, die Menschheit, ausrichten muß, um vernunftbegründet einen Überlebenskompromiß zu schaffen, werden auch die Staaten ihr Handeln auf neue Ziele ausrichten müssen. Das egoistische Streben der Staaten nach Machtzuwachs verliert jeglichen Sinn, wenn dies nur um den Preis der Zerstörung der Lebensfähigkeit zu befriedigen ist. Zwischenstaatliche Hilfe bei der Überwindung der weltweiten Notlage sichert dagegen auch die Existenz derjenigen, die helfen, denn eine neue Vernunft wird uns vor allem eines lehren: Gerade im Interesse des eigenen Überlebens gibt es keine wichtigere Aufgabe als die friedliche und humane Begrenzung des weltweiten Bevölkerungsanstiegs durch Hilfe der Staaten untereinander.

Überlebenskompromiß und Erhaltung des Friedens setzen freie Gesellschaften voraus. Erfahrungen und Vernunft lehren uns, daß jene Gesellschaften die freiesten sein können, die den geringsten Einschränkungen durch materielle Nöte unterworfen sind. Ausreichende materielle Versorgung schafft somit gemeinsame Ausgangspositionen und sorgt für Chancengleichheit – Faktoren, die wir zur optimalen Nutzung menschlicher Kreativität unbedingt brauchen.

Vielleicht wird die neue Erfahrung unserer Generation sein, daß Technik nicht nur Kriege entscheidet, sondern sie auch verhindert. Vielleicht gibt es die Gedankenkette: *Technik schafft eine neue Freiheit und eine neue Vernunft; diese ermöglichen einen weltweiten Überlebenskompromiß, der wiederum Voraussetzung ist für die Abschaffung von Hunger und Not und für die Erhaltung des Friedens. Technik wird somit zur Voraussetzung der Humanität unserer Zeit.*

Die Quintessenz für freies und vernünftiges Handeln, das den Überlebenskompromiß und damit den Frieden sichern soll, und zwar für den einzelnen wie für die Gemeinschaft, fordert

- gegenseitiges Vertrauen,
- vertiefte allgemeine Urteilsfähigkeit als Klammer für ein weitgehendes Spezialistentum,
- Opferbereitschaft zugunsten anderer Menschen, Völker und kommender Generationen und
- Verpflichtungen im Tausch gegen beanspruchte Rechte.

Nun wissen wir, daß Vernunft in der Geschichte der Menschheit niemals eine anhaltende und ausreichende Motivation schaffen konnte. Erfüllte Pflicht, das Bewußtsein, der Vernunft folgend gehandelt zu haben, reichen nie, Menschen ausreichend zu motivieren. Der Vernunft muß das Gefühl zur Seite treten. Gefühl und Vernunft müssen zu Partnern werden. Da Vernunft im Widerstreit mit Gefühlen immer unterlegen ist, braucht sie deren Mithilfe, nicht ihre Gegnerschaft.

Da wir in unserer Zeit erleben, daß mit den Gefühlen *Angst* und *Neid* der Versuch gemacht wird, Generationen zu manipulieren, müssen wir unserer Vernunft ein stärkeres Gefühl zur Seite stellen. Ich möchte mich da Ludwig Marcuse anschließen, der in seinem Essay *Im Blick auf die Dritte Aufklärung* schreibt: »Es ist unmoralisch, sich vor der Erkenntnis privater und politischer Machtkonstellationen zu drücken und – unabhängig von ihnen – das recht unproblematische moralische Ziel zu promulgieren. Dies wurde formuliert von Konfuzius, den biblischen Propheten, der Bergpredigt, Spinoza, Kant, Marx ... immer ein bißchen anders, immer ein bißchen vergänglich wegen der zeitverhafteten Konkretion; am wenigsten noch, scheint mir, bei Schopenhauer, der die menschliche Solidarität von der Gemeinschaft der kreatürlichen Nöte ableitet und die höchste Moral nicht in der (nicht existenten und wohl nicht hervorzubringenden) Nächstenliebe sieht, nicht in der schwierigen zeitabhängigen Gerechtigkeit, sondern im Mitleid – einer starken Emotion, die durch Erziehung verstärkt werden kann. Politik verlangt mehr: die Institutionalisierung des Mitleids und die Anwendung im besonderen Fall.«

Mitleid im Sinne des Schopenhauerschen *Mit-Leidens* vermag, meine ich, auch die Basis unseres vernunftbegründeten Handelns zu erweitern. Vernunft und Mitleid müssen die Antriebe sein, die unser Handeln bestimmen. Vernunft und Mitleid, mit dem Ideal des Platonschen Staates der Regierung durch die Erzogenen vor Augen. *Vernunft* und *Mitleid* sind bei der Größe der Not, dem Mangel an Lebensnotwendigem, an Lebensmitteln, nicht hinreichend wirkungsfähig, wenn sie ausschließlich auf der Solidarisierung der Armen untereinander beruhen (vergleichbar etwa mit der gesteigerten Hilfsbereitschaft nach dem Krieg bei uns). Nur unter Aufbietung aller Kräfte bei den Reichen, den Völkern, die noch im Überfluß leben, können ausreichende Hilfsquellen erschlossen werden. Ohne selbst ärmer zu werden, müssen wir mehr produzieren, unseren Überschuß in Hilfsgüter für die Dritte Welt umsetzen. Nur so entsteht die erforderliche gewaltige Hilfe, ohne daß zunächst ein neuer Mensch geformt werden muß, wie es die meisten Heilslehren, nicht zuletzt der Kommunismus, fordern.

Wenn nach Max Weber die »Wissenschaft« – und das gilt wohl auch für die Technik – »in der Lage ist, dem Menschen zu zeigen, was er sinnvollerweise wollen kann und was er zweckmäßigerweise tun kann, ihm aber nicht zu sagen vermag, was er wollen und tun soll«, so hilft ihm hier nur die *Erzogenheit* im Platonschen Sinne weiter, um mit Vernunft und Mitleid zu entscheiden und mit ihnen die Gesellschaft auf Ziele auszurichten, die die Mehrheit bejaht. So würden wir in die Lage versetzt, für die ganze Menschheit zu planen, so vermöchten wir den Versuch anzustellen, für lange Zeiten im voraus zu arbeiten, zukünftigen Generationen ein lebenswertes Leben zu sichern und im politischen Bereich frei zu werden von kleinlichem Opportunismus, der letztlich im Egoismus gründet.

Lichtenberg, der scharfsinnige Naturwissenschaftler und Philosoph, formulierte vor langem unsere heutige Sorge: »Wenn man nun einmal in der Welt anfangen wollte, das bloß Nötige zu tun, so müßten Millionen Hungers sterben.« Er meinte damit zweifelsohne das bloß Nötige zum Erhalt der eigenen Existenz. Wir wissen heute, daß Millionen Hungers sterben müssen, und sind in unseren Wohnzimmern durch das Fernsehen zu Zuschauern mit bevorzugten Sitzplätzen geworden. Vernunft und Mitleid vermag der Mensch aus eigener Veranlagung aufzubringen – um so besser, wenn man diese Veranlagung von außen stützt. Wir brauchen demzufolge nicht erst einen völlig neuen Menschen, wollen wir vor dem Hintergrund unserer heutigen Weltlage Abhilfe schaffen!

Religionen und Ideologien versagen an dieser Stelle. Das Verhalten alles Lebenden ist – der heutigen Biologie zufolge – nach dem *Prinzip Eigennutz* auf den größten Ausbreitungserfolg der Gene gerichtet. Egoismus hat hier seine Wurzel. Wir werden zwar mit ihm zu leben haben, müssen jedoch seine Ziele so erreichbar machen, daß der Nutzen des einzelnen zugleich dem Wohl der Menschheit dient und daß so am materiellen Erfolg meßbare praktische Menschlichkeit entsteht, wenn auch bestenfalls nur aus Vernunftgründen. Das Mit-Leiden, das die Not der anderen in eigenes Empfinden umsetzt und dadurch die diesem Leiden entgegenstehende Handlung auslöst, muß bewußt zur gefühlsbetonten zusätzlichen Antriebskraft werden. Dieses Mit-Leiden ist eine verfeinerte Form des Egoismus, die durch Phantasie und ausgeprägtes Bewußtsein hervorgerufen wird, indem das Individuum sich in die Lage des zu Bemitleidenden versetzt und fremdes Leid wie eigenes empfindet. Eigennutz durch Ideologie abschaffen zu wollen führt zur Heuchelei. Ein solcher Bogen spannt sich denn auch vom Absolutismus, in dem nach Hobbes noch ein starker, unbeschränkter Wille des Herrschers den Egoismus des einzelnen überwinden sollte, bis zu den Funktionären sozialistischer Staaten. Eigennutz weder zu verteufeln noch anzuhimmeln, sondern schlicht zu einem Werkzeug zu machen, das Hilfe für andere ermöglicht, erscheint mir pragmatisch und damit erfolgversprechend. Ich möchte mit diesem Gedanken an die Aufklärung und den englischen Liberalismus anknüpfen, die beide darauf bauten, daß Eigennutz letztlich in Gemeinnutz münde. Die Überzeugung von Adam Smith, dem Begründer der modernen Nationalökonomie, wonach das Selbstinteresse des einzelnen als Triebkraft der Wirtschaft letztlich korrigiert werde durch das Wirken einer *unsichtbaren Hand,* die die egoistische Motivation des einzelnen in sinnvolle Taten umwandle, scheint angesichts von auf Jahrzehnte im voraus auszurichtendem Handeln allerdings nicht mehr verläßlich zu funktionieren, wenngleich sie dem Marxismus noch hoch überlegen ist, wie die jüngste Geschichte lehrt. Eine Korrektur dieser *unsichtbaren Hand* könnte darin liegen, den Eigennutz so in Richtung Gemeinnutz wirksam werden zu lassen, daß die Ziele des Gemeinnutzes demokratisch bestimmt und immer wieder überprüft werden. Das ruft die Politik auf den Plan, die durch Information, nicht durch Demagogie, durch Vertiefung der Urteilsfähigkeit des einzelnen, durch Vorsorgehandlungen und Lenkungsinstrumente zu wirken hat. Das ist ein schwieriger und oftmals von irrtümlichen Ansätzen begleiteter Weg. Er ist aber gleichzeitig der einzig mögliche Weg, wenn er in demokratischer Weise im Widerstreit der Interessen und des Sachverstandes fortwährender Kontrolle unterliegt. Die *unsichtbare Hand* muß durch die Demokratie geschaffen werden. Und das Problem scheint eigentlich an dieser Stelle zu liegen. Dennoch: Hunger, Not und Leiden erfolgreich zu vermindern ist das einzige Ziel, das den Einsatz aller Mittel rechtfertigt. Demzufolge haben wir uns so unvoreingenommen wie möglich danach umzusehen, welche Wirtschaftsformen, welche Staaten in den nächsten Jahrzehnten die hohen Überschüsse an Getreide produzieren können, die die Menschheit zu ihrer Ernährung braucht, welche Volkswirtschaften jenen Überschuß an Kapital und Gütern schaffen, die am Anfang einer Selbstversorgung der Dritten Welt aus den Industrieregionen kommen müssen. Revolutionen, die mit Strömen von Blut und Tränen diesem Ziel zuzustreben vorgeben, sind Widersprüche in sich, da sie, mit Zerstörung verbunden, nicht den kürzesten Weg darstellen.

Das Zitat Bertrand Russells am Anfang dieses Buches endet mit den Sätzen: »In unserer Welt die Hoffnung aufrechtzuerhalten, dazu braucht es Intelligenz und Energie. Und denen, die verzweifeln, fehlt es oft nur an der Energie.« Bertrand Russell meint hier jene auf den Menschen bezogene Energie, die wir unter dem Begriff Tatkraft verstehen. Sie ist Bestandteil dessen, was in diesem Zusammenhang fortan als Kreativität des Menschen bezeichnet werden wird. Mit dieser *Kreativität* gewinnt er aus den ihm verfügbaren fossilen Energien, der Kernenergie und der Wasserkraft jene technische *Arbeitsfähigkeit (Exergie)*, die er zur Gestaltung seines Lebens unter Verwendung ihm nutzbarer *Materie (Rohstoffe)* braucht.

Ich möchte darstellen, daß als Produktionsfaktoren des Menschen *Kreativität, Exergie, Rohstoff* Vorrang vor anderen, in der Vergangenheit vielleicht noch begründbaren Produktionsfaktoren erhalten und daß mit ihnen jene Arbeitsfähigkeit und jene Güter produziert werden, die unser wie aller Menschen Leben ermöglichen. In der Umgangssprache sind wir gewohnt, das Wort Energie in einem weiten Sinn zu gebrauchen, auch wenn von Exergie allein die Rede ist. Hier ist die Energie in doppelter Bedeutung gemeint – einmal als jene Energie, die Ausgang für die Gewinnung von (technischer) Arbeitsfähigkeit, von Exergie, ist, um die sich die Weltpolitik heute dreht und deren auskömmliche Beschaffung letztlich über Krieg und Frieden, Leben und Tod entscheiden wird, und zum anderen als jene Energie, hier als Kreativität oder Tatkraft gemeint, die wir Menschen aufbringen müssen, um den Zustand des Mangels auf der Welt aufzuheben. Beide schaffen gemeinsam die Ordnung, ohne die sich nichts Organisches, kein Zusammenleben, kein Staatsgebilde, aber auch keine technische Handlung formen läßt, und bilden somit die materielle Grundlage der Menschlichkeit als der Ausformung und Anwendung der dem Menschen eigentümlichen wertvollen Anlagen des Gemüts und der Vernunft. Sie bilden jenen Dreiklang, der als *Energie, Ordnung, Menschlichkeit* mit drei Worten das Programm ausdrückt, das den Überlebenskompromiß ermöglicht. Dabei umfaßt die menschliche Kreativität eine Vielzahl von Eigenschaften, die die zum Überleben wichtigste menschliche Energie liefern.

Ob es eine Zukunft für die Menschheit gibt, wird nicht zuletzt davon abhängen, ob es uns gelingt, diese Kreativität bei unserer Jugend zu wecken, diese Jugend nicht zerstörerischer Verführung oder mystischer Dunkelheit zu überlassen, sondern ihr Ziele zu setzen, denen sie in ihrem idealistischen Drang folgen kann – dabei gleichzeitig realistisch handelnd, unserer Welt mit ihren Menschen und ihrer eigenen Zukunft zum Nutzen. Die Menschheit ist begrenzt in Zeit, Raum und für vielleicht längere Übergangsphasen auch möglicherweise in Rohstoffen. Sie vermöchte sich dagegen heute schon unbegrenzten Zugang zu der Energie zu verschaffen, die uns die Arbeitsfähigkeit, die Exergie, liefert, die wir zu jeder Produktion und zu jeder Dienstleistung brauchen, und sie ist selbst unbegrenzt in ihrer Kreativität.

Wir brauchen eine neue humane Idee, die lähmenden Kulturpessimismus verabscheut, den eigenen Kirchturm nicht zum Mittelpunkt des Universums setzt, die Fleiß und Arbeit wieder zu Tugenden erhebt, weil sie Grundlage praktischer Hilfe sind, und die Ideologie als Versuch der Manipulation ablehnt, besonders wenn das Gespann Angst und Neid ihr Zugkraft geben sollen.

Die Hungernden unserer Welt verspüren andere Risiken, als sie die Alpträume unserer Wohlstandsgesellschaft gebären.

3. Leben heute und morgen – Fortschritt wohin?

Der geplante Aufbau der künstlichen Welt ist ein equilibristischer Akt. Man wartet mit faszinierter Spannung, ob auch die nächste Artistenleistung – also etwa die Lösung des Ernährungsproblems, die Meerwasserentsalzung oder die Erschließung neuer Energiequellen – noch gelingen wird.

Georg Picht,
»Prognose, Utopie, Planung«

3.1 Menschen und die menschliche Gesellschaft

Weltweite Konferenzen über die Gewinnung von Rohstoffen und ihre Verteilung, über das Bevölkerungswachstum und über Umweltschutz signalisieren das wachsende Bewußtsein der Menschheit um die Begrenztheit unserer Erde. Hinzu kommt die von den armen Regionen immer dringlicher geforderte Beteiligung am Nutzen von Energie und Rohstoffen in dem für Länder der Dritten Welt unbefriedigend verlaufenden Nord-Süd-Dialog. Bedrükkend ist die Erkenntnis, daß das bisherige Wettrüsten der Supermächte und die kriegerischen Auseinandersetzungen in vielen Teilen der Welt mitbestimmt werden von strategischen Gesichtspunkten langfristiger Rohstoffsicherung für unterschiedliche Machtblöcke.

Der jüngste Bericht des Club of Rome »Die globale Revolution« versucht, einen Überblick über die Probleme zu geben.

Überbevölkerung, Rohstoff- und Energieknappheit (was jedenfalls die sogenannten fossilen Energien Kohle, Öl und Erdgas, in einem Zeitraum von einigen Jahrzehnten betrachtet, angeht), hohe Mobilität des Menschen im Zeitalter der Düsenflugzeuge, weltweite Kommunikation durch Funk und Fernsehen, Mikroprozessoren, eine die ganze Welt umfassende Gefährdung des Lebens, hervorgerufen durch menschliches Tun, und schließlich eine weltvernichtende Waffentechnik waren und sind dabei, unser Weltbild innerhalb weniger Jahrzehnte von Grund auf zu verändern.

Während wir vom Anbeginn menschlichen Forschens in den Naturwissenschaften allgemein und durch die im speziellen wachsende Kenntnis vom Universum das Gefühl von der Unbegrenztheit unserer Möglichkeiten erfuhren und erfahren, werden wir nun innerhalb weniger Jahrzehnte auch und gerade durch die Raumfahrt auf die Begrenztheit unseres materiellen Zugriffs zum Universum und auf die Begrenztheit unserer Erde hingewiesen. Für die Lösung unserer Probleme ist uns nur eine kurze Frist verblieben. Damit erhält unser Handeln Verantwortung für die heute Lebenden und in viel höherem Maß für die Zukunft unserer Kinder.

Nehmen wir die verbleibenden Gelegenheiten wahr, um unser Handeln der Vernunft unterzuordnen, so erscheint es mir noch möglich, einen Zustand für die Erde zu erreichen, den man kontrollierbar nennen könnte – kontrollierbar in dem Sinn, daß menschliches Einwirken bald Lebensmöglichkeiten für die Weltbevölkerung insgesamt in einem menschenwürdigen Rahmen schafft, aber auch in dem Sinn, daß die Lebensfähigkeit des komplizierten *Systems Erde* langfristig erhalten bleibt.

Zu Recht häufen sich besorgte Stimmen in dem Maß, in dem bedrohlich erscheinende Zusammenhänge erkennbar werden. Abhilfe wird gefordert, und je größer, je panikartiger die Befürchtungen werden, desto drastischer und rigoroser müssen nach diesen Forderungen die Abhilfemaßnahmen sein. Die öffentliche Meinung – beeinflußt durch plakative, aber oftmals falsche Argumentationsketten in manchen Zeitungen und Fernsehprogrammen –

sucht Schuld und Nichtschuld nach einfachsten Gesichtspunkten abzuhandeln, Gut und Böse aufzuzeigen und daraufhin Schlüsse zu ermöglichen. Lautstärke wird für Denkvermögen, Publizität für Sachverstand gehalten. Wie häufig in solchen Situationen gerät nach kurzer Zeit die Meinung, die sich als die öffentliche ausgibt, auf einen Irrweg. Zeit und Mittel werden vertan. Man hat dann eben, um in moderner Terminologie zu bleiben, einen Lernprozeß durchgemacht, der allen schadet, obwohl man doch nur genau hätte zuhören müssen. Schließlich hätte man sein Urteilsvermögen aus dargebotenen Informationen schulen und sogar durch aufbauende und nicht nur verneinende Handlungen wichtige eigene Schritte zur Lösung der Aufgaben beitragen können.

Sorge und Furcht vor der Großtechnik, vor Kern- und Kohlekraftwerken und vor der Chemie entstehen aus dem Gefühl, daß unsere Welt sich plötzlich als begrenzt, vielleicht als bereits zu eng erweist. Sorge und Furcht vor vermeintlichen Gefahren aus dieser Technik drohen uns blind zu machen für die Erkenntnis, daß nur diese Großtechnik noch einen friedlichen Ausweg aus unserer Lage bieten kann.

Der amerikanische Wissenschaftshistoriker Lewis Mumford hat in seinem Buch *Mythos der Maschine* unsere technisierte Welt zu einer monströsen *Megamaschine* werden sehen, die die Menschen versklavt. Diese Befürchtungen finden immer wieder Anklang, gerade bei den Menschen, die nur geringen Zugang zu naturwissenschaftlichem Denken haben und somit die Grundlage ihrer heutigen materiellen Existenz gar nicht oder nur bruchstückhaft durchschauen. Haben wir schon vergessen, daß vor uns lebende Generationen noch bis in dieses Jahrhundert hinein Lebensrisiken kannten, die trotz oder gerade wegen erzwungener naturnäherer Lebensweise als heute unvergleichlich größer waren? Haben wir schon vergessen, daß uns die Natur im Wechsel von Tag und Nacht, von Sommer und Winter, von Saat und Ernte von Anbeginn an ihren Rhythmus aufgezwungen hat? Dieser Rhythmus wurde zudem von zufälligen, von uns unbeeinflußbaren Wechselfällen des Wetters, von Dürre und Überschwemmung, von Pest und Schädlingsplagen überlagert.

Das Leben der Menschen stand immer in Frage, war bedroht von Erdbeben und Hungerkatastrophen, von Sturmfluten, Vulkanausbrüchen und Kriegen. Haben wir uns deshalb von der Natur versklavt gefühlt, weil sie uns häufig ihren Willen aufzwang? Ist es nicht erstaunlich, daß uns dieser Zustand in der Verklärung alles Vergangenen wie das verlorene Paradies erscheinen will? Zum erstenmal könnten wir uns mit Hilfe eines von uns geschaffenen Werkzeugs, nämlich der Technik, weitgehend von diesen Fährnissen befreien. Aus Denkfaulheit fürchten wir uns statt dessen lieber vor dieser Technik, die nur durch uns ist und – was viel wichtiger ist – die nicht einen Tag ohne unsere Eingriffe und Befehle zu bestehen vermag und die deshalb immer unser Sklave und nie unser Herr sein wird.

Die wesentliche Ursache der tatsächlichen Verengung unserer Welt ist die mehr und mehr in ihren Auswirkungen spürbare weltweite Bevölkerungsexplosion, ist das wachsende Gefälle zwischen armen und reichen Völkern und die Befürchtung, daß Rohstoffe und Regenerierfähigkeit unserer Welt sich erschöpfen könnten. Diese Furcht kann jedoch nur begründet sein, wenn wir nicht durch noch mehr Naturwissenschaft und Technik rechtzeitig neue Rohstoffe und Verfahren finden, mehr Nahrung erzeugen und unsere Umwelt besser kennen und schützen lernen.

Voraussetzung für ein künftiges konfliktärmeres Leben ist demzufolge die zahlenmäßige Stabilisierung der Weltbevölkerung oder jedenfalls eine Begrenzung der Vermehrung der Weltbevölkerung weit unterhalb des Wachstums der Produktion von Lebensmitteln und anderen Gütern. Voraussetzung ist weiterhin das Sichern eines hinreichend großen Lebensraums für die Menschheit in einer intakten Umwelt. Die Bevölkerung der armen Länder wächst im Augenblick dreimal schneller als die der industrialisierten Länder und verdoppelt sich in 25 Jahren. Wachstum bei der Produktion von Gütern erhält daraus eine ethische Notwendigkeit, solange es Menschen in der Welt gibt, die Not leiden.

Wachstum in der Produktion von Gütern steigert jedoch den Verbrauch von Energie zur Gewinnung der benötigten Exergie. Niemand kann das Recht haben, dieses Wachstum generell zu verdammen, solange es die einzige Quelle zur Verminderung der Not ist – wo auch immer in der Welt. Auch ein notwendiges Wachstum des Energieverbrauchs sollte demnach nicht umstritten sein, zumindest von niemandem, der philosophisch vom Rationalismus herkommt und demzufolge Verstandes- und Vernunftstandpunkte zur Grundlage seines Handelns machen will, aber auch von niemandem, der christliche Ethik auf seinem Banner trägt. Es paßt nicht zusammen, daß wir heute für »Brot für die Welt« sammeln und morgen gegen Kraftwerke demonstrieren. Neue Kraftwerke – mit jedem vernünftigen Maß an Sicherheit und auch als Beitrag zum Umweltschutz – fördern »Brot für die Welt«.

Niemand weiß so gut wie der Techniker selbst, daß der zum Erreichen dieses Wachstums notwendige Einsatz der Technik als Helfer des Menschen auch neue Zwänge schafft und nachteilige, schädliche oder gefährliche Auswirkungen haben kann. Doch auch bei ihm besteht das Wesen sittlicher Entscheidung darin, Lösungen auszuwählen, die er verantworten kann. Naturwissenschaftler und Techniker haben einen originären Anspruch darauf, auch die ökologischen Interessen sachkundig und abwägend zu vertreten. Sie unterscheiden sich von Einsprechern jedoch dadurch, daß sie sich nicht in unverbindlichen Denkmustern, in Wunschvorstellungen erschöpfen können, sondern handeln müssen.

Menschliches Handeln ist nie vollkommen; deshalb ist jede begründete Kritik eine Hilfe. Wissenschafts- und Technikgläubigkeit und Vertrauen in Wissenschaft und Technik sind unterschiedliche Dinge. Gläubigkeit ist ihrer Natur nach kritiklos. Vertrauen baut auf der Erfahrung auf, daß berechtigte Kritik in zukünftiges Handeln einbezogen wird und daß Umsicht und Sorgfalt nicht außer acht gelassen werden. Wir müssen in vielem anders denken und handeln, wenn wir über die Fragen zukünftiger Technik, über die der Beschaffung von Rohstoffen, der Energieversorgung, der Sicherung der Arbeitsplätze und des Lebensstandards hier bei uns, aber auch über die Fragen nach dem weltweiten Schutz der Umwelt und nach der Hilfe für die armen Länder zu Entscheidungen kommen wollen – und einsehen, daß Daseinsangst, bis zur Blockade notwendigen Handelns, der schlechteste Ratgeber ist.

Die augenblickliche geistige Auseinandersetzung, die sich in einigen westlichen Industrieländern – und nur hier, nicht im ehemaligen Ostblock und bei den Entwicklungsländern – zu den Fragen abspielt, ob weiteres Wachstum erforderlich ist, ob es überhaupt Wachstum geben muß, ob eine Entkoppelung zwischen dem Bruttosozialprodukt und dem Zuwachs im Primärenergieverbrauch möglich sei, ja, ob nicht schließlich schlechthin technischer Fortschritt die Situation des Menschen verschlechtere, ob es nicht sogar eine Zwangsläufigkeit geben müsse, nach der die Menschheit immer in dem Zustand leben müsse, *zum Leben zuwenig, zum Sterben zuviel* zu haben, hat in der Geschichte, mehr oder minder ähnlich, eine Reihe von Vorläufern.

Ich erwähnte bereits Malthus. Er hat 1798 ausgedrückt, daß – natürlichen Gesetzen folgend – die Bevölkerung stets stärker wächst als die Möglichkeit, Nahrung zu erzeugen. Seine beiden Essays drücken schon in der Überschrift diese Sorge aus. Die Arbeit von 1798 ist überschrieben: *An Essay on the Principle of Population as it affects the Future Improvement of Society with Remarks on the Speculations of Mr. Godwin, Mr. Condorcet and other Writers* (Godwin und Condorcet hatten als Zeitgenossen der Aufklärung eine im Zeichen der Vernunft sich aufwärts entwickelnde Menschheit gesehen.) Die zweite Arbeit von Malthus trägt den Titel: *An Essay on the Principle of Population or a View of its Past and Present Effects on Human Happiness with an Inquiry into our Prospects Respecting the Future Removal or Mitigation of the Evils in Occasions.*

Die Fortschritte in Technik und Naturwissenschaft im Zuge der Aufklärung haben die schweren Besorgnisse von Malthus widerlegt. Die Einführung der Dampfmaschine mit der unendlichen Vervielfältigung der menschlichen Arbeitsfähigkeit, die in ihrem Gefolge mögliche Mechanisierung der Produktion, die Möglichkeit, mit Hilfe der Dampfmaschine die Wasserhaltung in Bergwerken zu verbessern und mit größeren Teufen auch neue große Steinkohlevorräte zu erschließen, aber auch eine leitungsgebundene Wasserversorgung der Haushalte überhaupt erst durchzuführen und damit die hygienischen Verhältnisse entscheidend zu verbessern, die Steigerung der Transportkapazitäten durch die dampfgetriebenen Eisenbahnen und Schiffe, die Möglichkeit, mit der Eisenbahn schnell, kostengünstig und in großen Mengen Energie auch in entfernt von den Kohlerevieren liegende Gebiete zu bringen, dort Arbeitsplätze und Unterhalt schaffend, und vor allem auch die Liebigsche Entdeckung, Erträge durch Düngung steigern zu können – diese und andere Erfindungen, Entwicklungen und Entdeckungen sorgten für eine bis dahin nicht gekannte Lebensqualität, obwohl die Menschheit, eben durch diese verbesserten Lebensbedingungen, sehr viel stärker wuchs, als Malthus befürchtet hatte. Sie machten den Menschen aber auch weitgehend frei – er konnte entdecken, forschen, entwickeln und somit gestalterisch tätig sein.

Übrigens irrte nicht nur Malthus in der Einschätzung naturwissenschaftlich-technischer Möglichkeiten. Napoleon warf, so sagt die Anekdote, den Engländer Fulton einfach hinaus, als der ihm die taktischen Vorteile des Dampfschiffes (korrekter muß es heißen, daß eine Kommission in Übereinstimmung mit dem französischen Marineminister den Plan für unausführbar hielt) gegenüber einer vom Wind abhängigen Kriegsflotte erläutern wollte. Ein Beispiel dafür, daß für die Technik nicht immer der Krieg der Vater aller Dinge ist.

Ein halbes Jahrhundert später kam Karl Marx zu seiner Erkenntnis des Gegensatzes von *Kapital und Arbeit* und folgerte daraus, daß die arbeitende Klasse, das sogenannte *Proletariat,* immer ausgebeutet am Rande des Existenzminimums vegetieren müsse.

Der Marxismus ist, wie schon zuvor die Französische Revolution, aus Rousseaus aggressiver Tendenz gegen die moderne Gesellschaft hervorgegangen. Und heute stehen wir vor der Tatsache, daß die angeblich Marx folgenden sozialistischen Staaten mit dem Aufbau von getrennten Klassen ein von Marx abgelehntes frühkapitalistisches Gebaren an den Tag gelegt haben, geschaffen und gefördert von den Protagonisten jener Staaten, den Funktionären, und daß viele der kapitalistischen Staaten für ihre Bürger einen sozialen Stand erreicht haben, den Karl Marx sich vermutlich niemals vorgestellt hat.

Im übrigen war Karl Marx ein Anhänger David Ricardos und

hätte bereits von ihm wissen können, was sich heute, nach vielen Jahrzehnten der Entbehrung, in früher marxistischen Staaten Bahn bricht. David Ricardo schreibt nämlich 1817 in *On the principles of political economy and taxation* deutlich und klar: »Wenn eine Bevölkerung gegen den Nahrungsspielraum preßt, sind die einzigen Hilfsmittel entweder eine Verminderung der Bevölkerung oder eine schnelle Vermehrung des Kapitals.« In der heutigen Bevölkerungsbewegung heißt das: *Entweder wandert das Kapital zu den Menschen, oder sie wandern aus*. Über die Bildung von Kapital und die Rolle des Kapitalgebers wird später im Zusammenhang mit den Begriffen Energie und Entropie noch ausführlich zu sprechen sein.

Wir sind über die Weltanschauungen des vorigen Jahrhunderts bereits weit hinweggegangen mit den heute praktizierten Modellen sozialen Zusammenlebens und philosophischer Weltbetrachtung, auch wenn es viele der Fortschrittlichen von heute noch nicht bemerkt haben. Dem Marxismus scheint dagegen eine Anpassung nicht zu gelingen, da er als Religion statisch ist, »Gotteslästerung«, auch nur ernsthafte Zweifel nicht aufkommen läßt und Veränderungen in der Gesellschaft wie in der physischen Umwelt immer nur auf dem Weg der Exegese, also der richtigen Ausdeutung und der semantischen Umdichtung, aufzunehmen versucht. Jene bis in die jüngste Vergangenheit gültige Verkrustung scheint neuerdings aufzubrechen – wir sollten diesen Vorgang mit Sympathie und tätiger Hilfe unterstützen. Er wird nur dann erfolgreich sein, wenn es am Ende keinen Marxismus mehr gibt, weil der am Anfang der Industrialisierung von Marx gesehene Gegensatz von Kapital und Arbeit als überwunden erkannt und verstanden wird, daß beide nur unterschiedliche Seiten der gleichen Medaille sind.

Wir brauchen anstatt ideologischer Vernebelung auch in unserer Zeit Wirtschaftssysteme mit hoher Leistungsfähigkeit und hoher Beweglichkeit, wir brauchen den motivierten einzelnen, um Malthus' Befürchtungen endgültig zu bannen und Marx auf seinem historisch begründeten Platz ruhen lassen zu können. Übrigens verkrusten alle Weltanschauungen, seien sie philosophisch, ideologisch oder religiös fundiert, wenn sie die zur Zeit ihrer Gründung herrschende Bezogenheit zu der menschlichen Lebensform nicht geänderten naturwissenschaftlichen Erkenntnissen anpassen können. Wir brauchen hier nicht näher auf die heiligen Kühe der Inder einzugehen – die Hilflosigkeit der unterschiedlichen Religionen in Sachen Familienplanung wird in unserer Zeit in mittel- und südamerikanischen Ländern, in Asien und Afrika drückend genug deutlich.

Schumpeter meint in *Kapitalismus, Sozialismus und Demokratie:* »Der fundamentale Antrieb, der die kapitalistische Maschine in Bewegung setzt und hält, kommt von den neuen Konsumgütern, den neuen Produktions- und Transportmethoden, den neuen Märkten, den neuen Formen der industriellen Organisation, welche die kapitalistische Unternehmung schafft.« Diesen Antrieb müssen wir erhalten.

Wir müssen deshalb bewußt diesen Vorteil der westlichen Welt nutzen, ein Weltbild entwerfen und philosophisch unterstützen zu können, das uns in die Zukunft trägt und das vor allen Dingen verständlich ist und Orientierung für das Handeln ermöglicht. Wir brauchen dieses Weltbild, das von der vom Menschen gesteuerten humanen Evolution ausgeht, da sich einerseits die Menschheit eine alles zerstörende Revolution nicht mehr leisten kann, weil der Aufbau danach nicht mehr denkbar ist (oder die erforderliche Zeit nur unter unvorstellbaren Menschenopfern zu gewinnen wäre), und da andererseits die nützliche und erforderliche evolutionäre Entwicklung der Wirtschaft, der Technik und der Naturwissenschaft solch ein atemberaubendes Tempo vorlegt, daß die in ihnen ablaufenden Ereignisse für die Allgemeinheit immer schwerer verständlich werden – wenn sie nicht in ein überschaubares Weltbild eingeordnet sind.

Wir brauchen ein Weltbild, das dem Menschen hilft, sich in dieser und seiner zukünftigen Welt zurechtzufinden, heimisch zu fühlen und Vertrauen zu gewinnen, weil er nur dadurch, wenn schon nicht die komplexen technischen und naturwissenschaftlichen Vorgänge, so doch wenigstens die Grundsätze, nach denen sie ablaufen, verstehen und billigen kann. Der Mikroprozessor, die Datenbank, die Genbiologie und viele andere Dinge verlangen kybernetische, den guten Weg weisende Eingriffe. Wir brauchen eine neue Philosophie, die diesen guten Weg erklärt und unterstützt.

Im übrigen gilt dieses anscheinend atemberaubende Tempo immer nur für die unmittelbare Zukunft, die noch erarbeitet werden muß. In der Gegenwart sind wir bereits heimisch, ohne jedes Gefühl dafür, wie bedrohlich sie noch unseren Eltern oder gar Großeltern erschienen sein muß. In diesem Zusammenhang sei der Klerus von Köln erwähnt. Unter Napoleon wandte er sich gegen die Einführung der ständigen Straßenbeleuchtung, weil so die für die Welt gesetzte Ordnung des Wechsels von Licht und Finsternis durchbrochen würde. Ist diese Abneigung gegen mehr Licht nicht geradezu beispielhaft für eine immer wiederkehrende Abneigung gegen die Technik?

Vom ersten Ganzmetallflugzeug bis zu dem die Kontinente überspannenden Massentourismus verging etwas mehr als eine Generation. Von der ersten öffentlichen Fernsehvorführung bis zum Fernsehsatelliten ebenso. Wie muß ein Weltbild beschaffen sein, das solche weltbewegenden Neuerungen mit ihren Auswirkungen auf das Leben des einzelnen überschaubar erhält? Aber auch: Wie muß ein Weltbild beschaffen sein, das dem Menschen Grenzen aufzeigt und rationales rechtzeitiges Handeln ermöglicht?

Ausreichende materielle Versorgung nivelliert darüber hinaus und schafft die Chancengleichheit, die wir zur optimalen Nutzung des menschlichen Geistespotentials, der menschlichen Kreativität lebensnotwendig brauchen. Es wird noch zu zeigen sein, daß weltweit hohes Wachstum an Verfügbarkeit über Energie erforderlich ist, um eine ausreichende materielle Versorgung auch weltweit zu erreichen.

Weltanschauungen, die auf dem Festschreiben eines bestimmten Zustandes aufbauen und die menschliche Anpassungsfähigkeit, vor allem aber das menschliche Ingenium außer acht lassen, finden sich noch öfter. Sie können zu ihrer Zeit Bedeutung als Signale haben, die die menschliche Schöpfungskraft in Bewegung setzen können, sie verlieren aber für die nachfolgenden Generationen ihre Bedeutung in dem Maß, in dem veränderte Lebensbedingungen, Bedürfnisse und Ziele und gewandelte gesellschaftliche Ordnungen jeweils andere, die Situation konkreter abdeckende Lösungen erfordern. Alle sind sie Ausdruck einer sozialen Idee, wie Schilling in *Geschichte der sozialen Ideen* sagt, Ausdruck der schöpferischen Forderungen der Natur. Die gestalterische Antwort des Menschen auf die ihn durch Not ansprechenden Forderungen der Natur – das ist wesentlich auch die Technik.

Signalwirkung zu haben bedeutet jedoch auch, einer breiten Öffentlichkeit Probleme bewußtzumachen und ihre Bereitschaft zu fördern, neue Lösungen mitzutragen. Solche Anstöße stellen die Arbeiten von Forester und Meadows mit den *Grenzen des Wachstums* dar. Erst dank ihrer Studie – und trotz deren Schwächen – wissen viele von uns um die gefährliche Mangelsituation, der wir auf dem Rohstoff- und Energiegebiet gegenüberstehen, und auch darum, daß wir nur eine begrenzte Zeit zur Verfügung haben und außerordentlich hohe Kapitalbeträge brauchen, um Abhilfe schaffen zu können. Dank ihrer Studie haben viele auch deutlich begriffen, daß eine neue soziale Idee nicht nur einzelne Gruppen oder Völker, sondern lebensnotwendig unsere Erde umfassen muß.

Von den vielen durchgerechneten Modellen der Studie ist mir eines besonders schrecklich in der Erinnerung. Es zeigt in der wechselseitigen Abhängigkeit von Weltbevölkerung, Energie- und Rohstoffverbrauch, Kapitaleinsatz und Umweltverschmutzung als Ergebnis der Berechnung, daß sich unter gewissen kritischen Bedingungen die Weltbevölkerung im Anfang des nächsten Jahrhunderts innerhalb von 15 oder 20 Jahren auf etwa ein Sechstel reduzieren müßte. Das bedeutet doch, daß dann mehrere Milliarden Menschen innerhalb weniger Jahre ihre Lebensgrundlage verlieren. Sind das nicht soziale Katastrophen, neben denen der Dreißigjährigen Krieg und die Kriege, aber auch die Völkermorde dieses Jahrhunderts verblassen müßten?

Systemanalysen nach Art der für *Grenzen des Wachstums* vorgelegten werden heute vielfach ausgeführt. Sie alle sind wichtig, da immer neue Einflußgrößen und andere Wechselwirkungen untersucht werden. Jede von ihnen stellt im Rahmen anderer Informationen einen Mosaikstein des Bildes dar, das mit wachsender Vollkommenheit genauere Prognosen und rationaleres Planen ermöglicht.

Nur – bestes Planen nützt nichts, wenn es nicht in Handlung umgesetzt werden kann.

Glaubte man in der Zeit der Aufklärung, der Mensch werde dahin zu bringen sein vernünftig zu handeln, wenn er nur die Mittel hätte, um seine Lebensumstände zu verbessern, so wissen wir demgegenüber heute, daß wir bereits – oder noch – diese Mittel besitzen. Wir beginnen dagegen zu bezweifeln, daß die Menschheit rechtzeitig vernunftgemäß handeln wird. Läßt sich das nicht ändern? Wir wissen, daß unsere Probleme, trotz aller gegenteiligen Behauptungen, eben nicht mehr im physikalischen oder materiellen Handlungsraum des Menschen, sondern im Ideologischen oder Psychischen oder Philosophischen liegen.

Nicht die Unfähigkeit der Technik, sondern das *Unbehagen an der Kultur* macht uns zu schaffen.

Wir müssen demzufolge unsere Anstrengung mindestens genauso deutlich darauf richten, vernünftige Entscheidungen, von der Mehrheit getragen, zu fällen und durchsetzbar zu machen, wie darauf, naturwissenschaftliche und technische Programme zu entwerfen und vorzubereiten, die Mangelsituationen vermeiden und die die Lebensfähigkeit auf der Erde erhalten.

Die erstaunliche neue Entdeckung der Bürgerinitiativen scheint zu sein, daß der Mensch von heute für die Technik von heute nicht reif genug ist. Brauchen wir die Technik lebensnotwendig, dann müssen wir uns bemühen, den Menschen aufzuklären (bei seiner Urteilsfähigkeit sollte es durch Arbeit gelingen, bei seinen sittlichen Qualitäten brauchen wir die Hilfe positiver Gefühle) und zugleich diese Technik immer beherrschbarer, also menschensicherer zu machen. Nicht nur die alte Angst vor allem Neuen, vor Webstühlen, Lokomotiven, Autos allein nährt heute Befürchtungen und Widerstand, es ist auch eine neue Sorge, die nämlich, daß die Werke des Menschen jenen gefährlichen Zustand erreichen könnten, in dem sie ihm entgleiten oder über ihn hinauswachsen. Die gewaltigen Kräfte aus der Kernspaltung, der seinem Herrn überlegene, alles wissende und alles bemerkende Computer, die dem Menschen entgleitende biologische Manipulation sind offenbar Ängste einer neuen Qualität; dennoch ist ihre Hauptursache Unverständnis.

Und ist der neue Irrationalismus vieler Bürgerinitiativen, der selbst die offenkundigsten Erfahrungsinhalte über wirtschaftliche Zusammenhänge und damit über den Mechanismus der Güterversorgung des Menschen ablehnt, nicht bereits selbst wieder ein Zustand, der zu großer Sorge Anlaß gibt, eine die Schranken der Rationalität hinwegstoßende Irrationalität?

Wir machen Naturwissenschaft und Technik beherrschbar und mindern Ängste vor ihnen, indem wir unser Wissen und vor allem das der Nichttechniker über sie vertiefen – *Vertrautheit nimmt Ängste* – und indem wir über Forschung, Entwicklung und Erfahrung weiter und weiter Schadensursachen und Gefahrenquellen ausschalten und das mit bester Wirkung dort tun, wo es um wirkliche und nicht nur um vermeintliche Gefahren geht.

Die gesellschaftspolitische Bedeutung des Handelns in einer fortschreitenden Technik wird offenbarer, weil den Menschen die Wechselwirkungen zwischen möglichem Energie- und Rohstoffmangel und der Güterproduktion, zwischen den Lebensgewohnheiten des einzelnen und der Lebensqualität für alle, zwischen der Sicherung von Arbeitsplätzen und weltweitem materiellen Ausgleich und zwischen Verschwendung der reichen und Verzweiflungshandlungen der armen Länder und der Schonung der Umwelt mehr und mehr erkennbar werden.

Je unbequemer die Entscheidungen für den einzelnen sind, die getroffen werden müssen, desto mehr ist es erforderlich, ihn mit sachlichen Argumenten, nachprüfbaren Modellen und realisierbaren Zeitplänen zu überzeugen und Maßnahmen in ihrem Erfolg quantifizierbar zu machen. Nur so gelingt es, zur Bildung eines Mehrheitswillens zu kommen, ohne politische Heilslehren, die die Glückseligkeit versprechen, sich jedoch über den Zeitpunkt ihres Eintretens nie auslassen. Je besser der Bürger die ihm vorgelegten Fragen in ihren Zusammenhängen und Folgen überschaut, desto eher wird er rationalen Argumenten zugänglich sein. Ist er unwissend, bleibt er durch geschürte Ängste manipulierbar. Ist er unwissend, wird er leicht zum Material für Demagogen, zu einer Masse, die aufquillt und gärt wie ein Hefeteig, in ihren Händen aber immer knetbar bleibt.

Bleibt man dabei im emotionalen Bereich, kann man sogar begründen, daß Kernkraft, je nach politischem Heimatland, gleichzeitig gut und schlecht sein kann.

Bleibt man im emotionalen Bereich, dann läßt sich eine Handlungsweise als fortschrittlich ausgeben, bei der Gruppen sich aus der Gemeinschaft ausgliedern und Sonderrechte für sich beanspruchen, ohne Gedanken darauf zu verschwenden, was wäre, wenn alle so handelten, beispielsweise beim natürlichen Landbau und bei der Abkapselung in kleine Gemeinschaften, die nur ihrem eigenen Heute leben. Wer übernimmt, wenn sich alle so verhalten, Pflichten wie etwa die Erwirtschaftung von Steuern oder das Aufrechterhalten von Sicherheit im menschlichen Zusammenleben, wie medizinische Versorgung, Errichtung und Bezahlung von Forschungsinstituten, wie Herstellung von lebenswichtigen Produkten, die es ohne Großtechnik nicht gibt, vom Stahl bis zum Seeschiffbau und zur Eisenbahn, vom Aluminium, vom Kohlenbergbau, von der Zementherstellung bis zum Aspirin?

Wie setzt man nun die Bürger in den Stand, Zusammenhänge und Folgen bei den von ihnen mitzutragenden Entscheidungen zu überblicken? Wie vertieft man ihre Urteilsfähigkeit in einer Zeit, in der die Auflösung und Vernebelung der Begriffe als ein Mittel verwendet wird, Aufklärung und gesteigerte Einsichtsfähigkeit geradezu zu verhindern, in der, um ein Wort Schelskys zu gebrauchen, mit einem »klassenspezifischen Vorrat an Leerformeln« bewußt falsche hypnotische Zwänge aufgebaut werden und in der Medien oftmals skrupellos nur der eigenen – um eine ihrer Leerformeln ironisch zu gebrauchen – *Profitmaximierung* nachlaufen?

Der Münchener Philosoph Stegmüller sieht denn auch als eines unserer größten Probleme die semantische Verschmutzung unserer geistigen Umwelt an. In der Einleitung zu Band II seiner *Hauptströmungen der Gegenwartsphilosophie* schreibt er 1975 über die Mitverantwortung des Philosophen, eine Chance für das Überleben der Menschheit zu bewahren: »Obwohl die auf uns zukommenden Probleme prinzipiell zu bewältigen sind, könnte es sein, daß wir ihnen gegenüber versagen. Es gäbe nur einen pauschal formulierbaren Grund für eine solche Möglichkeit: die semantische Verschmutzung der geistigen Umwelt des Menschen, des einzigen redenden und systematisch Symbole benutzenden Wesens. Das Phänomen als solches reicht weit in die Vergangenheit zurück, viel weiter als das der heute oft beschworenen Gefahr einer physischen Umweltverschmutzung. Aberglaube, Angstreligionen und sich an Absurdität wechselseitig überbietende Ideologien haben die Entwicklung des Menschen begleitet; sie bildeten die negative Seite seines kulturellen Fortschritts. Erst heute jedoch sind sie zu einer planetarischen Lebensgefahr geworden.«

Wenn wir auf die Frage: »Wie machen wir uns dem Bürger verständlich?« eine Antwort gefunden haben, reduziert sich die Aufgabe, vor der wir stehen, auf Arbeit, die wir zu verrichten vermögen, weil Handeln ermöglicht wird. Uns den Bürgern verständlich zu machen heißt aber, zu erklären, zu deuten und zu relativieren, um so ihre Urteilsfähigkeit zu vertiefen. Unter Urteilsfähigkeit soll jene Fähigkeit verstanden werden, die uns in die Lage versetzt, Vor- und Nachteile unterschiedlicher Problemlösungen zu erkennen und im Blick auf die Erfordernisse der Erhaltung und Verbesserung der Lebensbedingungen zu bewerten. Urteilen heißt immer auch vergleichen.

Anwenden von Urteilsfähigkeit setzt Information voraus. Informationslücken entwerten Urteilsfähigkeit. Versuchen wir also, Informationslücken dem politischen (und auch demagogischen?) Kalkül zu entziehen, indem wir sie beseitigen.

Wir sind stolz darauf, mit dem Aufschwung der Naturwissenschaften in der Industrialisierung die Lebensbedingungen eines Teils der Menschheit erheblich verbessert zu haben. Immer mehr ist dabei unsere Welt zu einer von Menschen geformten, vom Menschen beherrschten Welt geworden. Je mehr Menschen unsere Welt trägt, je weniger natürliche Quellen ausreichen, sie zu versorgen, desto künstlicher wird unsere Welt. Künstlich meint aber nichts weiter, als daß der Grad menschlicher Einflußnahme bei der Gewinnung lebensnotwendiger Güter das Maß überschreitet, das wir als herkömmlich erwarten.

Der Bauer, der mit Pferden vor dem Pflug und Mist als Dünger seinen Acker bestellt, scheint uns *natürlich* zu handeln, jener, der einen elektronisch gesteuerten Pflug einsetzt und dem Boden alle Nährstoffe aus der Retorte zufügt, dagegen *künstlich*. Beide unterscheiden sich jedoch gründlich von dem Jäger und Sammler, der der Mensch einst war und zu dem er vermutlich in seiner evolutionären Entwicklung von der Natur auch angelegt ist und der allein *natürlich* gelebt hat.

Die Furcht, der Mensch könne seine Befugnisse überschreiten und von künstlichen Bedürfnissen bis zu künstlichen Menschen alles produzieren, wozu er fähig ist, und dabei die mit unserem heutigen Empfindungsstand als harmonisch angesehene Natur zerstören, läßt viele bei dem Begriff *künstlich* zurückschrecken. Künstlich ist immer auch neu, andersartig und damit der menschlichen Trägheit unbehaglich.

Zweifelsohne sind unsere beiden Bauern für den steinzeitlichen Menschen nicht mehr natürlich. Zweifelsohne aber wird der Verhungernde in Afrika oder Asien nicht fragen, mit welcher Methode die Lebensmittel gewonnen wurden, wenn sie nur ausreichend dargeboten werden.

Künstlich und *künstlerisch* haben denselben Wortstamm, sie lassen sich auch mit den gestalterischen Fähigkeiten des Menschen verbinden.

Notwendigerweise wird unsere Welt durch die erweiterten Eingriffe des Menschen immer künstlicher. Diese Eingriffe durchführen zu müssen, ohne Schaden an Leib und Seele unserer Welt zu verursachen, erfordert weiter und weiter vertiefte Urteilsfähigkeit. Nichts beherrschen wir vollkommen, und nichts gelingt uns vollendet. Skepsis vor menschlichem Tun und Pragmatismus bei menschlichem Handeln, um überhaupt Fortschritte zu erzielen, werden einander beim Aufbau einer zunehmend künstlichen Welt gegenüberstehen. Vermutlich werden wir die Reste ursprünglicher Natürlichkeit in Pflanzen und Tieren nur dann erhalten können, wenn wir durch künstliche Maßnahmen Erträge so steigern, daß große Reservate erhalten bleiben können. Wir sind mit unserer Aufgabe noch zu keinem überschaubaren Abschluß gekommen.

Ein Beispiel menschlicher Unvollkommenheit ist die Entwicklungshilfe. Zwar helfen wir der Dritten Welt mit Medikamenten und Nahrung, ohne jedoch ein ausreichendes Konzept zum Aufbau dieser Welt zu verwirklichen. Wir können ausrechnen, welche Kapitalbeträge zum Aufbau der Infrastruktur, der Industrie, der Ausbildung für diese Länder erforderlich sind, huldigen aber gleichzeitig der romantischen Vorstellung, daß die Verbesserung herkömmlicher Methoden und Hilfen allein ausreichen würde, und geben Kapital statt dessen für Rüstung, Kriege, Prestigeprojekte, Revolutionen und unsinnige ideologische Experimente aus. Aus humanitären Gründen haben wir vielen Ländern der Dritten Welt Ausbildung und medizinische Hilfe gebracht, die Kindersterblichkeit verringert, Seuchen und Plagen bekämpft. Damit wurde das uns in seiner unerbittlichen Grausamkeit der Natur unerträglich erscheinende Selektionsprinzip durchbrochen, das seit Anbeginn die jeweiligen Populationen mit ihren (Über)lebensmöglichkeiten in Einklang hielt. Die Welt verehrt Albert Schweitzer als Symbolfigur solchen Handelns, aber seine Arbeit bleibt nur halb getan, solange wir nicht Möglichkeiten schaffen, die dadurch wachsende Zahl der Menschen auch menschenwürdig leben zu lassen.

Es ist unverantwortlich zu glauben, man könne den Entwicklungsländern humanitäre Hilfe zum Überleben durch moderne Medizin geben, und zu hoffen, sie würden mit überkommenen Mitteln dennoch in der Lage sein, ihre durch diese medizinische Hilfe stark wachsende Bevölkerung mit den ihnen natürlich gegebenen Quellen im Gleichgewicht zu halten und so ohne eine mehr und mehr künstliche Lebensweise auskommen können.

Es ist genauso unverantwortlich, unsere Hilfe für die Dritte Welt auf einer Stufe anhalten zu lassen, auf der sie sich allenfalls in einer weiteren Vermehrung der Menschen, jedoch nicht in einer dauerhaften Verminderung ihrer Not auswirken kann. Eine Stabilisierung der Weltbevölkerung ist nur dann zu erwarten, wenn es gelingt, allen Bürgern dieser Welt ein materielles Niveau zu gewährleisten, auf dem sie leben können und ihre Zukunft gesichert sehen und auf dem ihnen eine entsprechende Zeit und zugehörige Möglichkeiten offenstehen, eine Ausbildung zu durchlaufen, die ihre Einsichtsfähigkeit so weit vertieft, daß sie die notwendige Begrenzung der Weltbevölkerung einsehen und entsprechend handeln können. Eine vertiefte Urteilsfähigkeit aller Menschen läßt sich somit nur in einer aus unserer Sicht künstlicheren Welt erreichen. Die dazu erforderlichen Güter müssen bereitgestellt werden, ohne daß die Erde durch Überweidung weiter verwüstet oder durch Entwaldung geschädigt und ohne daß auf andere Art und Weise die Ökosphäre ungünstig belastet wird. Es geht – ich wiederhole es immerzu – um die friedliche und humane Begrenzung des Bevölkerungswachstums, die nur erreichbar ist über die Brücke eines bescheidenen sozialen Wohlstands für alle. Unsere Planung wird in Zukunft mit knapperen Quellen auf Wohlstand für mehr Menschen ausgerichtet sein müssen.

Georg Picht schreibt dazu in *Prognose, Utopie, Planung*: »Die Menschheit wird durch den Prozeß der wissenschaftlichen Zivilisation in die Zwangslage versetzt, die Verantwortung für ihre zukünftige Geschichte zu übernehmen. Aus diesem Gedanken ergibt sich unsere Ausgangsthese, daß die Menschheit auf der gegenwärtigen Stufe ihrer Geschichte zu dem Versuch gezwungen wird, ihre eigene Zukunft zu produzieren. Eine mit den Methoden der Wissenschaft produzierte Welt ist eine künstliche Welt.«

Diese Welt wird mit allen Mitteln naturwissenschaftlich ausgerichtet sein müssen. So liebenswert auch nostalgische Rückbesinnung auf natürliches Leben sein mag, es führt in eine egoistische Sackgasse, bei der nur wenige, ihren Idealen folgend, überleben könnten, Hunderte von Millionen aber nicht.

Im Zeitalter der fast vollkommenen Kommunikation aller Menschen dieser Welt miteinander und im Zeitalter der völligen Mobilität des Menschen, in dem alle Entfernungen dieser Erde auf wenige Stunden Reisezeit zusammenschrumpfen, werden alle Menschen zu Nachbarn. Der Glaube, die heutigen krassen materiellen und sozialen Unterschiede ließen sich dann beibehalten, zerstört die Welt. Da aber niemand einmal Erreichtes missen will, bleibt uns nur die Flucht nach vorne in einen ausreichenden Lebensstandard für alle.

Der Fortschritt, den wir anstreben, muß aus einer vertieften Urteilsfähigkeit der Menschen entstehen.

Das Bild vom *Raumschiff Erde,* das häufig gebraucht wird, ist sehr anschaulich. Man müßte nur ergänzen, daß diesem Raumschiff die Energie auszugehen droht, daß die Vorräte schwinden und die Besatzung zerstritten ist und daß manchmal der Eindruck entsteht, Teile der Besatzung ließen in ihrem Leistungswillen nach und glaubten, die gemeinsamen Probleme durch überhöhte Forderungen an die anderen lösen zu können. Das gilt auf vielen Ebenen: für Machtblöcke, Volkswirtschaften und Tarifpartner. Dieses Raumschiff hat nur Überlebenschancen, wenn Ideen, Innovationen und rationales Handeln im Wettbewerb miteinander den optimalen Kurs bestimmen.

Dennoch gibt es noch keinen Grund zur Resignation. Wenn wir die Probleme nicht nur erkennen, sondern auch handeln, sind brauchbare Lösungen noch rechtzeitig zu verwirklichen.

Nur: Vertiefte Einsicht und danach vernünftiges Handeln aller sind erst nach einer materiellen Absicherung der Menschen zu erwarten, nicht vorher. Die Industriestaaten müssen also vorangehen, da bei ihnen die materielle Absicherung des einzelnen und seine über eine bessere Ausbildung vertiefte Urteilsfähigkeit früher zu erreichen sind. Sie müssen auch aus ihrer besseren Lage die Güterproduktion vorab für viele andere mit übernehmen, um sie in eine Bewegung zu versetzen, an deren Ende ausreichende eigene Produktion steht, Selbständigkeit vertieft wird und eigene Einsicht das Bevölkerungswachstum bremst.

Die Situation, die wir heute beklagen – insbesondere nicht mehr im Einklang mit unseren natürlichen Möglichkeiten zu stehen und dabei nicht einmal die Not in der Welt eingegrenzt zu haben, über unsere Verhältnisse zu leben bei erkennbar abnehmenden Vorräten –, muß einem Zustand weichen, in dem wir die Quellen, die uns unbegrenzt verfügbar sein könnten, nämlich menschliche Kreativität und Energie, die Rolle übernehmen lassen, die ihnen zukommen sollte.

Wir werden im weiteren Verlauf noch sehen, daß der eigentliche Engpaß, der die Lebensfähigkeit auf der Erde bedroht, das Kapital ist und wir demzufolge all unsere Kreativität einzusetzen haben, das Beste aus dem verfügbaren Kapital zu machen, wobei Kapital (wie im Kapitel 5 ausgeführt werden wird) zu verstehen ist als die

Gestaltungsenergie, die wir rechtzeitig und richtig einzusetzen haben, um einen Gleichgewichtszustand in der Versorgung der Menschen langfristig zu stabilisieren, was vorrangig aber auch bedeutet zu investieren, um mit begrenzten fossilen Energien unbegrenzte andere Energiequellen zu erschließen.

Entwickeln wir die Kernenergie mit allen ihren technischen Möglichkeiten rechtzeitig, so lassen sich über ausreichende und preisgünstige Energie auch wiederum höhere Investitionen erwirtschaften. Ohne eine Verschärfung der Mangelsituation oder, besser noch, durch Verminderung der bestehenden Mangelsituation lassen sich die Fusionstechnik und die Wasserstofftechnik entwickeln. Wasserstoff, mit Hilfe der Kerntechnik gewonnen, kann, langfristig gesehen, weitgehend die Rolle der heutigen Kohlenwasserstoffe übernehmen und damit dauerhaft das Öl und Zwischenstufen der Treibstoffversorgung ablösen, beispielsweise das aus anderen fossilen Energien gemeinsam mit der Kernenergie erzeugte Methanol. Läßt sich bezweifeln, daß so der Friede sicherer gemacht wird?

Mangelsituationen zu beheben, Energiemangel zu vermeiden, das geht nur über eine umfassende Nutzung von Kernenergie bis hin zu den Brutreaktoren und den Hochtemperaturreaktoren. Auch die Frage, ob man das Öl strecken sollte, um für nächste Generationen noch genügend übrigzulassen, oder ob man es unbeschränkt verbraucht, wird davon abhängen, auf welchem Weg man am schnellsten und reibungslosesten zu der ausreichenden Versorgung mit Energie für lange Zeit kommt. Wir werden uns damit im Kapitel 6.2.3 beschäftigen.

Eine Verbesserung der Lebensumstände bei den armen Völkern durch Sparappelle an die wohlhabenden Länder erreichen zu wollen, das erscheint unrealistisch und an den üblichen menschlichen Verhaltensweisen vorbeizugehen. Das ethische Verhalten der Menschheit hat sich über Jahrhunderte oder Jahrtausende hinweg nicht wesentlich verändert. Sich zu einem Zeitpunkt, in dem vielleicht gerade noch zwei Generationen bis zum Eintritt einer gefährlichen Situation übriggeblieben sind, darauf zu verlassen, daß eine notwendige Veränderung der menschlichen Verhaltensweisen über

Appelle oder über dirigistische Maßnahmen einträte, erscheint mir eher naiv. Appelle verhallen, und dirigistische Maßnahmen führen im allgemeinen zu einer Überbürokratisierung mit verwaltetem und, wie an vielen Beispielen ablesbar ist, geradezu institutionalisiertem Mangel.

Zur Zeit der ersten Ölkrise erhielten die Entwicklungsländer Finanzhilfe in Höhe der Kosten ihrer Ölimporte, die, wiederum gemessen an den für sie notwendigen Energiemengen, sicherlich zu niedrig waren. Ihre Energieimporte sind heute immer noch zu niedrig, nur – die Entwicklungsländer haben zwischenzeitlich das Mehrfache dessen für ihren Öleinkauf zahlen müssen, was sie an Entwicklungshilfe erhielten. Die Ölpreise werden langfristig vermutlich weiter steigen und mit ihnen die Zahlungsbilanzdefizite der westlichen Industriestaaten, die die Hauptlast der Entwicklungshilfe tragen. Es ist nur schwer vorstellbar, daß die Industrieländer bereit sind, den Entwicklungsländern mit Finanzmitteln zu helfen, die weit über das heutige Maß hinausgehen, angesichts einer Verschlechterung ihrer eigenen wirtschaftlichen Lage, die dann um so eher auftritt, wenn sie ihre technischen Möglichkeiten nicht voll nutzen. Die USEA (United States Energy Association) schrieb 1988, also fast zwei Jahre vor dem Golfkrieg, in einem *Countdown to the next crisis* betitelten Bericht, daß das jährliche Zahlungsbilanzdefizit der USA von 159 Milliarden Dollar allein zu 50 Milliarden Dollar auf die Einfuhr von Öl zurückgehe. Da man in den USA unterlassen habe, wirkungsvoll einer Energieverknappung zu begegnen, müsse befürchtet werden, daß die Öleinfuhr innerhalb eines Jahrzehnts allein mit 150 bis 200 Milliarden Dollar zu dem Zahlungsbilanzdefizit beitrage. Welche Konsequenzen hat das für die Weltwirtschaft, für die soziale Situation in den USA und für ihre Bereitwilligkeit, die Dritte Welt zu unterstützen, und inwieweit wird die Lage durch die heutigen und zukünftigen Krisen am Golf noch verschärft?

Die ausreichende Bereitstellung von Energie in einer intakten Umwelt wird zu einer humanitären Grundaufgabe für die gesamte Menschheit. Die humanitäre Bewegung der Zukunft wird mit dem Erfolg, alle ausreichend materiell zu versorgen, vornehmlich darauf ausgerichtet sein müssen, Klassenunterschiede zwischen Völkern auszugleichen, anstatt Reste von Klassengegensätzen in hochentwickelten und, wie bei uns, sozial weitgehend abgesicherten Gesellschaften immer wieder aufzublähen. Der Fortschritt, den wir anstreben, ist jedoch durch Energiemangel gefährdet.

Menschlichkeit verwirklichende Kreativität und ausreichend verfügbare Energie sind damit die Antriebskräfte unserer Gesellschaft.

3.2 Mehr, nicht weniger Güter

Eine ausreichende Energie- und Güterversorgung steht am Anfang allen Bemühens um eine friedliche Begrenzung der Bevölkerungsexplosion. Diese Erkenntnis muß alle einigen, vom Anarchisten (Egoisten) über den Fortschrittlichen, den Konservativen wie den Reaktionär. Differenzen kann es nur darüber geben, welcher Weg der richtige ist.

Dieser richtige Weg wird vermutlich eher aus Fachwissen als aus Ideologie gefunden werden können. In der Medizin würde solch eine Argumentation einleuchten. Warum eigentlich nicht in der Wirtschaft oder in der Technik? Die Qualität von Wirtschaft oder Technik erweist sich da, wo sie mit knappen Gütern umzugehen hat, wo sie nicht aus dem Überfluß schöpfen kann, sondern vorausschauend planen muß. Diese Qualität hat sich in der bevorstehenden Phase einer mindestens zeitweiligen Energieverknappung zu beweisen – sie stellt sich darum noch lange nicht in den Dienst einer Planwirtschaft. Die vielfältigen Möglichkeiten, die wir haben, die Qualitäten unterschiedlicher Wirtschaftssysteme zu prüfen, sollten wir vorurteilslos nutzen. Unsere Soziale Marktwirtschaft braucht keinen Vergleich zu scheuen; der Zusammenbruch der Volkswirtschaften anderer Wirtschaftssysteme macht das deutlich.

Das Planen steht am Anfang jeder Produktion. Planen heißt, eine Vorausschau für die Ausrichtung des eigenen Handelns zu versuchen. Je länger Investitionen, Reformen, Veränderungen menschlicher Verhaltensformen oder gesellschaftlicher Beziehungen wirtschaftliche Handlungen brauchen, desto sorgfältiger muß vorausgesehen werden, desto größer muß der Anteil der einbezogenen Einflußgrößen sein. Je weiter vorausschauend eine Planung gemacht werden muß, desto flexibler muß sie sein, um bis zum letzten möglichen Zeitpunkt Veränderungen einbeziehen und neue Erkenntnisse verwerten zu können. Flexibilität wird jedoch nur durch Mitdenken, Mithandeln, Mitverantworten und Mitentscheiden erreicht. Diese Flexibilität muß trotz allen notwendigen Planens erhalten bleiben; sie ist geradezu das Charakteristikum der Marktwirtschaft.

Planwirtschaften erfordern gerade diese Eigenschaften der Planenden nicht. Für sie muß jedes neue Faktum erst in seiner Verträglichkeit mit dem herrschenden Dogma geprüft werden; sie werden dadurch unbeweglich und wenig anpassungsfähig. Ein langfristiger Vorgang – und erforderlich, um die Lehre rein zu erhalten, aber offenbar wenig erfolgreich, wenn Volkswirtschaften Getreide erzeugen müssen, auch wenn die Wetterbedingungen schlecht sind, und Schuhe, Radios oder Bettwäsche produzieren wollen.

In einer Volkswirtschaft führt ein Mangel an Flexibilität ebenso wie Dirigismus zu einer Verbürokratisierung mit einem Wuchern von Vorschriften und Verboten. Stellt sie sich so dar, degeneriert sie zu einer Monokultur, farblos und unfruchtbar, wobei das Ergebnis solch einer Monokultur im allgemeinen nicht eine Überproduktion von Kinderspielzeug, Haushaltswaren und medizinischen Dienstleistungen ist, sondern von Panzern und schlimmeren Waffen.

Neben der hohen Flexibilität der Marktwirtschaft werden wir auch ihre anderen positiven Eigenschaften nutzen müssen. Das sind Initiative, Ideenreichtum, Verantwortungsfreude, Risikobereitschaft und qualifizierte, durch materiellen Erfolg motivierte Arbeitsleistung. Wir müssen, dem hohen Organisationsgrad unserer Gesellschaft entsprechend, lernen, diese Eigenschaften zu erhalten und zu fördern. Es ist deshalb falsch, Modellvorstellungen zu entwickeln und ihnen gar nachzueifern, die sich nach Gesellschaften mit niedrigem Organisationsgrad ausrichten. So konnte die Volksrepublik China nach der Revolution mit einfachen Planmodellen auskommen, um die Güter zu produzieren, die für das nackte Überleben ausreichten. Viele werden sich noch an den Versuch erinnern, die Eisenerzeugung mit einer Vielzahl von Volkshochöfen zu bewerkstelligen, einem erzwungenen Vorläufer der Bewegung *small is beautiful.* Je höher die Ansprüche und Bedürfnisse sind, desto stärker muß sich jedoch auch die chinesische Wirtschaft organisieren, desto mehr braucht sie Fortschritt, Rationalisierung der technischen Produktionsvorgänge, Großanlagenbau, ausgedehnte Infrastrukturen und Arbeitsteilung. Vermutlich werden wir am Beispiel der Volksrepublik China, wie mit dem Zeitraffer aufgenommen, erleben können, wie der volkreichste Staat unserer Erde innerhalb weniger Jahrzehnte einen Organisationsgrad verwirklicht, den wir erst nach langer Industrialisierung erreicht haben. Gelingt das nicht, muß nach einer längeren Strecke wirtschaftlicher Stagnation wegen des Aufbegehrens der Bevölkerung für einen Neubeginn zunächst ein anderes politisches System geschaffen werden.

Das Leben in industrialisierten Staaten, die weitergehende Arbeitsteilung unter den Völkern und die lebensnotwendige fortschreitende Technik führen in unserer Welt zu sehr komplizierten Modellen des Zusammenlebens. Flexibilität wird damit zu einer wesentlichen Voraussetzung zur Vermeidung von Mangelsituationen und von Konflikten.

Der bisherige Erfolg der Marktwirtschaft, insbesondere der in der Bundesrepublik Deutschland praktizierten Sozialen Marktwirtschaft, bestätigt diese Feststellung, gerade im Vergleich zu Ländern mit ähnlich strukturierter Bevölkerung und ähnlichen oder besseren geophysikalischen Bedingungen, aber anderen Wirtschaftssystemen. So stammen denn die Argumente gegen die Soziale Marktwirtschaft auch meistens aus dem Bereich philosophischer und ideologischer Sandkastenspiele und nicht aus einer Praxis, die sich täglich aufs neue in der Sicherung des Wohlstandes und der Arbeitsplätze und vor allem im Wettbewerb bewähren muß. Dennoch muß diese Haupttugend der Marktwirtschaft, die Flexibilität, fortwährend auch auf sie selbst, auf ihre Inhalte, angewandt werden. Weiterführende Kritik, Vergleiche mit anderen Volkswirtschaften, Quantifizierung des Erfolgs werden so zu unmittelbaren Einflußgrößen und nicht zu verbalen Kraftakten. Man muß sich selbst in Frage stellen, sich aber auch in Frage stellen lassen können. Demokratie ist der einzig mögliche Weg, Marktwirtschaft zu verwirklichen, da in ihr Politik, aber auch Wirtschaftspolitik im ausgetragenen öffentlichen Widerstreit der Interessen und des Sachverstandes fortwährender Kontrolle unterliegt. Gewalt dagegen, sei sie von oben oder von Minderheiten angewandt, um den Mangel an sachlichen Argumenten zu überspielen, sollte immer mit Mißtrauen begegnet werden. Es gilt entsprechend gegenzusteuern, denn die Entwicklung der liberalen Marktwirtschaft zu unserer heutigen Sozialen Marktwirtschaft und ihr Fortschreiten zu einer Wirtschafts- und Gesellschaftsform, in der sie uns wie unseren Partnern, nämlich der Gemeinschaft aller Staaten dieser Erde, nützt, ist systemimmanent, weil sie aus sich heraus ständig menschliche Kreativität zur Behebung auftretenden Mangels freizusetzen vermag.

Adam Smith' »Handle so, daß ein unparteiischer Beobachter mit dir sympathisieren kann« scheint mir auch heute noch ein kategorischer Imperativ zu sein, dem die freie Marktwirtschaft nachstreben sollte und mit dem sie sich bei den Entwicklungsländern und anderen Partnern sehen lassen kann. Wir sollten glücklich sein, wenn dieser unparteiische Beobachter erleben könnte, daß die freie Marktwirtschaft die Kraft hat, über die Soziale Marktwirtschaft hinaus zu einer weltumspannenden humanen Marktwirtschaft zu werden.

Diese Entwicklung würde uns jenen realen Fortschritt bringen, dem alle zustreben, nicht jenen, der nur auf Spruchbändern steht. Ich will zunächst definieren, was ich unter *Fortschritt* verstehe, da es wohl kaum ein zweites Wort in der deutschen Sprache gibt, das so häufig um seinen Begriffsinhalt betrogen wird. Fortschritt, so meine ich, ist ein Vorwärtsschreiten aller in Richtung auf bessere materielle Lebensbedingungen in einer langfristig lebensfähigen Welt, in Richtung auf Schaffung oder Sicherung freiheitlicher Verfassungen, auf die Möglichkeiten des einzelnen, sich entsprechend seinen Fähigkeiten und Neigungen zum Wohl der Gemeinschaft und in ihr zu betätigen, und schließlich bedeutet Fortschritt: Freiheit von politischen und ideologischen Zwängen jeglicher Art. Der

Fortschritt verdient diese Bezeichnung immer nur dann, wenn er mit einem Zuwachs an Humanität einhergeht.

Eine ausreichende Versorgung aller Menschen mit Energie und Gütern ist Vorbedingung und Anfang, ist die Basis dieses Fortschritts. Die Lösung des Problems einer ausreichenden Versorgung der Menschheit setzt technische und naturwissenschaftliche Kooperation voraus, da Rohstoffe und Lebensmöglichkeit auf der Erde allen gehören. Um das Beispiel der Golfkrise zu bemühen: Es kann kein Zweifel darüber bestehen, daß dieses Öl den dort lebenden Völkern gehört, wie schwer sie sich auch tun mögen, zu einer gerechten Verteilung untereinander zu kommen. Genausowenig aber darf auch ein Zweifel darüber bestehen, daß sie es nicht als Waffe gegenüber anderen Staaten verwenden dürfen, als Waffe, die in ihren Auswirkungen Massenvernichtungsmitteln nicht nachstünde, und daß es so etwas wie Sozialpflichtigkeit des Eigentums auch zwischen Staaten und Völkern gibt.

Die Notwendigkeit zur Zusammenarbeit aller Staaten ergibt sich aber nicht nur aus politischen oder humanitären Einsichten, sondern auch aus naturwissenschaftlichen Zwängen. Das gilt für außen- wie innenpolitische Aufgaben. Es gilt für die Verständigung von Ost und West, von Nord und Süd wie auch in kleinerem Rahmen – zum Beispiel für die Einigung Europas – bis hin zur Innenpolitik der einzelnen Staaten, der Sicherung von Arbeitsplätzen, Wohlstand und Umweltgüte bei uns. Der Handlungsspielraum des Menschen wird enger – für nationalstaatliche Egoismen bleibt immer weniger Platz.

Die jetzige weltweite politische Landschaft zeigt unterschiedliche Wirtschaftssysteme mit unterschiedlichen Organisationsgraden (hochentwickelten bis zu noch nicht entwickelten Ländern), mit unterschiedlichen Rohstoff- und Energiequellen und unterschiedlichen Fähigkeiten der Bewohner. Das Wort *Organisationsgrad* verwende ich hier lieber als die Wörter *Industrialisierung* oder *Entwicklungsstufe*, weil es den jeweiligen Zivilisationsstand eines Landes genauer beschreibt.

Organisationsgrad ist nicht nur Industrialisierung im weitesten Sinne, nicht nur Infrastruktur – von den Straßen bis zu den Schulen

–, sondern auch ein funktionierendes System von Gesetzgebungs-, Rechts- und Verwaltungskörperschaften auf der einen und mündigen, urteilsfähigen und loyalen Bürgern auf der anderen Seite. Organisation und Ordnung sind verwandte Begriffe. Im weiteren Verlauf des Buches wird die hohe Bedeutung, die diesen beiden Begriffen für alles Leben zukommt, zu einem der zentralen Themen werden.

So wie wir es einerseits für selbstverständlich halten, daß die weltweit verfügbaren Rohstoffe allen zugänglich bleiben müssen, muß es andererseits weltweit selbstverständlich werden, daß die hochorganisierten Länder gegenüber den weniger organisierten Ländern zwingend Verpflichtungen übernehmen müssen, die unter anderem darin bestehen, die aus drohenden Engpässen herausführenden komplizierten Techniken zu entwickeln, zu erproben und sicher zu machen für den Einsatz in weniger organisierten Ländern, aber auch darin, den Organisationsgrad dieser Länder zu fördern.

Die hochorganisierten Länder müssen zumutbare Risiken übernehmen, um so den Weltmarkt zu entlasten und einfacher verwendbare Rohstoffe und Energien auch den aufstrebenden Ländern verfügbar zu machen. Eine humane Marktwirtschaft zwischen den Völkern muß ihnen die Möglichkeit geben, ihre Rohstoffe und ihre Fähigkeiten optimal zu ihrem und aller Nutzen einzusetzen.

Marktwirtschaft ist erfolgreich auch ohne Ideologie. Sie zwingt den einzelnen wie auch die Gesamtheit nicht mehr oder minder freiwillig in Denkschemata. Gedankenfreiheit ist möglich, der Wettbewerb herrscht auch zwischen Weltanschauungen, er erlaubt ihre evolutionäre Weiterentwicklung, ihre Anpassung an ein durch die Naturwissenschaft ständig verfeinertes Verständnis unserer Welt. So erhalten Diskussionen über erforderliches oder sinnloses Wachstum eine andere Basis.

Welches Wachstum ist gemeint? Dasjenige, das sich ergibt, wenn ein eingebildeter oder manipulierter zusätzlicher Bedarf zu decken ist? Oder dasjenige, das sich ergibt, wenn die Industrienationen wegen ihres technischen Vorsprungs, ihrer höherwertig ausgebildeten Bevölkerung oder ihrer vollkommeneren Organisationsstruktur mehr produzieren müssen, um in den Ländern der Dritten Welt erst die Voraussetzungen für eine dort anlaufende Industrialisierung durch Lieferung von Fabriken, Infrastruktur und lebensnotwendigen Gütern zu schaffen? Oder dasjenige Wachstum, das erforderlich ist, um Investitionen für die Zukunft ausführen zu können – von der Forschung über die lang andauernde und kostspielige Entwicklung neuer Techniken bis zur hochwertigen Ausbildung der Menschen? Die Notwendigkeit des Wachstums aus den beiden letztgenannten Gründen wird vermutlich niemand bestreiten. Das durch sie hervorgerufene Wachstum kann nicht hoch genug sein, solange die Welt noch in einem unbefriedigenden Zustand hinsichtlich der Versorgung der Mehrheit der Menschen lebt. Lediglich das Wachstum der ersten Kategorie ist zu überprüfen, aber auch da wird der Übergang von dem sogenannten quantitativen auf das qualitative Wachstum vermutlich nicht ohne eine zusätzliche Produktion hochwertiger Güter möglich sein. Selbst die Mehrproduktion von Büchern über Heilslehren erfordert ein Äquivalent von Rohstoffen und Energie.

Sokrates sagte einmal beim Anblick zum Verkauf ausgelegter Luxusartikel: »Wieviel gibt es doch, was ich nicht nötig habe.« Dieser Satz zeugt von edler Gesinnung und ist hoch zu bewerten. Auf heute bezogen, müßte er um den Stoßseufzer ergänzt werden: »Wieviel gibt es noch nicht, das andere zum Überleben brauchen!«

Weiteres Wachstum heißt steigendes Bruttosozialprodukt. Die Produktion von Investitions- und Verbrauchsgütern für uns und die Dritte Welt und die Verwirklichung von lebenswerter Zukunft für uns alle erfordern ausreichend Energie und eine stabil und gesund erhaltene Umwelt. Vor diesem Hintergrund hat das Schlagwort von der Entkoppelung von Bruttosozialprodukt und Energieverbrauch nur da einen Sinn, wo es um die Einsparung von verschwendeter Energie geht.

Bevor Überlegungen über eine erwünschte Stagnation des Wirtschaftswachstums angestellt werden, muß erst eine Stagnation des Bevölkerungswachstums erreicht sein. Stagnation des Wirtschaftswachstums bei Weiterwachsen der Weltbevölkerung führt naturgemäß zu einer Vergrößerung der Unterschiede im Lebensstandard, womit der Aufbau lebensfähiger und auch gleichberechtigter Volkswirtschaften in der Dritten Welt verhindert wird.

Der entscheidende Vorteil der Marktwirtschaft bei der Produktion des erwünschten Wachstums liegt darin, Ideen zu produzieren und durchzusetzen. Der Markt honoriert das mit höheren Gewinnen. Es handelt sich um ein kybernetisches, also selbstgeregeltes, System, das Optimallösungen flexibler ansteuert als jeder starre Plan. Diese hohe und schnell wirkende Selbstregelfähigkeit müssen wir ausnutzen, wenn wir sie auf das Ziel der Schaffung eines Überlebenskompromisses, eines bescheidenen Wohlstands für alle ausrichten. Eine resignierende Haltung hingegen lähmt nicht nur in einer Zeit, die unmittelbares Handeln, die Initiative, Begeisterung und Opferbereitschaft erfordert, sondern gibt Raum für unrealistische, verharmlosende Heilslehren.

Alle Quintessenz, die sich aus dem kategorischen Imperativ ableiten läßt, setzt voraus, daß im materiellen Bereich die Versorgung mit Verbrauchsgütern funktioniert und die Zukunft gesichert ist, denn sonst setzt der Kampf ums Überleben ethische Normen außer Kraft. Ihn anderen aufzuzwingen, weil man sich selbst verweigert, weil man das im Vergleich zu den Risiken bei armen Völkern kleinste zusätzliche Risiko im eigenen Umfeld scheut, ist nichts weiter als ein Anstoß, ethische Normen bei anderen außer Kraft zu setzen – und damit verwerflich. So wird die Ausbildung einer humanen Marktwirtschaft blockiert, die auch die Rücksicht auf andere Völker einschließen muß.

Das Attribut *friedlich* bei Zukunft erübrigt sich, denn mit weiter fortschreitender Waffentechnik wird die Zukunft entweder nur friedlich oder überhaupt nicht sein.

3.3 Menschen und Bevölkerungswachstum

Der englische Schriftsteller Aldous Huxley hat zu dem Problem der Übervölkerung der Welt in *Brave new world revisited* gesagt: »Ungelöst wird dieses Problem alle anderen unlösbar machen.«

1925 betrug die Weltbevölkerung etwa 2 Milliarden Menschen. Ein halbes Jahrhundert später hatte sich die Zahl bereits verdoppelt, und nach Schätzungen der UNO müssen wir damit rechnen, daß sie in weiteren 100 Jahren zwischen 10 bis 16 Milliarden Menschen liegen kann. Während von 1750 bis 1910 immerhin 160 Jahre vergingen, ehe die Zahl der gleichzeitig lebenden Menschen um eine Milliarde wuchs, verstrichen von 1910 bis in die 50er Jahre dieses Jahrhunderts nur noch etwa 40 Jahre für den gleichen Anstieg. Augenblicklich und sicher auch noch für weitere Jahrzehnte steigt die Zahl der gleichzeitig lebenden Menschen in jeweils etwa 10 Jahren um eine Milliarde. Das ist eine tragische Verkettung zwischen unseren Fähigkeiten, der Menschheit gerade so viel zu geben an medizinischer Hilfe, an Nahrung und an lebenswichtigen Gebrauchsgütern, daß die Kindersterblichkeit gesenkt und die Überlebenschance des einzelnen erhöht wird, auf der einen Seite, und unserer Unfähigkeit andererseits, das dadurch hervorgerufene Anwachsen der Menschheit friedlich und mit unseren ethischen Vorstellungen vereinbar zu verhindern, bevor die Überlebensfähigkeit auf der Erde zerstört wird – und das scheint einen verhängnisvollen Kurs für kommende Generationen zu bedeuten. Wieviele Menschen wird die Erde wirklich ertragen können? Wie wird man die Bevölkerung mit den Möglichkeiten der Versorgung in Einklang bringen?

Dieses weitere Anwachsen der Weltbevölkerung geschieht nicht, über die Erde verteilt, gleichmäßig, da in den reichen, den Industrieländern nur geringe Zuwachsraten zu verzeichnen sind; es geschieht stark und fast explosiv bei den armen Ländern, in Afrika, Asien und Lateinamerika. Drei Viertel der Menschheit leben heute in einem materiell unbefriedigenden Zustand, und gerade bei ihnen ist das Bevölkerungswachstum außerordentlich hoch. In den Entwicklungsländern ist der Geburtenüberschuß heute siebenmal höher, als er weltweit beispielsweise im Jahre 1650 war. Damals lebten 500 Millionen Menschen auf der Welt, heute, im Jahre 2000, werden etwa 6 Milliarden Menschen auf der Welt leben, 5 Milliarden dann allein in weniger entwickelten Ländern. Von der jährlich um mehr als 90 Millionen Menschen anwachsenden Weltbevölke-

rung werden etwa 90 Prozent in die Dritte Welt hineingeboren. Und wer einmal das Elend im Umfeld von Mexico City gesehen hat oder die Verhältnisse in Indien studieren konnte, wird die Aussagen, die zum Thema *Weltweites Energiesparen* gemacht werden, relativieren müssen, und zwar in der Erkenntnis, daß nur eine ausreichende Energiemenge die Not dieser Menschen mildern kann – eine Energiemenge, die eingesetzt wird in Kraftwerken, Raffinerien, in der Produktion von Düngemitteln, in der Bewässerung und für die Erzeugung von Gebrauchsgütern. Um diese Anlagen ausreichend schnell bauen zu können, müßten die Industrieländer ihre Entwicklungshilfe möglicherweise verzehnfachen.

Die Zukunft sichern heißt die deutsche Fassung des Weltbevölkerungsberichtes 1988 *(The State of World Population 1988 by Dr. Nafis Sadik)* der Vereinten Nationen. Zur Erläuterung der Situation seien nur einige Auszüge aus diesem Bericht wiedergegeben:

- Um die Jahrhundertwende wird die Hälfte der Menschen in *Mega-Städten* mit 4 Millionen oder mehr Einwohnern leben.
- In den industrialisierten Ländern leben weniger als 25 Prozent der Weltbevölkerung, und trotzdem verbrauchen diese Länder 75 Prozent der gesamten genutzten Energie, 79 Prozent aller kommerziellen Brennstoffe und 72 Prozent der Stahlproduktion.
- Bereits heute sind schon etwa 1,3 Milliarden Menschen in der Dritten Welt von Brennholzknappheit betroffen. Nach Schätzung der Ernährungs- und Landwirtschaftsorganisation der Vereinten Nation (FAO) könnten es bis zum Jahr 2000 etwa 3 Milliarden sein.
- Im Jahr 2000 werden 75 Prozent der Bevölkerung in Lateinamerika, 42 Prozent in Afrika und 37 Prozent in Asien in Städten leben.
- Eine Untersuchung für Afrika ergab, daß trotz wachsender Bevölkerung der Brennholzverbrauch auf dem Lande tragbar war. Einen wesentlich größeren Anteil an der Entwaldung hat die Umwandlung von Holz in Holzkohle für den Verbrauch in den Städten.

- Ausgehend von einem weltweiten Mittelwert hat man sehr grob errechnet, daß in einer Stadt mit einer Million Einwohnern jeden Tag etwa 625 000 Tonnen Wasser, 2000 Tonnen Nahrungsmittel und 9500 Tonnen feste Brennstoffe verbraucht werden. Gleichzeitig werden in dieser Stadt 500 000 Tonnen Abwasser, 2000 Tonnen feste Abfälle und 950 Tonnen giftige Abfälle erzeugt, die die Luft verschmutzen. Es gibt allerdings große Unterschiede – so wird in New York City täglich dreimal mehr Abfall erzeugt als in Kalkutta.
- Trotz Anstiegs der Weltgetreideproduktion von 700 Millionen Tonnen in 1950 auf mehr als 1,8 Milliarden Tonnen in 1985 haben 730 Millionen Menschen immer noch nicht genug zu essen, um ein wirklich produktives Leben zu führen. Der hohe Anstieg der Nahrungsmittelproduktion wurde durch neues Saatgut, durch mehr Düngemittel, mehr Pestizide und künstliche Bewässerung bewirkt.
- Etwa ein Drittel (48 Millionen Quadratkilometer) der gesamten Landoberfläche der Erde ist gegenwärtig durch das Vordringen der Wüste bedroht und damit der Lebensunterhalt von mindestens 850 Millionen Menschen.
- Die tropischen Regenwälder regulieren den Wasserhaushalt und schützen Wassereinzugsgebiete für Bauern, die für über eine Milliarde Menschen Nahrungsmittel anbauen. Sie spielen auch als Regulative des Weltklimas eine wichtige Rolle, ebenso für die Vorsorgung mit wertvollem Holz und Brennholz. Zwischen 7,6 und 10 Millionen Hektar tropischer Wald gehen jedes Jahr verloren (das entspricht im zweiten Wert knapp einem Drittel der Fläche Deutschlands).
- 1988 betrug die Entwicklungshilfe der OECD-Länder etwa 48 Milliarden Dollar – mit Einschluß privater Investitionen – und die der OPEC-Staaten etwa 5 Milliarden Dollar.

Die Entwicklungshilfe wird jedoch auf Größenordnungen kommen müssen, die an die bisherigen weltweiten Ausgaben für Rüstung heranreichen. Und warum eigentlich nicht? Warum kann man in der Welt Hunderte von Milliarden Dollar pro Jahr in die

Rüstung stecken, nur um sich kurzfristig Vorteile in der Auseinandersetzung um Rohstoffreserven zu schaffen? Und warum kann man nicht statt dessen hohe Aufwendungen für die Erhaltung des Friedens bereitstellen?

Die Bevölkerungsstruktur in vielen Entwicklungsländern ähnelt in ihrem Altersaufbau einer Pyramide mit breiter Basis: In diesen Ländern sind 40 bis 50 Prozent der Menschen unter 15 Jahre alt, und durchschnittlich bekommt in diesen Regionen der Welt jede Frau 6 Kinder.

Gerade dieser Aufbau der Alterspyramide – mit vielen Jugendlichen, die noch vor der Eheschließung stehen – würde die Weltbevölkerung in der nächsten Generation um den Faktor 1,6 weiter anwachsen lassen, selbst wenn es – durch ein Wunder – unmittelbar gelänge, die durchschnittliche Kinderzahl der Frauen in den Entwicklungsländern auf 2 bis 3 zu reduzieren. Gelingt es uns dagegen erst innerhalb der nächsten 3 Jahrzehnte, gleichmäßig die Zahl der Geburten auf 2 bis 3 Kinder je Frau in den Entwicklungsländern zurückzuführen, so würde sich in einem stabilen Zustand immer noch das 2- bis 2,5fache der heutigen Bevölkerungszahl einstellen. Die Bedeutung der Familienplanung, besonders in Entwicklungsländern, zeigt sich dramatisch in diesen Zahlen. Vor diesem Hintergrund müßte Nächstenliebe jedenfalls Dogmen überwinden helfen. Wenn es die Menschheit nicht versteht, in der nächsten Generation ihre Geburtenrate zu steuern und mit der Mehrproduktion an Gütern in Einklang zu bringen, werden eines nicht mehr fernen Tages die Lebensumstände auf unserem Planeten die Todesrate erhöhen, entweder durch noch mehr Not bei den Armen, durch Kriege oder durch beides.

Wie immer wir auch handeln, wir haben für eine Menschheit vorauszudenken, die zahlenmäßig gegenüber heute vermutlich sehr stark ansteigen wird und bei 10 Milliarden oder mehr erst in eine zeitlich gleichbleibende Zahl überführt werden kann. Alles, was wir planen, die Versorgung mit Rohstoffen, mit Energie, die Belastung der Umwelt, muß demzufolge auf eine solch große Zahl von Menschen ausgerichtet sein. Die mitleidlosen Gesetze der Natur, die jede Population durch Hunger, Seuchen, Auswanderung

– und beim Menschen auch durch Kriege – im Gleichgewicht mit den Quellen halten, haben in unserer Vergangenheit immer wieder regulierend eingegriffen. Noch 1650 betrug die Verdoppelungszeit 200 Jahre. Heute ist diese Verdoppelungszeit auf etwa 35 Jahre, eine Generation etwa, geschrumpft.

Ich las anläßlich der Räumung des für die Wiederaufarbeitungsanlage von Kernbrennstoffen in Gorleben vorgesehenen Geländes durch die Polizei die aus religiöser Sorge vorgetragene Ansicht, Jesus wäre bei den Demonstranten gewesen, lebte er heute noch. Liegt nicht die Vermutung näher, daß er bei den Hungernden der Sahelzone wäre?

Um 90 Millionen Menschen wächst die Weltbevölkerung heute jährlich, also um 250 000 – die Bevölkerung einer Großstadt – täglich. 130 Millionen jährlich werden es in einer Generation sein; das sind täglich über 350 000. Zudem wird eine aus Not überweidete und entwaldete Erde ohne Hilfe der Chemie- und Energietechnik nur absinkende Erträge bieten.

Von 1300 bis 1700 wurde die Bevölkerung in Europa durch harte, katastrophale Eingriffe der Natur immer wieder auf etwa 25 Einwohner je Quadratkilometer eingeregelt, auf eine Bevölkerung, die entsprechend der gegebenen Agrarstruktur ernährt werden konnte. Die Einführung der Kartoffel ließ die kritische Einwohnerzahl auf 50 Einwohner je Quadratkilometer steigen. Heute leben 250 Einwohner je Quadratkilometer bei uns und etwa 1 Einwohner je Quadratkilometer bei den Indios in den von manchen für paradiesisch gehaltenen, wenig erforschten Dschungelgebieten des Amazonas. Die Lebensmöglichkeit für die dichte Bevölkerung bei uns schuf die Industrialisierung, an deren Anfang Namen wie Papin, Newcomen und Watt stehen für die ersten Kraftmaschinen, die die physikalische Arbeitskraft des Menschen ungeahnt vervielfachen sollten, ferner Le Blanc, Liebig, Stephenson, Siemens, Diesel, Otto, Edison, Haber und Bosch und viele andere, die unsere technische Entwicklung vorangetrieben haben, jene Entwicklung, die auch heute noch die einzige Möglichkeit bietet, ein Leben frei von Not und Hunger, aber auch in Freiheit zu führen.

Vor der Phase der Industrialisierung entstanden immer wieder

Notsituationen, die die Lebensmöglichkeiten für eine wachsende Bevölkerung sehr einschränkten. So schreibt J. F. Cordes in seinem Aufsatz *Industrie und Umwelt:* »Ein instruktives Gegenbeispiel für eine Population, in welcher der zunehmende Bevölkerungsdruck nicht durch eine entsprechende Industrialisierung aufgefangen werden konnte, ist Irland. Dort setzte die stürmische Steigerung der Bevölkerungsdichte schon gegen 1770 ein, erreichte 1800 die englischen Werte und blieb dann bis 1830 gleich. Um 1820 machten sich – bei etwa 70 Menschen je Quadratkilometer – zunehmend die Zeichen einer starken Übervölkerung bemerkbar.

Eine Industrie als Auffangbecken existierte im Lande nicht. Iren wanderten zwar verstärkt aus und bildeten in England die unterste Schicht des Industriepoletariats, eine wirksame Minderung des Bevölkerungsdrucks trat aber nicht ein.

In einer solchen Situation fehlt nur noch ein auslösendes Ereignis für den Eintritt einer Katastrophe. Als derartiger Auslöser wirkten drei aufeinanderfolgende Mißernten in den Jahren 1845 bis 1847. Die Kartoffel – inzwischen das Hauptnahrungsmittel der Bevölkerung – wurde von der Kartoffelfäule (Phythophthora infestans) befallen. Da die Schädlingsbekämpfung unbekannt war, fielen drei Kartoffelernten praktisch vollständig aus.

Die Folge war eine Hungersnot, der in Verbindung mit Seuchen (Typhus) in drei Jahren fast eine Million Menschen (10 Prozent der Bevölkerung) zum Opfer gefallen sind. Man spricht von ihr als der größten Katastrophe des 19. Jahrhunderts. Es setzte eine Massenflucht von der Insel ein; in den zehn Jahren von 1845 bis 1855 wanderten fast zwei Millionen Iren aus.«

Wir wähnen uns in unserem nicht zuletzt durch die Großtechnik wohnlich eingerichteten Haus sicher und wohlversorgt und haben bei dem für vergangenes Leid nur lückenhaft organisierten Gedächtnis schon lange verdrängt, wie die Verhältnisse nach dem Krieg Prioritäten erzwangen. Aber auch unsere Geschichte sollte uns lehren, daß existenzielle Not uns Europäer bis in die zweite Hälfte dieses Jahrhunderts begleitet hat. Wilhelm Abel gibt in seinem Buch *Massenarmut und Hungerkrisen im vorindustriellen Europa* viele erschütternde Beispiele. Davon nur eines: In den 70er

Jahren des 18. Jahrhunderts wurde ganz Europa von einer Hungersnot heimgesucht, die die Sterblichkeit heraufschnellen ließ. Eine Zusammenstellung der Geburten und Sterbefälle im Kurfürstentum Sachsen gibt darüber Aufschluß. Die Zahl der infolge der Hungersnot weniger geborenen Kinder und der mehr gestorbenen Menschen ließ die Bevölkerung von 1771 bis 1773 um 100 000 Köpfe sinken, entsprechend 6 Prozent der Bevölkerung.

Wir hören heute oftmals von ökologischer Landwirtschaft, die auf Düngemittel und Schädlingsbekämpfung verzichten will (auf energieintensive Maschinen und Transportmittel auch?). Welches Gutachten sagt aus, wie viele Menschen dann je Quadratkilometer in der Bundesrepublik leben könnten, und wie groß wäre das Risiko, wenn durch Schädlinge Hungerkatastrophen einträten?

Oder ist der ökologische Landbau nur eine Domäne für eine Minderheit? Nimmt sie nicht einen überproportionalen Anteil an Land für ihre gesunde Ernährung in Anspruch, von Schädlingen frei, da der Nachbar gespritzt hat, immer in der Gewißheit, Notwendiges kaufen zu können, sollte die Ernte einmal ausbleiben? Nennt man das Risikominderung auf Kosten der Allgemeinheit?

Überträgt man diese Gedanken auf die Welt, so entstehen noch bohrendere Fragen: Sind nicht Hunderte von Millionen Menschen heute nolens volens auf natürlichen Landbau angewiesen – und unterernährt?

Nach Ansicht der UNO ist ein Zehntel der Bevölkerung vom Hungertod bedroht. So viele Menschen, wie heute auf der ganzen Welt leben, werden in 20 Jahren vermutlich allein in Asien zu Hause sein. In Afrika, Asien und Lateinamerika verdoppelt sich die Bevölkerung etwa jedes Vierteljahrhundert. Allein Afrika wird im Jahr 2000 etwa viermal so viele Menschen zu ernähren haben, wie 1975 auf dem nordamerikanischen Halbkontinent lebten. Wieviele vom Hungertod Bedrohte gibt es dann bei natürlichem Landbau?

Zwar gibt es in Afrika und Südamerika noch große Gebiete anbaufähigen Landes, aber wie wird es bestellt, bewässert und ertragreich gemacht? Die meisten dieser Landflächen brauchen höhere Düngergaben und vor allem künstliche Bewässerung, sollen sie überhaupt Erträge bringen. Wie wird man in einer Generation, bei vervielfachter Bevölkerung, in Afrika mehrjährige Dürreperioden wie die augenblickliche überstehen, ohne Großanlagen zur Süßwassergewinnung und -verteilung? Zudem, Ackerland, das den Wald verdrängt, kann den großen Speicher für den atmosphärisch auftretenden Kohlenstoff gefährlich verkleinern und den Wasserhaushalt in heute noch landwirtschaftlich gut nutzbaren Gebieten verändern – mit nachfolgend zusätzlich wachsendem Bedarf an entsalztem Wasser, zu dessen Gewinnung wieder sehr viel Energie erforderlich ist. Vielleicht müßten wir den umgekehrten Weg beschreiten, nämlich die Erträge auf den landwirtschaftlich genutzten Flächen mit aller naturwissenschaftlichen (technischen, biologischen, chemischen) Hilfe bis an die Grenze des Möglichen zu steigern, um große Waldflächen behalten oder sie gar vergrößern zu können. Wäre das nicht vielleicht auch besser im Sinne der Erhaltung der Arten in Flora und Fauna?

Systematische Aufforstung unserer Welt ist angesichts der heutigen Zerstörung der tropischen Regenwälder eine der großen Zukunftsaufgaben, um das Klima der Erde günstig zu beeinflussen, den Kohlendioxidanstieg in der Luft zu begrenzen, den vielfältigen Rohstoffspender Holz, der mit Sonnenenergie aufgebaut wurde, zu erhalten und schrittweise über vorauslaufenden Waldbau die Vergrößerung landwirtschaftlicher Nutzflächen in heute ariden Gebieten anzustreben.

In Europa waren 1975 rund 89 Prozent des landwirtschaftlich nutzbaren Landes kultiviert, entsprechend 0,33 Hektar je Einwohner. In Asien wurden zur gleichen Zeit 82 Prozent der nutzbaren Fläche bebaut, entsprechend 0,23 Hektar je Einwohner.

Werden um das Jahr 2000 die dann noch vorhandenen 0,1 Hektar je Einwohner in Asien ausreichen, um die heute schon vorhandene Unterversorgung, um Hunger und Siechtum vergessen zu lassen? Sollte nicht in einer langfristigen Studie die Ergiebigkeit *ökologischer Anbaumethoden* erst einmal bewiesen werden müssen, bevor sich zu hohe Erwartungen festsetzen? Sicher ist nur: Die landwirtschaftlichen Flächen lassen sich nicht ausreichend schnell steigern. Steht jedoch genügend Energie preisgünstig zur Verfügung, so ist es möglich, die Erträge ausreichend wachsen zu lassen, allerdings nur mit chemischen Düngemitteln und maschineller, energieintensiver Bebauung, mit künstlicher Bewässerung, mit chemischem Schutz vor Schädlingen, unterstützt durch die Gentechnik – alles Maßnahmen, die, gebündelt, gute Ernten bringen.

Hunger, Seuchen, Auswanderung und Kriege, so ist festgestellt worden, haben in der Vergangenheit als Regelgrößen die Bevölkerung mit ihren natürlichen Quellen im Einklang gehalten.

Seuchen hat die Medizin im Griff, Auswanderung ist nicht mehr möglich – jedenfalls nicht mehr in dem Maß, in dem aus dem Bevölkerungsdruck Europas heraus früher ganze Kontinente neu besiedelt wurden, und die neuerdings in Bewegung kommende Einwanderung nach Europa wird bei einem jährlichen weltweiten Geburtenüberschuß von etwa 100 Millionen Menschen auch keine Lösung sein.

Bleiben Hunger und Kriege als Feinde des Menschen und als Bevölkerungsregulativ. Eine Kriegstechnik aufzubauen, die alles Leben vernichten kann, ist mittlerweile gelungen; eine Friedenstechnik aufzubauen, die Hunger beseitigen und Kriege überflüssig machen würde, dazu scheinen wir nicht imstande zu sein. Sie scheint uns zivilisatorische Risiken zu bergen – aus unserer Sicht, nicht aus der der Armen, wohlgemerkt.

Lautstark versucht eine Minderheit, die Technik zu verteufeln. Sie will anscheinend nicht eine – fortschreitend sicherer werdende – Technik, die die Lebenschancen unendlich vieler Menschen verbessern könnte, sondern lehnt sie ab und sucht statt dessen den Weg zurück zu einfachem und bescheidenem Leben – in Wohlstand.

Krieg darf es nicht mehr geben in einer Zeit, da auch die kleinste Auseinandersetzung in das ideologische, religiöse oder ethnische Spannungsfeld von gefährlich gerüsteten Nationen gerät, immer die Drohung im Gefolge, mit einem atomaren, biologischen, chemischen Krieg große Landstriche auszulöschen. Bleibt der Hunger. Ihn auszurotten, dazu besitzen wir alle naturwissenschaftlichen Hilfsmittel, offensichtlich jedoch nicht die ethische Reife. Hunger brauchte es nicht mehr zu geben. Daß es ihn gibt, ist unsere Schuld.

Von einer Generation auf die andere scheinen wir in Deutschland vergessen zu haben, was Hunger und Armut sein können. Unsere menschliche Solidarität erschöpft sich nicht selten in einer milden Spende. Technische Möglichkeiten hingegen werden kaum voll ausgeschöpft. Das Gesetz kennt den Tatbestand der unterlassenen Hilfeleistung. Wird man uns eines Tages daraufhin anklagen?

Die Einstellung, die sich gegen neue Großtechnik, gegen Kernkraftwerke, aber auch Kohlekraftwerke richtet, könnte auf lange Sicht zu Systemen führen, die nicht mehr marktwirtschaftlich geordnet sind. Sollte nicht auch feststellbar sein, wieviele Menschen vom Hungertod bedroht sind, wenn in den Agrarüberschußländern des Westens die Mehrproduktion an Getreide ausfällt – wenn auch nur für Jahre des unruhigen Übergangs auf eine der angebotenen Alternativen? Wie viele Menschen müssen in der Dritten Welt sterben, wenn die effizienten, marktwirtschaftlich geordneten Staaten ihre Produktion senken, weil Wachstum verteufelt wird? Warum gibt es darüber keine Gutachten? Und zeigt uns die Bevölkerungsentwicklung in den Industriestaaten und das bevölkerungspolitische Verhalten bei uns beschäftigter Gastarbeiter aus weniger entwickelten Ländern nicht deutlich, daß ausreichende Versorgung und Wohlstand zu einem geringeren Bevölkerungswachstum führen?

3.4 Bevölkerungswachstum und Energieverbrauch

Wenn wir uns einrichten, das Bevölkerungswachstum zu begrenzen, gar zum Stillstand zu bringen, indem wir zunächst eine ausreichende Güterversorgung als eine der wesentlichen Voraussetzungen dazu ermöglichen und wenn wir eine ausreichende Energieversorgung wiederum als Voraussetzung für eine erforderliche Güterproduktion verstehen, dann ergibt sich die Möglichkeit, zukünftigen Energieverbrauch zu schätzen, aber auch das weitere Wachsen der Weltbevölkerung in einen Zusammenhang mit dem Energieangebot zu bringen.

Grundsätzlich gibt es vier denkbare Verlaufskurven für die Zahl der Menschen in der Zukunft, wie in Bild 1 dargestellt. Die Kurve a zeigt weiterhin exponentielles Wachstum der Weltbevölkerung, das bei dem heutigen Zuwachs von ca. 1,9 Prozent pro Jahr einer jeweiligen Verdoppelung in 35 Jahren oder einem Anstieg auf das 6,5fache in 100 Jahren entspricht – Zahlen, die nach unserem heutigen Verständnis unvorstellbar groß sind. Dieses exponentielle Wachstum muß im nächsten Jahrhundert sein Ende finden.

Der Kurvenverlauf nach b zeigt ein Überschwingen der Bevölkerung über die natürlichen und durch Menschenhand zusätzlich geschaffenen Quellen hinausgehend, das vom Maximalpunkt b_2 mit mehr oder minder steil abfallender Flanke in einen unterkritischen Zustand führt. Not und vorzeitiger Tod vieler Menschen sind die Begleiterscheinungen dieses Kurvenverlaufs. In der Vergangenheit wurden Populationen durch Hunger, Seuchen oder Krieg auf diese Weise immer wieder unterkritisch. Nach Erreichen eines stabilen Zustands bei b_3 beginnt erneut das exponentielle Wachstum. Die Kurve c zeigt schließlich die Katastrophe eines atomar, bakteriell oder chemisch geführten Vernichtungskrieges. Die Menschheit wird abrupt auf einen Bruchteil der heute Lebenden reduziert, auf c_1 nämlich, und steigt nach einer Erholungsphase vielleicht ebenfalls wiederum exponentiell an. Bei dem Fortschritt der Waffentechnik gibt es vermutlich viele Staaten, die einen solchen Weltuntergang auslösen könnten – entweder bei der Erzwingung von Umverteilung oder beim Kampf um knapper werdende Rohstoffe und Energien.

Wollen wir überleben, dann bleibt uns nur eine Bevölkerungsentwicklung nach der Kurve d. Wir führen das Anwachsen der Bevölkerung über eine ausreichende Güterversorgung in einen stabilen Zustand oder, entsprechend den zukünftigen Möglichkeiten, in einen langsamer verlaufenden Anstieg über. Die Werte nach der Kurve d liegen von der Zeit bei d_3 an über den Werten für die Kurven b und c, da die in b und c ausgedrückten Katastrophen vermutlich einen Teil der Lebensfähigkeit unserer Erde für immer auslöschen würden und somit weniger Menschen ausreichenden Lebensraum fänden. Der Überlebenskompromiß kann also nur entlang einer der Kurve d entsprechenden Bevölkerungsentwicklung gefunden werden.

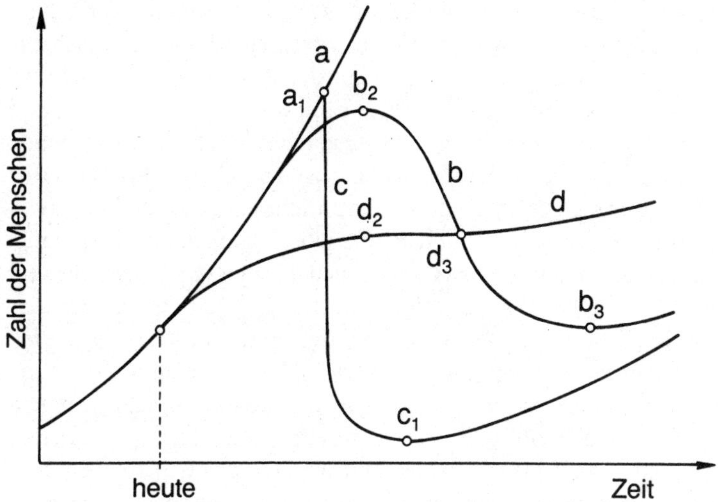

Bild 1: Möglicher Verlauf der Bevölkerungsentwicklung

Folgen wir der Überlegung, daß die Weltbevölkerung nur über ein ausreichendes Energie- und Güterangebot – das ist eine der Voraussetzungen – zu stabilisieren ist, dann lassen sich auch Abschätzungen über die Zahl der Menschen im Gleichgewichtszustand machen. Umgekehrt stabilisiert eine gleichbleibende Zahl von Menschen auf unserer Erde auch den Energie- und Güterverbrauch. Je eher die Bedürfnisse der Menschen befriedigt sind, je niedriger demzufolge die Anzahl der Menschen im stationären Zustand der Weltbevölkerung ist, desto besser und weiter reichen wir demzufolge mit unseren Vorräten, desto eher wird es uns auch gelingen, den Schutz unserer Welt zu verwirklichen, der ihre Lebensfähigkeit sichert. Daraus folgt der Schluß: *Die Weltbevölkerung und damit der Energie- und Güterverbrauch lassen sich zahlenmäßig bei um so geringeren Werten stabilisieren, je höher die Zuwachsraten im Energieangebot sind.*

Dieser Gedanke geht aus von der Überlegung, daß in den Entwicklungsländern mit ihren hohen Zuwachsraten im Bevölkerungswachstum eine Verminderung dieser Zuwachsraten erst dann zu erreichen sein wird, wenn dem einzelnen genügend Güter zur Verfügung stehen, um materiell – für den Augenblick wie auch für die Zukunft und im Bereich seiner Familie – gesichert zu sein, und wenn ihm hinreichend Zeit und Gelegenheit für eine weitergehende Ausbildung gegeben werden. Schätzungen des Autors für den dafür weltweit erforderlichen durchschnittlichen Pro-Kopf-Verbrauch an Primärenergie lagen bei früheren Überlegungen bei einem langfristig zu erwartenden Bedarf zwischen 4 und 6 t SKE pro Jahr und Mensch (1 t SKE = Steinkohleneinheit ist die einer Tonne hochwertiger Steinkohle entsprechende Energiemenge von 29,3 Gigajoule). Die bisherige Erfahrung lehrt jedoch, daß eine solche Ausweitung der weltweiten Energieversorgung nicht machbar und aus Umweltschutzgründen wohl auch nicht wünschbar ist. Werte von 3 oder 4 t SKE je Kopf und Jahr oder darunter werden somit ausreichen müssen, eine Begrenzung weiteren Bevölkerungsanstiegs zu erreichen. Eine solche energiewirtschaftliche Entlastung muß in der später noch zu besprechenden Verlagerung zwischen den Produktionsfaktoren Kreativität, Exergie, Rohstoff gleichwohl zu einer ausreichenden Versorgung führen.

Erst wenn diese ausreichende Versorgung mit Gütern und Energie über eine hinreichend lange Zeit erfolgt ist, in der Ausgleichsvorgänge abgeklungen, materieller Nachholbedarf gedeckt und vertiefte Urteilsfähigkeit erreicht sind, wird sich die Weltbevölkerung – und damit in erster Näherung auch der Energiebedarf – konstant halten lassen. Je schneller dieser Zustand erreicht wird, je höher die Zuwachsraten im Energieverbrauch also sind, desto geringer ist der maximal auftretende Energieverbrauch im Gleichgewichtszustand. Auf den Gleichgewichtszustand kommt es jedoch entscheidend an, wenn es um die langfristige Energieversorgung geht. Tendenziell ist noch zu berücksichtigen, daß bei gleichem Lebensstandard der Pro-Kopf-Verbrauch an Energie mit der Größe der Weltbevölkerung steigen muß, da die spezifischen Energiemengen zur Gewinnung von Rohstoffen und Nahrungsmitteln wachsen und eine enger besiedelte Welt ein überproportionales Mehr zur Schonung und Regenerierung der Umwelt braucht.

Selbstverständlich reicht es nicht, das durchschnittliche Pro-Kopf-Angebot an Energie auf die hier angegebenen Werte zu steigern. Die verfügbare Energie muß auch denen zukommen, die sie brauchen. Sie darf nicht unsinnig verschwendet werden. Um die erforderlichen Gütermengen zu produzieren, müssen Infrastrukturen, Rohstoffquellen, Fabrikationen und Verteilungsmechanismen vorher aufgebaut werden. Dabei sind große Mengen an Kapital erforderlich, die über hohes Wachstum in den Industriestaaten gewonnen werden müssen.

Bild 2 zeigt jeweils die Höhe des Primärenergieverbrauchs im Gleichgewichtszustand, der zugleich auch der Gleichgewichtszustand einer zahlenmäßig stabilisierten Weltbevölkerung ist, ferner den etwaigen Zeitpunkt seines Eintritts, aufgetragen über den Zuwachsraten im Primärenergieverbrauch, gerechnet für einen Modellfall von 3 bzw. 4 t SKE an durchschnittlichem Energieverbrauch je Mensch und Jahr gegenüber heute von etwa 2,2 t SKE je Mensch und Jahr, bei dem nach Erreichen des angestrebten Pro-Kopf-Verbrauchs noch ein Zeitraum von 50 Jahren mit weiter wachsender Bevölkerung trotz einer ausreichenden Versorgung bis zu ihrer zahlenmäßigen Stabilisierung durch Veränderung des generativen Verhaltens nach einer logistischen Funktion erforderlich ist.

Beispielsweise wäre eine Stabilisierung der Weltbevölkerung auf relativ niedrigem Niveau – etwa bei einem angenommenen Pro-Kopf-Verbrauch von 3 t SKE/Jahr – noch vor 2050 bei einem Wert von etwa 25 Mrd. t SKE/Jahr erreichbar, wenn bis zum Erreichen des gewünschten Pro-Kopf-Verbrauchs im exponentiell steigenden Teil einer ebenfalls logistischen Funktion der Zuwachsraten folgenden Kurve mit einer Steigerung im Primärenergieangebot von knapp 6 Prozent/Jahr gerechnet werden könnte. Die zahlenmäßig stabilisierte Weltbevölkerung läge dann knapp oberhalb von 8 Mrd. Menschen.

Der leichteren Vorstellung wegen sind alle Energiemengen wiederum in Tonnen Steinkohleeinheiten (t SKE) angegeben. Der Energieinhalt aller eingesetzten Energiemengen ist also auf eine gemeinsame Vergleichseinheit bezogen. Die Anzahl der Menschen bei der stabilisierten Weltbevölkerung ergibt sich jeweils durch Teilung des gesamten Primärenergieverbrauchs durch den jährlichen Energieverbrauch je Mensch.

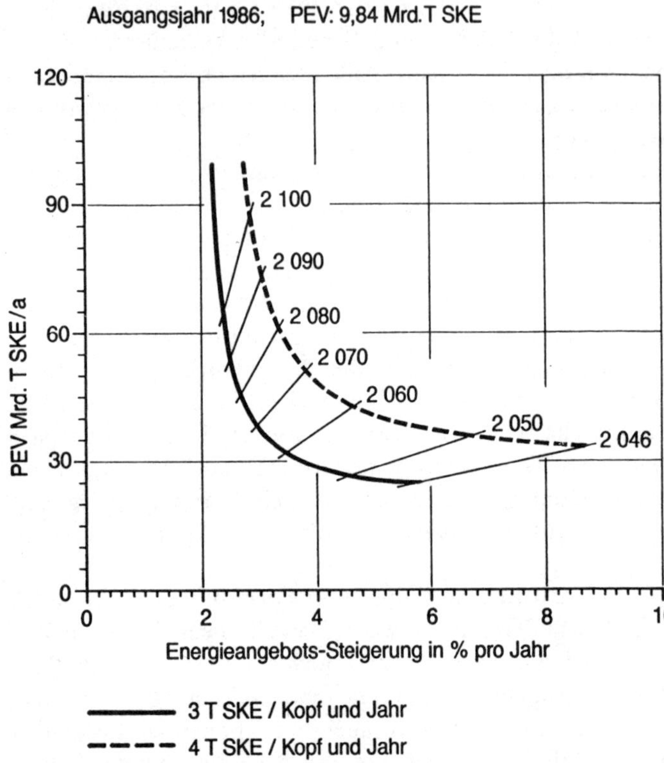

Bild 2: Prognose des Weltprimärenergieverbrauchs

Der hyperbolische Verlauf der Kurven für einen durchschnittlich jährlichen Primärenergieverbrauch von 3 bzw. 4 t SKE je Mensch gibt eine grundsätzliche Erkenntnis. Im Bereich des steilen Kurvenverlaufs, bei geringen Zuwachsraten von beispielsweise 3,3 Prozent/Jahr, die wir im Durchschnitt von 1925 bis 1975 hatten, klafft je nach Versorgung des einzelnen mit 3 oder 4 t SKE/Jahr eine große Differenz im Gleichgewichtszustand von 35 Mrd. t SKE/Jahr zu 65 Mrd. t SKE/Jahr und einer stabilisierten, das heißt nicht weiter wachsenden Weltbevölkerung von ca. 11,5 bzw. 16 Mrd. Menschen.

Bei Zuwachsraten von 6 Prozent/Jahr sind nicht nur die absoluten Werte mit 24 Mrd. t SKE/Jahr bei jährlich 3 t SKE je Mensch und 37 Mrd. t SKE/Jahr bei jährlich 4 t SKE je Mensch geringer, sondern auch die Zahlen der Menschen mit 8 bzw. etwa 9 Mrd. als stabilisierte Weltbevölkerung, und geringer sind auch die Differenzen zwischen den Werten. Es verringert sich also nicht nur die Größe der Zahlen, sondern auch der Bereich der Ungewißheit. Wir wissen nicht, wie hoch der erforderliche Energiebedarf pro Kopf schließlich sein wird. *Ermöglichen wir jedoch nur geringe Zuwachsraten im Primärenergieverbrauch, wird der Zwang zur Armut, zu extremem Sparen und geringem Pro-Kopf-Verbrauch an Energie wesentlich stärker. Dennoch werden die Vorräte unserer Erde schneller erschöpft, weil mehr Menschen sie verbrauchen.*

Die Quellen an fossilen Energien werden gerade bei diesem Beispiel mit niedrigen Zuwachsraten insgesamt nur einige Jahrzehnte reichen, weil sich dann die Weltbevölkerung zahlenmäßig erst auf einem hohen Niveau, also bei großem Gesamtverbrauch an Energie, stabilisieren läßt. Ein geradezu absurdes Bild!

Wir müssen also die Zuwachsraten im Energieangebot steigern und nicht senken! Andernfalls wird uns das Problem der Übervölkerung erdrücken. Die Allheilmittel, die uns auf dem Gebiet der Energieversorgung, der ausreichenden Nahrungsmittelproduktion, des kompromißlosen Umweltschutzes wie auch der Entwicklungshilfe heute angeboten werden, würden mit Sicherheit in einer Katastrophe enden. Vorangehen würde vermutlich eine aus Not geborene weltweite Bevölkerungsbewegung, die sehr bald auch wohlhabende Staaten vor unlösbare Probleme stellte.

Aus einer Studie der Conservation Commission der Weltenergiekonferenz für die Weltenergiekonferenz 1980 in München, *World Energy – Looking Ahead to 2020*, ergab sich, daß vom Potential her im Jahr 2020 etwa 23 Mrd. t SKE/Jahr an nichtnuklearer Energie bereitgestellt werden können. Dann müßten allerdings, um die damals als erforderlich angesehenen 34 Mrd. t SKE im Jahr 2020 zu erreichen, bereits rund 11 Mrd. t SKE aus Kernenergie verfügbar sein. Die Kernenergie müßte dann schon ein Drittel der Energieversorgung der Welt übernehmen, anteilig also die Rolle spielen, die der des Öls heute in der Energieversorgung der Welt nahekommt.

Die erforderliche Verdrängung des Öls und des Erdgases aus ihrer beherrschenden Rolle durch Kernenergie wurde an diesem Zahlenbeispiel durch die Weltenergiekonferenz deutlich gemacht und für realisierbar gehalten. Öl und Erdgas sollten gemeinsam nur noch 23 Prozent des Energiemarktes haben gegenüber 64 Prozent im Jahre 1979, obwohl diese Energiemenge noch um 20 Prozent über der insgesamt weltweit 1979 verbrauchten Energiemenge läge.

Die Weltenergiekonferenz (heute Weltenergierat) hat zu den weiteren Weltenergiekonferenzen in New Delhi (1983), Cannes (1986) und Montreal (1989) weitere Prognosen herausgebracht, in denen die Erwartungswerte für 2020 erheblich nach unten korrigiert wurden. Diese Korrekturen nach unten waren Ausfluß der Erkenntnis des Unvermögens, eine Menschheit in diesem Zeitraum ausreichend versorgen zu können. So wurde für die Konferenz in Montreal, ausgehend von dem Basisjahr 1985, in der mittleren Schätzung mit einem jährlichen Anstieg des Energieangebots bis zum Jahr 2020 von 1,6 Prozent und in der niedrigen sogar nur von 1,2 Prozent gerechnet – mit Werten, die wahrscheinlich unter dem jährlichen Anstieg der Weltbevölkerung liegen, mit Werten also, die gemäß der Überlegung nach Bild 2 völlig unbefriedigend sind.

Nur höhere Zuwachsraten im Energieverbrauch ermöglichen es, die Güter zu produzieren, die alle Menschen versorgen. Eine dazu erforderliche Steigerung des Kernenergieeinsatzes erscheint sowohl von der Kapital- wie von der Lieferseite möglich, zumal der Primärenergiebedarf weltweit nur bei weiter steigendem Einsatz der Kernenergie zu befriedigen ist, und zwar unter Einschluß von Wiederaufarbeitungsanlagen, Hochtemperatur- und Brutreaktoren. Die Einführung dieser Techniken in hochindustrialisierten

Ländern hinauszuzögern wird diese Länder in weniger als zwei Generationen an der Versorgung der Menschheit schuldiger werden lassen als die heutzutage unbedachte Vergeudung von Öl.

Auch bei geringen Zuwachsraten im Primärenergieangebot reichen die nach heutigen Gesichtspunkten förderbaren fossilen Energiemengen vermutlich nicht einmal hin, um allein mit ihnen eine Stabilisierung der Zahl der Menschen und damit des Primärenergieverbrauchs überhaupt zu erreichen. Ohne eine hohe Nutzung der Kernenergie in den Industrieländern werden diese vermutlich den armen Ländern weiterhin Öl, Erdgas und auch Kohle vor der Nase wegkaufen. Deren Armut und Bevölkerung steigt als Folge des Versagens der im Wohlstand lebenden Staaten.

Für einige Staaten zeigt die Tabelle 1 einige wesentliche Daten über Bevölkerungswachstum, Energieverbrauch und die Abhängigkeit von Energieimporten sowie über das Verhältnis der gesamten Importe zu den gesamten Exporten als Ausdruck der Wirtschaftskraft.

So galt beispielsweise im Jahre 1988 für das an Rohstoffen wie auch an Energie arme Japan, daß bei einem Primärenergieverbrauch von 3,7 t SKE je Einwohner und Jahr der Wert der Importe nur 60 Prozent des Wertes der Exporte ausmachte und daß etwa ein Fünftel des Wertes der Exporte, nämlich 18 Prozent, für die Energieimporte verwendet wurde. In Indien dagegen, dessen Bevölkerung sich im übrigen in weniger als einem Viertel der Zeitspanne wie in Japan verdoppelt, wurden bei einem Pro-Kopf-Energieverbrauch von 0,28 t SKE je Jahr, also 7,5 Prozent des japanischen Wertes, ebenfalls 19 Prozent der Exporterlöse allein für den Import von Energie aufgewandt.

Welche Verhältnisse werden sich einstellen, wenn in Indien in einer Generation vielleicht 1,5 Milliarden Menschen leben mit einem Pro-Kopf-Energieverbrauch, der wenigstens dem heutigen Weltdurchschnitt von jährlich 2 t SKE entspricht, und wenn durch weiter anhaltende Konflikte um das knapper werdende Öl die Preise für Energie auf dem Weltmarkt gegenüber heute stark angestiegen sein werden?

Leben heute und morgen – Fortschritt wohin? Läßt sich das auf eine Kurzfassung bringen? Versuchen wir es. Fortschritt muß heißen:

– das Wachstum der Weltbevölkerung auf friedliche und humane Weise bald zum Stillstand zu bringen;
– ausreichende Güterversorgung aller als notwendige, wenn auch nicht allein hinreichende Vorbedingung für den Stillstand des Bevölkerungswachstums; sie wird durch ein ausreichendes und hohes Energieangebot erst möglich;
– das Wachstum in den Industrieländern zu steigern, um die Güter zu produzieren, die die Wirtschaft der Entwicklungsländer erst in Gang bringen;
– den heutigen Menschen zu befähigen, diese Aufgabe zu vollbringen; wir dürfen nicht erst einen neuen Menschen zur Lösung dieser Aufgabe fordern oder erwarten; das klägliche Scheitern der politischen Systeme, die von einem neuen Menschen ausgehen, sollte uns warnen;

	Einwohner in Mio	Bevölkerungswachstum		PEV/ Einwohner in t SKE	Relation der gesamten Energieimporte zu den ges. Exporten*	Relation der gesamten Importe zu den gesamten Exporten
		% / a	Verdoppelung in… Jahren			
USA	248	0,89	78	9,5	0,19	1,78 (86)
BRD	79	—	—	6,25	—	—
Japan	123	0,46	151	3,7	0,18	0,60 (87)
Brasilien	154	2,37	30	0,77	0,19	0,69 (87)
Philippinen	65	2,67	26	0,25	0,17	1,13 (86)
Korea (Süd)	43	1,33	52	2,0	0,14	0,91 (86)
Pakistan	110	2,70	26	0,29	0,23	1,59 (86)
Bangladesch	113	2,60	27	0,06	0,17	3,07 (86)
Indien	833	2,01	35	0,28	0,19	1,39 (86)
China	1 100	1,24	56	0,75	0,02	0,64 (87)
Äthiopien	50	3,06	23	0,03	0,36	2,40 (86)
Marokko	26	2,49	28	0,34	0,22	1,55 (86)

Quellen: VIK-Statistik

* Quelle: Weltbank Washington: Weltentwicklungsbericht 1988

Tabelle 1: Wirtschafts- und Energiedaten einzelner Länder

- die Vorteile der Marktwirtschaften zur Geltung zu bringen, die wegen ihrer Flexibilität den reibungsfreiesten Aufbau ermöglichen und die aus dem Eigeninteresse des einzelnen durch Akkumulierung ausreichend Kapital verfügbar machen;
- langfristiges Sparen von Rohstoffen und Energie. Um das zu erreichen, muß kurzfristig mehr an Rohstoffen und Energie eingesetzt werden, da anders das Bevölkerungswachstum nicht zum Stillstand zu bringen ist und eine weiter anwachsende Weltbevölkerung überproportional mehr Energie braucht.

Wachstum in der Weltwirtschaft und damit bei der Produktion von Gütern ist Voraussetzung für eine Begrenzung des Bevölkerungswachstums und damit eine ethische Notwendigkeit, solange es noch Not gibt. Allerdings muß dieses Wachstum vorrangig den Bedürftigen zugute kommen.

4. Die Gegensätze und die Hauptsätze

> Die Veränderlichkeit des Menschen ist nur durch die sich langsam verschiebenden Grenzen seiner genetischen Konstitution und seiner kulturellen Erfahrung beschränkt. Das Problem der menschlichen Erkenntnis im 20. Jahrhundert ist kein Aristotelisches mehr, bei dem es die Erkenntnisaufgabe des Menschen ist, das festliegende Wesen der Natur aufzudecken; es ist auch kein Hegelsches mehr, bei dem sich allein der menschliche Geist historisch vor einer statischen Natur entwickelt. Es verlangt vielmehr, sich der in der Entwicklung befindlichen Beziehung zwischen den menschlichen Ideen und einer natürlichen Welt zu stellen, die beide nicht unveränderlich sind.
>
> *Stephen Toulmin,*
> *»Kritik der kollektiven Vernunft«*

4.1 Unsere unteilbare Welt

»In dem Aufsatz *Unsere unteilbare Welt* habe ich das schmale Existenzfenster beschrieben, dem wir unsere Existenzmöglichkeit verdanken. Einige Absätze davon möchte ich hier etwas erweitert zur Einstimmung wiederholen: ›Im unendlichen Raum zahllose leuchtende Kugeln, um jede von welchen etwa ein Dutzend kleinerer, beleuchteter sich wälzt, die inwendig heiß, mit erstarrter, kalter Rinde überzogen sind, auf der ein Schimmelüberzug lebende und erkennende Wesen erzeugt hat – dies ist die empirische Wahrheit, das Reale, die Welt.‹« So beginnt Schopenhauer den zweiten Band seines Hauptwerkes *Die Welt als Wille und Vorstellung.*

Dieses Einsamkeit und Verlassenheit ausdrückende Bild beschreibt unsere Erde, und die Schimmelschicht stellt unsere Lebensbasis dar, mit der und von der wir in Symbiose leben. Und tatsächlich wird dieser Eindruck noch verstärkt, wenn wir uns einige Größenordnungen und physikalische Tatsachen unserer Lebensbedingungen deutlicher vor Augen führen.

Diese Schimmelschicht, die Humusschicht nämlich, von der wir leben, ist, wie man an jeder Baustelle sehen kann, etwa einen halben Meter dick – im Verhältnis zum Erddurchmesser, bezogen auf eine Kugel von 10 Kilometern Durchmesser, einer Schicht von einem halben Millimeter vergleichbar. In ihr müssen lebenswichtige Stoff- und Wärmeaustauschvorgänge geschehen innerhalb einer Temperaturspanne von weniger als 100 K, in der Wasser nicht fest oder noch nicht verdampft ist, denn flüssiges Wasser ist eine der Grundvoraussetzungen für das, was wir Leben nennen und was aus unserer Sicht in erster Linie Bewußtsein, Erkennen und Kommunikation bedeutet.

Die Temperaturspanne und die Temperatur, bei der sich die Organisation der Materie zu Leben ermöglicht, liegen zudem – gemessen an den Temperaturen, die in unserem Sonnensystem auftreten – annähernd beim absoluten Nullpunkt. Denn was sind 300 K, gemessen an der Oberflächentemperatur der Sonne von 6000 K oder – mehr noch – an ihrer Innentemperatur mit der Kernfusion des Wasserstoffbrennens von 20 oder mehr Millionen K? Und dennoch müssen die Klimaforscher befürchten, daß durch anthropogene Einflüsse innerhalb der nächsten Jahrzehnte ein Anstieg der mittleren Temperatur auf der Erde um wenige Grad, also um einen winzigen Bruchteil der 300 K, bereits zu heute nicht absehbaren Veränderungen des Klimas und damit der Lebensbedingungen führen kann.

Wir vermögen also nur zu leben bei einer kleinen Temperaturspanne von wenigen Grad und bei einer Temperatur, die 0,001 Prozent der maximal in unserem Sonnensystem auftretenden Temperatur entspricht, und müssen eine Veränderung der mittleren Temperatur um einen Bruchteil dieses Wertes bereits fürchten. Damit dieser Temperaturbereich mit hinreichender Konstanz eingehalten wird, hat sich ein physikalisch ausgetüfteltes System ausbilden müssen: Das Leben braucht eine rotierende Erde. Die von der Sonne eingestrahlte Energie mit der Leistung von 178 Mrd. MW (dies ist stündlich das etwa 500fache des jährlichen Primärenergieverbrauchs der heutigen Bundesrepublik Deutschland – oder in vier Tagen soviel, wie die gesamten nach heutiger Schätzung noch gewinnbaren Reserven an organischer – fossiler – Energie in Form von Kohle, Öl oder Erdgas ausmachen) wird zu einem großen Teil direkt reflektiert und zu einem anderen großen Teil nachts in das kalte Weltall abgestrahlt. Die mittlere Temperaturdifferenz zwischen den Tages- und Nachttemperaturen beträgt größenordnungsmäßig 10 K.

Innerhalb dieser Temperaturdifferenz vollzieht sich der Wasserkreislauf unserer Erde. Es bilden sich Kreisprozesse heraus, die dem der Erde zufließenden und von ihr abgestrahlten Energiestrom Arbeitsfähigkeit (Exergie) entziehen.

Die Thermodynamik ist der Zweig der Naturwissenschaft, der uns diese Zusammenhänge verständlich macht und uns lehrt, nach welchen Gesetzen die Natur Arbeitsfähigkeit gewinnt und anwendet.

Diese Arbeitsfähigkeit schafft Ordnungssysteme, aus denen sich evolutionär im Laufe von Jahrmilliarden unser heutiges Leben entwickelte. Jeder in der Natur spontane, das heißt von selbst ablaufende Prozeß entwertet Energie und ist mehr oder weniger nicht umkehrbar, das heißt, er kann, wenn überhaupt, ohne Aufwendung zusätzlicher Energie aus der Umgebung nicht rückgängig gemacht werden. Die Natur entzieht diese Energie der Wärme, die uns die Sonne zustrahlt. Der Mensch hat für sein Überleben Ordnungssysteme aufgebaut, für deren Erhalt er Energie, genauer Exergie bzw. technische Arbeitsfähigkeit, einsetzen muß – gleichmäßiger und in größerer Dichte, als es unser Klima aus der verfügbaren Sonnenenergie ermöglicht.

Die Zeitspanne, in der es Leben auf höherer Bewußtseinsstufe auf unserem Planeten gibt, nimmt sich – gemessen am Alter unseres Sonnensystems, geschweige dem des Weltalls – ähnlich bescheiden aus wie der Temperaturbereich, innerhalb dessen wir leben können, oder die räumlichen Abmessungen unserer Erde gegenüber den Dimensionen des Weltraums. Die chemischen Elemente, aus denen wir und die uns umgebende Welt bestehen, sind im übrigen Bruchstücke eines Sterns, in dessen Lebensgeschichte sie durch Kernfusion, also durch sukzessive Neutronenanlagerung, entstanden sind, und der bereits nicht mehr existierte, als vor etwa 5 Milliarden Jahren unser Sonnensystem und damit unsere Erde entstanden.

Zu diesem insgesamt sehr schmalen Existenzfenster kommt hinzu, daß die Drehung der Erde uns glücklicherweise ein Magnetfeld beschert, das die Teilchenstrahlung der Sonne abschirmt und uns schützt, wobei diese Teilchenstrahlung ihrerseits weit draußen im Weltraum die für uns tödliche Höhenstrahlung abfängt. Diese Höhenstrahlung ist viele milliardenmal energiereicher als Röntgenstrahlen, mit Energien, die im Vergleich zu den Energien, die die Elementarteilchen beim Aufbau der Materie verbinden, sehr hoch sind. Die Teilchen der kosmischen Strahlung zertrümmern daher alle Atome und Atomkerne, die sie treffen. Nicht abgeschirmt durch die Teilchenstrahlung der Sonne, könnte sich deshalb unter der kosmischen Strahlung kein Leben organisieren. Hinzu kommt, daß sich über lange Zeiträume hinweg aus der Gashülle der Erde, die aus Kohlenwasserstoffen, Kohlendioxid, Stickstoff und anderen Gasen bestand, durch biologische Separation des Kohlenstoffs jene sauerstoffhaltige Atmosphäre entwickelte, die exotherme Lebensvorgänge – und damit uns – möglich machte.

Von der Sonne strömt uns kontinuierlich ein Energiestrom zu, den die Erde in hohem Maße ebenfalls kontinuierlich durch Abstrahlung an das Weltall wieder abgibt. Die Umwandlungen und Umformungen, die dieser Energiestrom auf der Erde erfährt, bilden die Voraussetzungen für das Leben; sie ermöglichen die energetischen Vorgänge, die die Bildung, Erhaltung und Reproduktion organischen Lebens ausmachen.

So sind sowohl die Lager fossiler Energien, die wir heute nutzen, als auch die Zusammensetzung unserer Atmosphäre der Sonneneinstrahlung zu verdanken. In einem verwickelten Vorgang entstand der freie Sauerstoff in der Atmosphäre als Nebenprodukt der Photosynthese von irdischer Biomasse, also als Nebenprodukt ersten Lebens. Dieses Leben konnte sich aber nur im Wasser entwickeln, denn solange die Atmosphäre keinen Sauerstoff und demnach kein Ozon enthielt, konnte die tödliche UV-Strahlung der Sonne ungehindert bis zur Erdoberfläche durchdringen und Nukleinsäuren und Eiweiß, die wichtigsten Bausteine lebender Substanz, zerstören. Zum Vergleich: Erst eine etwa 10 Meter dicke Wasserschicht entspricht in ihrer die UV-Strahlung abschirmenden Wirkung unserer heutigen Atmosphäre. Das macht die Sorge vor dem *Ozonloch* verständlich, da das Ozon in der Stratosphäre die schädliche UV-Strahlung abfängt.

Bei der Photosynthese werden Kohlendioxid und Wasser zu Kohlehydraten aufgebaut und Sauerstoff freigesetzt. Beim umgekehrten Vorgang der Verwesung oder der Verbrennung wird wiederum der Sauerstoff gebunden, aber auch ein Teil der organischen Substanz unter Luftabschluß konserviert. Das bedeutet: Kohlenstoff abgestorbener Substanz wurde in der Sedimentbildung festgelegt. Der weit überwiegende Teil des bei der Photosynthese freigesetzten Sauerstoffs wurde jedoch bei der Oxidation reduzierter Bestandteile der Erdkruste und der alten Atmosphäre verbraucht. Nur ein Promille abgestorbener Substanz liegen als abbauwürdige Lagerstätten von Kohle, Erdöl und Erdgas vor.

Es gibt also nur ein winziges Existenzfenster aus naturwissenschaftlicher Sicht, in dem sich unser Leben organisiert. Das Weltall, das auch unsere Umwelt ist, hat vermutlich nur in einem ganz außergewöhnlichen Ausnahmezustand jene Umweltbedingungen aufzuweisen, unter denen höheres Leben möglich ist. Die Evolution stellt demnach ein äußerst unwahrscheinliches Phänomen dar, dessen grundsätzliche Möglichkeiten – genauso wie heutiges Leben, aber auch alle Handlungen des Menschen – den Gesetzen der Thermodynamik unterworfen waren und weiterhin sind.

Ihre Bedeutung wird anschaulich in dem folgenden Zitat aus A. R. Peacocke's *An introduction to the physical chemistry of biological organization.* Er sagt: »Wenn Politik die Kunst des Möglichen in den Angelegenheiten der Menschen ist, dann ist Thermodynamik die Wissenschaft des Möglichen in der Natur.« Wir werden sehen, daß die Thermodynamik auch die Wissenschaft des Möglichen in unserem menschlichen Handeln ist.

Kehren wir zu Schopenhauer zurück. Er fährt an der anfangs zitierten Stelle fort: »Jedoch ist es für ein denkendes Wesen eine mißliche Lage, auf einer jener zahllosen im grenzenlosen Raume frei schwebenden Kugeln zu stehen, ohne zu wissen, woher noch wohin, und nur eines zu sein von unzählbaren ähnlichen Wesen, die sich drängen, treiben, quälen, rastlos und schnell entstehend und vergehend in anfangs- und endloser Zeit; dabei nichts Beharrliches als allein die Materie und die Wiederkehr der selben, verschiedenen, organischen Formen mittels gewisser Wege und Kanäle, die nun einmal da sind. Alles, was die empirische Wissenschaft lehren kann, ist nur die genauere Beschaffenheit und die Regel dieser Hergänge.«

Nun, die Kenntnis von der Beschaffenheit und Regel dieser Hergänge ist nicht geringzuachten. Sie stellt das weite Feld der Forschung dar, deren Ziel immer nur sein kann, die Vielfältigkeit des Lebens auf unserer Erde zu erhalten; die Symbiose zu ermöglichen, in der der Mensch wurde. Wenn uns die Auseinandersetzung über Nutzen und Gefahren menschlichen Handelns diese Erkenntnis gebracht hat, dann müssen wir sie hoch bewerten.

Das Bild vom *Raumschiff Erde,* das im Raumfahrtzeitalter oft zitiert wird, ist nur vollständig, wenn gleichzeitig das Bewußtsein vorherrscht, daß Leben erlöschen muß, wenn das eben geschilderte physikalische Existenzfenster zerstört oder beschädigt wird.

Nun gibt es sicherlich niemanden, der die Existenz des Lebens auf unserer Erde irreparabel gefährden möchte, der dazu beitragen wollte, daß dieses schmale Existenzfenster noch schmaler wird oder sich gar verschließt.

Und dennoch entstehen Gegensätze, die unüberbrückbar scheinen und die unsere Gesellschaft in zwei Lager zu spalten drohen: in Befürworter und Gegner weiteren Wachstums, weiterer Industrialisierung, weiteren Ausbaues der Großtechnik – seien es nun Kernkraftwerke oder Kohlekraftwerke, Chemieanlagen oder Bergwerke. Sehen wir von jenen militanten Gruppen ab, die kein Konzept haben, denen eine vermeintliche Schwäche des Staates nur dazu dient, sich zu profilieren, und die – nach Schelsky in *Die Arbeit tun die anderen* – über die Leistungsdiffamierung ihr eigenes Unproduktivitätsprivileg verteidigen und daraus einen Klassenherrschaftsanspruch machen, dann bleiben zwei einander gegenüberstehende Gruppen übrig, die letztlich einen von zwei möglichen Wegen, den der Ablehnung oder den der Zustimmung, gemeinsam zu gehen haben. Ihnen wird offenbar die Diskussion deshalb so schwer, weil sie nicht über einen Grundkonsens gleicher Naturbetrachtung verfügen.

A. und P. Ehrlich und J. P. Holdren kommen in ihrer ausführlichen Studie *Ecoscience – Population – Resources – Environment* hinsichtlich des Standes und der zukünftigen Entwicklung unserer Erde zu einer Aufteilung der Meinungen nach zwei Meinungsgruppen. Der einen, die sie Cornucopians, nach dem Begriff des Füllhorns, nennen und von der sie annehmen, daß sie glaube, die Erde sei in der Lage, eine große, wenn auch begrenzte Weltbevölkerung ausreichend mit Nahrung, Rohstoffen und Energie zu versorgen, und von der sie, dem Tenor ihrer Untersuchung entsprechend, offensichtlich befürchten, daß sie leichtfertig und nicht begründet handele, und der anderen Gruppe, die sie Neu-Malthusianer nennen. Offenbar neigen sie dieser Gruppe zu, deren Meinung dahin geht, daß die Technik und die Ergiebigkeit der Quellen nicht schnell genug für die Versorgung einer bedrohlich anwachsenden Menschenzahl mobilisiert werden können und daß schwere Fehler im Hinblick auf die Umwelt gemacht wurden und weiterhin gemacht werden bei den Versuchen, Technik und Hilfsquellen dennoch in höchstmöglichem, wie sie meinen, ausuferndem Umfang zu nutzen.

Entsprechend dieser Ansicht kommen die Autoren auch zu einer resignierenden Schlußfolgerung. Resignation reicht jedoch nicht. Wir brauchen Anregungen dazu, wie die Welt in einen kontrollierbaren Zustand zu bringen ist. Unter kontrollierbarem Zustand ist dabei eine Situation zu verstehen, bei der die Weltbevölkerung, die Ansprüche des einzelnen, die Erhaltung einer lebensfähigen und gesunden Umwelt und die Sorge um die Sicherung zukünftiger Generationen als Parameter eines Modells auftreten, dessen Lösungen hohe Ansprüche befriedigen.

Der Epilog von *Ecoscience* schließt mit der Frage an diejenigen, die sich ernsthaft mit realistischen Lösungen beschäftigen, ob Wissenschaftler und Entscheidungsträger unterschiedlichster Sparten Wege ausdenken und aufzuzeigen vermögen, über die menschliches Verhalten und physikalische Wirklichkeit rechtzeitig aufeinander abgestimmt werden können.

Ich meine, daß diese Frage mit *Ja* beantwortet werden kann. Die naturwissenschaftlich-technische Ausrüstung dazu besitzen wir.

Ich will versuchen, eine mögliche gemeinsame Basis des Denkens zu erläutern, die sich auf den für unser Leben wie für unsere Energie- und Güterversorgung wichtigen Hauptsätzen der Thermodynamik aufbaut. Thermodynamik, das ist die dynamische oder auch mechanische Theorie der Wärme, jene Theorie also, die Wärmevorgänge auf mechanische Vorgänge der Moleküle und Atome zurückführt. Ihre bedeutsamsten Gesetze, die sogenannten Hauptsätze der Thermodynamik, erweisen sich mehr und mehr als die wichtigsten Naturgesetze überhaupt, insbesondere die, die seit Rudolf Clausius erster und zweiter Hauptsatz genannt werden.

In den mehr als hundert Jahren seit ihrer Entdeckung haben die *Hauptsätze der Thermodynamik* nicht nur in der Physik und der Technik, sondern darüber hinaus in der gesamten Naturwissenschaft außerordentliche Bedeutung gewonnen.

Während der *erste Hauptsatz* als *Energieerhaltungssatz* aussagt, daß in einem abgeschlossenen System, das mit seiner Umgebung nicht in Wechselwirkung steht, die Energie konstant bleibt und feste Verhältnisgrößen zwischen den einzelnen Energieformen bestehen, sagt der *zweite Hauptsatz* aus, daß die Möglichkeiten, die einzelnen Energieformen ineinander umzuwandeln, abhängig von den Umgebungsbedingungen begrenzt sind und in einem abgeschlossenen System, in dem solche Umwandlungen erfolgen, im allgemeinen abnehmen oder sogar verschwinden. Dieser Satz hat einen *Richtungscharakter* und drückt ein *Entwertungsprinzip* aus.

Der Erhaltungssatz der Energie als eine Form des *Kausalprinzips* und das Entwertungsprinzip in seiner weitgehenden Ausdeutung als *Gesetz des Geschehens* sind die Grundlagen der Naturphilosophie.

4.2 Der erste Hauptsatz der Thermodynamik – Der Satz von der Erhaltung der Energie

Unter Thermodynamik oder Wärmelehre verstehen wir also jenen Zweig der Physik, der die Beziehungen zwischen mechanischen Vorgängen und Wärmevorgängen beschreibt. Im weiteren Sinn umfaßt die Thermodynamik alle physikalischen und chemischen oder technischen Veränderungen, bei denen Wärmewirkungen eine Rolle spielen. Solche Vorgänge sind in der belebten wie in der unbelebten Natur außerordentlich häufig. Die Hauptsätze der Thermodynamik, Erfahrungssätze, die Aussagen zu diesem Wissenszweig machen, gehören deshalb zu den Grundgesetzen des Lebens. Der erste und zweite Hauptsatz der Thermodynamik ermöglichen das Verständnis für die Möglichkeit und die Grenzen des wechselseitigen Umwandelns von Wärme in andere Energieformen. Diese Umwandlung kann geschehen, ohne eine bleibende Wirkung in der Natur zurückzulassen, sie kann Wirkungen an der unbelebten Natur oder für das Leben hervorrufen, und sie kann schließlich vom Menschen gezielt für seine Zwecke genutzt werden.

Betrachten wir als Erläuterung dieser Gedanken den Energiestrom von der Sonne und seine Auswirkungen über das Wetter auf den Wasserkreislauf der Erde. Meerwasser nimmt Sonnenenergie auf und verdampft. Da das Salz im Meerwasser bleibt, ist das verdampfte Wasser entsalzt. Es steigt über Thermik auf und wird durch den Wind, beide ebenfalls wieder durch Sonnenenergie gespeist, über Land transportiert. Die in der komplizierten Thermodynamik des Wetters auftretenden Temperaturdifferenzen führen dazu, daß sich Luftmassen abkühlen – die Sättigungsgrenze in der Luft sinkt, Wasser wird tröpfchenförmig ausgeschieden. Es regnet.

Dem natürlichen Gefälle folgend, kann das Wasser nun unmittelbar vom Gebirge wieder zur See abfließen. Es kann aber auch im Boden gespeichert werden und der Vegetation zugute kommen. In den Pflanzen wird über das Sonnenlicht (Energie), in Anwesenheit von Wasser und Kohlenstoff, aber auch anderer Bestandteile, organische Substanz aufgebaut. Sie steht am Anfang jedes Lebens.

Nun tritt der Mensch hinzu. Er vermag das abfließende Wasser so zu leiten, daß es von ihm angelegte Kulturen bewässert, also bevorzugt den Pflanzen zugute kommt, die er anbaut. Er kann einen Teil dieses Wassers stauen und ihm über Mühlen Arbeitsfähigkeit entziehen, die er zu vielem nutzen kann, zum Mahlen, zum Schmieden – und in neuerer Zeit auch zur Stromerzeugung, womit er in der Elektrizität die am vielseitigsten verwendbare Form der Arbeitsfähigkeit gefunden hat, verwendbar zur Beleuchtung, zur Information, zur Fertigung vielfältiger Güter, zum Heizen oder zum Transport.

In all den betrachteten Fällen sinkt das Wasser schließlich wieder auf das Niveau des Meeres herab, es ist seinem ewigen Kreislauf erhalten geblieben. Im ersten Fall des sehr vereinfachten Beispiels, ohne dem Leben auf der Erde sonderlich zu dienen; im zweiten Fall, um auf natürliche Weise Leben zu ermöglichen, und im dritten Fall, um – vom Menschen gesteuert – besonders viel Leben und Lebensmöglichkeit nach seinen Vorstellungen zu bieten.

Energetisch ist der Zustand des Wassers in allen Fällen auf Meeresniveau wieder am Ausgang angekommen.

Solche Vorgänge nennen wir *Kreisprozesse*. Bei ihnen kehrt das Arbeitsmittel, hier das Wasser, immer wieder in seinen Ausgangszustand zurück. Sie werden von einer Energiequelle, in unserem Beispiel von der Sonne, gespeist: Ein Arbeitsmittel wird erwärmt, auf ein höheres Potential gebracht und gibt, von diesem Potential herabsinkend, einen mehr oder minder großen Teil der aufgenommenen Energie zur Verrichtung von Arbeit zweckmäßig umgeformt ab.

Wir unterscheiden bei den Energieformen zwischen ihrem Gehalt an Arbeitsfähigkeit oder allgemein dem Anteil, der in verwertbare Formen umgewandelt werden kann und der in der Fachsprache *Exergie* bzw. (technische) *Arbeitsfähigkeit* genannt wird, und einem für die Verrichtung von Arbeit nicht nutzbaren Anteil, der *Anergie*. *Energie* ist also die *Summe* von *Exergie* und *Anergie*. Exergie ist Energie, die sich unter Mitwirkung einer vorgegebenen Umgebung, nämlich von Kraft- und Arbeitsmaschinen, in mechanische Energie – mit entsprechender anderer technischer Umgebung aber auch zum Beispiel in elektromagnetische oder chemische Energie – umwandeln läßt. Exergie steht über den Umwandlungswirkungsgrad in Beziehung zu aufgewandter Energie. Exergie ist gerichtete Energie, und dieses Gerichtetsein schafft die Möglichkeit, Exergie von einer Form, beispielsweise mechanischer Energie, in eine andere Form, beispielsweise elektrische Energie, umzuwandeln. Anergie ist nicht in Exergie und damit nicht in andere Energieformen umzuwandeln. Die Begriffe Energie und Exergie sind identisch für alle Energiearten, die sich prinzipiell vollständig in Arbeit umwandeln lassen, die vollständig geordnete Energieformen darstellen, wie die kinetische und potentielle Energie eines Körpers sowie die in einem elektrischen oder magnetischen Feld gespeicherte elektrische oder magnetische Energie.

Sie sind nicht identisch, sobald teilweise oder völlig ungeordnete Energieformen hineinspielen, wie bei der ungeordneten Bewegung der Moleküle in einem Gas oder einer Flüssigkeit oder der ungeordneten Schwingung der Atome und Moleküle in einem festen Körper, also bei thermischer Energie. Nur ein dem *Ordnungsgrad* entsprechender und damit gerichteter Teil der Energie ist also Exergie und läßt sich zumindest gedanklich in Arbeit umwandeln.

Der *erste Hauptsatz* oder der *Satz von der Erhaltung der Energie* wurde in einer Teilfassung, nämlich als Energiesatz der Mechanik, bereits von Huygens und Leibniz verwendet. Er läßt sich auf die Newtonschen Grundgesetze zurückführen und lautet für Systeme, die nur konservativen Kräften unterworfen sind (Ausschluß von Reibung, reine Mechanik): »Die Summe der kinetischen und der potentiellen Energie ist konstant in Systemen, die nur konservativen Kräften unterworfen sind.«

Im Mai 1842 erschien von dem Arzt Julius Robert Mayer in Liebigs und Wöhlers *Annalen der Chemie und Pharmacie* der Aufsatz *Bemerkungen über die Kräfte in der unbelebten Natur.* In dieser Arbeit sind die Äquivalenz von Wärme und mechanischer Energie, die Berechnung des mechanischen Wärmeäquivalentes und das allgemeine Gesetz von der Erhaltung der Energie angesprochen. Die Gedanken wurden in der drei Jahre später erscheinenden Schrift *Die organische Bewegung in ihrem Zusammenhang mit dem Stoff-*

wechsel – ein Beitrag zur Naturkunde vertieft. Das allgemeine Prinzip von der Erhaltung der Energie wird dabei mit den Worten ausgedrückt: »Es gibt in Wahrheit nur eine einzige Kraft. Im ewigen Wechsel kreist dieselbe in der toten wie in der lebenden Natur; dort und hier kein Vorgang ohne Formänderung der Kraft.« Der Kraftbegriff wird zu dieser Zeit allgemein noch im Sinne von Arbeitsfähigkeit gebraucht, obgleich er in der Mechanik schon für die mechanische Wirkung des Produktes aus Masse und Beschleunigung festgelegt war. Wegen dieser doppelten Bedeutung führte Rankine den Begriff *Energie* wieder ein. Im Jahre 1847 weitete Hermann Helmholtz in einem Vortrag vor der Physikalischen Gesellschaft in Berlin *(Über die Erhaltung der Kraft)* das Energieprinzip auf sämtliche damals bekannte Energieformen aus, wobei er von der Unmöglichkeit des Perpetuum mobile ausging.

Julius Robert Mayer hatte Vorläufer, die mechanische Energie und Wärmeenergie in Beziehung zueinander brachten, indem sie feststellten, daß die Wärme auf einer Bewegung der Moleküle beruhe und ein Körper demzufolge um so wärmer sei, je heftiger sich seine Moleküle bewegten. Francis Bacon ahnte das bereits, und der Amerikaner Benjamin Thompson, nachmaliger Graf Rumford, begründete diese Vorstellung. Nebenbei bemerkt verdankt ihm Bayern die Anlage des Englischen Gartens in München und die Einführung der Kartoffel als Nahrungsmittel.

Graf Rumford hat die Lehre von dem früher angenommenen Wärmestoff, dem Caloricum, in einer der Royal Society bereits 1798 vorgelegten Arbeit in Frage gestellt und dabei die Wärme auf Bewegung zurückgeführt. Er schreibt in dieser Arbeit: »Es ist kaum notwendig zu bemerken, daß ein Etwas, das von einem isolierten Körper oder einem System von Körpern in unbegrenzter Menge mitgeteilt wird, unmöglich ein materieller Stoff sein kann, und es scheint mir sehr schwierig, wo nicht völlig unmöglich, sich eine bestimmte Vorstellung von einem Etwas zu machen, das so, wie die Wärme bei den vorbeschriebenen Versuchen erregt und mitgeteilt werden kann, es sei denn Bewegung.«

Angesichts der langen Geschichte, die der Energieerhaltungssatz hat, von Galilei, Descartes und Leibniz über Daniel und Johann

Bernoulli, über Rumford bis zu Mayer, Joule und Helmholtz, ist der Prioritätenstreit bedauerlich, der um Mayers Entdeckung ausbrach und der ihn bis zu einem Selbstmordversuch trieb. Originalität und Priorität kann Mayer beanspruchen, auch wenn andere nahe an der gleichen Erkenntnis waren oder – wie Joule – fast zeitgleich zu ihr fanden. Wie so häufig in der Geschichte der Wissenschaften, standen die Wegbereiter grundlegend neuer Erkenntnisse allein innerhalb einer sie nur kühl betrachtenden wissenschaftlichen Fachwelt.

»Es ist jetzt schwer«, schrieb Helmholtz später an Tait, der mit William Thomson (Lord Kelvin) den *Treatise on Natural Philosophy* (1867) herausgebracht hatte, »es ist jetzt schwer, sich in den Gedankenkreis jener Zeit zurückzuversetzen und sich klar zu machen, wie absolut neu damals die Sache schien ... R. Mayer war nicht in der Lage, Versuche anstellen zu können; er wurde von den ihm bekannten Physikern zurückgewiesen (noch mehrere Jahre später ging es mir ebenso); er konnte nur schwer Raum für die Veröffentlichung seiner ersten zusammengedrängten Darstellung gewinnen. Sie werden wissen, daß er infolge dieser Zurückweisung zuletzt geisteskrank wurde ... Die Aufnahme meiner Arbeit in Poggendorfs Annalen wurde mir verweigert, und unter den Mitgliedern der Berliner Akademie war es nur C. G. J. Jakobi, der Mathematiker, der sich meiner annahm. Ruhm und äußere Förderung war zu jener Zeit mit der neuen Überzeugung nicht zu gewinnen, eher das Gegenteil.«

Etwa zeitgleich neben Mayer haben Seguin, Holtzmann, Colding, Helmholtz, Clausius, Thomson (Kelvin) und Rankine den Energiegedanken gefördert und ihm den seiner Bedeutung entsprechenden Durchbruch verschafft. Der Kopenhagener Ingenieur A. Colding findet 1843 eine philosophische Begründung für den Satz von der Erhaltung der Energie. Ihm erscheint die Konstanz der Energie unumstößlich den gesamten Weltlauf zu umfassen. Umwandlung der ursprünglichen Gravitationsenergie des Nebelballs bestimme den Verlauf der Weltentwicklung. »Ich bin überzeugt«, schreibt er, »daß die gewaltigen Naturschätze durch des Schöpfers *Werde* unzerstörbar sind und daß man immer, wo man eine mechanische Kraft aufwendet, ein genaues Äquivalent an Wärme erhält.«

Mehr als eineinhalb Jahrhunderte vorher (1688) hatte Leibniz in den *Acta eruditorum,* den Verhandlungen der Gebildeten, einen Aufsatz über die Erhaltung der Kraft veröffentlicht. Er erweiterte den Impulserhaltungssatz des Descartes, indem er für das Produkt aus der Masse und dem Quadrat der Geschwindigkeit den Energieerhaltungssatz der Mechanik aussprach. Er ging bei seiner Begründung dieses Satzes von der Erhaltung der Kraft – den Begriff Energie gebrauchte man damals noch nicht – von der metaphysischen Gewißheit aus, daß diese lebendige Kraft sich nicht vermindern könne, weil das der »Ordnung der Dinge« widerspräche, und daß sie sich wegen der Unmöglichkeit des Perpetuum mobile aber auch nicht vermehren könne. Coldings philosophische Begründung hatte somit einen Vorläufer.

Newton unterschied sich von Leibniz in der Frage des Erhaltungssatzes durch die Überzeugung, daß immer Verluste an Bewegung durch Reibung und unvollkommene Elastizität entstünden.

Beide hatten recht, sieht man die Wärme als Bewegung der Moleküle. Der noch nicht 23jährige Immanuel Kant griff in seiner umfangreichen Erstlingsschrift *Gedanken von der wahren Schätzung der lebendigen Kräfte und Beurteilung der Beweise, derer sich Herr von Leibniz und andere Mechaniker in dieser Streitsache bedient haben . . .,* diesen Gedanken an, wie er auch den Satz von der lebendigen Kraft, den Energieerhaltungssatz der Mechanik, angriff: »Leibniz glaubte, es sei der Macht und Weisheit Gottes unanständig, daß er genötigt sein sollte, die Bewegung, die er seinem Werk mitgeteilt, ohne Unterlaß wieder zu erneuern, wie Herr Newton sich einbildete, und dieses trieb ihn an, ein Gesetz zu suchen, wodurch er dieser Schwierigkeit abhelfen könnte.« Das war 1746. Seit Julius Robert Mayer wissen wir: Der Energieerhaltungssatz der Mechanik ist nur eine Sonderform des ersten Hauptsatzes, und seit Rudolf Clausius den später zu erläuternden zweiten Hauptsatz der Thermodynamik ausgesprochen hat, verstehen wir mit den Erkenntnissen der Atomphysik, welche Vorkehrungen »die

Macht und Weisheit Gottes« getroffen hat: Die Bewegung, die er seinem Werk mitgeteilt hat, kann sich ohne Unterlaß erneuern.

In den Jahren 1842 bis 1850 fand James Prescott Joule – nach ihm benennen wir heute unsere Wärmeeinheit (1 Joule [J] = 1 Newtonmeter [Nm] = 1 Wattsekunde [Ws]; die frühere kcal entspricht 4,19 kJ) – durch sorgfältige Versuche den Zahlenwert des mechanischen Wärmeäquivalentes, der sich nur geringfügig von dem heute bei praktischen Rechnungen üblichen Wert unterscheidet. Auf der Tagung der British Association in Oxford hatte William Thomson, der spätere Lord Kelvin, 1847 einen Vortrag Joules gehört. Ein Jahr später sollte er die absolute Temperatur entdecken und mit ihr eine grundlegende physikalische Größe für thermodynamische Untersuchungen. Angesichts des Umstandes, daß die Erfindung der Dampfmaschine durch Papin und Savery zu diesem Zeitpunkt schon mehr als 150 Jahre zurücklag und daß nach Severins *Abhandlungen der königlichen technischen Deputation für Gewerbe* in Berlin im Jahr 1826 bereits 1500 Dampfmaschinen in England in Betrieb waren, deren Fähigkeit, Arbeit zu verrichten, der Arbeitsfähigkeit von 180 000 Pferden gleichgesetzt wurde, und in Anbetracht der dort ziemlich detailliert gemachten Aussagen über die bei den einzelnen Dampfmaschinen zur Hebung von Wasser benötigten Brennstoffmengen lag die Gedankenführung von Joule, ein ordnendes Prinzip zu suchen, tatsächlich nahe.

In der Abhandlung Severins wird auch bereits die Anwendung der Dampfmaschine zum Antrieb von Schienen- und Straßenfahrzeugen, von Schiffen, von Montgolfieren und eines Hubschraubers erwähnt. »Da man ihre Anwendung zur Luftschiffahrt im Auge hatte, so wurde sie so leicht als möglich gemacht ... Eine neue Art, die rotierende Bewegung hervorzubringen, wurde angewendet, und die ganze zusammengesetzte Maschine wog 115 Pfund. Man verband damit ein Segelrad, wie die Flügel einer Windmühle, so daß es sich horizontal umdrehte, um zu versuchen, ob es sich mit der Maschine heben würde.« Leider mißlang der Versuch. Es findet sich – auch das hat es damals bereits gegeben – ebenso die Anregung, in den Kolonien Dampfmaschinen mit Sonnenlicht zu betreiben.

Der erste Hauptsatz der Thermodynamik in einer alle Energieformen umfassenden Darstellung lautet: *»Die Gesamtenergie eines abgeschlossenen Systems ändert sich nicht. Gibt ein System Energie ab, ohne gleichzeitig andere Energie aufzunehmen, so muß seine Gesamtenergie um den abgegebenen Energiebetrag sinken.«*

Da die verschiedenen Energieformen ihren Anteil an der Gesamtenergie eines solchen abgeschlossenen Systems ändern können, indem sich eine Energieform ganz oder teilweise in andere verwandelt, so muß einer bestimmten Menge der einen Energieform stets eine ganz bestimmte Menge der anderen entsprechen. Zwischen je zwei Energieformen besteht ein festes Zahlenverhältnis. Durch die Kenntnis dieser Zahlenverhältnisse ist es erst möglich, die Wirkungsgrade zu definieren, mit denen die Umwandlung einer Energieform in eine gewünschte andere gelingt, wobei die nicht in der neuen Energieform erscheinende Energie sich letztlich als Wärme wiederfindet.

Neben den Satz von der *Erhaltung der Materie* als Fundamentalprinzip der Chemie, durch Lavoisier im Jahre 1777 ausgesprochen, tritt also zwei Generationen später, 1842, Mayers Satz von der *Erhaltung der Energie* als *Fundamentalprinzip der Physik*. Beide finden in dem für uns in der Nutzung der Kernenergie ungemein bedeutsamen Ergebnis der *Speziellen Relativitätstheorie*, von Einstein 1905 veröffentlicht, ihre Verbindung, die *Verbindung zwischen Materie und Energie*. Der Grundgedanke des atomistischen Prinzips Demokrits: »Nichts wird aus nichts, und nichts vergeht zu nichts« wurde damit bestätigt.

Nach der Einsteinschen Gleichung der Masse-Energie-Äquivalenz

$$E = mc_o^2 \qquad (1)$$

sind Energie (E) und Masse (m) eines vollständigen statischen Systems über das Quadrat der Geschwindigkeit des Lichts im Vakuum c_o^2 miteinander verbunden. Diese Lichtgeschwindigkeit im Vakuum ist eine universelle Größe der Physik. Nicht nur, daß alle elektromagnetischen Wellen, ob sichtbares Licht, Wärme-, UV- und Röntgenstrahlung und damit auch jedes Funksignal, sich mit dieser Geschwindigkeit ausbreiten, sie ist auch die Geschwindigkeit, bei der jede Masse unendlich wird, bei der die Uhren stillstehen und jede Länge auf Null zusammenschrumpft, sie ist, als obere Grenze für die Signalgeschwindigkeit, auch die Grenze zwischen Vergangenheit und Zukunft.

Die Masse von 4×10^{-8}g entspricht nach dieser Einsteinschen Gleichung der Energie von 1 Kilowattstunde (kWh).

Die Sonne strahlt eine Energiemenge ab, die einem Massenverlust von 5,6 Mio. t/sec entspricht. Die Energie, die davon auf die Erdscheibe gerichtet ist, entspricht 1,4 kW/m^2, von denen im Mittel etwa 40 Prozent entsprechend dem Rückstrahlungsvermögen der Erde sofort wieder ins All reflektiert werden. Massendefekte bei der Spaltung von schweren Kernen oder bei der Fusion leichter Kerne entsprechen nach dieser Einsteinschen Gleichung der in unseren Kernkraftwerken und in späteren Fusionsreaktoren zu gewinnenden Energie.

Nach der Einsteinschen Gleichung ist die Materie nur eine besondere Erscheinungsform der Energie; der klassische Satz von der Erhaltung der Masse ist demzufolge nur ein Sonderfall des ersten Hauptsatzes der Thermodynamik, des Satzes von der Erhaltung der Energie.

Ein Schüler Boltzmanns, der auch 1907 sein Nachfolger auf dem Wiener Lehrstuhl wurde, Friedrich Hasenöhrl, kam übrigens bereits 1904 als 29jähriger durch ein Gedankenexperiment auf einen Vorläufer der Einsteinschen Masse-Energie-Äquivalenzbeziehung. Für den Spezialfall der in einem Hohlraum eingeschlossenen elektromagnetischen Strahlung kam er zum »Begriff einer scheinbar durch Strahlung bedingten Masse«. Einstein hat als 26jähriger ohne Kenntnis von Hasenöhrls Arbeit im Jahr 1905 zu der Masse-Energie-Äquivalenzformel gefunden, einige Monate nachdem er in der Abhandlung *Zur Elektrodynamik bewegter Körper* mit einer Analyse der Begriffe Raum und Zeit die Spezielle Relativitätstheorie begründet hatte.

Die Einsteinsche Relativitätstheorie lehrt uns die Physik kleinster Teilchen wie auch den Makrokosmos zu verstehen. Die Erkenntnisse in der Kernphysik und ihre Nutzung in der Kernenergie kommen gerade noch rechtzeitig vor einer katastrophalen Mangellage an Energie und auch – über diesen Zusammenhang wird später noch zu sprechen sein – vor einer möglicherweise das Leben auf der Erde bedrohenden übermäßig raschen Ausbeute ihrer Rohstoffe und der unumkehrbaren Zerstörung der Lebensbedingungen für das heute existierende biologische System. Die Bewegung gegen die Kernenergie ist zugleich auch ein Stück Auflehnung gegen das neue Einsteinsche Weltbild, dessen Annahme auch anerkannten Physikern zunächst schwergefallen ist. In der Geschichte gibt es genügend Beispiele dafür, wie lange es braucht, bis grundlegende Erkenntnisse gerade von denen anerkannt werden, die sich für intellektuell halten. Immerhin hatte Nikolaus Kopernikus sein *De revolutionibus orbium coelestium* (Über die Umläufe der Himmelskörper) bereits im Jahre 1543 veröffentlicht, während das offizielle kirchliche Verbot der Kopernikanischen Lehre erst 1822 aufgehoben wurde. Unsere Zeit, die in nichts so schöpferisch zu sein scheint wie in der Schaffung von Worthülsen, gebar dafür das Wort *Akzeptanzproblematik*.

Probleme mit der Annahme neuer technischer Errungenschaften aus Sorge um den Verlust von Arbeitsplätzen zu einer Zeit, in der noch nicht erkennbar war, daß die Technik wesentlich zur Hebung des Lebensstandards beitragen würde, schilderte Conrad Matschoß *(Geschichte der Dampfmaschine)* anhand einer Reihe von Beispielen aus der Einführungszeit der Dampfmaschine. So habe Boulton 1783 in London den Plan gefaßt, eine Aktiengesellschaft für Dampfmühlen ins Leben zu rufen, weil als ungünstig galt, daß bis dahin die Getreidehändler ihr Korn erst themseaufwärts zu den Wassermühlen schaffen und anschließend das Mehl zum Verkauf wieder nach London bringen mußten. »Da erhob sich ein Sturm unter allen Müllern und Mehlhändlern. Was sollte aus ihren Wasser- und Windmühlen werden! Wie viele tausend Menschen würden da ihre Arbeit verlieren! Wie sollte man noch etwas verdienen können, wenn durch eine so erhöhte Produktion der Brotpreis wesentlich gedrückt würde!«

Nun, die Mühle wurde gebaut und war imstande, das Mehl für 150 000 Menschen zu mahlen. Matschoß weiter: »Der geschäftliche Erfolg war zunächst sehr gering, steigerte sich aber von Jahr zu Jahr. Da wurde 1791 die Mühle von einer Rotte planmäßig in Brand gesteckt. Die Bevölkerung gab durch feierliche Gesänge auf der Straße ihre Genugtuung über diesen Zusammenbruch kund.«

4.3 Der zweite Hauptsatz der Thermodynamik – Das Gesetz des Geschehens

Der erste Hauptsatz der Thermodynamik sagt also aus, daß die Umwandlung von Wärme ohne Energieverlust erfolgt, wobei die zugeführte Wärme sich auf die Verrichtung von Arbeit und auf die nicht weiter nutzbare Zustandsänderung des Arbeitsmediums verteilt. Ob nun aber im Einzelfall eine Umwandlung überhaupt erfolgt, unter welchen Bedingungen ein Prozeß möglich ist, welcher Betrag der zugeführten Wärmemenge sich in Arbeit, in Exergie, verwandeln läßt und welcher Betrag als Wärme auf einem geringeren, im allgemeinen nicht mehr zur Arbeitsgewinnung verwendbaren niedrigeren Temperaturniveau anfällt bzw. sogar anfallen muß, ist mit diesem Satz jedoch nicht zu ermitteln. Dazu muß der zweite Hauptsatz der Thermodynamik zu Hilfe genommen werden. Seine Entdeckung wurde durch Sadi Carnot vorbereitet.

Der in Paris geborene Sadi Carnot folgte 1821 seinem aus politischen Gründen geflohenen Vater Lazare ins Exil. Lazare Carnot hatte 1803 in seinen *Grundsätzen des Gleichgewichts und der Bewegung* den Begriff der potentiellen Energie, die aus dem Produkt einer Kraft und einer Weglänge besteht, in die Technik eingeführt und damit die heutige energetische Betrachtungsweise vorbereitet. Als Schöpfer der französischen Revolutionsheere, als Kriegs- und später als Innenminister verbrachte er, nach der Restauration von den Bourbonen vertrieben, sein Lebensende in Magdeburg. Hier entstand seines Sohnes, Sadi Carnot, einzige Druckschrift: *Reflexions sur la puissance motrice du feu et les machines propres a développer cette puissance (Betrachtungen über die bewegende Kraft des Feuers und die zur Entwicklung dieser Kraft geeigneten Maschinen).* Die Schrift erschien 1824. Sie machte ihren Autor berühmt. Carnot bemühte sich, der damals schon weit verbreiteten Dampfmaschine eine Theorie zu geben und das »Maximum an bewegender Kraft, welches sich aus der Anwendung des Dampfes ergibt« zu ermitteln. Er ging davon aus, daß es kein Perpetuum mobile geben könne und daß ein Temperaturgefälle erforderlich sei, um Arbeitsfähigkeit aus Wärme zu gewinnen. Er gab den später noch zu behandelnden idealen Kreisprozeß, den sogenannten Carnot-Prozeß, an. Übrigens hat Julius Robert Mayer seine Gedanken zum ersten Hauptsatz der Thermodynamik erst etwa 17 Jahre später formuliert.

Ist es nicht angesichts der Vorarbeiten von Leibniz, Huygens, Boyle, Mariotte, Bernoulli u.a. erstaunlich, daß beide, Carnot und Mayer, und kurz darauf Clausius die wissenschaftlichen Grundlagen der auf der Nutzung von Wärmeenergie basierenden Energietechnik erst schufen, nachdem diese Energietechnik durch die von James Watt eingeführten Verbesserungen der Dampfmaschine bereits zwei Generationen zuvor ihren Durchbruch erzielt hatte?

Carnot verband in seiner Theorie immer noch die Vorstellung von der Wärme als von einem Stoff, von dem bei der Gewinnung von Arbeit nichts verlorengehen könne, ähnlich wie bei dem Wasser des Wasserfalls. Er schien nicht den Verbrauch von Wärme zur Erzeugung von Arbeitsfähigkeit, von Wärme als Äquivalent der kinetischen Energie des fallenden Wassers zu verstehen, wußte aber bereits, daß Wärme nicht von selbst von tieferer zu höherer Temperatur übergehen kann, ohne daß eine kompensierende Veränderung in der Umgebung zurückbleibt. Erst 1878 veröffentlichte Sadi Carnots jüngerer Bruder dessen nachgelassene Handschriften, und aus ihnen geht hervor: Sadi Carnot hatte ebenfalls den Begriff des Wärmestoffes verlassen, sich zur kinetischen Gastheorie durchgerungen und auch das mechanische Wärmeäquivalent berechnet.

So heißt es in diesen Aufzeichnungen: »Wärme ist nichts anderes als bewegende Kraft oder vielmehr als Bewegung, die ihre Form geändert hat. Sie ist eine Bewegung der kleinsten Bausteine der Körper. Überall, wo bewegende Kraft vernichtet wird, findet gleichzeitig eine Entwicklung von Wärme statt, in einer Menge, die der verschwundenen Menge der bewegenden Kraft streng proportional ist.« Wir sagen heute, nachdem wir den Begriff der Exergie als gerichtete Energie eingeführt haben: Verbrauchte Exergie findet sich in der ungeordneten Bewegung der Moleküle wieder. Wir nehmen sie als Wärme wahr.

Sadi Carnot hat mit seiner Veröffentlichung die Theorie der Energieumwandlung in der Technik begründet; er hat in ihr aber auch wirtschaftliche Zusammenhänge aufgezeigt, etwa wenn er die Wiederbelebung des englischen Bergbaus durch die Dampfmaschine betont und die Verbindung zur Eisenindustrie aufzeigt, da die durch die Dampfmaschine zu steigernde Kohleförderung dem übermäßigen Abbau des Holzes für Hüttenzwecke Einhalt gebot, denn »Eisen und Feuer sind bekanntlich die Nahrung und Stütze der mechanischen Gewerbe«.

Dieser Satz steht in der Einleitung zu den *Reflexions* ... Er faßt eine geniale Weitsicht Carnots zusammen, die sich in den Sätzen davor visionär liest, wenn er über die Dampfmaschine schreibt: »Das Studium dieser Maschine ist vom höchsten Interesse, denn ihre Wichtigkeit ist ungeheuer und ihre Anwendung steigert sich von Tag zu Tag. Sie scheinen bestimmt zu sein, eine große Umwälzung in der Kulturwelt zu bewirken. Schon beutet die Wärmemaschine unsere Minen aus, bewegt unsere Schiffe, vertieft unsere Häfen und Flüsse, schmiedet das Eisen, gestaltet das Holz, mahlt das Getreide, spinnt und webt unsere Stoffe, schleppt die schwersten Lasten usw. Sie scheint eines Tages der allgemeine Motor werden zu sollen, welcher den Vorzug vor den Kräften der Tiere, dem Fall des Wassers und den Strömen der Luft erhält. Dem erstgenannten Motor gegenüber hat sie den Vorzug der Wohlfeilheit, den anderen gegenüber den unschätzbaren Vorzug, immer und überall anwendbar zu sein und niemals ihre Arbeit zu unterbrechen.

Werden einst die Verbesserungen der Wärmemaschine weit genug gediehen sein, um sie wenig kostspielig in der Anlage und bezüglich des Brennmaterials zu machen, so wird sie der Industrie einen Aufschwung ermöglichen, dessen ganze Ausdehnung schwer vorauszusehen ist. Denn es wird nicht nur für die jetzt gebräuchlichen Motoren ein kraftvoller und bequemer Motor eintreten, den man überall erlangen und hinschaffen kann, sondern derselbe wird den Gewerben, in denen er angewendet wird, eine rapide Entwicklung verschaffen, ja er kann ganz neue Gewerbe entstehen lassen.

Der ausgezeichnetste Dienst, welchen die Wärmemaschine England geleistet hat, ist zweifelsohne die Wiederbelebung der Ausbeutung seiner Steinkohlenbergwerke, welche dahinsiechte und infolge der stets wachsenden Schwierigkeiten der Wasserhaltung und -förderung unterzugehen drohte. In zweiter Linie müssen die der Eisenindustrie geleisteten Dienste erwähnt werden, sowohl bezüglich des reichlichen Ersatzes des Holzes, das soeben anfing, sich zu erschöpfen, wie auch bezüglich der Kraftmaschinen aller Art, deren Anwendung die Wärmemaschine erleichtert oder ermöglicht hat.«

Rudolf Clausius wies 1850 auf die im Hinblick auf den ersten Hauptsatz unzulässige Voraussetzung der Wärmemengenkonstanz in Carnots Theorie hin und verband die bleibenden Erkenntnisse Carnots mit der seinerzeit noch jungen Kenntnis des Wesens der Wärme als molekulare Bewegung zu einer Theorie der Wärme. Er definierte und benannte eine neue Zustandsgröße als »*Äquivalenzwert der Verwandlung*«. 1865 bezeichnete er dann in der Arbeit *Über verschiedene für die Anwendung bequeme Formen der Hauptgleichungen der mechanischen Wärmetheorie* den Äquivalenzwert der Verwandlung mit der aus dem Griechischen entlehnten Bezeichnung *Entropie*, die Verwandlung. Hätte er das Lateinische zu Hilfe genommen, wäre er vielleicht auf eine Wortschöpfung in Verbindung mit den Worten Evolution oder Transformation gekommen.

Aus dem Richtungscharakter, den der zweite Hauptsatz als *Satz von der Äquivalenz der Verwandlung* ausdrückt, ergibt sich auch seine Formulierung: »*Die Entropie eines isolierten Systems kann nicht abnehmen, sie bleibt konstant bei reversiblen [umkehrbaren] und wächst bei irreversiblen [nicht umkehrbaren] Prozessen in diesem System.*«

Damit ermöglicht die Entropiezunahme in einem abgeschlossenen System eine Aussage darüber, wie groß der nicht umkehrbare Anteil der innerhalb dieses Systems umgewandelten Energie ist. Dieser nicht umkehrbare Anteil ist Anergie, zerstreute oder ungeordnete Energie, wie bereits früher erläutert, die nicht mehr zu Arbeitsfähigkeit werden kann. Alle natürlichen Prozesse verlaufen verlustbehaftet, irreversibel, das heißt, sie sind nicht in den vorherigen Zustand zurückzuführen, wenn nicht Energie von außen zugeführt wird.

Der durch die bei Druckausgleich und beim Wärmetransport in einem Arbeitsmittel mit den dabei erforderlichen Gefällen gegebene Richtungscharakter für den Ablauf einer Wärmebewegung ist die Aussage des zweiten Hauptsatzes. Für die Gewinnung von Arbeit aus Wärme sind immer Temperaturgefälle erforderlich von warm nach kalt, und demzufolge formulierte Rudolf Clausius diesen Satz: »Die Wärme kann nicht von selbst aus einem kälteren in einen wärmeren Körper übergehen.«

Das *von selbst* besagt, daß die Wärmeübertragung in umgekehrter Richtung nicht ohne Veränderungen in der Umgebung möglich ist.

In der Natur befinden sich Atome, Moleküle, Elektronen oder Ionen, die Arbeit verrichten können, immer in einer ungeordneten Bewegung, der Brownschen Bewegung. Sie stoßen sich gewissermaßen aneinander wie die einzelnen Personen in der Parkinsonschen Bürokratie. Erst wenn wir ihnen eine gemeinsame Richtung zu geben vermögen, wenn ein Gefälle entsteht – im menschlichen Bereich nennen wir das heute Motivation –, können wir ihnen auch eine gemeinsame Aufgabe übertragen. Das *von selbst* ist somit nicht zu erwarten.

Gelänge es, um bei dem früher gewählten Beispiel des Wasserfalls zu bleiben, die gesamte Energie des zu Tal fließenden Wassers, da sie bereits gerichtet ist, verlustfrei, also reversibel, in Arbeitsfähigkeit umzuwandeln, dann müßte diese Arbeitsfähigkeit ausreichen, um das Wasser ebenfalls wieder verlustfrei auf sein Ausgangsniveau hinaufzubefördern.

Es fände keine Entropievermehrung statt, die Entropie bliebe gleich, das Wasser flösse durch Wasserturbinen zu Tal, die in ihnen gewonnene Arbeitsfähigkeit reichte aus, allerdings auch ohne Abgabe von Arbeit nach außen, es wieder auf den Berg zu pumpen, in einem ewigen Kreislauf ohne Energiezufuhr von außen. Wir wissen, daß das nicht gelingen kann, weil ein Teil der Arbeitsfähigkeit des herabfließenden Wassers durch Verwirbelung, durch Reibung irreversibel, unwiederbringlich, verlorengeht. Hier liegt der Unterschied zu dem nach dem ersten Hauptsatz unmöglichen Perpetuum mobile. Er schloß einen solchen ewigen Kreislauf des Wassers nicht aus – die Entropie des Systems blieb konstant. Nun aber ergibt sich folgendes Bild: Dem Wasser muß wegen dieser Reibungsverluste Energie zugeführt werden, um es wieder auf das Ausgangsniveau zu heben, weil die bei dem Herabfallen des Wassers gewonnene Arbeitsfähigkeit nicht ausreicht. Die Entropie nimmt zu.

Verwirbelt jedoch das Wasser, wenn es zu Tal stürzt, alle seine Energie, ohne Arbeit zu verrichten, ohne Exergie zu erzeugen, so wird sie zu Reibungswärme, zu Wärme auf dem Umgebungstemperaturniveau, zu ungeordneter Energie, zu Anergie.

Aus unserer Sicht hat eine Entwertung der Energie stattgefunden, obwohl die kinetische Energie des herabfallenden Wassers in Wärmeenergie umgewandelt, also noch vorhanden ist. Diese Wärmeenergie hat annähernd das Temperaturniveau der Umgebung angenommen und ist dadurch nicht weiter nutzbar, weil kein Temperaturgefälle mehr zu einem natürlich gegebenen geringeren Temperaturniveau besteht. Da alle wirklichen Vorgänge mit Reibungsvorgängen, nicht nutzbaren Verwirbelungen und Gefälleverlusten verbunden sind, entsteht eine Entwertung durch eine Verminderung von geordneter, von gerichteter Energie.

Das Wasser strebt unter dem Einfluß der Schwerkraft einem Niveau zu, das dem energetisch niedrigsten Potential entspricht, dem Umgebungsniveau in Meereshöhe. Es ist offensichtlich, daß Wasser nicht von selbst, also ohne Zufuhr von Energie, von einem niedrigeren auf ein höheres Niveau kommen kann, also den Berg hinauffließt. Gelänge das, so könnte es beim Herabfallen von diesem Niveau wieder Arbeit verrichten; das *Perpetuum mobile* wäre erfunden – eine Maschine, die fortwährend Energie abgibt, ohne andere Energie aufzunehmen. Die Arbeit, die herabfallendes Wasser verrichten kann, ist abhängig von der Fallhöhe und der Menge. Ist die Fallhöhe null, so vermag auch die größte Menge keine Arbeit mehr zu verrichten. Ist die Menge null, so nützt die größte Fallhöhe nichts. Und – Wasser kann immer nur bis zur Meereshöhe Arbeit verrichten und nicht bis zum Meeresgrund.

Was bei dem Wasser so völlig wasserklar auf der Hand liegt, scheint dagegen bei der Wärme – der häufigsten Form, in der uns Energie zur Verfügung steht – begrifflich nicht so einfach, was Anlaß zur Erfindung vieler Perpetua mobilia gegeben hat und heute immer noch anklingt in den vielen Klagen über den mißlichen Umstand, daß Kraftwerke Abwärme ungenutzt abgäben. Es fehlt bei diesen Klagen an dem Verständnis, daß Wärme immer nur bis herab zum Temperaturniveau der Umgebung in Arbeit umgewandelt werden kann (wie Wasser analog bis zur Meereshöhe) und daß schwadende Kühltürme nicht etwa ein Zeichen für siedendes Wasser sind, sondern für eine Abwärmeabgabe annähernd auf dem Temperaturniveau der umgebenden Luft.

Diese Abwärme – ihre Menge mag noch so groß sein – ist Anergie, also auch nicht mehr zum Heizen zu nutzen, da sie annähernd auf dem Umgebungstemperaturniveau anfällt. Die Analogie zwischen der Meeresoberfläche, bis zu der Wasser herabfallend genutzt werden kann, und dem für diesen Zweck unbedeutenden tiefer liegenden Meeresboden wird hier deutlich.

Die beschränkte Umwandelbarkeit von Wärme in mechanische oder elektrische Arbeit ist keine Eigenschaft der Wärme an sich, sondern die natürliche Folge davon, daß wir unter irdischen Bedingungen eine Umgebungstemperatur haben, die über dem absoluten Nullpunkt der Temperatur liegt – ein im übrigen glücklicher Umstand, denn im Bereich des absoluten Nullpunktes als Umgebungstemperatur gäbe es kein Leben.

Hinzu kommt: Bei wirklichen Prozessen der Umwandlung von gerichteter Energie in die gewünschte Form der Exergie treten allerdings durch Strömungs- und Wärmeverluste noch weitere Verminderungen der insgesamt zu gewinnenden Arbeit auf.

Erst die Einführung der Dampfmaschine hat uns die Möglichkeit beschert, über große Beträge an Arbeit zu verfügen. Exergie, Arbeit oder Arbeitsfähigkeit werden hier immer synonym verwendet. Wir messen sie genau wie die Energie allgemein in Kilowattstunden (kWh) und weiteren Zehnerpotenzen davon oder in Wärmemengen wie dem Joule (J) oder kJ, wobei 1 kWh = 3600 kJ ist.

Zwei Begrenzungen zeigt uns der zweite Hauptsatz somit auf, nämlich daß Wärme nicht völlig in gerichtete Energie, also Exergie, umzuwandeln ist, weil jedes Temperaturgefälle nur bis zur Umgebungstemperatur umgewandelt werden kann, so daß ein Teil als nicht weiter richtbare Energie, als Anergie, übrigbleibt, und daß auch bei der Umwandlung gerichteter Energie durch Verluste, sogenannte Irreversibilitäten, Anteile der gerichteten Energie in ungeordnete Energie überführt werden.

Clausius hat auch eine umfangreiche Theorie der Dampfmaschine aufgestellt und damit die technische Thermodynamik vorangebracht. Damit habe er, wie es 1888 in einer Gedenkrede heißt, der Technik den Impuls zurückgegeben, den sie ihrerseits auf die Wissenschaft ausgeübt habe.

Zum Beweis des zweiten Hauptsatzes der Thermodynamik führte Clausius also als neues Prinzip in die Wärmelehre die Tatsache ein, daß Wärme überall das Bestreben hat, vorhandene Temperaturdifferenzen auszugleichen, demnach von wärmeren auf kältere Körper überzuströmen, und er schreibt 1850 in der Arbeit *Über die bewegende Kraft der Wärme und die Gesetze, welche sich daraus für die Wärmelehre selbst ableiten lassen* folgende Gedanken nieder: »Dazu kommt noch, daß in neuerer Zeit immer noch mehr Tatsachen bekannt werden, welche dafür sprechen, daß die Wärme nicht ein Stoff sei, sondern in einer Bewegung der kleinsten Teile der Körper bestehe. Wenn dies richtig ist, so muß sich auf die Wärme auch der allgemeine Satz der Mechanik anwenden lassen, daß eine vorhandene Bewegung sich in Arbeit umsetzen kann, und zwar so, daß der Verlust an lebendiger Kraft der geleisteten Arbeit proportional ist.« Dieses Zitat markiert die gedankliche Brücke von der Mechanik zur Thermodynamik.

William Thomson (Lord Kelvin) hat im Jahr 1851 in seinem Werk *On the dynamical theory of heat* den zweiten Hauptsatz als das Prinzip von der Zerstreuung (Dissipation) der Energie ausgesprochen; er ist damit fast zur gleichen Zeit zu der von Clausius formulierten Erkenntnis gekommen. Thomsons Formulierung heißt: *»Die in einem isolierten System vorhandene Energie strebt einer Dissipation oder Entwertung, dem Übergang in gleichmäßig verteilte Wärmeenergie zu.«*

Von ihm stammt auch die Formulierung: »Es gibt keine periodisch arbeitende Maschine, die nichts anderes tut, als Wärme vollständig in Arbeit umzuwandeln.« Während Clausius durch den zweiten Hauptsatz zu den Begriffen der Disgregation – gemeint ist damit die zur Verminderung des Zusammenhangs der Moleküle verwendete Arbeit – und zur Äquivalenz der Verwandlung geführt wurde, erkannte William Thomson in ihm die *Dissipation der Energie*, ihre Zerstreuung auf das Temperaturniveau der Umgebung, aber auch die durch den Entropiezuwachs ausgedrückte sehr positive Eigenschaft der *Triebfähigkeit* von Energieumwandlungen, einer für das Leben ungemein wichtigen Eigenschaft des *Entwertungsprinzips*, um aus Energie Arbeit gewinnen zu können, da ohne den Aufwand von Arbeit keine Struktur und keinerlei Ordnungszustand oder Organisation zu erhalten ist.

Dissipation der Energie, ihre Zerstreuung auf das Temperaturniveau der Umgebung, widerspricht nicht dem ersten Hauptsatz der Thermodynamik. Energie ist nicht verlorengegangen, sie läßt sich nur nicht mehr so nutzen, daß bei dem gesamten Vorgang ein Überschuß an Arbeitsfähigkeit, an Exergie, entsteht. Treffender als Energiedissipation ist der Ausdruck Verschleiß von Arbeitsfähigkeit oder *Arbeitsverschleiß*. Ihm unterliegt jede eingesetzte Arbeit. Sie kann allerdings so wirken, daß sie die Möglichkeit gibt, mehr an Arbeit zu gewinnen (Bau von Bergwerken, Kraftwerken usw.), als durch ihren Einsatz verlorengeht, und damit Entwicklung fördern. Gleichwohl haftet dem Begriff des Verschleißes die Bedeutung von Verminderung des Wertes an.

Rudolf Clausius hat als erster den zweiten Hauptsatz, aufbauend auf der mechanischen Wärmelehre, ausgesprochen. Obwohl diese Formulierung gewissermaßen in der Luft lag. Das hat auch William Thomson anerkannt, der seine Gedanken ein Jahr nach

Clausius veröffentlichte, als er schrieb: »Es ist nicht in dem Wunsche, eine Priorität zu reklamieren, daß ich diese Auseinandersetzungen mache, da das Verdienst, den Satz zuerst auf richtige Prinzipien gegründet zu haben, vollständig Clausius gebührt.«

Thomson hatte, wie schon erwähnt, 1848, vom Carnotschen Kreisprozeß ausgehend, die absolute physikalische Temperaturskala angegeben, die in Grad Kelvin, zu Ehren des als Lord Kelvin geadelten Thomson, gezählt wird und die vom absoluten Nullpunkt ausgeht. Thomson hatte zudem auch bereits 1851 das Prinzip der Wärmepumpe angegeben, jenes Prinzip, das am besten geeignet ist, erneuerbare Energie aus der durch die Sonneneinstrahlung eingebrachten Umgebungswärme unter Einsatz von Arbeitsfähigkeit (mechanischer Energie, Strom) in Wärmepumpen zu Heizzwecken verfügbar zu machen.

Wir sollten beachten, daß die Formulierungen der Hauptsätze für isolierte Systeme gelten. In offenen Systemen, die durch Energie- und Stoffaustausch mit der Umgebung verbunden sind, auch wenn sie in einem Fließgleichgewicht mit ihr stehen, kann dagegen durch diese Wechselwirkung die Entropie unter Aufzehrung von zugeführter Arbeitsfähigkeit auch gleich bleiben bzw. abnehmen. *Alle Veränderungen, bei denen die Entropie innerhalb eines Systems zunimmt, können von selbst ablaufen. Kleiner wird sie innerhalb eines Systems nur, wenn sie dafür in einem anderen System, dem Arbeitsfähigkeit für diese Verminderung entzogen wird, entsprechend wächst.*

Max Planck hat später darauf hingewiesen, daß die Aussage des zweiten Hauptsatzes nicht nur in bezug auf die Zerstreuung der Energie gesehen werden dürfte. In seinen *Vorlesungen über Thermodynamik* schreibt er um die Jahrhundertwende: »Es gibt irreversible Prozesse, deren Endzustand genau dieselben einzelnen Energieformen aufweist wie der Anfangszustand, so z. B. die Diffusion zweier idealer Gase oder die weitere Verdünnung einer sehr verdünnten Lösung. Ein solcher Prozeß ist von keinem merklichen Wärmeübergang, keiner äußeren Arbeit, überhaupt keinem merklichen Umsatz von Energie begleitet, er geht nur deshalb vor sich, weil ihm eine merkliche Vermehrung der Entropie entspricht.«

Planck meint weiter, daß man in diesem Fall viel passender von einer Zerstreuung der Materie als von einer Zerstreuung der Energie sprechen sollte.

Dieser Gedanke stellt die Verbindung zu den Überlegungen des rumänisch-amerikanischen Wirtschaftswissenschaftlers Georgescu-Roegen her, der der *Dissipation der Rohstoffe* nach den Überlegungen zum *Entropieprinzip* gleiche Bedeutung beimißt wie der Dissipation der Energie und der sein Lehrgebäude auf diesem Gedanken aufgebaut hat. Wir werden uns noch mit seinen Überlegungen beschäftigen und sollten die Dissipation der Rohstoffe in Analogie zu dem früher gebildeten Begriff des Arbeitsverschleißes mit *Rohstoffverschleiß* bezeichnen.

Max Planck hat den zweiten Hauptsatz auch wie folgt formuliert: »Es ist unmöglich, eine periodisch wirkende, Arbeit verrichtende Kältemaschine zu bauen.«

Eine solche Maschine könnte ihrer Umgebung ständig Wärme entziehen und diese restlos in mechanische Arbeit umsetzen, was nach dem ersten Hauptsatz nicht ausgeschlossen ist. So ließen sich Schiffsantriebe denken, die ihre Energie aus dem Meerwasser gewinnen, indem sie es unter die Umgebungstemperatur abkühlen, – oder man könnte Autos betreiben, die der Umgebungsluft ihre Antriebsenergie entziehen, indem sie deren Temperatur weiter absenken.

Wärme auf dem Niveau der Umgebungstemperatur kann somit nicht mehr zur Gewinnung von Arbeit herangezogen werden, weil das ausgenutzte Gefälle sonst zu Temperaturen des Arbeitsmittels führte, die unter der Umgebungstemperatur lägen. Erinnern wir uns wieder an das Beispiel mit dem herabfließenden Wasser. Wasser, so stellten wir fest, das auf dem niedrigsten Niveau, dem des Meeresspiegels, angekommen ist, kann nicht weiter fallen und damit eine Turbine treiben, obgleich es mit dem Niveau des Meeresspiegels noch nicht das Niveau des Meeresgrundes oder gar den Erdmittelpunkt erreicht hat. Genauso ergeht es der Wärme, die auf das Niveau der Umgebungstemperatur gesunken ist, obwohl das noch erheblich über dem absoluten Nullpunkt der Temperatur liegt.

Bei der natürlich gegebenen Umgebungstemperatur ist die nicht in Arbeit umsetzbare Energie, die Anergie, das Produkt aus Umgebungstemperatur mal Entropiezunahme. Die Entropiezunahme ist demzufolge allein ein Maß für die Anergie, für die dissipierte Energie, wenn in Vergleichen die Umgebungstemperatur identisch ist.

Wenn wir sagen, daß sich letztlich alle Energie auf das Umgebungstemperaturniveau entwertet, auch die nützlich angewandte Arbeit über Reibungsverluste, dann kommt es darauf an, der Energie auf diesem Weg zur Zerstreuung auf das Temperaturniveau der Umgebung möglichst viel für das Leben abzugewinnen. Was mit der so gewonnenen Arbeitsfähigkeit dann verrichtet werden kann, wird im Falle der Technik vom Menschen bestimmt. Er setzt unter seinem Blickwinkel den Maßstab für *nützlich* und *unnütz*.

Was ihm nützlich ist, entscheidet er, und zwar nicht mehr nur rational, sondern aus seiner komplexen Psyche oder, da er auch durch den Zeitgeist geprägt ist, als Ergebnis unterschiedlicher Einwirkungen durch Strömungen und Moden. Von hier läßt sich der Bogen schlagen zu der Auffassung der modernen Physik, daß die Irreversibilität nicht in der Natur, sondern in uns begründet ist, wie Ilya Prigogine schreibt, daß sie anthropomorph ist, wie Georgescu-Roegen meint, jedenfalls unter dem Gesichtspunkt, daß der Mensch Werte setzt. Hinzuzufügen wäre, daß objektiv und wertfrei die Zunahme der Entropie nichts anderes bedeutet als den Wechsel der Erscheinungen in Raum und Zeit. Es sind übrigens im übertragenen Sinn auch in den zwischenmenschlichen Beziehungen Irreversibilitäten, Reibungsverluste, die das wirkliche Leben von der Utopie, wie Leben sein sollte, unterscheiden.

Die Begriffe *Energie* und *Entropie* stellen die Hauptbegriffe der Thermodynamik dar. Die Veröffentlichungen von Clausius führten mit dem Begriff der Entropie und dem, was wir heute das *Entropieprinzip* nennen, einen der wichtigsten Begriffe in die Naturwissenschaft ein und markieren damit den Beginn der wissenschaftlichen Thermodynamik, die mit Boltzmann, Einstein und Planck neue Tore aufstoßen sollte und die in jüngster Zeit von der Entstehung des Lebens bis zum Funktionieren sozialer Systeme grundlegende Erkenntnisse bewirkt.

Ludwig Boltzmann formulierte den zweiten Hauptsatz von der statistischen Gastheorie her und gab ihm einen wahrscheinlichkeitstheoretischen Inhalt. Er wies darauf hin, daß die Entropie, dieser »Äquivalenzwert der Verwandlung«, ein Maß für molekulare Unordnung ist. Die Zunahme an Entropie entspricht demnach der Zunahme an Desorganisation. Boltzmann führte die Wahrscheinlichkeitsrechnung in die Physik ein, weil er durch die grundsätzliche Frage: »Wie ist die Irreversibilität der thermischen Vorgänge zu verstehen, wenn man sie auf die ihrem Wesen nach reversible Mechanik zurückführen kann?« auf die statistischen Vorgänge gestoßen war. Über das Boltzmannsche H-Theorem wurde das Verhalten der thermodynamisch definierten Entropie durch mechanische Vorgänge erklärt, nämlich durch die Geschwindigkeitsverteilung und -veränderung infolge von Zusammenstößen der Gasmoleküle. Es enthält die Aussage des zweiten Hauptsatzes der Thermodynamik, aber nicht aus der Erfahrung, sondern aus den Gesetzen der statistischen Mechanik abgeleitet, und bildet den Ausgangspunkt für die Aufdeckung des Zusammenhangs zwischen der Entropie und der thermodynamischen Wahrscheinlichkeit. Die Entropie ist demnach gleich dem Produkt aus der Boltzmannkonstanten und dem Logarithmus der Wahrscheinlichkeit, wobei der Logarithmus darauf hinweist, daß die Entropie eine additive, während die Wahrscheinlichkeit eine multiplikative Größe ist.

In *Weitere Studien über das Wärmegleichgewicht* schreibt Boltzmann: »Lediglich dem Umstande, daß selbst die regellosesten Vorgänge, wenn sie unter denselben Verhältnissen vor sich gehen, doch jedesmal dieselben Durchschnittswerte liefern, ist es zuzuschreiben, daß wir auch im Verhalten warmer Körper ganz bestimmte Gesetze wahrnehmen.« Die Analogie zur Mechanik führt also die Wärmemenge auf die Energie, nämlich die ungeordnete Bewegungsenergie der Moleküle, zurück, und die Nichtumkehrbarkeit hat ihren Grund darin, daß sich niemals ohne Einwirkung von außen Ordnung von selbst einstellt. Bezeichnenderweise hatte Johann Baptista van Helmont bereits im 17. Jahrhundert den dritten Aggregatzustand *Gas* benannt und ihn vom griechischen *Chaos*, der gestaltlosen Urmasse, abgeleitet.

Manfred Eigen beschreibt in seinem Aufsatz *Evolution und Zeitlichkeit* diese Überlegungen zur thermodynamischen Wahrscheinlichkeit: »Es gibt im statistischen Mittel eine zeitliche Vorzugsrichtung, nämlich *hin zum Gleichgewicht,* aber nicht derart, daß auf der Ebene der Mikrozustände der Prozeß *nur* in einer Richtung ablaufen kann. Gleichgewicht ist gar nicht für den einzelnen Mikrozustand definiert.« Und Prigogine bemerkt in seinem Buch *Dialog mit der Natur,* daß die wesentliche Neuerung Boltzmanns darin bestand, die Wahrscheinlichkeit nicht als Mittel der Näherung, sondern als Erklärungsprinzip in die Physik einzuführen, mit dessen Hilfe gezeigt werden sollte, daß Systeme, die aus vielen Individuen bestehen und auf die demzufolge die Wahrscheinlichkeitsgesetze Anwendung finden, allein aufgrund dieser Tatsache ein neuartiges Verhalten annehmen können. »Sobald es sich um ganz große Zahlen handelt, ist Wahrscheinlichkeit der beste Bürge für Gewißheit« (Eddington).

Der Richtungscharakter der Entropie besagt nun, daß ein abgeschlossenes System im allgemeinen aus einem Zustand geringerer Wahrscheinlichkeit in einen Zustand höherer Wahrscheinlichkeit übergeht, daß die Entropie eine Funktion der Wahrscheinlichkeit ist. 1886 sagte Boltzmann in einem Vortrag mit dem Thema *Der zweite Hauptsatz der mechanischen Wärmetheorie* anläßlich einer feierlichen Sitzung der Akademie der Wissenschaften in Wien: »Der allgemeine Daseinskampf der Lebewesen ist nicht ein Kampf um die Grundstoffe – die Grundstoffe aller Organismen sind in Luft, Wasser und Erdboden im Überfluß vorhanden –, auch nicht um Energie, welche in Form von Wärme leider unverwandelbar in jedem Körper reichlich vorhanden ist, sondern ein Kampf um die Entropie, welche durch den Übergang von der heißen Sonne zur kalten Erde disponibel wird.«

Die Bemerkung Boltzmanns vor der Wiener Akademie gilt auch noch heute trotz der befürchteten, zumindest zeitweiligen Verknappung mancher Rohstoffe und trotz der Umweltproblematik, die in den letzten Jahren verstärkt auf uns einstürmt, soweit sie Energieumsätze betrifft. Besser müßte es sogar heißen, daß sie sogar vor diesem Hintergrund verstärkt gilt. Sie trifft geradezu die mit diesem Buch beabsichtigte Aussage, denn woran es fehlt, wenn die befürchteten Mängel eintreten, ist, daß die aus dem zweiten Hauptsatz und damit aus dem Entropieprinzip zu ziehenden Folgerungen beachtet werden. Das gilt für den richtigen Umgang mit knappen Ressourcen genauso wie für die von sogenannten alternativen Energiesystemen versprochenen Lösungen des Energieproblems. Der Biologe Hans Mohr *(Natur und Moral)* stellt fest: »Am zweiten Hauptsatz der Thermodynamik führt kein grüner Weg vorbei.« Im übrigen war Boltzmann genau wie Marx ein glühender Anhänger Darwins und damit der Evolutionstheorie. »Wenn Sie nach meiner innersten Überzeugung fragen«, sagte er in dem eben zitierten Vortrag, »ob man es [das 19. Jahrhundert] einmal das eiserne Jahrhundert oder das Jahrhundert des Dampfes oder der Elektrizität nennen wird, so antworte ich ohne Bedenken, das Jahrhundert der mechanischen Naturauffassung, das Jahrhundert Darwins wird es heißen.« In diesem Ausspruch Boltzmanns drückt sich die Erkenntnis aus, daß der Darwinismus sich in der Evolution ähnlich wie die statistische Thermodynamik auf Zufallsvariationen gründet.

François Jacob schrieb in seinem Buch *Die Logik des Lebenden:* »Für Darwin wie für Boltzmann und Gibbs wirken sich die Naturgesetze nicht auf Einzelwesen aus, sondern auf große Populationen. Unabhängig von den jeweiligen Unregelmäßigkeiten im Verhalten jeder einzelnen Einheit, wird die Größe der ins Spiel kommenden Anzahl letztlich der Gesamtheit eine Regelmäßigkeit aufzwingen. Die Analogie zwischen den beiden Denkweisen geht jedoch noch weiter; in erster Linie deshalb, weil bei der statistischen Mechanik wie bei der Evolutionstheorie die Vorstellung der Zufälligkeit ins Zentrum des Naturgeschehens gestellt wird.«

Zunächst einmal hatten die Atomisten, zu denen neben Clausius und Boltzmann auch Maxwell gehörte, jedoch noch einen Streit mit den Positivisten auszufechten, die unter der Führung von Ernst Mach und Wilhelm Ostwald standen und die besonders mit Ostwald eine philosophische Denkrichtung, die von Rankine so benannte Energetik, ausformten. Für die Positivisten waren die Atome nur Gedankendinge, denen keine reale Bedeutung zukomme. Ostwald wollte im Gegensatz zu Boltzmann die Mechanik auf die Energetik gründen. In seinem Buch *Vorlesungen über Naturphilosophie* schreibt er Anfang dieses Jahrhunderts: »Alles, was wir von der Außenwelt wissen, können wir in der Gestalt von Aussagen über vorhandene Energien darstellen, und daher erweist sich der Energiebegriff allseitig als der allgemeinste, den die Wissenschaft bisher gebildet hat. Er umfaßt nicht nur das Problem der Substanz, sondern auch noch das der Kausalität.« Ostwald verwies auf Julius Robert Mayer, der im Kausalgesetz die Energie als Ursache erkannte, was das Kausalgesetz mit dem ersten Hauptsatz identisch macht. So wie Boltzmanns Theorie die Gebiete der Mechanik und der Thermodynamik vereinigte, sollte später Max Planck über sein Gesetz der Wärmestrahlung die elektromagnetischen Vorgänge mit der Thermodynamik vereinigen. 1905 hat dann Albert Einstein in seinen *Untersuchungen über die Theorie der Brownschen Bewegung* auf rein klassischer Grundlage einen direkten und abschließenden Beweis für die atomistische Struktur der Materie geliefert.

Heisenberg ging später von dem positivistischen Prinzip aus, daß zur Beschreibung physikalischer Sachverhalte nur *prinzipiell beobachtbare Größen* herangezogen werden dürfen und deshalb Begriffe wie Bahn des Elektrons im Atom oder Umlaufzeit des Elektrons nicht brauchbar seien. Seit Heisenberg muß aber auch von der Grundüberzeugung der klassischen Physik abgegangen werden, daß die vorhandenen Eigenschaften unabhängig von der Beobachtungsmethode da seien. »Die Quantentheorie ist so ein wunderbares Beispiel dafür«, schreibt er in seinem autobiographischen Buch *Der Teil und das Ganze,* »daß man einen Sachverhalt in völliger Klarheit verstanden haben kann und gleichzeitig doch weiß, daß man nur in Bildern und Gleichnissen von ihm reden kann.« Ilya Prigogine erklärt diese nicht in einem Modell zu beschreibende Komplementarität sehr schön in seinem Buch *Vom Sein zum Werden:* »Die Welt ist reicher, als es sich in einer einzigen Sprache ausdrükken läßt. Die Musik erschöpft sich nicht in ihren aufeinanderfolgenden Stilen von Bach bis Schönberg. Genausowenig können wir die vielfältigen Aspekte unserer Erfahrung zu einer einzigen Beschreibung kondensieren.«

Die Doppelnatur von Teilchen und Welle gestattet es nach der Heisenbergschen Erkenntnis immer nur, eine Seite seiner Existenz zu beobachten, während die komplementäre Seite gleichzeitig zu bestehen aufhört. Die unterschiedlichen Auffassungen der Atomisten und der Energetiker lassen sich so zwar nicht ausräumen, aber in dem Maß, in dem sich dieser Dualismus unserer Vorstellungsfähigkeit entzieht, wird das Teilchen nun auch wieder zu einem Gedankending: Physik und Metaphysik berühren sich. Hermann Weyl kommt in seinem berühmten Werk *Raum – Zeit – Materie* zu der auch in diesem Zusammenhang zutreffenden Überzeugung, daß die Physik gar nicht vom Materiellen, Inhaltlichen der Wirklichkeit handelt, sondern nur von deren formaler Verfassung. Sie habe damit für die Wirklichkeit die gleiche Bedeutung wie die formale Logik für die Wahrheit. Zwar würden die Gesetze der Physik in der Wirklichkeit niemals verletzt, genausowenig wie es Wahrheiten gäbe, die mit der Logik nicht übereinstimmten. Ob eine konkrete Behauptung wahr sei, darüber sage sie allerdings nichts, wie auch der Grund der Wahrheit eines Urteils in der beurteilten Sache und nicht in der Logik liege.

Doch kehren wir zu Ostwald zurück. Er nannte in seiner eben zitierten Naturphilosophie den zweiten Hauptsatz – in der Erkenntnis seiner über die Thermodynamik hinausgehenden Bedeutung – auch das *Gesetz des Geschehens,* und er sprach das so aus: »Damit etwas geschieht, müssen Intensitätsunterschiede der anwesenden Energien vorhanden sein.« Er war der Überzeugung, daß die Gesetze der Energie, wie er die beiden Hauptsätze nannte, helfen, das Gegenwärtige zu erkennen und das Zukünftige vorausschauend zu planen, und formulierte, davon ausgehend, in Anlehnung an den *Kategorischen Imperativ* Kants seinen *Energetischen Imperativ:* »Vergeude keine Energie, verwerte sie.«

Während Boltzmann alles Leben im Kampf um die Entropie sieht, die durch den Übergang von Energie von der Sonne zur Erde disponibel wird, spricht Ostwald von dem Wettbewerb um die freie Energie, deren zugängliche Menge beschränkt sei.

Obwohl beide unterschiedliche Begriffe verwenden, meinen sie offensichtlich dasselbe.

Damit etwas geschehen kann, müssen Intensitätsunterschiede (wir können auch sagen: Gefälle) vorhanden sein. Es geschieht dann etwas, wenn diese Gefälle sich auszugleichen beginnen und wir oder die Natur dabei der Energie Arbeitsfähigkeit entziehen. Letztendlich, nämlich nach dem Ausgleich der Gefälle, wird die Entropie angestiegen sein – wir oder die Natur haben die Energie lediglich umgelenkt auf dem Wege zur, nach dem Entropieprinzip zwangsläufig erfolgenden, Dissipation. In diesem Sinn ist es zu verstehen, daß der zweite Hauptsatz auch als *Antriebssatz* bezeichnet wird.

Auf diesem Weg zur maximalen Entropie sieht Boltzmann auch den Energiefluß von der Sonne zur Erde und versteht unter disponibler Entropie offenbar auch die Beeinflussung der Art, wie dabei die Energie zerstreut wird.

Der britische Astrophysiker Sir Arthur Eddington hat einige Jahrzehnte nach Boltzmann eine andere fundamentale Erkenntnis aus dem zweiten Hauptsatz ausgesprochen, nämlich daß die Entropiezunahme außer der Expansion des Weltalls das einzige objektive Merkmal für die Richtung des Ablaufs der Zeit darstellt, wobei der Zeitpfeil in Richtung der fortschreitenden Zunahme des Zufall-Elementes weist. Es ist übrigens jener Eddington, der schon 1930 auf der Weltkraftkonferenz in Berlin über den Energiehaushalt der Sonne berichtete und den Prozeß des Wasserstoffbrennens, der Kernfusion also, beschrieb. Er sagte vor über 60 Jahren in seinem Buch *The nature of the physical world,* daß nach seiner Meinung dem Gesetz vom ständigen Wachsen der Entropie (dem zweiten Hauptsatz der Thermodynamik) die erste Stelle unter den Naturgesetzen gebühre – und weiter, wenn eine Theorie gegen den zweiten Hauptsatz verstieße, dann sei alle Hoffnung vergebens: »Dann bleibt ihr nichts mehr übrig, als in tiefster Demut in der Versenkung zu verschwinden.«

Unser Begriff des Zeitablaufs ist ohne die Entropie nur mit dem subjektiven Begriff *Erfahrung* bzw. *Erfahrungszugewinn* verbunden. Bei reversiblen Vorgängen könnte man nicht Merkmale für ein *Früher* oder *Später* finden. Denken wir an unser Beispiel bei völliger und reversibler Energieumwandlung des herabströmenden

Wassers: Es könnte mit der verlustfrei gewonnenen Arbeitsfähigkeit immer wieder auf das Ausgangsniveau hochgepumpt werden. Lassen sich dagegen Verluste nicht vermeiden, dann ist der Vorgang innerhalb eines abgeschlossenen Systems der spätere, dessen Entropie zugenommen hat. Nur ein Teil des herabgeflossenen Wassers kann mit der durch diese Verluste verringerten Arbeitsfähigkeit, die dem herabfallenden Wasser durch eine Turbine entzogen wurde, wieder bergauf gepumpt werden. Ist das System geschlossen, dann befindet sich nach einiger Zeit alles Wasser auf dem Meeresniveau, bis der nächste Regen es zu einem offenen System macht und erneut Energie von außen zuführt.

Da sich alle Energie schließlich bei Ausgleich aller Differenzen der Temperaturen, Drücke, potentieller und kinetischer Energie zerstreut, scheint das Universum dem Zustand maximaler Entropie und damit größter Wahrscheinlichkeit zuzustreben.

Diesen Zustand größter Wahrscheinlichkeit des Weltalls, maximaler Entropie also, bezeichnet man auch als den Wärmetod (es bestehen keine Temperaturdifferenzen mehr), da das Vorhandensein von Gefällen die Voraussetzung für gerichtete Bewegung, für Arbeitsfähigkeit und für den Aufbau von Ordnungssystemen, also für das Leben, ist. Wir sprechen vom Wärmetod, weil der Zustand maximaler Entropie auf einem hohen Energieniveau erreicht werden kann. Er ist also, wie die Bezeichnung andeutet, nicht durch einen Energiemangel, sondern durch das Fehlen von Unterschieden gekennzeichnet und ist deshalb auch durchaus bei einer uns Menschen angenehmen Temperatur denkbar, gleichwohl bestünden keine Gefälle mehr, die Entropie hätte ihr Maximum erreicht, Leben wäre unmöglich.

Allerdings trennen uns von einem solchen Zustand neben der Ungewißheit seines Eintretens noch solche immensen Zeiträume, daß der Gegenstand für unsere Endzeitpropheten noch bis hinter die nächste Wahl verschoben werden kann, zumal die Gravitation vermutlich einen solchen Zustand völliger Unterscheidungslosigkeit verhindert.

Im Anfang des Universums scheint mit dem Urknall auch die Ausbreitung von Exergie – von gerichteter Energie also, von Strahlungsenergie in den Raum – und mit ihr der Schöpfungsakt begonnen zu haben. Die Gravitation schuf dann Galaxien, Sterne und Planeten. Sie scheint die Ursache allen Lebens zu sein. Durch sie wurden vielfältige weitere Unterschiede und Gefälle möglich; deren Abbau schuf wiederum gerichtete Energie, wirksam zum Aufbau weiterer Unterschiede und Gefälle. Für Newton ist die Gravitation eine Kraft, für Einstein eine Änderung der Geometrie des Raumes, wobei die physikalischen Eigenschaften durch eine komplizierte Art von Geometrie ersetzt werden.

In der Allgemeinen Relativitätstheorie ist die Gravitation nicht mehr als Kraft aufzufassen, sondern als Raumkrümmung und Zeitdehnung. So sagt Einstein am Ende eines Vortrages zur Weltkraftkonferenz 1930: »Zusammenfassend können wir symbolisch sagen: Der Raum, ans Licht gebracht durch das körperliche Objekt, zur wissenschaftlichen Realität erhoben durch Newton, hat in den letzten Jahrzehnten den Äther und die Zeit verschlungen und ist im Begriff, auch das Feld und die Korpuskeln zu verschlingen, so daß er als alleiniger theoretischer Repräsentant der Realität übrigbleibt.«

Die Unanschaulichkeit dieser »Raumkrümmung« wird vielleicht ein wenig gemildert, wenn wir bei Edmund Whittaker in *Von Euklid zu Eddington* nachlesen: »Der Mathematiker wendet den Begriff ›gekrümmt‹ auf jeden Raum an, dessen Geometrie nicht euklidisch ist ... Die Krümmung in diesem mathematischen Sinn hat nichts mit der Gestalt des Raumes zu tun, sondern ist einzig und allein durch die Metrik festgelegt, d. h. durch die Art, wie die ›Entfernung‹ definiert ist. Nicht der Raum ist gekrümmt, sondern die Geometrie des Raumes.«

4.4 Chaos, Ordnung und Leben – Entropie und Negentropie

Ordnung und *Ordnungssysteme* sind notwendig, wenngleich nicht hinreichend für eine umfassende Bestimmung an Unterscheidungsmöglichkeiten gebunden. Einfachste Unterscheidungsmöglichkeiten sind: hoch und tief, warm und kalt, fest und flüssig. Alles Leben hat solche Unterscheidungsmerkmale zur Voraussetzung. Sind sie nicht mehr vorhanden, so bewegen sich alle Moleküle mit gleichen Geschwindigkeiten, aber ohne bevorzugte Richtungen der allgemeinen mittleren Temperatur entsprechend. Diesen Zustand vollkommener Zerstreuung, des Ausgleichs aller Intensitätsunterschiede, bezeichnen wir auch als Chaos, als das Gegenteil oder die Abwesenheit von Ordnung.

Wir kennen aber auch eine zweite Form des Chaos, die wir heute als deterministisches Chaos bezeichnen. Dieses Chaos erscheint auf den ersten Blick als bloßer Zufall, es entsteht jedoch streng gesetzmäßig und ist dennoch nicht berechenbar. Deterministisch chaotische Systeme sind nicht berechenbar, weil sie äußerst empfindlich, das heißt im Ergebnis mit großen sprunghaften Änderungen auf die kleinste Veränderung der Anfangsbedingungen reagieren. Da sich die Startbedingungen als Ausgang einer Berechnung jedoch prinzipiell nicht beliebig genau ermitteln und damit nie exakt wiederherstellen lassen, ist eine Vorausberechnung unmöglich.

Glansdorff und Prigogine haben Ende der sechziger, Anfang der siebziger Jahre eine generalisierte Thermodynamik entwickelt, die die makroskopische Theorie der Fluktuationen darstellt, der Schwankungen also, die stochastisch bei physikalischen Vorgängen auftreten können. Prigogine spricht von der Ordnung durch Schwankungen, und er sucht zu ergründen, wie durch den Fluß von Energie und Materie das, was vorher Schwankung war, zu einer stabilen Struktur wird. Während Boltzmann sich fragte, wie diese Irreversibilität der Thermodynamik auf die reversible Mechanik zurückzuführen sei, lautet Prigogines Frage: »Wie kann jeder einzelne Schritt eines evolutionären Prozesses, in dem jede Stufe zu geordneteren oder zumindest komplexeren Konfigurationen führt, in sich die Fähigkeit tragen, durch diesen Fluß von Energie und Materie bei anderen späteren Übergängen zu noch mehr geordneten, zu noch komplexeren Konfigurationen zu führen?«

Prozesse der Selbstorganisation von Ordnung und damit auch der Evolution können, so fanden Glansdorff und Prigogine, bei

Systemen entstehen, die offen für den Fluß von Materie und Energie, (weit) vom thermodynamischen Gleichgewicht entfernt und nichtlinear in den Beziehungen zwischen Flüssen und Kräften sind. Solche geordneten Strukturen werden *dissipative Strukturen* genannt, weil sie durch den Entropie erzeugenden dissipativen Prozeß des Flusses hervorgerufen und erhalten werden. Der Charakter des zweiten Hauptsatzes als *Antriebssatz* wird dabei deutlich.

Biologische Prozesse basieren letztlich auf biochemischen Prozessen, und die sind gewöhnlich nichtlinear.

In *Chaos und Ordnung – Die komplexe Struktur des Lebendigen* schreibt Friedrich Cramer: »Leben ist auf der einen Seite ein dynamisches Entstehen von Ordnung, das immer von Zerfall von Ordnung, vom Übergang in Chaos begleitet wird. Auf der anderen Seite ist Leben Zerfall.«

Er sagt weiter: »Dort, wo hierarchische Ordnung sich ständig aufbaut, werden Strukturen, Moleküle, Brennstoffe ständig abgebaut und zerfallen. Sie zerfallen freilich nicht spontan und regellos, sondern pumpen beim Zerfall ihre Energie in den Aufbau neuer Strukturen.«

»Leben«, so schreibt er, »ist nicht ein einfaches Ursache-Wirkungs-Schema. Es ist ein Netzwerksystem, bei dem jeder Teil auf das Ganze zurückwirkt, dazu auch noch ein dynamisches Netzwerksystem, welches sich in Raum und Zeit verändert.

Um diese hohe Ordnung im dynamischen System aufrechterhalten zu können, müssen ständig Aufbauprozesse ablaufen, die den das Leben ebenso ständig begleitenden Zerfall kompensieren. Die Ruhe und Konstanz der lebendigen Ordnung ist nur scheinbar. Unter der Oberfläche des Makroskopischen finden Stoff- und Energiekreisläufe statt, ohne die das Leben sofort zusammenbrechen müßte. Leben strömt und ruht zugleich.«

Die Entstehung des Lebens und seine Evolution bedeutet, daß Materie unter Einwirkung von Energie grundsätzlich die Eigenschaft der Selbstorganisation habe, vergleichbar mit anderen ihrer Eigenschaften, etwa der Gravitation. Das Leben besteht aus einer Vielzahl rückgekoppelter Systeme, von denen Cramer sagt: »Solche Systeme sind nicht reduzierbar, ich nenne sie, die die Eigenschaft haben, daß das Ganze mehr als die Summe seiner Teile ist, fundamental komplexe Systeme.« In solchen Systemen versage die Prognose nicht nur praktisch, sondern grundsätzlich, da sie trotz deterministischer Ausgangsbedingungen indeterministische oder chaotische Lösungen haben; wobei mit chaotisch nicht eine völlige Strukturlosigkeit gemeint sei, sondern das *fundamental komplexe* Neben- und Miteinander unzähliger sich ausbildender und wieder zerfallender Strukturen. Diese Strukturen sind ihrerseits von einem geringeren Komplexitätsgrad, sie seien zwar nicht wie subkritisch komplexe Systeme streng deterministisch, sondern von *kritischer Komplexität,* ihrer Prognostizierbarkeit seien praktische, aber keine grundsätzlichen Grenzen gesetzt.

Zum ersten Mal sei das Problem der Komplexität von Leibniz behandelt worden. Die Selektionskriterien für seine Gesetze der möglichen Welten seien *höchste Komplexität bei einfachsten Mitteln* oder *höchste Varietät bei höchster Ordnung.*

Wolfram Heumann beschreibt in *Evolution frühesten Lebens* die Selbstorganisation makromolekularer, sich selbst reproduzierender Systeme so: »Makromolekulare Ordnungsgefüge entstehen als dissipative Strukturen. Dies sind Ungleichgewichtssysteme, die sich durch ständigen Austausch von Energie und Materie mit der Umgebung erhalten. Durch Fluktuation mit der Umgebung können diese Systeme in eine neue Struktur, in ein neues Ordnungsgefüge übergehen. Energiereiche, chemische Verbindungen also und Fluktuation der Umgebung, wie Periodik der Stoffkonzentration, der Temperatur usw., sind wesentliche Voraussetzungen für die Evolution zu makromolekularen, sich selbst reproduzierenden Systemen.

Die Evolution ist auch auf makromolekularer Ebene gekennzeichnet durch den Wechsel von divergenten und covergenten Phasen. Das heißt: Zwei Systeme z. B. treten in kontinuierliche zufällige Wechselwirkung. Dabei werden alle Möglichkeiten durchprobiert (divergente Phase). Selbst bei sehr großer Zahl der Möglichkeiten tritt irgendwann mit Sicherheit auch ein Zustand der Vereinigung beider Systeme zu höherer Ordnung ein (covergente Phase). Dies neue Ordnungsgefüge unterliegt anderen Gesetzmäßigkeiten, seine Struktur ermöglicht neue Entwicklungen, es wird von der Umgebung selektioniert und geht in eine neue divergente Phase auf höherer Organisationsebene ein. Diese Diskontinuität ist kennzeichnend für die gesamte Evolution.«

Leben ist auch die Weitergabe von komplexen Erbinformationen, die über einen langen Zeitraum erworben wurden und die eine lange Vorphase des Sammelns von Erfahrungen in anderen Generationen über die Evolution nutzt. Stirbt ein Lebewesen, so verliert es die Fähigkeit, die für seinen Lebensprozeß *geeignete Form von Arbeitsfähigkeit* von außen aufzunehmen. Diese *geeignete Form von Arbeitsfähigkeit*, mit der der Zerfall von Ordnungssystemen aufgehalten, ihre Entropiezunahme begrenzt oder rückgängig gemacht wird, wollen wir mit *Negentropie* (negative Entropie) bezeichnen. Altern und Tod sind somit Vorgänge, bei denen es dem Lebewesen nicht mehr gelingt, lebensnotwendige Ordnungszustände aufrechtzuerhalten. Das Leben rettet sich durch Zeugung in die nächste Generation, unterschiedliche Erbinformationen werden verschmolzen, neue, lebensfähigere entstehen, gleichzeitig wird der Mutation eine Chance gegeben. So bilden sich komplexere Organisationsformen, die schließlich das Bewußtsein hervorbringen, vielleicht nur, weil es die Anpassung des Lebens noch schneller ermöglicht, weil es noch perfekter seiner Umgebung Negentropie zu entziehen vermag, um auch den härtesten natürlichen Bedrohungen zu widerstehen. *Negentropie* erhält demnach für uns einzig und allein ihre Bedeutung dadurch, daß sie *Ordnungszustände schaffen kann, die uns nützen.*

Der Physiker und Nobelpreisträger Erwin Schrödinger beschrieb bereits 1943 in *Was ist Leben*? die Bedeutung der Negentropie: »Was ist das Kennzeichen des Lebens? Wann sagt man von einem Stück Materie, es lebe? Wenn es fortwährend ›etwas tut‹, sich bewegt, mit der Umwelt Stoffliches austauscht usw., und zwar während einer viel längeren Zeit, als wir unter gleichen Bedingungen von einem unbelebten Stück Materie erwarten, daß es ›in Bewegung bleibe‹ ...«

Und weiter: »Der Organismus erscheint deswegen so rätselhaft, weil er sich dem raschen Verfall in einen unbewegten Gleichgewichtszustand entzieht, und dieses Rätsel hat der Menschheit so viel zu schaffen gemacht, daß sie seit den frühesten Zeiten des philosophischen Denkens – und teilweise auch heute noch – behauptet, im Organismus sei eine unkörperliche, übernatürliche Kraft wirksam.«

Und schließlich: »Was ist denn jenes kostbare ETWAS in unserer Nahrung, das uns vor dem Tode bewahrt? Das ist leicht zu beantworten. Jeder Vorgang, jedes Ereignis, jedes Geschehen – man kann es nennen, wie man will –, kurz, alles, was in der Natur vor sich geht, bedeutet eine Vergrößerung der Entropie jenes Teiles der Welt, in welchem es vor sich geht. Damit erhöht ein lebender Organismus ununterbrochen seine Entropie – oder, wie man auch sagen könnte, er produziert eine positive Entropie – und strebt damit auf den Zustand maximaler Entropie zu, der den Tod bedeutet. Er kann sich von ihm nur fernhalten, d.h. leben, indem er seiner Umwelt fortwährend negative Entropie entzieht – welche etwas sehr Positives ist, wie wir gleich sehen werden. Das, wovon ein Organismus sich ernährt, ist negative Entropie. Oder, um es etwas weniger paradox auszudrücken, das Wesentliche am Stoffwechsel ist, daß es dem Organismus gelingt, sich von der Entropie zu befreien, die er, solange er lebt, erzeugen muß.«

Die Lebewesen entziehen also ihrer Umgebung negative Entropie, was nichts anderes bedeutet als *zweckdienliche Arbeitsfähigkeit*, die geeignet ist, die Entropiezunahme im Organismus aufzuhalten, solange sie leben. *Zweckdienlich* weist darauf hin, daß *Information* ebenfalls zur Negentropie gehört. Mit Negentropie erhalten oder vermehren Organismen ihren eigenen Ordnungszustand. In ihrer Umgebung erzeugen sie dabei eine größere Unordnung; die Entropie wächst so insgesamt, auch wenn sie sich in den einzelnen Systemen, die wir als lebendig ansehen, vermindert oder nicht erhöht. *Negentropie* als zweckdienliche Arbeitsfähigkeit vertauscht gewissermaßen *Ort* und *Zeit* der Entropiezunahme zur Aufrechterhaltung des Organismus.

Die Natur wie der Mensch nutzen Negentropie, um Ordnungszustände herzustellen. Die Natur ist dem Menschen dabei weit voraus, sie hat, wie bereits gesagt, evolutionär Ordnungszustände geschaffen, die wir *Leben* nennen. Sie hat den Menschen ermöglicht. Naturgesetze geben die Regeln an, nach denen die Energie auf ihrem Weg zur Dissipation sich Bahnen sucht. Daß bei diesem allgemeinen Abbau von Ordnungen bis zur völligen Vermischtheit dennoch in geschlossenen Systemen Ordnungen entstehen können, ist nur scheinbar ein Widerspruch. Naturgesetze, so haben wir in der Entwicklung der Thermodynamik gesehen, sind nicht nur die kausalen Beziehungen, mit denen sich die Naturwissenschaften bis zur Mitte des vorigen Jahrhunderts abgegeben haben und die, bezogen auf die jeweilige Betrachtung und unter den eingrenzenden Bedingungen der menschlichen Erkenntnisfähigkeit, gewissermaßen einen Schnitt durch den Wirkungszusammenhang legen, etwa wie Kegelschnitte – je nachdem – zu Kreis, Ellipse, Parabel oder Hyperbel führen, ohne daß damit der Kegel insgesamt beschrieben oder erkennbar wäre, sondern Naturgesetze folgen da, wo es sich um sehr große Zahlen von Individuen handelt, wie etwa in der kinetischen Gastheorie, auch statistischen Gesetzen; sie können, so lehrt die jüngste Entwicklung in der Thermodynamik, im Einklang mit dem durch den zweiten Hauptsatz eingeführten Prinzip der Energiedissipation, des Entropieprinzips, auch rein stochastisch ablaufen. Das, was wir unter Zufall verstehen, ist eben für die Entstehung von Ordnungen bis hin zu komplexen Lebensformen auch eine Notwendigkeit. Naturgesetze sind Informationen über Wirkungszusammenhänge. Information als Gestaltungsfähigkeit im Sinne des Zusammenwirkens mit Arbeitsfähigkeit zur Schaffung von Negentropie gewinnt so einen weiten Rahmen. Ist die Anwendung menschlicher Kreativität zur Schaffung von Negentropie nicht auch von stochastischen Vorgängen beeinflußt? Vernunft und Gefühl bestimmen schließlich mit unterschiedlichem Gewicht menschliche Handlungen. Intuition ist vermutlich das im Unterbewußtsein ablaufende Erfassen von Ordnungen und der Möglichkeiten, sie zu fördern. Die Ethik rät uns, was zu tun ist, die Ordnungszustände, die wir Schöpfung nennen, zu erhalten; die Ästhetik vermittelt uns das Gefühl der Erhabenheit, Ordnungen dargestellt zu finden und erkannt zu haben. Das Wort Paul Klees vom *Sichtbarmachen in der Malerei* drückt das aus.

Auerbach bezeichnet in seiner bereits 1910 erschienenen Schrift *Ektropismus oder die physikalische Theorie des Lebens* die Tendenz der Energie, sich auf das Umgebungsniveau zu zerstreuen, das Entropieprinzip, mit dem deutschen Wort *Entwertungsprinzip* und stellt ihm, mit der in der Natur unter Aufwand von Negentropie gegebenen Möglichkeit, diesem Verfall entgegenzuwirken, das Ektropieprinzip, das *Entwicklungsprinzip*, gegenüber. Er kommt zu dem Schluß: »*Das Leben ist die Organisation, die sich die Welt geschaffen hat zum Kampfe gegen die Entwertung der Energie.*« Entwicklung ist danach die selbsttätige Wertsteigerung energetischer Systeme auf Kosten anderer. Wir sprechen in diesem Sinn heute von *Selbstorganisation*. Der Begriff Ektropie hat sich zur Bezeichnung dieses Entwicklungsprinzips gegenüber dem statt dessen verwendeten Begriff Negentropie nicht durchgesetzt.

Entwertungs- und Entwicklungsprinzip sind gedanklich zu verbinden, wenn wir bedenken, daß der Verminderung der Entropie in einem System immer eine Entropievermehrung anderswo entgegensteht.

Aus der Sicht des Biologen (H. Mohr, *Natur und Moral*) ist diese Dualität ein Wesensmerkmal der Evolution: »Gäbe es keinen Tod, so gäbe es kein Leben.«

Nach Teilhard de Chardin ist das Leben eine Herausforderung an die Entropie. Müßte es nicht richtiger heißen: Das Leben ist eine Herausforderung an die Negentropie? Er hat Schöpfungslehre und modernes Verständnis der Evolution in dem schönen einfachen Satz zusammengefaßt: »Gott macht, daß die Dinge sich selber machen.«

Für jedes System eines Ordnungszustandes gilt, daß es nur entstehen kann, wenn dabei der Umgebung Negentropie entzogen wird, nicht nur für Lebendiges, sondern genauso für die Bildung von Kristallen wie für die Konzentration von Rohstoffen oder von Primärenergie in Lagerstätten. Kohle, Öl oder Erdgas entstehen aus Lebewesen, deren Ordnungssysteme nach ihrem Absterben nicht völlig wieder aufgehoben werden.

Das Leben ist insgesamt ein symbiotisches Werden. In einer Form von Arbeitsteilung sind auch wir darauf angewiesen, vorfabrizierte

Ordnungssysteme mit unserer Nahrung, beispielsweise als Aminosäuren, Kohlehydrate, Fette, Vitamine usw., aufzunehmen und in die für unseren Organismus erforderlichen Systeme umzubauen. Nicht lediglich der Heizwert der Nahrung ist lebenswichtig, sonst könnte man allein die Elemente, aus denen organische Materie aufgebaut ist, zu sich nehmen, sondern darüber hinaus der exergie- und informationsaufwendigere Zustand höherer Ordnung, in dem diese Materie sich bereits befindet. *Diese Symbiose begründet unser ureigenes Interesse am Umweltschutz.*

Durch den Begriff des Flusses von Energie und Materie durch offene Systeme kommt die Zeit als wesentliche Größe wieder in unser Blickfeld. Wir leben in einem Fließgleichgewicht – ein statisches Gleichgewicht ist der Tod. »Die Äquivalenz der Verwandlungen« nannte Clausius zunächst das, was er später *Entropie* benannte. Die »Äquivalenz der Verwandlungen« ist von viel umfassenderer Bedeutung als ursprünglich angenommen; sie ist das *Grundprinzip des Lebens.*

Die Nichtgleichgewichts-Thermodynamik wird erneut das Tor unserer Erkenntnis um ein außergewöhnliches Maß aufstoßen, so ähnlich, wie es geschah, als die Wahrscheinlichkeit in die Physik eingeführt wurde; vielleicht noch mehr bezogen auf biologische, soziologische oder wirtschaftliche Zusammenhänge als damals.

Zufall oder Notwendigkeit heißt das vielbeachtete Buch von Jacques Monod, in dem er zu dem Schluß kommt, daß der Zufall in Gestalt von Mutation und die Notwendigkeit, entstehend aus den Gesetzen der natürlichen Auslese, die Ursache für die biologische Evolution und damit für das Leben seien. Monod schließt damit wieder an Darwin an. Die Thermodynamik irreversibler Prozesse läßt uns die Bedeutung der Mutation besser verstehen; das Mysterium der Schöpfung bleibt. Wichtigste Voraussetzung jeder Ethik und damit unseres Sollens ist die Erkenntnis der symbiotischen Verbundenheit allen Lebens. Um diese Erkenntnis vertiefen zu können, ist es unsere Pflicht, unser eigenes Erkenntnis- und Urteilsvermögen zu steigern, Wissenschaft zu betreiben, zu forschen und zu entwickeln.

4.5 Ordnung und Sinn – Gestaltungsenergie ist Kreativität und technische Arbeitsfähigkeit (Exergie)

Die wichtigste Fähigkeit ist die,
welche alles andere ordnet.

Blaise Pascal

Da die Richtung der Entropiezunahme auf den Abbau von Gefällen, auf den Ausgleich nämlich, ausgerichtet ist, sind in dem gleichen System bei geringerer Entropie eben noch diese Ausgleichsvorgänge nicht abgelaufen; es bestehen Unterschiede, die einander *zugeordnet* werden können, die somit *Ordnungszustände* darstellen können. Jedes abgeschlossene System kann solche Ordnungszustände *von selbst* verlieren, aber nicht von selbst gewinnen. Ordnungszustände können wir auch definieren als Zustände, deren Entstehen *von selbst* extrem unwahrscheinlich ist und deren Abweichen vom Zustand größter Gleichförmigkeit eben nur durch eine Aufnahme, unter anderem von Arbeitsfähigkeit, von außen erreicht und erhalten wird. Wir haben im vorigen Abschnitt bereits angedeutet, daß dazu aber noch mehr gehört als nur die Aufnahme von beliebiger Arbeitsfähigkeit.

Nun ist unsere Erde ein zwar abgegrenztes, aber nicht ein abgeschlossenes, sondern ein offenes System. Die Sonne strahlt ihr fortwährend Energie zu, die gegebenenfalls erst nach ihrer Zerstreuung auf das Temperaturniveau der Umgebung als Abwärme, als Wärmemüll, an das Weltall abgegeben wird. Die Erde befindet sich in einem Fließgleichgewicht, das unsere heutigen Lebensformen begünstigt. Es sind aber auch beliebige andere Gleichgewichtszustände im Fließgleichgewicht denkbar. Sie könnten andere Ordnungszustände entstehen lassen, die für das an die jetzigen Ordnungszustände angepaßte Leben verderblich wären.

Die heutige Sorge um eine irreversible Schädigung unseres Klimas drückt diese Möglichkeit aus. Die Ambivalenz des Entropieprinzips, aus unserer Sicht Nützliches oder Schädliches, Gutes oder Böses zu bewirken, kommt da mit einer für uns schädlichen Wirkung zum Ausdruck.

Ordnungszustände gewinnen aus unserer Sicht ihren Sinn erst dadurch, daß sie einen Zweck in einem umfassenden System ausfüllen, der der Entropiezunahme in abgegrenzten, aber nicht abgeschlossenen, für uns wichtigen Systemen entgegengesetzt ist und der das Leben erst ermöglicht. Diese Ordnungszustände sind in der Technik des Menschen unter anderem jene Anlagen, die die Umwandlung von Energie in die jeweils von ihm geforderte Exergie möglich machen, eine Energieform, die Arbeit verrichten kann, nicht nur um bestehende Ordnungssysteme zu erhalten, sondern auch um weitere Ordnungssysteme zu schaffen. Letztlich sind solche Ordnungssysteme alle materiellen und energetischen Güter, die der Mensch braucht, und da er bekanntlich nicht vom Brot allein lebt, auch jene Ordnungszustände, die er in seinen ideellen Gütern ausgedrückt sieht, die Erhabenheit und Ästhetik einer Kathedrale genauso wie ein philosophisches Gedankengebäude, wie Musik und vieles andere.

Ordnung ist für den Menschen nur im Zusammenhang mit *Wertideen* überhaupt vorstellbar und auch gestaltbar. Umgekehrt bedeutet Wertverlust auch Ordnungsverlust, und Veränderung der Werte bedeutet auch eine Veränderung der durch Menschen gestalteten Ordnung. »Die Frage nach den Werten«, so wiederum Heisenberg in seiner Autobiographie, »das ist doch die Frage nach dem, was wir tun, was wir anstreben, wie wir uns verhalten sollen. Die Frage ist also vom Menschen und relativ zum Menschen gestellt; es ist die Frage nach dem Kompaß, nach dem wir uns richten sollen, wenn wir unseren Weg durchs Leben suchen. Dieser Kompaß hat in den verschiedenen Religionen und Weltanschauungen sehr verschiedene Namen erhalten: Das Glück, der Wille Gottes, der Sinn, um nur einige zu nennen. Die Verschiedenheit der Namen weist auf sehr tiefgehende Unterschiede in der Struktur des Bewußtseins der Menschengruppen hin, die ihren Kompaß so genannt haben. Ich habe den Eindruck, daß es sich in allen Formulierungen um die Bedingungen der Menschen zur zentralen Ordnung der Welt handelt.«

Zweifellos haben menschliche Ordnung und Ordnungssysteme also einen subjektiven, einen anthropomorphen Charakter und damit auch die Werte, die wir ihnen beimessen. Hier sind wiederum philosophische Kategorien gefragt.

Max Weber drückt diesen subjektiven Charakter in seiner Definition des Begriffes Kultur aus, wenn er sagt: »Der Begriff der Kultur ist ein Wertbegriff. Die empirische Wirklichkeit ist für uns ›Kultur‹, weil und insofern wir sie mit Wertideen in Beziehung setzen, sie umfaßt diejenigen Bestandteile der Wirklichkeit, welche durch jene Bezeichnung für uns bedeutsam werden, und nur diese.«

Eddington sagt in *The nature of the physical world*: »Entropie bedeutet eine Abschätzung von Anordnung und Organisation. Sie ist subjektiv in demselben Sinne, wie etwa das Sternbild des Orion subjektiv ist. Das, was angeordnet ist, hat objektive Bedeutung, wie die Sterne, die das Bild des Orion zusammensetzen. Aber das Verbundensein zu einer Gemeinschaft fügt der beobachtende Verstand hinzu.« Und weiter: »Man kann nur dann von Entropie sprechen, wenn man die Teile in ihrem Zusammenhang betrachtet, und ebenso erkennen wir Schönheit und Melodie nur, wenn wir die Teile im Zusammenhang sehen oder hören. Alle drei Begriffe bezeichnen charakteristische Merkmale der Anordnung. Es ist ein folgenschwerer Gedanke, daß der eine von ihnen imstande ist, die Rolle einer ganz gewöhnlichen physikalischen Größe zu übernehmen. Der Grund dafür, daß dieser Fremdling sich unter den Ureinwohnern der physikalischen Welt behaupten kann, liegt darin, daß er ihre Sprache zu sprechen vermag, nämlich die Sprache der Arithmetik.«

Vom Standpunkt der Naturphilosophie bewertet Eddington die neue Weltsicht, die mit dem Begriff der Entropie verbunden ist, als die größte wissenschaftliche Errungenschaft des 19. Jahrhunderts. Dieser Begriff überbrückt auch die Auseinandersetzung zwischen Atomisten und Positivisten, weil er neben die analytische Betrachtungsweise auch die Betrachtung der Systeme als Ganzheit stellt. So strebe auch der Künstler, Sinn und Bedeutung zu vermitteln, die nicht in mikroskopisch sorgfältiger Kleinkunst gefunden werden können, indem er Zuflucht zum Impressionismus nehme.

In dem Essay *Ordnung der Wirklichkeit* sagt Werner Heisenberg: »Erkenntnis ist letzten Endes wohl nichts anderes als Ordnung – nicht von etwas, das als Gegenstand unseres Bewußtseins oder unserer Wahrnehmung schon vorhanden wäre, sondern von etwas, das erst durch diese Ordnung zum eigentlichen Bewußtseinsinhalt oder zum wahrgenommenen Vorgang wird. Die innere Erleuchtung, die wir bei einer neuen Erkenntnis empfinden, ist der unbewußte oder bewußte Vollzug dieser Ordnung.«

Dieser Fremdling, die Entropie, der *Äquivalenzwert der Verwandlung*, ist der Kern des *Sichtbarwerdens* und der *Wertsetzung;* er ist somit der Schlüsselbegriff, der Natur- und Geisteswissenschaften miteinander verbindet. Der Begriff *Sichtbarwerden* wurde hier in Analogie zu dem Wort von Klee über das *Sichtbarmachen* gewählt.

Eddington unterteilt die Naturgesetze in Gesetze erster und zweiter Art. Gesetze erster Art verbieten Dinge, deren Geschehen unmöglich ist. Der erste Hauptsatz der Thermodynamik ist ein solches Gesetz; er verbietet das Perpetuum mobile. Gesetze zweiter Art verbieten dagegen Dinge, deren Geschehen zu unwahrscheinlich ist, als daß sie jemals von selbst eintreten könnten. Wenn sie eintreten sollen, muß ein Eingriff von außen geschehen. Der zweite Hauptsatz der Thermodynamik gehört in diese Kategorie. Schon im Jahr 1910 hat Felix Auerbach in dem bereits zitierten Buch *Ektropismus oder die physikalische Theorie des Lebens* über die beiden Hauptsätze gesagt: »... wird es nicht wundernehmen, daß die Verfassung des Universums mit einem Minimum von Artikeln auskommt, aber wir können unser Erstaunen doch nicht unterdrücken, wenn wir hören, daß es deren nur zwei gibt. Alle weiteren Tausende und Abertausende von Gesetzen, Verordnungen und Formeln hat der Gesetzgeber in höchster Weisheit in die Ausführungsbestimmungen verwiesen.«

Diese beiden Artikel sind die beiden ersten Hauptsätze der Thermodynamik.

Wie sich objektive und subjektive Kriterien im Handeln des Menschen, in seiner Wertsetzung verbinden können, mag mit Hilfe eines Kartenspiels erläutert werden. Mischen wir ein Kartenspiel, dann ist es völlig unwahrscheinlich, daß sich die Karten nach einer endlichen Zahl von Mischungen von selbst wieder in der Ausgangsreihenfolge anordnen. Sie zu erreichen, müssen wir den Arbeitsgang des Sortierens, nämlich des Aufwandes von Arbeit nach vorgegebener Information, einsetzen, also nach objektiv gegebenen Kriterien vorgehen. Es muß also die Information über die gewünschte Reihenfolge vorgegeben sein und ihr Eintreten kontrolliert werden können. Das muß auch geschehen, wenn wir nach der Mischung eine von der Ausgangsreihenfolge abweichende andere Reihenfolge vorschreiben, die wir gegenüber der Ausgangsreihenfolge hervorrufen wollen, wenn wir also einen Sinn oder auch einen Wert in die Reihenfolge der Karten legen, den wir subjektiv vorgeben.

Es sind demnach mit jeweils beliebiger Form von Arbeit allein Ordnungssysteme nicht aufzubauen; erforderlich ist die *jeweils zweckdienliche Form von Arbeit;* sie zu erhalten bedarf es zusätzlich der *Information.* Beide zusammen vermögen anti-entropisch zu wirken, sind Negentropie.

Übersetzen wir das Wort *Information* mit *Gestaltung,* dann können wir die zweckdienlich gerichtete Energie, die wir mit Negentropie bezeichnen, auch mit den sehr gut verdeutlichenden Begriffen *Gestaltungsfähigkeit, Gestaltungskraft* oder, exakter, *Gestaltungsenergie* belegen.

Insgesamt erhalten wir so ein Schema der bisher verwendeten Begriffe:

Exergie	=	gerichtete Energie,
	=	(technische) Arbeitsfähigkeit (Arbeit),
	=	Nutzenergie oder Endenergie (elektrische, mechanische Arbeit).
Energie	=	gerichtete Energie (Exergie) und nicht zu richtende Energie (Anergie),
	=	Arbeitsfähigkeit und Verluste.

Negentropie = durch Information zweckdienliche Exergie (identisch mit dem auch verwendeten Begriff Ektropie),
= zweckdienliche Arbeitsfähigkeit,
= Gestaltungsenergie oder Schöpfungsenergie.

Anstelle des Begriffs Exergie werden in der Energiewirtschaft die Begriffe Nutzenergie und Endenergie gebraucht.

Um es zu wiederholen: Wenn wir im landläufigen Fall von Energie sprechen, dann meinen wir einmal jene Energie, die zum Ausgang der Gewinnung von Exergie einzusetzen ist, oder zum anderen bereits gerichtete Energie, also Exergie.

Wir wollen die Fähigkeit der Natur, Ordnungssysteme aufzubauen und zu erhalten, mit Schöpfungsenergie oder *Schöpfung* bezeichnen und zum Unterschied davon die entsprechende menschliche Fähigkeit *Gestaltungsenergie* nennen.

Information ist im Fall der Schaffung eines höheren Ordnungsgrades durch Exergiezufuhr bei unbelebter Materie beispielsweise aus unserer Sicht ein Naturgesetz als der uns verständliche Ausschnitt aus dem Wirkungszusammenhang in der Natur oder das Zusammenwirken einer Vielzahl von Naturgesetzen, etwa bei der Kristallbildung oder bei der Separation von Stoffen oder der Ausbildung des Klimas auf unserer Erde oder der physikalischen Randbedingungen insgesamt, so daß sich das Leben überhaupt erst entwickeln kann, wie bei dem Existenzfenster beschrieben.

Im Fall biologischer Vorgänge kann Information die Erbinformation sein, die gemeinsam mit der Exergie die Negentropie schafft, die Erbinformation, die zur Erhaltung und Reproduktion des Lebens erforderlich ist.

Bei der Negentropie, die aus Information und Exergie im Handeln des Menschen entsteht, ist die Information gemeint, die erforderlich ist, um mit Hilfe von Exergie Materie zu gewinnen, umzuwandeln, umzuformen, zu transportieren, kurzum, zu dem gedachten Zweck zu verwenden. *Kreativität nennen wir diese Fähigkeit beim Menschen, nämlich Information zu gewinnen und zu verwenden, also zu gestalten.* Er nutzt zum Gestalten neben der Information auch Exergie. Kreativität befähigt ihn, Ordnungszustände und ihren Zusammenhang mit anderen zu erkennen, ihren Wert für die Erhaltung des Lebens zu bemessen, Willensbildung und Entscheidung herbeizuführen und Initiative, Intuition, Dynamik und Beständigkeit zur Schaffung oder zur Erhaltung von Ordnungszuständen wirksam werden zu lassen. Kreativität hat Begabung, Urteilsfähigkeit und Leistungsbereitschaft zur Voraussetzung.

Wir sagen, der Zunahme der Entropie in einem System sei durch Zufuhr von Negentropie, also Gestaltungsenergie, zu begegnen, obwohl es negative Entropie in der Thermodynamik nicht gibt und die Bezeichnung auch nicht dimensionsrichtig ist, denn das, was anti-entropisch wirkt, hat die Dimension einer Arbeit oder Energie, während die Entropie als thermodynamische Zustandsgröße noch die Temperatur als Divisor aufweist. Dieser gedankliche Bruch ergibt sich daher, daß wir immer die Dissipation von Energie auf das Umgebungstemperaturniveau meinen, mit der Dimension einer Arbeit als dem Produkt aus Umgebungstemperatur und Entropiezunahme, und diese Entropiezunahme dann als Maß der Dissipation ansetzen. Gehen wir auf den Ausgang bei Rudolf Clausius zurück, dann bietet Entropie als »Äquivalenzwert der Verwandlung« auch den gedanklichen Ansatz, den Begriff überall da zu gebrauchen, ohne an seine physikalische Dimension zu denken, wo es um den von selbst geschehenden Verfall von Ordnungen und Ordnungssystemen geht. Die Negentropie, die Systemen zugeführt wird, um diesem Verfall entgegenzuwirken, hat also die Dimension einer Arbeit; sie ist nur durch die richtige und zweckmäßig angewandte Form von Arbeit, also unter zusätzlichem Einsatz von Information, geeignet, den jeweiligen Zweck zu erfüllen. Arbeit im physikalischen Sinn des Wortes kann aber immer nur, entsprechend dem zweiten Hauptsatz der Thermodynamik, unter Inkaufnahme einer Entropievermehrung im thermodynamischen Sinn gewonnen werden. Führen wir Ordnungen oder Ordnungssystemen also Negentropie zu, um ihrem Zerfall entgegenzuwirken, die Entropiezunahme in ihnen aufzuhalten, so muß, wie schon gesagt, eine Entropiezunahme außerhalb der betrachteten Systeme in Kauf genommen werden, entsprechend der studentischen Kurzfassung des zweiten Hauptsatzes: Es gibt nichts umsonst.

Der Begriff Negentropie stammt aus der Nachrichtentechnik. Leo Szilard hat 1929, noch in seiner Berliner Zeit (er sollte später mit Enrico Fermi den Chicagoer Reaktor bauen und noch eine Rolle in der militärischen und danach auch in der friedlichen Anwendung der Kernenergie spielen), Beiträge zur Informationstheorie über den Zusammenhang zwischen der Entropievermehrung und der Informationsübertragung geleistet. Er vertrat die Ansicht, subjektive Information müsse mit einer Erhöhung der Entropie bezahlt werden – und das sei als Beweis dafür aufzufassen, daß die Entropie ein Mangel an Wissen und daher ein subjektiver Begriff sei und daß Wissen oder Information der Negentropie äquivalent seien, also demjenigen, was Entropievermehrung in abgeschlossenen Systemen aufhalte oder rückgängig mache. Im Jahr davor (1928) hat Szilard in dem Aufsatz *Über die Entropieverminderung in einem thermodynamischen System bei Eingriffen intelligenter Wesen* nachgewiesen, daß ein Perpetuum mobile zweiter Art, das heißt ein Verstoß gegen den zweiten Hauptsatz, auch nicht möglich ist, wenn ein *Intellekt besitzendes Wesen* Eingriffe an einem thermodynamischen System vornähme, da diese Eingriffe an Messungen gebunden seien, die ihrerseits wieder eine den Vorteil mindestens wieder kompensierende Entropievermehrung hervorriefen.

Um Ordnungen aufzubauen und zu erhalten, bedarf es neben der Information im Sinne Szilards noch zusätzlich der umwandlungsfähigen Energie im Sinne Ostwalds. Will der Mensch Ordnungen bauen oder erhalten, so muß er beides, nämlich physikalische und geistige Arbeit, aufwenden, mit unterschiedlichen Anteilen beider, je nachdem, ob er beispielsweise eine einfache Schutzhütte gegen Witterungsunbill oder ein das Zusammenleben begünstigendes ethisches Denkgebäude errichtet, ob er einen Steinwall aufschichtet oder eine Kathedrale erbaut, ob er eine Dampfmaschine konstruiert oder einen Kernreaktor in Betrieb nimmt.

Das Gegenteil der hier gemeinten Ordnung oder Ordnungssysteme ist nicht einfach das, was wir in unserem täglichen Sprachgebrauch Unordnung nennen, wie auch Ordnung nicht einfach die Einhaltung von Menschen gesetzter Regeln bedeutet. Ordnung ist vielmehr jeder Zustand, der von der Gleichförmigkeit von Materie und Energie abweicht, der verhindert, daß alle Unterschiede und alle Gefälle aufgehoben werden. Man könnte anstatt von Ordnung auch von Organisation sprechen. Unordnung in diesem Sinn meint den Zustand höchster Gleichförmigkeit. Jedes Gefälle, das etwas bewegen könnte, ist beseitigt, jeder Energiestrom, dem Arbeitsfähigkeit entzogen werden könnte, hört auf, denn mit dieser Arbeitsfähigkeit ließen sich wieder Gefälle aufbauen und Ordnung oder Gefälle erzeugen. Unterscheidungsmöglichkeiten sind also auch dadurch gekennzeichnet, daß ihr Vorhandensein etwas ermöglicht. Der Zustand höchster Wahrscheinlichkeit ist auch der Zustand des Gleichgewichts. Wir können auch sagen, der Ausgleich aller Gefälle ergibt einen Zustand ohne Unterscheidungsmöglichkeiten. Das ist hier mit dem Gegenteil von Ordnung und Ordnungssystemen gemeint. Ein Zustand mit geringen Unterscheidungsmöglichkeiten ist von niederer Ordnung. Ein Zustand ohne Ordnung, so stellten wir bereits fest, das ist der Tod. Leben heißt, komplexe Ordnungssysteme mit hochgradigen Unterscheidungsmöglichkeiten zu schaffen und zu erhalten. *Das Leben ist damit die Tendenz zur Verwirklichung des Unwahrscheinlichen.* Mit dieser Verwirklichung des Unwahrscheinlichen Lebensfähigkeit und Lebensfreundlichkeit zu schaffen, gibt dem Handeln des Menschen Sinn.

4.6 Gestaltungsenergie und menschliche Ordnung

> Ordnung führt zu allen Tugenden.
> Aber was führt zur Ordnung?
>
> *Georg Christoph Lichtenberg*

Es ist erstaunlich, daß, obgleich die Begriffe Energie und Entropie etwa zur gleichen Zeit entstanden sind, der Begriff Energie sprachliches Allgemeingut, der gleich bedeutsame Begriff Entropie jedoch kaum bekannt ist. Mir will es scheinen, als ob die heutige Auseinandersetzung über die Technik – bis zu ihren militanten Auswüchsen in der Kernenergie-Gegnerschaft – darunter leidet, daß die Menschen einem für ihre Existenz grundlegend wichtigen Gesetz, nämlich dem zweiten Hauptsatz der Thermodynamik, verständnislos gegenüberstehen.

Eine anschauliche Deutung der Begriffe Energie und Entropie in ihrem Verhältnis zueinander hat Arnold Sommerfeld in den *Vorlesungen über theoretische Physik* als Äußerung von R. Emden zitiert: »Als Student las ich mit Vorteil ein kleines Buch: Die Herrin der Welt und ihr Schatten. Damit waren Energie und Entropie gemeint. Mit zunehmender Einsicht scheinen nur die beiden ihre Plätze gewechselt zu haben. In der riesigen Fabrik der Naturprozesse nimmt das Entropieprinzip die Stelle des Direktors ein, denn es schreibt Art und Ablauf des Geschäftsvorgangs vor. Das Energieprinzip spielt nur die Rolle des Buchhalters, indem es Soll und Haben ins Gleichgewicht bringt.« Sommerfeld spricht damit die von Felix Auerbach 1902 herausgegebene Schrift *Die Weltherrin und ihr Schatten, ein Vortrag über Energie und Entropie* an.

Kehren wir zum bergab fließenden Wasser und dem Wasserkraftwerk zurück. Es kann dem herabfallenden Wasser einen Teil seiner kinetischen Energie als Arbeitsfähigkeit entziehen. Um diesen Teil der kinetischen Energie, dem als Gegenwert ein Teil des Gefälles entspricht, wird die im Wasser andernfalls nutzlos zu Reibungswärme verwirbelte Energie geringer. Mit der über die Wasserturbine gewonnenen Arbeitsfähigkeit lassen sich Maschinen antreiben, Steine brechen und beispielsweise Straßen oder Häuser bauen. Alle aufgewendete Arbeitsfähigkeit wird während des Bauens zu Reibungswärme. Die Zerstreuung von Energie zu Reibungswärme auf dem Temperaturniveau der Umgebung wird also erst auf einem dem Menschen nützenden Umweg erreicht.

Die Forderung des ersten Hauptsatzes ist in beiden Fällen erfüllt. Ohne Wasserkraftwerk findet sich die Reibungswärme ohne Ausnutzung im verwirbelten Wasser wieder, mit Wasserkraftwerk wird dem zu Tal fließenden Wasser Arbeitsfähigkeit entzogen. Die Entropie des Systems Erde ist, nach Aufzehrung der Arbeitsfähigkeit durch die Baumaschinen, in beiden Fällen gleich – nur im zweiten Fall ist in einem begrenzten kleineren System ein von der vorher bestehenden Landschaft unterschiedener Ordnungszustand entstanden, nämlich die Straßen oder die Häuser.

Für die Zwecke des Menschen ist die Landschaft vom Zustand der Gleichförmigkeit in einen höheren Ordnungszustand gehoben, dem System ist *Gestaltungsenergie* zugeführt worden, für ihn geben Straßen und Häuser einen Sinn. Der Mensch hat die Arbeitsfähigkeit in eine Beziehung zu seinem Mikrokosmos gebracht.

Die Straßen können Menschen verbinden, dem Gütertransport dienen oder zum Badestrand führen, Häuser können einfach nur vor Wind und Wetter schützen, sie können aber auch Schulen oder Krankenhäuser sein. Nur Steine nach einem Muster aufzurichten, schafft noch keinen gegenüber der vorherigen zufälligen Verteilung der Steine bevorzugten Ordnungszustand zum Nutzen für den Menschen oder das Leben. Die verwendete Arbeitsfähigkeit würde so nutzlos zerstreut, als wäre sie gar nicht aus der kinetischen Energie unseres bereits früher als Beispiel herangezogenen Wasserfalls gewonnen worden.

Die Negentropie stellt also nicht bloß die Form einer Arbeitsfähigkeit dar, die zum Bau der Straßen oder Häuser erforderlich war, sondern den gesamten Vorgang, bis zu dem erreichten höheren Ordnungszustand, einschließlich des Wissens, warum und wie. Neben die technische Arbeitsfähigkeit tritt die Kreativität des Menschen.

Die Natur hat im Laufe ihrer Entwicklung Ordnungszustände geschaffen, die evolutionär zur Ausbildung heutigen Lebens geführt haben. Diese Ordnungszustände zu erhalten, die in ihrer wechselweisen Verflechtung die Vielgestaltigkeit der Lebensformen ermöglichen, oder – besser noch – die Ordnungszustände durch Zufuhr von Gestaltungsenergie zu schaffen, die die Lebensformen insgesamt noch begünstigen, muß das Anliegen allen menschlichen Handelns sein. Die Aufgabe einer ausreichenden Energieversorgung als Voraussetzung für die Schaffung der erforderlichen Gestaltungsenergie steht deshalb ethisch gleichwertig neben der Sicherung des friedlichen Zusammenlebens der Menschen und der Umwelterhaltung oder -verbesserung. Jede menschliche Handlungsweise, nicht nur die des Technikers, Naturwissenschaftlers oder Mediziners wird an diesem Anspruch ethisch meßbar.

In einem Rückblick auf sein Leben schreibt Wilhelm Ostwald 1923, also vor fast 70 Jahren: »Es ist schon an früherer Stelle gezeigt worden, daß der zweite Hauptsatz in alles Geschehen eine unverbrüchliche zeitliche Einsinnigkeit bringt; kein Vorgang läßt sich restlos umkehren, denn [um] die Umkehrung gegen den freiwilligen Ablauf zu erzwingen, muß man anderweitig umwandlungsfähige Energie vernutzen und somit entwerten. Diese ganz allgemeine Tatsache führt auf die erste Quelle des Wertbegriffs. Wäre jeder Vorgang ohne weiteres umkehrbar, so würde alle Wertung fortfallen, da man jedem unerwünschten Zustand durch Umkehrung entgehen könnte. Tatsächlich beansprucht dies aber die Vernutzung umwandlungsfähiger oder freier Energie, muß also mit solcher bezahlt werden. Alles Leben erweist sich als ein Wettbewerb um die freie Energie, deren zugängliche Menge beschränkt ist.«

Die Nichtumkehrbarkeit, die Irreversibilität, das *Nicht-wieder-rückgängig-machen-Können* oder aber, mit ethischem Beiklang, das *Nicht-wiedergutmachen-Können* sind das, was im direkten wie im übertragenen Sinn durch den Entropiebegriff deutbar wird, was also den Wertbegriff schafft und was darüber hinaus Handlungen und Dingen ihren Wert gibt, nicht nur im materiellen, sondern auch im geistig-seelischen Bereich.

Genausowenig wie ein gesprochenes Wort zurückzunehmen ist, sind es die Auswirkungen von Meinungen und Gefühlen, die Auswirkungen von Ideen und Ideologien auf Ordnungen, wie beispielsweise das menschliche Zusammenleben, wie auch die Wechselbeziehung zwischen Mensch und Natur.

Um es noch einmal zu wiederholen: Der erste Hauptsatz sagt aus, wieviel Energie einer bestimmten Form eines hohen Ordnungsgrades, also Exergie (beispielsweise elektrische Arbeit), aus einer anderen Energieform (beispielsweise Wärme) gewonnen wurde und welcher Anteil an Energie zu diesem Zweck nicht genutzt wurde. Nach ihm läßt sich somit der Wirkungsgrad der Energieumwandlung in eine andere Energieform angeben. Der zweite Hauptsatz gibt an, wieviel Exergie beispielsweise an mechanischer oder elektrischer Arbeit überhaupt aus einer Wärmemenge, abhängig von ihrem Zustand, gewonnen werden kann.

Diese beiden Sätze sind noch zu ergänzen, da aus Wärme unterschiedliche Formen von Exergie gewonnen werden können. Es fehlt die Information, welche Form der Arbeitsfähigkeit die gestellte Aufgabe erfüllen kann und wie sie erhalten wird. Hier kommt das Wissen und Können, das Forschen und Entwickeln des Menschen mit ins Spiel, denn zusätzlich zu der Energie zur Gewinnung von Arbeitsfähigkeit verwendet er die Energieumwandlungsanlage (Kraftwerk, Gasturbine, Verbrennungsmotor usw.), die die gewünschte Exergieform erzeugt. Er braucht das Material und den Energieaufwand zur Herstellung dieser Energieumwandlungsanlage, und er bestimmt im Rahmen der Möglichkeiten, die ihm der zweite Hauptsatz läßt, den Wirkungsgrad der Umwandlung, der mit ihr zu erzielen ist.

Bleiben wir noch einen Augenblick bei einer genaueren Beschreibung dessen, was ich hier unter Information verstehen möchte.

In einem Kraftwerk wird bei der Verbrennung Wärme frei und in Wärmetauschern an Wasser übertragen. Es entsteht Dampf unter hohem Druck und hoher Temperatur. Das Temperaturgefälle dieses Dampfes wird in einer Turbine bis auf Umgebungsniveau abgebaut, der zugehörige Energieumsatz wird als mechanische Energie an der Turbinenwelle verfügbar. Um diese mechanische Energie aus Wärme zu gewinnen, bedarf es der Information, daß aus Wärme mechanische Energie gewonnen werden soll und wie sie gewonnen werden kann. Nun ist aber gar nicht die mechanische Energie, die an der Turbinenwelle abnehmbar wäre, gefragt, sondern elektrische Arbeit. Benötigt wird also die weitere Information, daß Strom gewonnen werden soll und wie er aus mechanischer Energie gewonnen werden kann.

Auf allen Stufen dieser Energieumwandlung befindet sie sich im Einklang mit den Hauptsätzen der Thermodynamik. Wenn aber die zu verrichtende Aufgabe nur mit Arbeitsfähigkeit in Form von Strom gewonnen werden kann, beispielsweise zum Antrieb von

Bahnen, zur Beleuchtung oder zum Betrieb von Fernsehgeräten, ist auch nur diese Exergieform von Bedeutung. Ohne die entsprechende Information wäre irgendwelche Arbeitsfähigkeit, die nicht dem Zweck dienlich ist, in dem betrachteten Fall wertlos. Die klassische Thermodynamik führt zur Erläuterung des zweiten Hauptsatzes folgendes Beispiel an: Ein Stein fällt zu Boden. Während des Falls wird die potentielle Ausgangsenergie in kinetische Energie umgewandelt. Im Augenblick des Aufpralls verwandelt sich die kinetische Energie des Steins in Wärme. Obwohl nach dem ersten Hauptsatz, dem Satz von der Erhaltung der Energie, tatsächlich keine Energie verlorenging, gelingt es nicht, den Stein wieder auf seine Ausgangshöhe zu heben allein dadurch, daß er sich abkühlt. Wir wissen nach dem zweiten Hauptsatz, daß Wärme nicht vollständig in mechanische Arbeit (kinetische Energie) umgewandelt werden kann, die hier wieder zu potentieller Energie würde.

Nach dem, was wir über den Unterschied von Energie und Exergie festgestellt haben, ist klar, daß die potentielle oder die kinetische Energie des fallenden Steins einen hohen Ordnungsgrad hat. Sie ist Exergie. Im Gegensatz zu der ungeordneten kinetischen Energie der Atome oder Moleküle bei der Wärmebewegung ist die kinetische Energie des fallenden Steins gerichtet, und das macht sie zur Exergie. Das Schwerefeld der Erde hat die Umformung von potentieller in kinetische Energie bewirkt. Diese Exergie hat sich nach dem Aufprall in ungeordnete Energie, in Wärme verwandelt. Der Ordnungsgrad dieser Wärme ist geringer; sie kann nach dem zweiten Hauptsatz der Thermodynamik nicht wieder in den ursprünglichen Exergiebetrag zurückverwandelt werden.

Von besonderer Bedeutung für das Verständnis der Negentropie ist, daß dem am Boden liegenden Stein noch beliebig Energie in Form von Wärme zugeführt werden könnte, er würde dennoch nicht wieder auf die vorherige Höhe aufsteigen. Um das zu erreichen, muß ihm nicht nur die nach dem zweiten Hauptsatz erforderliche Energie zugeführt werden, die ein entsprechendes Maß an Exergie ergeben könnte, um den alten Betrag an potentieller Energie wieder herzustellen, sondern bereits Exergie in der zweckdienlichen Form (hier kinetische Energie).

Elektrische oder magnetische Felder vermögen ebenfalls geordnete Bewegungen herbeizuführen, indem sie Elektronen oder Ionen eine gemeinsame Bewegungsrichtung aufzwingen und so aus der ungeordneten Bewegung Exergie schaffen. Allerdings ist diese geordnete Bewegung nur der weiter bestehenden ungeordneten Wärmebewegung überlagert. So treten denn auch in einem elektrischen Leiter oder in einem Elektromotor Erwärmung und damit Entwertung von Energie auf, genau wie bei der nicht völlig reibungsfreien Nutzung des herabfallenden Wassers in einer Wasserturbine.

In der Tat hat also die Entropie in der riesigen Fabrik der Naturprozesse die Funktion des Direktors, der den Geschäftsgang vorschreibt. Er bedient sich des zweiten Hauptsatzes der Thermodynamik und gibt an, wieviel Exergie allgemein einem Energiestrom entnommen werden kann, beispielsweise als Elektroenergie. Er schreibt auch vor, wie die Exergiefabrik ausgestattet werden muß, welchen Material- und Arbeitsaufwand ihre Errichtung braucht, deren Beistellung auch wieder an den vorherigen Einsatz von Energie gebunden ist. Er gibt als *Entropieprinzip* damit dem Buchhalter *Energieprinzip* die Möglichkeit, in seinem *Soll und Haben* auch den Energieaufwand für die Errichtung der Anlage zu bilanzieren. Man könnte auch anders formulieren, nämlich daß das Entropieprinzip, das Entwertungsprinzip, die Tendenz zur Energiedissipation – und wie immer der zweite Hauptsatz allgemein auszudrükken ist – den Fluß darstellt, von dem aus und an dessen Ufern alles geschieht. Entwicklung setzt Entwertung, wenn auch möglicherweise zeitlich und räumlich getrennt, voraus – ohne Entropievermehrung insgesamt kann keine Negentropie im speziellen entstehen.

Die Arbeitsfähigkeit, die wir nach dem zweiten Hauptsatz aus einem Wärmestrom gewonnen haben, ist also in der Lage, gemeinsam mit Information Vorgänge zu bewerkstelligen, die eben nicht *von selbst* ablaufen, die unwahrscheinlich sind. Sagte Clausius: »Wärme kann nicht von selbst aus einem kälteren in einen wärmeren Körper übergehen«, so ermöglichen wir diese Richtungsumkehr durch Aufwand von dazu geeigneter Arbeitsfähigkeit in jedem

Kühlaggregat oder in jeder Wärmepumpe, aber eben nicht *von selbst,* sondern unter Aufwand von Arbeitsfähigkeit, die vorher unter Entropiezunahme in einem anderen System gewonnen worden ist.

Mit den Begriffen Energie und Entropie lassen sich die beiden Hauptsätze kurzfassen.

Erster Hauptsatz: »Die Energie eines abgeschlossenen Systems ist konstant.«

Zweiter Hauptsatz: »Die Entropie eines abgeschlossenen Systems strebt einem Maximum zu.«

Der zweite Hauptsatz gewinnt für Aufbau und Erhalt von Ordnungszuständen in einer anderen Form größere Deutlichkeit: Jedes System, das seinen Ordnungszustand erhält oder verbessert, bedarf dazu der Zufuhr von Exergie und Information, von Negentropie also.

Die beiden Hauptsätze begründen nicht nur die Unmöglichkeit des *Perpetuum mobile erster Art*, bei dem eine Maschine ohne Energiezufuhr von außen fortwährend Arbeit verrichtet, das also gegen den ersten Hauptsatz der Thermodynamik verstößt, sondern auch die Unmöglichkeit des *Perpetuum mobile zweiter Art*, das den zweiten Hauptsatz der Thermodynamik verletzt und bei dem eine Maschine unter Abkühlung eines Wärmereservoirs fortwährend Arbeit verrichtet, ohne daß sonst in der Umgebung Veränderungen entstehen.

Am häufigsten treten uns Konstruktionen des Perpetuum mobile erster Art entgegen. Ihre Erfinder scheint es zu reizen, eine ewige, durch nichts zu speisende Energiequelle anzuzapfen, vergleichbar einem Lebensborn, der ewiges Leben schenkt. Daß das Perpetuum mobile zweiter Art uns zugleich, ohne Mehraufwand, noch die Kältetechnik bescheren würde, ist offensichtlich nicht spektakulär genug, um zu Erfindungen anzuregen. Auf den heutigen Widerstand gegen den Bau von Kraftwerken gemünzt, müßte es doch geradezu dazu herausfordern, ein Perpetuum mobile zweiter Art zu erfinden, könnte es doch einem Strom von Umweltwärme Arbeitsfähigkeit entziehen, indem es ihn unter die Umgebungstemperatur abkühlt. Ein herkömmliches Kraftwerk brauchte nur sein aufgewärmtes Kühlwasser an ein Perpetuum mobile zweiter Art abzugeben, das ebenfalls Arbeit erzeugt und das Wasser sogar noch gekühlt wieder dem Fluß zuführt oder erneut zur Kühlung ins Kraftwerk leitet.

Der zweite Hauptsatz schafft eine ganz andere Beziehung von Masse und Energie als die nach der Einsteinschen Gleichung, nämlich darüber, daß eine hohe Ausbeute von Exergie aus einem Energiestrom an die Mitwirkung einer geeigneten materiellen Umgebung gebunden ist. Sie wird gebildet aus Energieumwandlungsanlagen, die wir bauen, aus Kraftwerken und Verbrennungsmaschinen, die, sollen sie gute Wirkungsgrade erreichen, einen hohen Material-, Bearbeitungs- und Informationsaufwand erfordern, also Rohstoffe und Negentropie und damit schließlich auch vorab aufgewandte Energie. Genau wie in der Natur in sich immer wiederholenden Kreisläufen Exergie aus der von der Sonne zugestrahlten Energie gewonnen wird, gewinnen wir ebenfalls aus periodisch funktionierenden Maschinen in Kreisprozessen Exergie. Alle unsere Energieumwandlungsanlagen vollziehen solche Kreisprozesse.

Um den Zusammenhang von Exergiegewinnung und Materialaufwand zu erläutern, soll wieder unser Fluß mit seinem Wasserkraftwerk herhalten. Darf nicht der geringste Betrag an Arbeitsfähigkeit verlorengehen, müssen wir den Turbinen das Wasser über große Rohrleitungen zuführen, damit es auf dem Wege dahin bei kleinen Strömungsgeschwindigkeiten auch nur geringe Reibungsverluste an den Wandungen erfährt. Wir müssen jeden Meter der Gefällehöhe in Turbinen ausnutzen. Aus unserem Fluß muß mit hohem Aufwand eine Kette von ruhigen Seen werden, die, terrassenförmig auf Meeresniveau absteigend, durch Wasserkraftwerke miteinander verbunden sind. Den Fluß so auszubauen erfordert aber einen hohen Aufwand an Negentropie, an Exergie und Information, denn es kostet einen hohen Aufwand an Material, dessen Gewinnung und Verarbeitung an den vorherigen Einsatz von entsprechend großer Negentropie gebunden ist.

Der zweite Hauptsatz besagt also auch: Wollen wir aus Energie Arbeitsfähigkeit, also Exergie, gewinnen, um anderen Systemen Negentropie zum Aufbau von Ordnungen zuführen zu können, so haben wir zunächst einmal Negentropie zum Aufbau der Energieumwandlungsanlage des eigenen Systems aufzuwenden. Wir werden dieser Aussage bei den Betrachtungen über das Wesen des Kapitals wieder begegnen.

Je weniger dicht ein verfügbarer Energiestrom ist, je weniger sich die zeitliche und mengenmäßige Verfügbarkeit einer umzuwandelnden Energie mit der Nachfrage nach der umgewandelten Energie deckt, oder je geringer Gefälle sind, desto größer ist die Gestaltungsenergie, die vor einer Nutzung irgendeiner Energiequelle zum Erhalt einer bestimmten Exergiemenge für den Bau der zugehörigen Anlage aufgebracht werden muß. Diese Negentropie ist eben erforderlich, um größere Mengen von Material zu gewinnen und zu verarbeiten. Sonnenstrahlung, Windkraft und Biomasse sind wenig konzentrierte Energien. Ihre Einsammlung und Umwandlung verlangt sehr material- und damit negentropieaufwendige Anlagen. Kernenergie ist die einzige uns heute in großem Maß verfügbare Quelle, um langfristig in Ergänzung zu den fossilen Energien, vor allem ausreichend und nachfragegerecht Arbeitsfähigkeit mit vertretbarem Material- und damit auch vertretbarem Negentropieaufwand zu gewinnen. Wie alles menschliche und natürliche Geschehen mit Risiken verbunden ist, ist auch die Kernenergie nicht risikofrei. Diese Risiken sind jedoch dann zu vertreten, wenn mit Hilfe der Kernenergie weit größere andere Risiken für die Natur (Entwaldung, Klimaverschlechterung) oder unmittelbar für den Menschen (Kriege, Verteilungskämpfe, Unterversorgung) vermindert werden. Durch Nutzung der Kernenergie könnte die Menschheit unbegrenzt über Exergie verfügen. Nutzung menschlicher Kreativität kann unbegrenzt Information schöpfen. Zum ersten Mal in der Geschichte könnten wir über genügend Negentropie verfügen, um Humanität materiell zu verwirklichen. Der humane Gehalt sozialer Ideen beschränkte sich damit nicht mehr vorwiegend auf blutleere (oder blutige?) Ideologien.

Sagt man, die gewählte Lösung einer Aufgabe sei wirtschaftlicher als eine andere, dann drückt das schlicht aus: Zu ihrer Verwirklichung wird weniger Negentropie und damit letztlich auch weniger Energie gebraucht. Denn zur Gewinnung von Exergie –

aus welcher Ausgangsenergie (Primärenergie) auch immer – braucht man eben auch Maschinen aus Stahl und anderen Stoffen. Transport und Verteilung sind an Schiffe, Eisenbahnen, Lastwagen, Rohrleitungen und Hochspannungssysteme gebunden. Die Umwandlungsanlagen selbst bestehen aus Rohstoffen, deren Verarbeitung Exergie verbraucht. Und der Betrieb aller dieser Einrichtungen erfordert wiederum Exergie. Um die Ordnungszustände herzustellen, die beispielsweise insgesamt ein Kraftwerk ausmachen, findet also eine erste Entropievermehrung statt. Sie addiert sich zu der Entropievermehrung während der Stromerzeugung aus der Primärenergie im Kraftwerk. Diese Überlegung gilt analog für jede Güterproduktion oder Bereitstellung von Dienstleistungen.

Die Kernenergie führt wegen der hohen Energiedichte des eingesetzten Kernbrennstoffs, wegen ihrer zeitlich wie örtlich nachfragegerechten Verfügbarkeit und wegen ihrer konzentriert zu verarbeitenden Rückstände zu der Gewinnung von Exergie, die insgesamt mit der geringsten Entropievermehrung verbunden ist. Sie ist deshalb neben der Wasserkraft die umweltfreundlichste Energiequelle größeren Ausmaßes, über die der Mensch jemals verfügt hat.

Angesichts der Erwartungen, die von manchen in die Nutzung von Sonnenenergie und/oder in Windkraftanlagen gesetzt werden, sollten wir noch die Unmöglichkeit eines *Perpetuum mobile dritter Art* definieren. Das wäre ein Perpetuum mobile, bei dem sehr wenig dichte Energieströme – ohne einen unangemessen hohen Aufwand an Material und vorab investierter Negentropie – zu großer, konzentriert verfügbarer Arbeitsfähigkeit gesammelt und in die gewünschte Exergieform umgewandelt werden können. Ein solches Perpetuum mobile dritter Art könnte aus kleinsten Temperaturdifferenzen gegenüber der Umgebungstemperatur, die im Grenzfall gegen Null gehen könnten, und in endlicher Zeit, beispielsweise aus der Temperaturdifferenz von Luft und Meerwasser, einen beliebigen Exergieüberschuß gewinnen, ohne daß ein hoher Aufwand an Material und Negentropie, vorab investiert in die erforderlichen Anlagen, zu einem negativen Energiesaldo führte.

Daß dieser hohe Exergieaufwand zur Erstellung der Anlagen, also vor jeder Exergierückzahlung, in den hohen Materialaufwand gesteckt werden muß und nicht nur Exergie, sondern auch Rohstoffe verbraucht, und daß auch die Löhne und Gehälter der in dieser Kette Beschäftigten schließlich auch wieder in Energieverbrauch umgesetzt werden für Nahrung, Heizung und Transport und für Konsumgüter, ihre Herstellung und ihren Betrieb, macht viele der sogenannten alternativen Verfahren besonders ungünstig. Daher scheitern die meisten der heutigen Vorschläge einer alternativen Energieversorgung an dieser Klippe.

Viele der Gegensätze, die heute zwischen Befürwortern und Gegnern von Großtechniken bestehen, lösen sich bei einer Berücksichtigung des ersten und zweiten Hauptsatzes der Thermodynamik zugunsten der Befürworter auf. Im übertragenen Sinn gibt es bei den Gegnern mindestens einen Mangel an Information, um die erforderliche Negentropie zu erzeugen.

Es fehlt nicht nur an Information in Dingen einer richtigen Energiepolitik, sondern vor allem an einem Verständnis gegenüber dem zweiten Hauptsatz der Thermodynamik. Es fehlt nicht an speziellen Informationen, sondern grundlegend an einer tiefer gehenden Bildung in naturwissenschaftlichen Kenntnissen. Bereits 1775 entschied die Pariser Akademie der Wissenschaften, keine Vorschläge für Perpetua mobilia mehr anzunehmen, da sie gegen den ersten Hauptsatz verstießen. 200 Jahre später scheinen wir wieder vergessen zu haben, daß es einmal eine Aufklärung gegeben hat, den »Ausgang des Menschen aus seiner selbstverschuldeten Unmündigkeit«, wie Kant definierte, indem wir uns weigern, die Lehren aus dem zweiten Hauptsatz der Thermodynamik zu ziehen.

Wir haben es mit Naturgesetzen zu tun, mit Gesetzen also, die in der Natur ihren Grund haben und gemäß denen auch wir, genauso wie die Natur, zu handeln gezwungen sind. Was wir vermögen, ist, das diesen Gesetzen folgende Geschehen mit den Interessen des Lebens in Einklang zu bringen. Die Ethik wird aus dieser Sicht zu einem Gebäude von naturwissenschaftlichen Denkkategorien, das dem Menschen Ehrfurcht und damit Fürsorge auferlegt vor den hohen Ordnungszuständen, die alles Leben darstellt.

»Ordnung ist das halbe Leben«, heißt es in der Schule. Falsch! Ordnung ist das Leben. Die Natur entzieht dem uns von der Sonne zufließenden Energiestrom Arbeitsfähigkeit, um Ordnungssysteme aufzubauen. Sie speicherte fossile Energien, die wir in einer erdgeschichtlich sehr kurzen Phase aufbrauchen, sie ermöglicht uns aber auch, aus Kernenergie langfristig die erforderliche Arbeit zu gewinnen, um die Ordnungssysteme unserer Welt zu erhalten oder, was das menschliche Zusammenleben betrifft, zu verbessern.

Angesichts der Hauptsätze der Thermodynamik dürfte es eigentlich keine Gegensätze in der Auffassung über den technisch richtigen Weg der Unterstützung und Förderung des Lebens geben.

Ordnungszustände zu schaffen, die den Lebensmöglichkeiten des Menschen förderlich sind, ist auch das Motiv wirtschaftlichen Handelns. Vielleicht kann man sogar definieren, daß allgemein jenes menschliche Handeln als sittlich gelten kann, das Ordnungszustände schafft, die das Leben begünstigen. Wir wollen solche Ordnungszustände als *lebensfreundlich* bezeichnen.

Nur – was nützlich und was unnütz ist, um das Leben nicht nur zu ermöglichen, sondern auch lebenswert zu machen, wird immer schwer zu entscheiden sein.

Die *natürliche Ordnung* hat der Vielfalt des Lebens Raum gegeben. In der Natur findet in Ordnungssystemen fortwährend eine Auslese statt: Arten verschwinden oder passen sich veränderten Lebensbedingungen an. Der russisch-amerikanische Biologe Theodosius Dobzhansky formulierte in kurzer Form: »Nothing makes sense in biology, except in the light of evolution.« Durch diese Anpassung ergab sich ein Höchstmaß an Lebensfähigkeit unter den gegebenen Bedingungen. Gemeint sind hier immer Ordnungen im Zusammenhang mit dadurch ermöglichter Lebensfähigkeit. Nicht gemeint sind Ordnungen als zufällig vom Menschen gesetzte Systeme, die es zu erfüllen gilt, auch wenn damit keine Steigerung von Lebensfähigkeit erreicht wird. Wir erleben sogar häufig, daß der Mensch mit seiner Ordnung die natürliche Ordnung stört oder zerstört, daß er die natürliche Vielfalt aufhebt. Bei näherem Hinsehen zeigt sich, daß diese Zerstörung um so größer ist, je weniger Negentropie er für die seinen Zwecken dienende Ordnung zur Verfügung hatte, je mehr er gezwungen war, an Negentropie, an Gestaltungsenergie, zu sparen. Ein befriedigendes Maß von Umweltschutz und

Lebensfreundlichkeit für die Menschen ist erst möglich bei unbegrenzter Verfügung über Negentropie. Je mehr Gestaltungsenergie für die Zwecke des Menschen verfügbar ist, desto geringer sind die nachteiligen Eingriffe in die Natur, bei gleichem Ertrag für den Menschen, bei gleicher Lebensfähigkeit für seine Art. Lebensfreundlichkeit erhält die natürliche Ordnung. Sie ist an ein hohes Maß verfügbarer Negentropie gebunden. Wir vermögen heute erst zu erahnen, welche Bedeutung oder gar welchen Sinn die Ordnungszustände haben, die die Schöpfung im Weltall wie auf unserer Erde geschaffen hat. Wir sahen, daß Ordnungszustände allein, im Sinn von Unterscheidungsvermögen, aus unserer Sicht noch nicht dem Leben dienen. Es muß um mehr gehen, um Ordnungszustände, die das Leben begünstigen, die lebensfreundlich sind, so wie es in unserem Beispiel darum ging, aus Steinen nicht nur irgendein Muster zu schaffen, sondern mit ihnen ein Haus zu bauen, das beherbergt und schützt.

Die Fähigkeiten des Menschen ermöglichen es ihm, über seine physischen Kräfte hinaus Negentropie zu schaffen, indem er Naturgesetze zu Zwecken verwendet, die in der Natur nicht vorkommen. Er schafft damit Zustände, deren evolutionäres Entstehen extrem unwahrscheinlich ist. Extrem unwahrscheinlich heißt, daß bis zu ihrem Eintreten auf natürliche Weise außerordentlich große Zeiträume verstreichen müssen. Das Wirken des Menschen verkürzt diese Zeiträume. Erinnern wir uns, daß Leben die Verwirklichung des Unwahrscheinlichen ist, dann wirkt der Mensch im Sinn von Förderung des Lebens, wenn er mit seinen Fähigkeiten gezielt und zeitverkürzend gewünschte unwahrscheinliche Zustände verwirklicht.

Führt Evolution allgemein zur besseren Anpassung an die Umweltbedingungen und damit zu einer größeren Zahl einer Spezies oder verbesserten Lebensaussichten für diese Spezies, so steht der Mensch vor der neuen Aufgabe, diese evolutorische Entwicklung bewußt zur friedlichen und menschenwürdigen Begrenzung seiner Zahl zu verwenden und mit ihrer Hilfe das Niveau seiner Lebensumstände und die Lebensfähigkeit seiner Umgebung zu verbessern.

Mit Hilfe von Naturwissenschaft und Technik hat der Mensch darüber hinaus seine evolutionäre Entwicklung gewissermaßen nach außerhalb verlegt. So braucht er nicht mehr die langen Anpassungszeiten natürlicher Evolution, um veränderten Lebensbedingungen einen darauf zugeschnittenen, veränderten Organismus oder eine mit den natürlichen Möglichkeiten auskommende geänderte Lebensweise gegenüberzustellen. Er kann vielmehr durch technische Handlungen Anpassungen an Lebensumstände erreichen (Leben unter Wasser, Raumflug), deren Anforderungen die Anpassungsfähigkeit seines Organismus bei weitem übersteigen. Er kann aber auch seine Umgebung so formen, daß seine Lebensbedingungen sich weit günstiger gestalten als unter *natürlichen* Voraussetzungen, und er kann verhindern, daß sein Handeln Lebensfähigkeit zerstört.

Die Systematik, die der Mensch selber in seine evolutorische Entwicklung zu bringen vermag, drückt Karl R. Popper in despektierlicher Weise aus, wenn er über den biologischen Vorteil der Erfindung einer deskriptiven und argumentativen Sprache sagt, daß so die Herausbildung einer bewußten und systematischen kritischen Einstellung gegenüber unseren Theorien möglich sei, und fortfährt: »Damit beginnt die wissenschaftliche Methode. Der Unterschied zwischen einer Amöbe und Einstein besteht darin, daß beide zwar die Methode von Versuch und Irrtumsbeseitigung anwenden, aber die Amöbe nicht gern irrt, während Einstein gerade davon angezogen wird: Er sucht bewußt nach seinen Fehlern, um aus ihrer Entdeckung und Beseitigung etwas zu lernen. Die Methode der Wissenschaft ist die kritische Methode.«

Wir haben den Hauptfehler in unserem biologischen Ordnungssystem Erde entdeckt: Es ist die Bevölkerungsexplosion, eine Bevölkerungsexplosion, deren eine wesentliche Ursache in Unterversorgung, Mangel und Not liegt. Welche Lehren werden wir aus dieser Entdeckung im Einklang mit unseren ethischen Prinzipien ziehen?

Der Mensch ist über die Möglichkeiten der Natur hinausgegangen, wenn er energetische Vorgänge ausnutzt, die sein eigenes Arbeitsvermögen weit übersteigen, um neue Ordnungssysteme zu schaffen, wenn er die Technik ausfeilt, um aus den Energieströmen, die ihm verfügbar sind, ein möglichst großes Maß an Negentropie zu gewinnen und Ordnungszustände herzustellen oder zu erhalten. Die Anteile von Exergie und Information an der Negentropie können unterschiedlich sein. Es ist vorstellbar, daß dem Menschen dienende Ordnungssysteme durch seine Kreativität in der Zukunft, beispielsweise auf anderen Himmelskörpern, durch im äußersten Fall fast alleinigen Transport von Information entstehen können – ein evolutionärer Vorgang, bei dem der Mensch Lebensräume *erleben*, erforschen, umformen und nutzen kann, ohne selbst dort zu sein. Das würde seine *Überlebensfähigkeit* in dem ihm angestammten Lebensraum erweitern, also einer *evolutionären Anpassung* in seiner Wirkung entsprechen.

Wiederholen wir erneut: Alles Leben ist daran gebunden, aus Energie Exergie zu gewinnen und gemeinsam mit der Information daraus Ordnungszustände zu schaffen und aufrechtzuerhalten. Auf dem Weg der Materie und Energie, dem Zustand zufälliger und gleichförmiger Verteilung als dem Zustand höchster Wahrscheinlichkeit oder auch höchster Entropie zuzustreben, wird dabei gewissermaßen ein von der Schöpfung gewollter Sinn und Zweck erreicht.

Nehmen wir einen Baum. Er entnimmt seiner Umgebung Kohlendioxid, Wasser und Mineralien und konzentriert sie in der Struktur seines Aufbaues unter Aufnahme von aus dem Sonnenlicht stammender Exergie. Wenn er stirbt und vermodert, wird die in ihm gespeicherte Energie wieder frei und auf das Niveau der Umgebungstemperatur zerstreut. Bei ihm wird also die Entropievermehrung über die Zerstreuung eines winzigen Teils der Sonnenenergie während seiner Lebensdauer blockiert, Energie wird gespeichert, und erst nach seinem Tod tritt die Zerstreuung der Energie und damit die Entropievermehrung ein.

Bei den Straßen, die wir in unserem Beispiel mit der aus Wasserkraft gewonnenen Exergie bauen wollen, ist es dagegen anders: Wenn sie zerfallen, wird keine Energie frei, es verschwindet nur ein Ordnungszustand. Die zu ihrem Bau erforderliche Exergie geht über Reibungswärme bereits beim Bau der Straße in die Entropievermehrung ein. Die Straße ist kein Selbstzweck. Sie erhält ihre Bedeutung erst, wenn sie Menschen verbindet, Transporte ermöglicht und so andere Ordnungssysteme fördert, die der Mensch braucht. So ist es auch mit Häusern. Ihr Sinn ergibt sich erst, wenn sie genutzt werden – ihr Ordnungszustand entsteht somit gewissermaßen erst dann.

Nun hätten wir anstatt für Straßen oder Häuser die Gestaltungsenergie, die Negentropie, auch zum Bau einer Kathedrale verwenden können. Ein wesentlich höherer Negentropieaufwand wäre erforderlich gewesen, wobei die in ihm enthaltene Information nicht nur auf die reine Zweckmäßigkeit, sondern auch auf das Erhabene und Schöne abgestellt wäre. Religion und Ästhetik wären über ein Bauwerk durch Aufwand von Negentropie miteinander verbunden. Von hier ist der Weg nicht mehr weit, um den Aufwand von Gestaltungsenergie mit der Schaffung des Rechts, der Staatslehre, der Wirtschaft oder anderer Leistungen der Geisteswissenschaften und der Naturwissenschaften in Verbindung zu bringen. Sie alle vermögen lebensfreundlich zu sein.

Jedes Naturgesetz beschreibt eine Ordnung. Die Tatsache, daß es vom Menschen erkannt und mit seinen Möglichkeiten formuliert wird, erlaubt ihm, es zum Nutzen des Lebens anzuwenden oder Schaden abzuwenden. Jedes Naturgesetz, das wir als Ausschnitt aus dem gesamten Wirkungszusammenhang erkennen, schafft Unterscheidungsmöglichkeiten, macht Abläufe vorherbestimmbar oder beeinflußbar, hilft demnach als Information, Negentropie zu schaffen oder ihre Vergeudung zu vermeiden.

Jedes Zusammenleben in Gemeinschaften erfordert Ordnungssysteme. Dienen sie zur Schaffung günstiger Lebensbedingungen, so empfinden wir sie als lebensfreundlich. Ethik und Recht finden ihre Rechtfertigung in ihrer Lebensfreundlichkeit, darin nämlich, in welchem Maß sie das Leben in seinen vielfältigen Formen begünstigen. Lebensfreundlichkeit ist dabei viel mehr als Lebensfähigkeit; sie schließt die Verminderung von Leiden in einem höheren Maß ein, etwa in dem Schopenhauerschen Sinn eines kategorischen Imperativs, wonach wir uns so verhalten sollen, daß die Summe allen Leidens in der Welt sinkt. Frieden ist der einzige Weg aus dieser Sicht, der zum höchsten anzustrebenden Ordnungszustand führt. Diese Lebensfreundlichkeit gibt der Negentropie einzig ihre Bedeutung. Negentropie, auf nicht dem Leben dienende Zwecke angewandt, verliert für uns ihren Sinn. Religion ist so letztlich die Transkription aus dem Ordnungsprinzip (dem anti-entropischen Prinzip) gegebener Verhaltensnotwendigkeiten in das bildhafte Niveau menschlicher Verstehensmöglichkeit. Da wir immer nur kleine Ausschnitte des Wirkungszusammenhangs der Schöpfung überblicken können, werden wir nicht ohne Religion auskommen, brauchen jedoch von Zeit zu Zeit eine neue Transkription, um gläubig zu bleiben. Utopien, die eine wünschbare Welt ohne Beachtung des Entropieprinzips auch für machbar ausgeben, und Ideologien, die sie unter Zerstörung vorhandener Ordnungen, notfalls unter Blut und Tränen, erzwingen wollen, sind die gefährlichsten Klippen, an denen solche neuen Transkriptionsversuche scheitern können.

Die Ordnungssysteme, die wir für die Erhaltung unserer Lebensgemeinschaften aufbauen, die Familie, der Staat, die Völkergemeinschaft – sie alle entziehen der Umgebung Negentropie und finden ihre Bewertung in dem Maß an Lebensfreundlichkeit, das sie schaffen. Daß es schwieriger ist, Ordnungszustände zu erhalten oder gar zu verbessern, als sie zu zerstören, erleben wir immer wieder bei gewalttätigen Revolutionen, die zwar neue Ordnungen schaffen, ohne daß aber die von ihnen betroffenen Staaten ihren Bürgern dadurch mehr Lebensfreundlichkeit zu bieten hätten, ohne daß es bessere Ordnungen wären. Es gibt leider nur zu wenige Ausnahmen von dieser Regel.

Vielleicht ist das Naturrecht ein im Wesen des Menschen begründetes Wissen um die Bedeutung des Entwicklungs- und Entwertungsprinzips, also des Entropieprinzips, das Wissen von der Lebensfreundlichkeit von Ordnungszuständen.

Der Schweizer Philosoph Hans Barth sagt in seinem Buch *Die Idee der Ordnung:* »Wo immer ein Lebenssinn sich verwirklicht, da wird Gemeinschaft unter Menschen begründet. Sinnverwirklichung und Sinnerfüllung überschreiten den Rahmen des bloß Subjektiven und Persönlichen, sie ergreifen und beteiligen den Mitmenschen. Und indem sie gemeinschaftsbildend sind, stiften sie notwendig und ursprünglich auch eine Ordnung.«

Barth verweist auch darauf, daß Loyalität vom Gewissen her bestimmte Grenzen haben kann. Wir wissen das als eine Lehre unserer Geschichte. Daß die Grenzen zumutbarer Loyalität jedoch in der Auseinandersetzung um unsere technische Zukunft bereits erreicht sein dürften, bestreite ich angesichts jener Loyalität, die wir in der Gemeinschaft der Staaten den armen Ländern, aber auch kommenden Generationen gegenüber zu üben verpflichtet sind, und zwar mit hochwertiger Technik, denn anderes haben wir nicht.

Die Technik an sich ist nicht böse, wir machen in unserer Schwäche oftmals nur den falschen Gebrauch von ihr. So wie Medikamente, richtig angewandt, lebenerhaltend wirken, in falschen Dosen verabreicht jedoch tödlich sein können, gilt es auch in der Technik, genauso wie in der Medizin und übrigens auch in der Philosophie, das richtige Maß zu finden. Auch im Namen der Religion, des Rechts oder der Philosophie ist im Laufe der Jahrhunderte viel Elend über die Menschen gekommen, ohne daß wir die drei deshalb pauschal verurteilen dürften, und fast jeder kennt zudem aus eigener Erfahrung Beispiele, die verdeutlichen, daß eines der wichtigsten demokratischen Elemente, das der Pressefreiheit, zur Manipulation und Mißinformation mißbraucht wird.

Die Atombombe ist der Beweis, daß unsere evolutorische Fähigkeit, komplexe Ordnungssysteme zu bauen, die der Zerstörung dienen, unseren ethischen Qualitäten davongelaufen ist. Wir meinen, die wechselseitige Bedrohung durch die Atombombe zur Friedenserhaltung nötig zu haben. Unsere ethischen Qualitäten haben in Zukunft vielleicht dann mit unseren technischen Fähigkeiten gleichgezogen, wenn alles in Atombomben enthaltene spaltbare Material in Kernkraftwerken zur Schaffung von Arbeitsfähigkeit eingesetzt wird, wenn die Menschheit erkannt hat, daß es wichtiger ist, die Ordnungssysteme, die das Leben erhalten, zu fördern, als dafür gerüstet zu sein, sie möglichst perfekt zu zerstören.

Ein Maximum von Negentropie aus einem gegebenen Energiestrom zu gewinnen ist die Aufgabe, wenn wir ein Maximum von

Lebensmöglichkeit – bei geringster Zerstörung von Ordnungszuständen der Umgebung – anstreben. Diese Aufgabe hat sich dem Menschen periodisch gestellt, da einmal Energie im Überfluß vorhanden und ihr Einsatz folgenlos für die Lebensfähigkeit unserer Welt insgesamt zu sein schien, zum anderen Energie oder bestimmte Energiearten zeitweise knapp wurden oder die Umwelt regional oder, wie heute befürchtet, weltweit geschädigt wurde. Eine nur unzureichende exergetische Ausnutzung wurde früher einfach durch größeren Energieaufwand kompensiert. Negentropie, so sahen wir, wird geschaffen aus Exergie und Kreativität. Müssen wir mit der Exergie haushälterisch sein, weil ein Energiemangel droht, so kommt der Kreativität und damit der Information eine höhere Bedeutung zu, Forschung und Entwicklung erhalten wachsendes Gewicht.

Exergieverschwendung ist es dagegen, wenn mit großem Negentropieaufwand Anlagen für sogenannte *sanfte Technologien* gebaut werden, die uns anschließend nicht einen hinreichend großen Exergierückfluß geben, um den Einsatz knapper Energien und Rohstoffe zu ihrem Aufbau zu rechtfertigen.

Dieser Irrtum ist auch heute noch nicht bei denen auszuräumen, die unter unseren geographischen, geologischen und klimatischen Bedingungen eine wesentliche Erleichterung durch elektrische Energie aus direkt genutzter Sonnenenergie erwarten oder aus Wind oder Biomasse. Das Einsammeln dieser Energien, der Materialaufwand für die Anlagen und für Energiespeicherung – tageszeitlich wie saisonal – erfordern so viel Exergie, daß der *Erntefaktor* zu gering wird, der Erntefaktor als das Verhältnis von in der gesamten Lebensdauer einer Anlage erhaltener Exergie zur vorab bei der Errichtung, auch über die Einkommen aller damit Beschäftigten, aufgewandten Exergie und des Einsatzes von Primärenergie bei der Produktion. Nur eine anspruchslose, zahlenmäßig geringe Menschheit konnte mit Wind- und Wasserrädern, mit Segelschiffen und (was auf gleicher energetischer Ebene liegt) mit Pferdekräften oder eigener Muskelkraft auskommen – und das immer mehr schlecht als recht. Erstaunlicherweise fehlt es bei all den utopischen Vorschlägen alternativer Exergiegewinnung bisher noch an Überlegungen, den transatlantischen Luftverkehr wieder durch Schiffe zu ersetzen, die mit regenerativer Windenergie angetrieben werden.

Conrad Matschoß gibt in seinem Buch *Geschichte der Dampfmaschine* ein Beispiel für die Überlegenheit der kohlegefeuerten Dampfmaschine gegenüber der mit regenerativer Energie arbeitenden Windmühle: Zur Trockenlegung des Haarlemer Meeres in den Niederlanden waren danach noch im Jahr 1840 rund 12 000 Windmühlen in Betrieb, die jedoch die Aufgabe nicht bewältigen konnten. Nach der Errichtung von drei Dampfmaschinen war die Arbeit in drei Jahren bewältigt.

Jene kleinen und überschaubaren Anlagen, die heute aus vorgegebener Angst vor Großanlagen von manchen gefordert werden, benötigen – bei gleicher Exergieausbeute! – in ihrer Summe einen höheren Aufwand an Negentropie und an Material und führen zu schlechteren Umwandlungswirkungsgraden und damit zu höherem Energieaufwand. Das Verhältnis von Nutzenergie zu der insgesamt aufzuwendenden Energie ist ungünstiger als bei Anlagen optimaler Größe. Lediglich im Bereich niedriger Temperaturen, der Raumwärme also, wird sich über Wärmepumpen Umgebungswärme nutzen lassen, aber nur unter gleichzeitiger Aufwendung von hochwertiger Exergie zum Antrieb dieser Pumpen. Die Verwendung von Biomasse, Dung und anderen regenerativen Energien in Entwicklungsländern mag da gerechtfertigt sein, wo es um das nackte Überleben geht und wo sie mangels anderer Möglichkeiten die Ultima ratio darstellt. Jede Massenproduktion von Gütern hängt jedoch von Energien mit hoher Dichte ab, und diese Massenproduktion allein ermöglicht den Aufstieg aus bloßem Vegetieren. Auch die rationelle und damit energiesparende Massenproduktion von Windrädern erfordert Stahlwerke und Fertigungsstraßen. Womit treibt man die an?

Kehren wir noch einmal zum zweiten Hauptsatz der Thermodynamik zurück.

Noch bevor Ostwald den zweiten Hauptsatz das Gesetz des Geschehens nannte, wies Georg Helm in seinem Buch *Die Lehre von der Energie* auf die Bedeutung dieses Gesetzes über die Naturwissenschaft hinaus für alle Bereiche des menschlichen Lebens, insbesondere aber auch für die Volkswirtschaft, hin: »Die einfachen Grundgedanken, denen das Energiegesetz entsprossen ist, scheinen einer weiterreichenden Ausdeutung fähig zu sein, wie sie auch nicht lediglich naturwissenschaftlichem Boden entstammen. Mit Umformungen und Übergängen hat es nicht die Naturwissenschaft allein, sondern unter anderem auch die Volkswirtschaftslehre zu tun. Gewisse Teile der Eigenenergie eines Körpers haben nicht nur physische Beziehungen zu unserem Körper, sondern auch Beziehung zu unserer wirtschaftlichen Wertschätzung. Insofern die Eigenenergie eines Körpers solche Bestandteile enthält, heißt der Körper ein Gut. Die Gesamtheit der Güter, über die eine Person verfügt, bildet deren wirtschaftliche Energie, deren Vermögen. Die wirtschaftliche Eigenenergie jedes Gutes nennt man Wert (Gossen) oder Nützlichkeit (Jevons) desselben.«

In neuerer Zeit greift der amerikanische Wirtschaftswissenschaftler Nicholas Georgescu-Roegen den zweiten Hauptsatz der Thermodynamik in seiner Beziehung zum wirtschaftlichen Geschehen in seinem Werk *The Entropy Law and the Economic Process* wieder auf. Einige Zitate daraus mögen die Verbindung zu den bisherigen Gedanken herstellen.

»Im Rückblick ist es offenkundig, daß das Problem, das Carnot interessierte, von wirtschaftlicher Art war, nämlich die Bedingungen zu ermitteln, unter denen der größte Betrag an mechanischer Arbeit aus einer gegebenen freien Energie erhalten werden konnte. Carnot könnte demzufolge als der erste Ökonomiekritiker bejubelt werden.« In bezug auf den zweiten Hauptsatz, den Aufbau von Ordnungen und Ordnungssystemen und den Wert, der ihnen für das Leben, auch unser Leben, zukommt, sagt er: »Reine Wissenschaft (sagen die Puristen) muß auf dem Dogma beharren, daß Naturgesetze unabhängig von der menschlichen Natur sind, während die Thermodynamik einen Beigeschmack von Anthropomorphismus hat.«

Dieser Anthropomorphismus bzw. die Bewertung von Ordnungszuständen im Zusammenhang mit den menschlichen Lebensumständen, die Verbindung der Hauptsätze der Thermodynamik mit Wertbegriffen wie *nützlich* und *sinnvoll* werden uns im Zusammenhang mit der Wirtschaft im 5. Kapitel beschäftigen.

Georgescu-Roegen schreibt weiter: »Ein nichtanthropomorpher Geist kann möglicherweise das Konzept Ordnung – Entropie nicht verstehen, das von dem intuitiven Verfolgen dem Menschen dienender Zwecke nicht getrennt werden kann.«

Und: »Betrachtet man die physikalische Seite des Wirtschaftsprozesses, dann führt sie in eine Richtung. Der Wirtschaftsprozeß besteht aus einer kontinuierlichen Transformation von geringer Entropie zu hoher Entropie, d.h. in letztlich nicht mehr nutzbaren Abfall, in Umweltverschmutzung.«

Und weiter: »Der Gemeinplatz: Es gibt nichts umsonst muß ersetzt werden durch: Es gibt nichts, das man nicht mit einem weit größeren Betrag an niedriger Entropie bezahlen müßte.« Unter niedriger Entropie ist bei Georgescu-Roegen das verstanden, was hier bisher mit Negentropie oder Gestaltungsenergie bezeichnet wird.

Natürlich sieht Georgescu-Roegen auch, daß wirtschaftliches Handeln sich nicht in dem unsinnigen Produzieren von Abfall erschöpft, sondern seinen Sinn nur darin hat, Leben zu ermöglichen, also zunächst zu produzieren, um Ordnungssysteme zu schaffen oder zu erhalten, wobei der Abfall ein zwangsläufig aus dem Entropieprinzip resultierendes unerwünschtes Nebenprodukt ist, und daß wir dem *Entropieprinzip,* dem *Gesetz des Geschehens*, überhaupt Leben und Lebensmöglichkeit verdanken.

In dem Essay *The Entropy Law and the Economic Process in Retrospect* greift Georgescu-Roegen die Thesen seines Hauptwerkes wieder auf. Neben der Dissipation der Energie sieht er besorgt auch die Dissipation der Materie, ihre Zerstreuung bis zu einem Zustand, in dem ihr Einsammeln und Aufkonvertieren unmöglich wird. Er betont, »daß Materie ebenso in zwei Zuständen existiert, nämlich verfügbar und unverfügbar, und daß sie genau wie Energie ständig und unwiderruflich von dem einen in den anderen Zustand abnimmt«. Er formuliert deshalb einen weiteren Hauptsatz mit den Worten: »Unverfügbare Materie ist nicht wiederzugewinnen.«

»Da es kein Rezept für eine Herstellung von Energie oder Materie gibt, braucht selbstverständlich jede lebensfähige Technologie einen beständigen Nachschub an niedriger Entropie aus der Umgebung.« Demzufolge müßten Verfahren existieren, »die Energie und Materie aus der Umgebung in Energie und Materie umwandeln, die für unsere Zwecke brauchbar sind«.

Es gebe nur zwei prometheische Erfindungen der Menschheit bisher, stellt Georgescu-Roegen fest, und eine weitere sei in der jetzigen Lage der Menschheit vonnöten.

Die erste sei die Nutzbarmachung des Feuers und die zweite die Erfindung der Dampfmaschine gewesen.

Auch die heutige Kernenergie sei keine prometheische Erfindung, dagegen: »Der Schnelle Brüter indes ist eine prometheische Technik, in ihm findet eine qualitative Umwandlung von brütendem in spaltbares nukleares Material statt ...«

Nun, der Schnelle Brüter ist entwickelt, und er konnte nur evolutionär in der Ausformung der friedlichen Nutzung der Kernenergie entstehen. Befürchtungen vor einer Energiemangellage setzt Georgescu-Roegen diese Technik entgegen – seine (Georgescu-Roegens) Sicherheitsbedenken müßten nach heutiger Kenntnis der Nutzung der Kernenergie nach westlichen Standards auch auszuräumen sein – wobei in einer nach vielleicht einer oder auch zwei Generationen bemessenen Übergangszeit die heutigen Leichtwasserreaktoren wesentlich den Energiebedarf der Menschheit decken müssen und auch für den Kernbrennstoff zum Einstieg in die Brütertechnik zu sorgen haben. Neben den Leichtwasserreaktoren westlichen Standards wird zukünftig dem Hochtemperaturreaktor eine erhebliche Bedeutung zukommen, dann nämlich, wenn es gilt, die Kernenergie, außer zur Stromerzeugung, in anderen Feldern, zum Beispiel dem der Gaserzeugung und des Treibstoffsektors, zur Streckung der Öl- und Gasvorräte und zur Entlastung der Umwelt in ariden und energiearmen Zonen einzusetzen.

Die Sorge um die Dissipation von Materie und Energie führt Georgescu-Roegen zu einer sehr skeptischen Einschätzung sogenannter alternativer Energien: »Das beste Beispiel der Ignoranz gegenüber diesem elementaren Prinzip der Thermodynamik ist die anfangs nur verbal geäußerte und in den letzten Jahren von Publikation zu Publikation sich ausbreitende Überzeugung: Wir haben die Solartechnologie, und wir können sie sofort anwenden. Aber trotz lauten Getöses über die Lösung der Energiekrise durch die ›billige und erneuerbare Solarenergie‹ stellt sich keines der ausprobierten Verfahren als prometheisch heraus. Das größte Hindernis hierbei ist die extrem schwache Strahlung der Sonnenenergie beim Erreichen der Erdoberfläche. Daraus folgt, daß wir unverhältnismäßig viel Materie brauchen, um einen nennenswerten Betrag an Sonnenenergie nutzbar zu machen.«

Büchel *(Philosophische Probleme der Physik)* verbindet die Überlegungen Georgescu-Roegens durch die beiden Begriffe der thermodynamischen und der strukturellen Entropie, wobei die strukturelle Entropie eines Systems dann gering ist, wenn seine materiellen Bestandteile einen hohen Grad von Unwahrscheinlichkeit in ihrer Anordnung zueinander einnehmen, und er schreibt über den strukturell negentropischen (ektropischen) Charakter menschlichen Wirkens zu dem entropischen Charakter anorganischen Geschehens: »Wenn durch das gestaltende Wirken des Menschen oder einer Maschine die strukturelle Entropie eines Systems um einen bestimmten Betrag vermindert wird, so ist dies nur dadurch möglich, daß gleichzeitig die thermodynamische Entropie in dem betreffenden System oder in seiner Umgebung um mindestens den gleichen Betrag zunimmt. Der Mensch ist also nicht in der Lage, ›Unwahrscheinlichkeit‹ in dem quantitativen Sinn ... neu zu schaffen, er muß vielmehr die Unwahrscheinlichkeit, die den Produkten des gestaltenden menschlichen Wirkens innewohnt, einem ›Vorrat‹ an Unwahrscheinlichkeit entnehmen, den die unbelebte Natur in der Form von Temperaturdifferenzen usw. darbietet.« Das Wesen der Kreativität besteht also darin, der unbelebten Natur aus Sicht des Menschen und für seine Zwecke *sinnfreie Unwahrscheinlichkeit* zu entnehmen und in für den Menschen *sinntragende Unwahrscheinlichkeit* umzuwandeln. Auch die in dem Büchelschen Zitat angesprochene Maschine ist schließlich bereits durch eine gestalterische Handlung des Menschen entstanden. Allgemeiner ausgedrückt muß es heißen, daß im Ablauf der Evolution bis zur Ausbildung heutiger Formen des Lebens Systeme von immer komplexerer Unwahrscheinlichkeit entstehen konnten oder, um in der bisherigen Ausdrucksweise zu bleiben, Systeme von hohem Ordnungsgrad. Das Besondere am Gestalten des Menschen liegt darin, daß er systematisch nach Ordnungszuständen sucht, die seinem Leben oder auch nur seinem Lebensgefühl dienen, und daß er zukünftig verstärkt Ordnungssysteme stützen oder schaffen muß, die der Symbiose alles Lebenden dienen.

Die Natur erfordert gebieterisch, ihr Law and Order einzuhalten. Es gleicht einem Kampf gegen Windmühlenflügel, in einer seltsamen Abart von Anarchismus Naturgesetze bekämpfen und außer Kraft setzen zu wollen. Die Zusammenhänge zwischen Energie, Entropie und Materialaufwand, die über einen erweiterten Begriff des Erntefaktors miteinander verbunden sind, sind naturgesetzlich gegeben.

Law and Order scheinen uns in der von Menschen gesetzten Ordnung manchmal ein suspektes Begriffspaar, wie vermutlich das Gegensatzpaar *Unrecht und Unordnung* auch. Menschliche Gesetze und menschliche Ordnung können wir verbessern, mit Naturgesetzen haben wir uns abzufinden – wir können sie nur gut für uns auslegen.

Im Ernst wird auch der freiheitsdurstigste Anarchist nicht auf Gesetze und Ordnung dieser Art verzichten wollen, denn auch er lebt in einem Alltag, geprägt von Einzelsituationen, die geregelt werden müssen. Die neue, die bessere Ordnung muß doch das jeweilige Ziel sein, nicht nur die Zerstörung einer vorhandenen. Das würde nur Entropievermehrung bedeuten. Je heftiger Reaktionen in der Chemie oder Ausgleichsvorgänge in der Thermodynamik verlaufen, desto höher ist die Entropiezunahme. Müßten wir für uns darum nicht den Schluß ableiten: »Evolution heißt die Parole, nicht Revolution!«? Und diese beiden Begriffe stehen nicht allein; sie gehören in das Begriffsdreieck Stillstand, Evolution, Revolution. Die Natur hat sich für die Evolution entschieden; wir sollten es ihr in unserem Handeln abgucken. Wo bleiben da die Gegensätze zwischen oftmals rein geisteswissenschaftlich geprägten Wunschvorstellungen und naturgesetzlichen Zwängen?

Wenn es darum geht, den Erntefaktor, die Ausbeute an Negentropie aus einem System, insgesamt zu steigern, dann erhalten die kreativen Eigenschaften des Menschen einen hohen Wert, da sie die Gewinnung von Arbeitsfähigkeit, das Herstellen von Ordnungszuständen, die Organisierung von Materie und Energie zum Nutzen des Menschen ermöglichen.

Ihnen kommt also neben der Information und dem Wissen Bedeutung zu bei der Ausbildung eines Ordnungssystems, das die Menschheit mit Exergie zur Schaffung von Negentropie versorgt. Dazu gehört ein ausreichendes Maß an Energie und Energieumwandlungsanlagen, die entsprechend den beiden Hauptsätzen der Thermodynamik die Umwandlung in Exergie durchzuführen gestatten. Jedes zu seiner Zeit: Wind und Windmühle, Bach und Wassermühle, Kohle und Dampfmaschine, fossile und nukleare Brennstoffe und Kraftwerke gehören zusammen, um aus Energie jene geforderte Exergie zu gewinnen. Wenn wir von Energiesystemen sprechen, dann meinen wir eigentlich in diesem Zusammenhang Exergiesysteme.

Wir haben als Folgerungen aus diesen Überlegungen gesehen, daß der Begriff der Entropie und der daraus abgeleiteten Negentropie auch auf weitere Bereiche unseres Lebens und von Ordnungssystemen allgemein übertragbar ist, die ursprünglich nicht durch die Thermodynamik beschrieben werden sollten.

4.7 Wort – Sinn – Kraft – Tat

Die natürlichen und die künstlichen, durch Menschenwerk möglichen Ordnungszustände sind gleichwertig in ihrer Bedeutung für das Leben. Es ist falsch, zwischen natürlich und künstlich zu werten – die Anwendung von Naturgesetzen in der Technik zum Nutzen des Lebens ist im besten Sinn *natürlich*.

Goethe läßt seinen Faust bei der Übersetzung des Wortes *Logos* im Johannesevangelium eine Gedankenkette vollziehen, die in seiner Sprache das ausdrückt, was dem Begriff der Negentropie, hier bezogen auf die Schöpfung, nahekommt:

Geschrieben steht: »Im Anfang war das Wort!«
Hier stock' ich schon! Wer hilft mir weiter fort?
Ich kann das Wort so hoch unmöglich schätzen,
Ich muß es anders übersetzen,
Wenn ich vom Geiste recht erleuchtet bin.
Geschrieben steht: »Im Anfang war der Sinn!«
Bedenke wohl die erste Zeile,
Daß deine Feder sich nicht übereile!
Ist es der Sinn, der alles wirkt und schafft?
Es sollte stehen: Im Anfang war die Kraft!
Doch, auch indem ich dieses niederschreibe,
Schon warnt mich was, daß ich dabei nicht bleibe,
Mir hilft der Geist! Auf einmal seh' ich Rat
Und schreib getrost: Im Anfang war die Tat!

Wort – Sinn – Kraft – Tat. Ließen sich *Wort* und *Sinn* nicht als Information und Wert in unserem hier gebrauchten Sinn deuten? Der Begriff *Kraft* wurde zu Goethes Zeiten auch noch in der Bedeutung von Arbeitsfähigkeit gebraucht. Die *Tat,* das ist die Schöpfung. Fassen wir die Gedanken dieses Kapitels zusammen:

1. Energie wird als Arbeitsfähigkeit, als Exergie, wirksam durch Ausnutzen von Gefällen, durch Ausgleich von Intensitäten.
2. Der erste Hauptsatz der Thermodynamik sagt aus, welcher Anteil eines Energiebetrages genutzt wurde (Wirkungsgrad), und der zweite Hauptsatz der Thermodynamik sagt aus, welcher Anteil eines Energiebetrages unter den Bedingungen der gegebenen Umgebung (technische Anlage, Umwelt) überhaupt genutzt werden kann. Energie strebt der Zerstreuung (Dissipation) auf einem Niveau zu, auf dem keine Intensitätsunterschiede mehr bestehen. Materie (Rohstoffe) strebt auch einem Zustand der Zerstreuung zu.
3. Um Energie als Exergie, also als Arbeitsfähigkeit, nutzen zu können, bedarf es der Mitwirkung einer geeigneten Umgebung, im Falle der heutigen Technik von Kraftwerken, von Motoren, Pumpen oder allgemein von Kraft- und Arbeitsmaschinen zur Gewinnung und Nutzung von mechanischer Energie, mit ent-

sprechend anderer technischer Umgebung, aber zum Beispiel auch, um elektromagnetische oder chemische Energie zu nutzen.

4. Da die Richtung der Entropiezunahme auf den Abbau von Gefällen, auf den Ausgleich nämlich, ausgerichtet ist, sind in dem gleichen System bei geringerer Entropie ebendiese Ausgleichsvorgänge noch nicht abgelaufen; es bestehen Unterschiede, die einander zugeordnet werden, die somit Ordnungszustände darstellen können. Es gibt einen Zusammenhang von Entropiezunahme und Unterscheidungsmöglichkeiten, Ordnung, Ordnungszuständen und ganzen Ordnungssystemen.
5. Ordnungszustände gewinnen ihren Sinn für uns erst dadurch, daß sie einen Zweck in einem umfassenden System ausfüllen, der es ermöglicht, der Entropiezunahme in abgegrenzten, für uns wichtigen Systemen entgegenzuwirken. So wird das Leben wie auch unsere Versorgung mit Exergie und Gütern erst möglich.
6. Leben heißt, komplexe Ordnungssysteme mit hochgradigen Unterscheidungsmöglichkeiten zu schaffen und zu erhalten. Das Leben ist die Tendenz zur Verwirklichung des Unwahrscheinlichen. Entropievermehrung ist der Ausdruck für eine Triebkraft, die Werden und Vergehen, Aufbau, Erhalt und Zerstörung von Ordnungen und Ordnungssystemen ermöglicht; sie bestimmt die Richtung des Zeitpfeils und damit *Früher* und *Später* und gibt mit ihrer Tendenz zur Unumkehrbarkeit, zur Irreversibilität, Möglichkeiten der Wertung. Ein Zustand ohne Ordnung – das ist der Tod.
7. Alles Geschehen ist mit Entropievermehrung verbunden. Es geht darum, durch Zufuhr von Negentropie in abgegrenzte Systeme deren Ausgangszustand immer wieder herzustellen auf Kosten einer Entropievermehrung in anderen Systemen. Das Entropieprinzip umschließt das *Stirb und Werde*, das Entwertungs- und das Entwicklungsprinzip in einem, ist das wesentliche Prinzip jedes Geschehens und jeden Lebens und ist damit: *Das Gesetz des Geschehens*.
8. Das anti-entropische Prinzip, die Negentropie, umfaßt zusätz-

lich zur Exergie die Information oder, im Wirken des Menschen, die Kreativität – sie ist zweckdienliche Arbeitsfähigkeit.

9. Die Aufgabe einer ausreichenden Energieversorgung, nämlich zur Erzeugung von Negentropie, steht ethisch gleichwertig neben der Sicherung des friedlichen Zusammenlebens der Menschen und der Umwelterhaltung oder -verbesserung, weil sie Voraussetzung einer ausreichenden Güterversorgung in einer heute noch unterversorgten und aus Mangel inhumanen Welt ist.
10. Je weniger dicht ein verfügbarer Energiestrom oder je geringer Gefälle sind, desto größer ist die Negentropie, also der Aufwand an Kreativität und Arbeitsfähigkeit und somit an Energie und Material, die vor einer Nutzung irgendeiner Energiequelle zum Erhalt einer bestimmten Exergiemenge zunächst aufzuwenden sind.
11. Je mehr Negentropie verfügbar ist, desto geringer können die nachteiligen Eingriffe in die Natur sein, bei gleichem Ertrag für den Menschen, bei gleicher Lebensfähigkeit für seine Art.
12. Das Entropieprinzip ermöglicht Wertungen. Sie können auch subjektiven Charakter haben, woraus sich unterschiedliche Erkenntnisse und Beweggründe herleiten lassen.
13. Vielleicht ist das Naturrecht, ein im Wesen des Menschen begründetes Wissen von der Schutzwürdigkeit lebensfreundlicher Ordnungszustände, die Erfahrung des Entropieprinzips.
14. Das Kausalitätsprinzip des Energieerhaltungssatzes, das Entwertungs- und Entwicklungsprinzip und der Richtungscharakter des Entropiesatzes liefern mit der Kreativität des Menschen die Randbedingungen, innerhalb derer wir eine humane Gesellschaft auszuformen haben. Das Dreigestirn, dem wir verpflichtet sind, heißt: Kreativität, Energie, Entropie.

Naturwissenschaft und Technik können die Natur zerstören, sie allein sind aber auch bei weiter wachsender Weltbevölkerung fähig, sie zu schützen und zu fördern.

Friedrich Cramer schließt sein Buch *Chaos und Ordnung* mit der Feststellung: »Wir leben auf einer Inselwelt, auf Inseln der Ordnung, auf Inseln der physikalischen Gesetze, auf Inseln der Ideen, auf Inseln des Vertrauens.«

5. Gestaltungsenergie und Wirtschaft

Die Frage lautet also: Wie kann man möglichst vielen in dieser Gesellschaft, unter diesen Umständen lebenden Menschen zu mehr Freiheit, Gerechtigkeit, Sicherheit, Wohlbefinden verhelfen? Und wie können die notwendigen Änderungen so dosiert werden, daß sie nicht mehr neue Übel hervorrufen als alte beseitigen?

Gerhard Szczesny,
»Das sogenannte Gute«

5.1 Kreativität, Exergie und das Gesetz des Geschehens in Wirtschaft und Gesellschaft

Die Überlegungen, die im vorigen Kapitel zum zweiten Hauptsatz der Thermodynamik, dem *Gesetz des Geschehens,* angestellt wurden, gelten auch für die Wirtschaft, da dieses Gesetz auch in ihr bestimmt, denn die »Äquivalenz der Verwandlung« (die Entropie) führt zum Begriff der Gestaltungsenergie (Negentropie), zu deren Fähigkeit, Ordnungen aufzubauen und zu erhalten, zum Entwicklungs- und Entwertungsprinzip, zu der Möglichkeit, Ort und Zeit von deren Wirken zu verlegen, und schließlich zu Wertungen und Wertsetzungen und bildet damit auch die Grundlage der Wissenschaft, die sich mit der Produktion und Verteilung von Gütern und der Erbringung von Dienstleistungen beschäftigt.

Doch zunächst ein Blick auf das Bild, das sich uns heute bietet:

Adam Smith, Ricardo und der auf dessen Arbeitswertlehre aufbauende Marx bis zu Keynes in jüngster Zeit verfolgten Wirtschaftsmodelle, die die heutige Begrenztheit unseres Handelns in einer enger werdenden Welt nicht gebührend berücksichtigen konnten.

Ein wesentlicher Teil der Weltwirtschaft folgt der Marktwirtschaft, ein anderer, rasch schrumpfender, noch der Zentralverwaltungswirtschaft oder Planwirtschaft. Beide sind jedoch nie in reiner Form vorhanden, sondern immer mehr oder weniger mit Elementen der anderen durchsetzt.

Wir haben viele Möglichkeiten, die Wirksamkeit beider Wirtschaftsmodelle miteinander zu vergleichen und den Vorteil der Marktwirtschaft bestätigt zu sehen. Dennoch sind immer noch Meinungen zu hören, die der marxistischen Wirtschaftsordnung zuneigen und die den in sozialistischen Ländern erhobenen Anspruch, den Menschen besser zu dienen und zu helfen, bereits für die Tat nehmen oder meinen, diesen Anspruch erfüllen zu können.

Der Marxismus ist dagegen, wie seine Mißerfolge in Staatshandelsländern uns seit Generationen vor Augen führen, ungeeignet, weil keine seiner Hypothesen sich bisher bestätigt hat. Das lange Festhalten an einem durch die Wirklichkeit widerlegten anachronistischen Weltbild ist ein für naturwissenschaftliches Denken schier unbegreiflicher Vorgang, um so mehr, als dieses Festhalten doch fast einen Zeitraum von der Einführung der Eisenbahn bis zur ersten Mondlandung, von der Entdeckung der elektromagnetischen Wellen durch Heinrich Hertz bis zur heutigen Kommunikationstechnik umfaßt.

Böhm-Bawerk schreibt in *Zum Abschluß des Marxschen Systems* bereits 1896: »Das Marxsche System hat eine Vergangenheit und eine Gegenwart, aber keine dauernde Zukunft.« Immerhin kränkelte es weitere 100 Jahre dahin. Einige Sätze später schreibt er dann: »Im Bereich der Naturwissenschaft wäre ein Werk, wie das Marxsche, heute schon eine Unmöglichkeit. In den sehr jugendlichen Sozialwissenschaften konnte es Einfluß, großen

Einfluß, erlangen und wird ihn wahrscheinlich nur langsam, recht langsam, verlieren. Langsam, denn es hat seine mächtigste Stütze nicht in den überzeugten Köpfen der Anhänger, sondern in ihren Herzen, in ihren Wünschen und Begierden.« Und wie in der heutigen Zeit gesprochen klingt es, wenn er fortfährt: »Für das, was am Sozialismus triebkräftig ist, werden seine klugen leitenden Köpfe sicherlich nicht versäumen, rechtzeitig die Anknüpfung an ein lebensfähigeres wissenschaftliches System zu suchen. Sie werden die morsch gewordene Stütze auszuwechseln suchen. Mit wieviel oder [mit] wie wenig Läuterung der gärenden Ideen, wird die Zukunft erweisen. Vielleicht, hoffentlich, daß die Sache doch nicht immer einfach im Kreise herumgetrieben, sondern daß bei dieser Gelegenheit ein paar Irrtümer für immer abgeschüttelt und ein paar Erkenntnisse dem Schatz sicheren und auch nicht mehr angezweifelten Wissens endgültig hinzugewonnen werden.« Er trifft diese Feststellung, nachdem er die Auffrischung der ökonomischen Theorie durch den Sozialismus (Tropfen sozialen Öls) zuvor betont hat und ihm damit seinen sozialpolitischen Rang zuweist und sicherlich auch einen Anteil an den Korrekturen, die erforderlich waren, um die Marktwirtschaft in ihren sozialen Konturen auszuformen.

Marx' Philosophie und die Anschauungen seiner auch heute noch zu findenden Epigonen müssen uns nach unserer jetzigen Kenntnis naiv erscheinen, wenn sie davon ausgehen, daß die Diktatur des Proletariats sich ablösen ließe durch den reinen Kommunismus. Das Hauptproblem der politischen Philosophie ist immer die Kontrolle der Macht, und die Erfahrung zeigt uns, daß eine einmal errichtete Diktatur nur unter großen menschlichen Opfern und materiellen Verlusten und nicht nur durch die Kraft einer noch so guten Idee aufgelöst werden kann. Welche Opfer erforderlich sind, das Ordnungssystem menschlichen Zusammenlebens nach einer Diktatur wieder auf humane Weise mit der Wirklichkeit in Einklang zu bringen, das erleben wir zur Zeit in einem historisch einmaligen Beispiel. Auch die übrigen Diktaturen des ehemaligen Ostblocks verschwinden erst nach dem Untergang der zugehörigen Volkswirtschaften, also unter großen Opfern, zwangsläufig und nicht durch bessere Einsicht.

Marx hatte Zeitgenossen, die – gleich ihm – aus dem aufklärerischen Überschwang der Französischen Revolution Utopien schufen. Manche von ihnen wollen uns heute noch ebenso plausibel erscheinen wie anderen die Gedanken von Marx. Da sind Henry de Saint-Simon und Auguste Comte beispielsweise. Sie gingen die auch heute noch bedeutungsschweren Fragen an: Wie ist die Kraft der modernen Technik zum Nutzen der gesamten Menschheit zu entwickeln? Wie sind Kriege zu vermeiden? Wie ist die Lücke zu füllen, die durch das Schwinden des christlichen Glaubens entsteht? Und Comtes *Liebe als Prinzip – Ordnung als Grundlage – Fortschritt als Ziel* hat auch heute volle Gültigkeit, auch wenn Fortschritt verteufelt wird und Ordnung geradezu zu einem Reizwort geworden ist. Comte ist der Begründer der Soziologie und des Positivismus. Er formulierte den Begriff des Altruismus und das Dreistadiengesetz, bei dem anstelle des Glaubens an übernatürliche Wesen oder an abstrakte metaphysische Prinzipien die nüchterne wissenschaftliche Einsicht der Fachleute und Spezialisten zum bestimmenden Element im gesellschaftlichen Leben wird. Die von der positiven Philosophie erstrebte vernünftige Gesellschaftsordnung kann jedoch nur verwirklicht werden, wenn die Menschen die Hingabe an das Ganze, den Altruismus, zum Prinzip des Handelns machen.

Der Alltag lehrt uns heute, wie weit wir von der Hingabe an den Altruismus entfernt sind und statt dessen vielmehr bestimmt werden durch das Eigeninteresse, das Adam Smith als Triebfeder sieht, allerdings oftmals in Gestalt von krassem Egoismus und verblüffenderweise auch bei jenen, die öffentlich ganz andere Ziele als das Eigeninteresse auf ihre Fahnen geschrieben haben. Wenn Adam Smith glaubte, daß das *wohlverstandene Selbstinteresse* die grundlegende Kraft sei, um in einer von staatlichen Eingriffen freien Gesellschaft eine ausreichende Versorgung und die Harmonie zwischen wirtschaftlichen und sozialen Belangen herzustellen, wobei eine *unsichtbare Hand* die egoistischen Taten in soziale Taten umforme, dann ist diese unsichtbare Hand vielleicht im Smithschen Sinne in dem Aufkommen der Dampfmaschine zu sehen. Sie lieferte physikalische Arbeitsfähigkeit, also Exergie, preisgünstig und in einem Maß, das Kinderarbeit und Sklaverei überflüssig machen sollte.

Mit der Kritik Poppers an allen Sozialutopien und Geschichtsprophetien wird eine pragmatische Sicht des Lebens deutlich. Er argumentiert, daß Ideologie auf einem logischen Irrtum beruht, nämlich auf der Idee, daß die exakten Wissenschaften in die Geschichte übertragen werden können. Nach seinem Konzept gibt es in der Wissenschaft nur den kontinuierlichen Prozeß des *Trial and Error.* Jede Erkenntnis, die nicht als falsch entlarvt wird, wird provisorisch anerkannt. So gibt es kein endgültiges, sondern nur provisorisches Wissen, das fortwährend korrigiert wird.

Angesichts der raschen technischen Entwicklung unserer jüngsten Vergangenheit empfinden wir auch das Bedürfnis nach einer fortwährenden Korrektur unseres philosophischen Weltbildes, nicht zuletzt hervorgerufen durch unser in dem Popperschen Sinn fortschreitendes Wissen. Der Mensch wird dabei auch seine Rolle fortwährend in verändertem Licht sehen.

Dem heutigen Menschen wird seit Einführung der Dampfmaschine immer weniger von seiner sehr begrenzten physikalischen Arbeitsfähigkeit abverlangt. Im Zeitalter der Automatisierung werden sein Urteils- und Organisationsvermögen, seine Phantasie und Intuition, seine Intelligenz und Initiative, seine Tatkraft, seine Entscheidungs- und Verantwortungsbereitschaft gefordert, Eigenschaften, die ihn in dieser Bündelung jeder Maschine, jedem Automaten gegenüber überlegen sein lassen. Wir haben diese Bündelung insgesamt mit dem Begriff *Kreativität* belegt. Kreativität, nicht physisches Arbeitsvermögen im Sinne von Schuften, ist die eigentliche Waffe des Menschen, die ihm das Überleben in einer an sich lebensfeindlichen Umwelt ermöglicht. Diese Kreativität befähigt ihn, sich Exergie aus dem Gebrauch von Energie nutzbar zu machen, die um Zehnerpotenzen seine eigene Arbeitsfähigkeit übersteigt, und damit Ordnungszustände und Lebensmöglichkeiten für weit mehr Menschen unter besseren Bedingungen zu schaffen, als es die Natur allein vermag.

Jeder kann unter verbesserten Lebensumständen Güter und Dienstleistungen erwerben, zu deren Bereitstellung nicht nur sein eigenes physisches Arbeitsvermögen nicht ausreicht, sondern für die auch ein Maß an Kreativität erforderlich ist, das sich erst im Zusammenwirken vieler, aufbauend auf dem Wissen und Können vergangener Generationen, darstellen läßt. Die heutigen Kommunikationsmöglichkeiten der Menschen, vom Fernsehen über Fernsehsatelliten bis zum weltumspannenden Flugverkehr, sind jedem zugängliche Beispiele.

Wir sahen im vorigen Kapitel, daß Negentropie als der eigentliche Antrieb allen Lebens aus Information und Exergie oder, im Handeln des Menschen, aus Kreativität und Exergie besteht. Kreativität ist das Instrument, mit dem der Mensch Information gewinnt und so in die Tat umsetzt, daß er in hohem Maß über Negentropie, über Gestaltungsenergie, verfügen kann. Kreativität ist die Fähigkeit des Menschen, aus einem gegebenen Energiebetrag nach den Hauptsätzen der Thermodynamik ein Höchstmaß an zweckerfüllender Negentropie, an Gestaltungsenergie, zu schaffen und in Lebensfreundlichkeit umzusetzen.

Kreativität ist somit der wesentliche Produktionsfaktor, den der Mensch zur Befriedigung seiner Bedürfnisse, aber auch zum Erhalt der Lebensfähigkeit auf unserer Erde beitragen kann.

Arbeitsfähigkeit wird durch Kreativität sinnvoll einsetzbar, um das Erforderliche produzieren zu können. Der Wirtschaft als der Dauerordnung in der Güterproduktion läßt sich so etwas wie ein Wirkungsgrad zuschreiben, nämlich aus einer gegebenen Energie- und Rohstoffmenge ein Maximum an Gütern zu erzielen und mit diesen Gütern mehr zu bewirken, als nur die biologische Existenz zu gewähren. Technik erhält ihre ethische Bedeutung gerade auch deshalb, weil sie dem Menschen darüber hinaus ermöglicht, sich zu verwirklichen, zu forschen, sich zu bilden, kreativ zu sein bei Verrichtungen, die nicht nur der lebensnotwendigen Güterproduktion dienen, sondern auch dazu, sein Wissen und seine Gefühle zu vertiefen und damit eine bewußtere Lebensform zu erreichen, kurzum, frei zu sein oder, besser noch, menschlich sein zu können. Kreativität, die die Gewinnung von Negentropie fördert, ist damit eine Voraussetzung für Menschlichkeit.

Markt- und Planwirtschaften in mehr oder minder reiner Form

konkurrieren bisher miteinander. Ein Vorteil der Marktwirtschaft besteht darin, daß sie Kreativität belohnt. In materiell noch nicht voll befriedigten Gesellschaften belohnt sie Kreativität mit einem Mehr an Gütern. Gelingt es ihr, das erstrebenswerte Ziel eines sozialen und materiellen Ausgleichs zwischen ihren Bürgern zu erreichen, dann wird sie Kreativität belohnen müssen mit der dem einzelnen erweiterten Möglichkeit, sein Bewußtsein zu vertiefen, sich zu bilden und zu verwirklichen. Sie wird sie, nach Ausschöpfung auch dieser Möglichkeiten, belohnen müssen mit dem befriedigenden Bewußtsein, einer Elite anzugehören, die aus Befähigung und Verantwortungsbewußtsein die öffentlichen Angelegenheiten in besonderem Maße fördert.

Es ist Vorrecht und Pflicht einer Elite, mehr zu leisten, als für die eigene Bedarfsdeckung und die eigene Verwirklichung erforderlich ist. Auslese in diesem Sinn meint nicht den ideologischen oder rassistischen Unsinn, der von revolutionär kommunistischen oder faschistischen Wortführern dem Begriff, negativ oder positiv gemeint, beigemessen wurde, sie meint auch nicht die Auslese durch Geburt oder Protektion, sondern allein durch Befähigung und den Willen, diese Befähigung zum Wohl der Allgemeinheit zu nutzen. Dieses Wohl der Allgemeinheit, dem sie dient, ohne Dank zu erwarten, vielleicht sogar angegriffen, verbindet den Begriff der Elite mit dem der Menschlichkeit. Elite schafft Menschlichkeit. Zur Elite gehören jene, die ein Höchstmaß an Kreativität aufzubringen vermögen und damit Lebensfähigkeit oder besser Lebensfreundlichkeit, Bewußtseins- oder Gefühlsbereicherung schaffen. Eine so abgegrenzte Elite herabzuwürdigen, verschüttet Kreativität und ist lediglich geeignet, der Mittelmäßigkeit den Weg zu bahnen, zum Nachteil der Schwachen.

Wir beginnen heute erst, die geistige Dimension auszuschöpfen, die der Kreativität innewohnt, trotz aller bewunderten bisherigen Fortschritte. Sie ist genauso eine unerschöpfliche Quelle wie die Energie im Zeitalter der Kernenergie. Erst unsere Generation hat erlebt, daß es möglich ist, wenn auch erst in einigen Staaten, den Menschen von täglicher mühseliger Arbeit für das Überleben zu befreien. Sie macht damit den Anfang eines menschlichen Lebens und eines Weltverständnisses, das sich auf die gestalterischen Kräfte des Menschen ausrichten kann.

Es ist falsch, von einer postindustriellen Gesellschaft in dem Augenblick zu sprechen, in dem die präindustrielle Phase gerade ihrem Ende zugeht. Sinnvoller erscheint es mir, von einer Gleichgewichtsgesellschaft zu sprechen, in der die Weltbevölkerung mit ihren Bedürfnissen im Einklang mit ihrer natürlichen Umwelt steht. Wir sind noch weit von dieser Gesellschaft entfernt. Bei einer begrenzten Erde werden wir sie nur mit einem Höchstmaß an Kreativität erreichen.

Die Freizeitgesellschaft, die manche wünschen, kann nur eine Übergangsgesellschaft sein, in der die Menschen, befreit von körperlicher, existenznotwendiger Arbeit, noch nicht befähigt sind, ihr kreatives Potential auszuschöpfen, in der sie gewissermaßen erst einmal ausruhen von der seit Anbeginn bestehenden Notwendigkeit, einfach nur für das Überleben arbeiten zu müssen. Je umfassender es gelingt, Kreativität zu entwickeln, desto mehr wird die Welt in den Zustand des sozialen und ökologischen Gleichgewichts kommen können, auf einem Niveau, das verhungernde Kinder unvorstellbar macht und das die Vielgestaltigkeit des Lebens erhält. Je umfassender es gelingt, Kreativität zu entwickeln, desto mehr werden auch Kunst und Wissenschaft die Grenzen unseres heutigen Empfindens und Erkennens ausweiten.

Die Freizeitgesellschaft ist letztlich genauso unbefriedigend wie das Dasein materiell abgesicherter Arbeitsloser, da sie dem einzelnen die wichtigste soziale Bindung nimmt, seinen Mitmenschen nützlich zu sein, ihnen zu helfen, das Gefühl nimmt, gebraucht zu werden. Anderen nützlich sein zu können ist in seinem Ausmaß aber von der Leistungsbereitschaft abhängig. Sie zu verteufeln ist unsozial, denn eine Gesellschaft ohne Leistungswillen schafft keine Möglichkeit, Alten, Kranken, Lebensunfähigen in ausreichendem Maß zu helfen. So muß eine das Leistungsprinzip verachtende Gesellschaft zu einer egoistischen Gesellschaft entarten, die nicht einmal ihren eigenen Bedarf decken kann.

Im Interesse unserer Gemeinschaft müssen wir verhindern, daß es Gruppen gibt, die auf Kosten anderer nach einer Rechtfertigung eines Lebens ohne Leistungsdruck und eines Einkommens ohne Leistungskontrolle streben, wie Schelsky in seinem Buch *Die Arbeit tun die anderen* feststellt. Er sieht auch, daß so ein Klassengegensatz entsteht, in dem die Mehrleistenden durch die Sozialgesicherten ausgebeutet werden. Dabei bezieht sich Schelsky auf den niederländischen Sozialisten Polak: »Die Schicht derer, die sich überanstrengen und überarbeiten, stellt eine – buntgewürfelte – Minderheit dar: Leitende im weitesten Sinne des Wortes (bis zum Werkmeister, zum Vorarbeiter), Spezialisten (bis zum Facharbeiter mit hoher Verantwortung), Selbständige (z.B. Ärzte, Anwälte, Handwerksmeister, Steuerberater, Vertreter) sowie Mehrfachtätige (Arbeiter und Angestellte mit Nebenberufen, legal etwa als Hausverwalter, als Kassierer auf der Rennbahn, als Hilfsvertreter oder illegal als Schwarzarbeiter). Diese Gruppe, zu der auch die führenden Politiker zählen, verdient zwar gut, aber sie ist ewig überanstrengt und bezahlt ihren beruflichen Erfolg mit einem weitgehenden Verzicht auf Freiheit für sich, für die Familie, für die Hobbys.

Die Mehrheit der übrigen liefert dazu ein ausgesprochenes Kontrastprogramm. Sie genießt in vollen Zügen alle sozialen Errungenschaften. Den Feierabend nach Maß, die Fünftagewoche mit dem langen Wochenende, das im Bewußtsein schon am Freitagmorgen beginnt, den von Berufssorgen nicht überschatteten langen Urlaub, die elastische Altersgrenze, die von der Versicherung genehmigte Kur, die Lohnfortzahlung im Krankheitsfalle ... In diesem Bereich wird zwar weniger verdient, aber hier besteht Zeit und Muße, ein angenehmes Leben zu führen ...

In der Entscheidung, wieviel Anstrengungen ein einzelner oder eine Nation investieren will, ist man frei, aber nicht in den Konsequenzen einer solchen Entscheidung ... Man kann z.B. nicht höhere Sozialleistungen auf allen Gebieten fordern, zugleich aber den Abbau des sogenannten ›Leistungsdrucks‹ verlangen ... Wenn es bisher noch leidlich gutgegangen ist, so deshalb, weil es jene Schicht der ›Engagierten‹ gibt, die überall ungerührt von allen Veränderungen um sie herum am Werke sind und mehr tun als das Allernotwendigste. Aber sie haben das Gefühl, daß ihnen der Zeitgeist ins Gesicht bläst ...«

Dennoch sind sie es, die den wichtigsten Produktionsfaktor im Handeln des Menschen liefern, nämlich Kreativität. Mit dem Einsatz seiner Kreativität zur Güterproduktion, aber auch, um aus ihm erreichbarer Energie, Exergie, zu gewinnen, um Rohstoffe in Produkte umzuwandeln und Dienstleistungen zu erbringen, gestaltet der Mensch die Wirtschaft. Kreativität, Exergie und Rohstoff werden durch die Hauptsätze der Thermodynamik, insbesondere durch den zweiten Hauptsatz der Thermodynamik, das *Gesetz des Geschehens,* in einen Zusammenhang gebracht.

Wenn nämlich jedes Handeln und damit auch das Handeln in der Wirtschaft an Energieumsätze gebunden ist und wenn der zweite Hauptsatz eine Verknüpfung zwischen Aufwand und möglicher Ausbeute naturgesetzlich festlegt, dann ist unabhängig von den Unwägbarkeiten menschlichen Wirkens das Gesetz des Geschehens auch ein Leitfaden, entlang dessen sich wirtschaftliche Vorgänge, die Produktion von Gütern und Dienstleistungen bewegen müssen.

Bei den Überlegungen zum zweiten Hauptsatz der Thermodynamik hatten wir ein anthropomorphes Element kennengelernt. Der Mensch sucht die Energie bei ihrem Bestreben, sich zu entwerten, über einen ihm nützlichen Umweg zu leiten, ihr Arbeitsfähigkeit zu entziehen, die sich neben der nicht nutzbaren Anergie erst nach Schaffung der gewünschten Produktion auf dem Temperaturniveau der Umgebung entwertet.

Er muß lernen, den Wert dieses *nützlichen Umwegs* in den Erhalt und Ausbau von Lebensfähigkeit und Lebensfreundlichkeit einzustufen.

5.2 Die Produktionsfaktoren im Wandel – Kapital ist Gestaltungsenergie

Arbeit, Kapital, Boden als Produktionsfaktoren beschreiben, ohne ihre Bedeutung zu verlieren, die Quellen unserer Wirtschaft nicht mehr genau und zugleich umfassend genug.

In der bisherigen Lesart wird unter dem ersten dieser Faktoren, der Arbeit, die zweckdienliche physische Arbeit des Menschen verstanden, die er bei der Verrichtung einer dem Güter- oder Dienstleistungserwerb gewidmeten oder sonstwie gearteten Tätigkeit zur Bestreitung seiner Lebensumstände vollbringt. Notwendigerweise war der Anteil rein physischer Betätigung früher gegenüber anderen nicht physischen Tätigkeiten überwiegend. Mit Einführung der Dampfmaschine begann jedoch eine Epoche, in der die physische Arbeitsfähigkeit des Menschen immer weniger verlangt wurde, in der dagegen durch Maschinen eine physikalische Arbeitsfähigkeit nach Ausmaß, Verfügbarkeit und Preisgünstigkeit angeboten wurde, die die Möglichkeiten des Menschen weit übertraf. Statt dessen erforderte aber eine mehr und mehr technisierte Welt den planenden, regelnden, steuernden, richtungweisenden Eingriff des Menschen und damit eine Tätigkeit, die seine Kreativität beanspruchte. An die Stelle des Produktionsfaktors Arbeit tritt somit heute mehr und mehr der Produktionsfaktor Kreativität. Seine Bedeutung wächst weiterhin, da auch der Erwerb von Wissen und die Anwendung von Wissen von diesem Produktionsfaktor abhängen und das Wissen einen vorrangigen Platz in der Wertschöpfung einnimmt.

Kapital als der zweite der hier angeführten Produktionsfaktoren schafft die Möglichkeit, über zweckdienliche technische Arbeit zu verfügen und sie kreativ einzusetzen. Kapital ist somit ein *Synonym* für die *Verfügung über Negentropie.* Kapital ist als vorgetane Arbeit, besser: als *vorab eingesetzte Gestaltungsenergie,* ein *Anspruch auf zukünftige Gestaltungsenergie.* Es wird gebraucht, um längere, dafür aber ertragreichere Produktionswege einschlagen zu können, was nichts anderes bedeutet, als daß mit seiner Hilfe die mit der Errichtung einer neuen Produktion Beschäftigten bezahlt werden, bevor durch den Absatz darin erzeugter Produkte ein Mittelrückfluß erfolgt. Kapital als vorab eingesetzte Gestaltungsenergie ermöglicht solche Umwege. Sowohl das Ansparen von Kapital als auch die Produktion in den durch das Kapital geschaffenen Produktionsanlagen sind in ihrer Wirksamkeit durch den zweiten Hauptsatz der Thermodynamik bestimmt, da er festlegt, wieviel Arbeitsfähigkeit bei der Energieumwandlung, abhängig von der Ausrüstung der Umwandlungsanlage oder anderer Produktionsanlagen, zu erzielen ist und wieviel dieser Arbeitsfähigkeit in die Herstellung, Verteilung und Nutzung der benötigten Produkte fließen muß.

Die insgesamt für den Aufbau einer Produktion erforderliche Energie kann dabei gesenkt werden durch Verkürzung des erforderlichen Produktionsweges, ermöglicht durch technischen Fortschritt in der Produktion oder durch Steigerung der Effizienz der Umformung von Energie in Exergie oder durch beides zugleich. Schließlich werden wir zudem erwarten dürfen, daß der Ausbau der Informationssysteme und der Robotertechnik Produktionsanlagen wesentlich flexibler und damit geeigneter macht, auf Marktsignale zu reagieren und so die Effizienz des eingesetzten Kapitals wiederum zu steigern.

Eucken schreibt in *Kapitaltheoretische Untersuchungen:* »Kapital nennen wir also in der Geldwirtschaft die Verfügungsmacht über Konsumgüter, soweit sie sich in den Händen der Unternehmer befindet.« Diese Konsumgüter herzustellen, dazu bedurfte es eben des Einsatzes von Gestaltungsenergie und über den in ihr enthaltenen Anteil an Exergie somit auch des vorherigen Verbrauchs von Energie.

Nach Böhm-Bawerk wird Kapital als dienendes Mittel in dem Prozeß der Erzeugung von Gütern für menschlichen Konsum verstanden, wobei dieses Dienen darin besteht, insgesamt ertragreichere Produktionen durch zeit- und arbeitsaufwendige Produktionswege zu ermöglichen, die dem Leben *von der Hand in den Mund* hoch überlegen sind.

Richard von Strigl beschreibt das vor knapp 60 Jahren in *Kapital und Produktion* so: »Wenn der Landwirt in seiner Produktion Maschinen verwendet, so liegt ganz in gleicher Weise eine Verlängerung des Produktions(um)weges deshalb vor, weil damit schon früher aufgewendete Produktionsmittel der Produktion dienstbar gemacht werden. Wenn eine Automobilerzeugung von den Verhältnissen einer in Einzelproduktion arbeitenden Mechanikerwerkstätte auf die Verhältnisse einer Produktion am laufenden Bande umgestellt wird, so werden wiederum im weitesten Ausmaß Maschinen verwendet, nichts anderes als früher aufgewandte Produktionsmittel, welche erst später einen Ertrag bringen.« Und: »Kapitalverwendende Produktion heißt Produktion im Produktionsumweg.«

Daß das Kapital eine hohe soziale Bedeutung hat, ging aus der schon 1817 von David Ricardo geprägten Formulierung hervor, die hier bereits im zweiten Kapitel wiedergegeben wurde: »Wenn eine Bevölkerung gegen den Nahrungsspielraum preßt, sind die einzigen Hilfsmittel entweder eine Verminderung der Bevölkerung oder eine schnelle Vermehrung des Kapitals.« Und wir stellten anschließend vor der Erwartung eines Einwanderungsdrucks in die Industriestaaten fest: Entweder wandert das Kapital zu den Menschen, oder sie wandern aus. Die Demonstranten in der ehemaligen DDR brachten das auf die einprägsame Formel: »Kommt die D-Mark, bleiben wir, kommt sie nicht, gehn wir zu ihr!«

Um die Produktionsmittel aufzubauen und auch danach mit ihnen zu produzieren, dazu bedarf es neben der Negentropie auch noch der Rohstoffe, das ist jene Materie, die wir zum Ausgang einer Güterproduktion nutzen können. Rohstoffe liegen kostenfrei im Boden, wir müssen nur Negentropie aufwenden, sie zu nutzen. Hier sei an die studentische Kurzfassung des Gesetzes des Geschehens erinnert: »Es gibt nichts umsonst.« Das läßt sich an einem Beispiel erläutern.

Ein Erzkörper möge in großer Tiefe entdeckt worden sein. Das dort liegende Erz kostet nichts, sieht man einmal von Schürfrechten ab. Es zu nutzen, muß ein Bergbaubetrieb aufgebaut werden, das Erz ist zu fördern, aufzubereiten, zu transportieren, zu verhütten, um es schließlich als Metall in der Produktion als Teil des gewünschten Erzeugnisses, beispielsweise eines Autos, zu verwenden. Das insgesamt auf diesem Produktionsweg angewandte Verfahren mußte durch die geeigneten Produktionsmittel ermöglicht, das Bergwerk mußte errichtet werden, alle damit Beschäftigten wurden entlohnt, wie auch alle anderen, die beispielsweise die Transportmittel, das Stahlwerk, die Automobilfabrik errichteten, wie auch diejenigen, die die Kraftwerke bauten, aus denen die Arbeitsfähigkeit für alle diese Vorgänge geliefert wurde, usw. – ein unendlich verzahnter, komplizierter Prozeß.

Während die für die Schaffung der Produktionsmittel erforderliche Exergie genauso wie die später für die Produktion erforderliche Exergie durch die Energietechnik und Energiewirtschaft aus Primärenergie gewonnen und bereitgestellt wird, erhalten die Menschen, wie eingangs dargestellt, in wachsendem Maß ihre Entlohnung nicht mehr für ihre physische Arbeit, sondern für planende, organisierende, verwaltende, überwachende und steuernde Tätigkeit, für ihre Kreativität also.

Jede Produktion und Nutzung von Gütern hat so in ihrem Wert als Äquivalent die Kreativität und die Exergie, von Gestaltungsenergie also, die auf dem Produktionsweg insgesamt aufgebracht werden mußten. Ihre Kosten bestimmen den Preis der Produkte, da ja die Stoffe selbst in der Erdkruste kostenlos zu haben sind, und wenn wir uns vorstellen, daß der zur Produktion erforderliche Anteil physischer Arbeit des Menschen immer geringer wird und schließlich gegen Null gehen kann und daß zu den kostenlos in der Erdkruste liegenden Stoffen auch die Primärenergien Kohle, Öl, Gas und Uran gehören und von der Sonne zugestrahlte Energie, *dann ist es letztlich die menschliche Kreativität, die alle Güter und Dienstleistungen, die Kultur und Zivilisation hervorbringt, durch den Einsatz von Gestaltungsenergie, von zweckgerichteter Arbeitsfähigkeit, die aus von der Technik ermöglichten Prozessen gewonnen wurde.* Der Mensch selbst wird dafür wiederum mit Kreativität und Exergie entlohnt, mit Gestaltungsenergie für den Erwerb von Nahrung, von Gütern, für seinen Transport usw. Sämtliche Einkommen, die während des Baus von Anlagen zur Gewinnung von Rohstoffen und zur Produktion von Gütern gezahlt wurden, werden so über die Einkommen aller schließlich wieder zu Nahrung, Heizung, Transportleistung usw. entweder bei den Menschen, die diese Einkommen erhalten haben, oder bei denjenigen, denen sie einen Teil davon für andere Leistungen in ihrer Versorgung übertragen haben. Der Lehrer, der Arzt, der Künstler setzen schließlich ihre Einkommen auch wieder in Güter um, deren Beschaffung Exergie erforderte, usw. Das *aufgewandte Kapital wird somit über die für diese Versorgung erforderliche Gestaltungsenergie letztlich zu Exergie,* und da sie aus sinnvoll umgewandelter Energie stammt, letztlich zu vorab eingesetzter Energie. *Kapital ist demnach Gestaltungsenergie, die sich nach menschlichem Willen in vielfältigen Verästelungen in die verschiedensten Formen von Exergie aufteilt und so die ursprünglich eingesetzte Energie über nützliche Umwege zur Zerstreuung bringt.* Neben die Kreativität tritt in dieser Betrachtung somit als zweiter Produktionsfaktor die heute überwiegend in technischen Anlagen erzeugte Arbeitsfähigkeit, die Exergie also, die wir aus fossilen Energien oder aus Kernenergie und aus Wasserkraft gewinnen.

Bild 3 zeigt die Aufteilung der Verwendung von Einkommen für drei zeitlich erheblich auseinanderliegende Jahre.

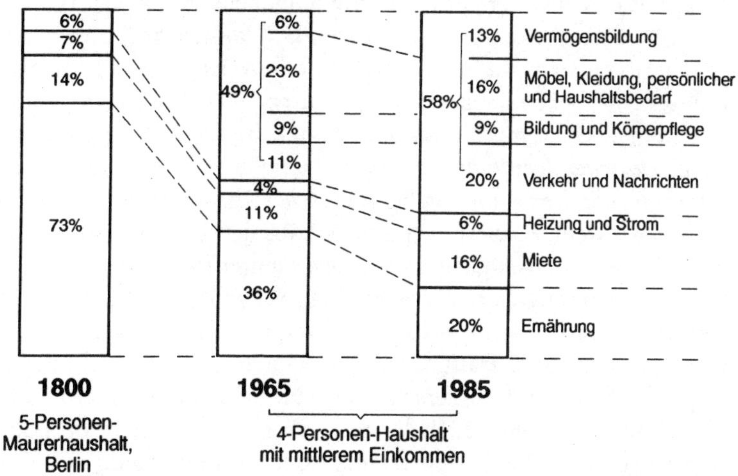

Bild 3: Verwendung der Einkommen privater Haushalte 1800, 1965 und 1985 in Deutschland

Um 1800 wurde der weit überwiegende Teil des Einkommens eines Arbeiters für die Ernährung der Familie, also für die Zufuhr von Energie zum Leben, aufgebraucht. Andere Teile wurden für die Miete, das heißt zur Bezahlung des Negentropieaufwandes für den Hausbau, und ein geringer Teil für Heizung ausgegeben. 1985 ging dagegen nur noch ein kleiner Teil in den Erwerb von Nahrung –

gehobener Verbrauch und eine gestiegene Vermögensbildung veränderten die Aufteilung wesentlich.

Als Analogon zu den ertragreichen längeren *Produktionswegen* oder *Produktionsumwegen* gibt es danach mit wachsendem Wohlstand auch wachsende *Verbrauchs(um)wege* für den durch Kreativität erworbenen Anspruch auf Gestaltungsenergie. Der erhaltene Lohn dient nicht mehr nur den Grundbedürfnissen wie Nahrung, Heizung und Kleidung, sondern erlaubt auch bessere Bildung, bessere Betreuung, mehr Muße, Sicherung des Lebensabends usw. wie auch den Verbrauch anspruchsvoller Güter.

Erhalten die an der Schaffung der Güter Beteiligten mehr, als sie zu ihrem Lebensunterhalt oder, in wohlhabenden Volkswirtschaften, für ihren gehobenen Lebensstandard brauchen, können sie sparen. Es entsteht Kapital – und somit die Verfügung über Gestaltungsenergie bei den Sparern. Da wachsender Wohlstand die Kapitalbildung bei breiten Schichten ermöglicht, ergibt sich ein *Ausgleich zwischen Kapitalgeber und Arbeitnehmer, der schließlich die Grenzen zwischen Kapitalgeber und Arbeitnehmer mehr und mehr verwischt.* Wenn Kapital nach Eucken aus der Sicht des Unternehmers die Verfügungsmacht über Konsumgüter ist, so ist es aus der Sicht des Kapitalgebers der zeitweilige Verzicht auf den erworbenen Anspruch auf Verbrauchsgüter, auf durch Kreativität erworbenen Anspruch auf Gestaltungsenergie. Durch Sparen entsteht freies Kapital, wird Gestaltungsenergie, also Negentropie, verfügbar, um neue, möglicherweise auch längere, aber ertragreichere Produktionswege einzuschlagen. Sie erlauben eine Entlohnung für den hinausgeschobenen Verbrauch in Gestalt von Zinsen, sie ermöglichen aber auch höhere Einkommen der Beschäftigten und damit wiederum eine Erweiterung des Sparens. Steigende Löhne wie auch Verzinsung des Kapitals sind so erkennbar aus der gleichen Quelle des Mehrertrages zu speisen, den das Einschlagen von neuen, möglicherweise auch längeren Produktionswegen erbringt, und so dem marktwirtschaftlich gesteuerten günstigen Einsatz des Kapitals zuzuschreiben.

Steigende Einkommen ermöglichen aber auch den Tausch erworbener Ansprüche an Negentropie gegen Güter des »gehobenen

Bedarfs«. Auf diese Weise tritt neben den Begriff des Nutzens wiederum der mehr oder weniger subjektive Begriff des Wertes, der auch zeitverhaftet ist und der nach Nietzsche aus physiologischen Forderungen zur Erhaltung einer bestimmten Art von Leben entsteht.

Die beiden Ölkrisen sind aber auch Beispiele dafür, daß aus falschem Verhalten die Wertigkeiten völlig verschoben werden, Kapitalströme umgelenkt und zu einer bedrohlichen wirtschaftlichen Waffe werden können. Das falsche Verhalten war den Industriestaaten anzulasten, die nichts vorbeugend gegen übermäßig wachsende Abhängigkeiten von der OPEC getan hatten.

Kapitalertrag ist nach Böhm-Bawerk nicht Ausbeutung, sondern, wie eben bereits gesagt, die notwendige Folge der unterschiedlichen Bewertung von Gegenwart und Zukunft und der Zins, demzufolge ein Wertphänomen, das sich letztlich aus dem Einfluß der Zeit auf die Wertschätzung der Güter ergibt. Die Einleitungssätze zu diesem Kapitel schaffen eine Verbindung zur Entropie. Nach Böhm-Bawerk wird Kapital angesammelt, wenn zwei Vorgänge zugleich ablaufen, nämlich Enthaltsamkeit beim Verbrauch eines erworbenen Anspruchs auf Gestaltungsenergie und die Produktion von Kapitalgütern. Nun kann die Wertschätzung für lebenswichtige Güter, wie z. B. die Energie allgemein oder wie es bei den Ölkrisen für das Öl geschah, durch bewußte oder vielleicht sogar gewalttätige Verknappungen gesteigert werden. Sie bewirken Umverteilungen, wobei die so umgelenkten Kapitalströme möglicherweise nicht wieder einer zukünftigen besseren Versorgung der Menschen zugewandt werden, sondern unsinnigen machtpolitischen oder ideologischen Aufgaben zufließen. So wird auch Kapital verknappt und der aufgeschobene Anspruch an Verbrauchsgütern und Dienstleistungen (an Gestaltungsenergie) als Entgelt für vorgetane Arbeit entwertet (Inflation).

Im Zeitalter eines – jedenfalls in den Industriestaaten – verbreiteten Wohlstands steigt der Anteil der Menschen, die mehr erwerben, als im Marxschen Sinn erforderlich ist, um ihre Arbeitskraft zu erneuern. Dieses Erworbene führt über das Sparen zu einer Beteiligung an den Produktionsmitteln, wobei Geldinstitute durch

Ansammeln und Vermarkten dieses Kapitals als Verwalter auftreten. Demokratisierung der Entscheidungsvorgänge in der Politik und Mitbestimmung in den Betrieben verstärken zudem eine so anwachsende Verwobenheit zwischen Kapital und Arbeit.

Da steigende Einkommen also glücklicherweise nicht mehr nur der Subsistenz, der Erhaltung der Arbeitskraft, allein, sondern auch der Kapitalbildung bei abhängig Beschäftigten dienen, wird der ideologische Inhalt, der dem Begriff Kapital beigegeben worden ist, sinnlos. Unternehmer wie Arbeitnehmer werden mehr und mehr in gleichen Qualitäten, nämlich in ihrer Kreativität, gefordert und bewertet. Wer mehr durch seine Tätigkeit erzielt, als er zum Lebensunterhalt braucht, kann sparen, kann Kapital bilden, kann neue Technologien ermöglichen, die wiederum mit gesteigerter Effizienz, mit höherem Mehrertrag Güter schaffen. Es ist der *Mangel an Kapital* und nicht an Arbeitskräften oder Rohstoffen, der zu der Notsituation vieler Länder im ehemaligen Ostblock oder in der Dritten Welt führt.

Kapital ist nicht unbegrenzt verfügbar. Auch deshalb hat es seinen Preis, der aus dem Mehrertrag der eingeschlagenen längeren Produktionswege erwirtschaftet werden muß. Wird Kapital knapp, steigt der Zins. Das zwingt, bei neuen Investitionen kürzere Produktionswege einzuschlagen, und die zwischenzeitliche Entwicklung kann es sogar ermöglichen, daß sie in ihrem Ertrag entweder durch technischen Fortschritt gleich günstig oder sogar günstiger sein können – oder aber es verteuert die Produkte, wodurch die Sparneigung aus Notwendigkeit sinken kann. Andererseits können bei hoher Verfügbarkeit von Kapital sein Wert und damit der Zins und die Sparfreudigkeit zugunsten eines gesteigerten Verbrauchs von Konsumgütern sinken. Fehlinvestitionen werden Kapital ohne den erwarteten Nutzen verschleißen, erfolgreiche Investitionen werden es vermehren.

In einer Welt, die weder Risiken noch Monopole kennt und die neben einer Mehrwertsteuer, die der Staat zur Erfüllung seiner Aufgaben braucht, auf staatliche Lenkungsinstrumente wie Sondersteuern oder Abgaben verzichtet, ist die unter Wettbewerbsbedingungen erzielte Kapitalertragsrate gleich der Höhe des Marktzinses. So stellt sich in Marktwirtschaften der Wert des Kapitals als das Ergebnis ertragreicher neuer oder längerer Produktionswege dar, die zur Befriedigung der subjektiv geprägten Nachfrage nach Gütern erforderlich sind, einer Gütererzeugung, die im weitesten Sinn die von Menschen gewünschte Ordnung zu erhalten gestattet.

Halten wir also fest: Wenn einerseits Kapital letztlich immer wieder zu vorgetaner Arbeit wird, andererseits der Mensch immer weniger physische Arbeit bei der Produktion zugunsten eines wachsenden Anteils an Kreativität einbringt, dann treten anstelle der Produktionsfaktoren (menschliche physische) Arbeit und Kapital schließlich die Produktionsfaktoren Kreativität und (in technischen Anlagen wie Kraftwerken gewonnene) Exergie.

Daß der bislang postulierte Gegensatz zwischen Kapital und menschlicher Arbeit angesichts heutiger Realität seine Sprengkraft verliert, schreibt Niklas Luhmann in *Die Wirtschaft der Gesellschaft:* »Bleibt man der Semantik von Kapital und Arbeit treu, kann man die Konsumgesellschaft immer noch als List des Kapitalisten interpretieren, der den Fabrikterror durch den Konsumterror ersetzt, um seine Profite zu retten. Aber was bleibt von dem Gegensatz übrig, wenn der ›Parasit Konsum‹ die Position der Kapitalisten und des Arbeiters auf ein Gemeinsames zurückführt?«

Luhmann stellt im übrigen fest, daß der Gegensatz auch deshalb schwindet, weil in Zeiten besserer Entlohnung der im Produktionsprozeß Tätigen andere Dinge zum ökologischen Schicksal des einzelnen gewichtiger beitragen als Unterschiede im Einkommen oder in der Verfügung über Kapital.

Wenn man vom Gegensatz von Kapital und Arbeit spricht, meint man gegensätzliche Positionen von Kapitalgebern und Arbeitnehmern, beispielsweise über die einzuschlagenden Produktionswege, über die Beteiligung am Ertrag und anderes. Kapital und Arbeit sind dagegen zwei Seiten der gleichen Medaille, um zusammenwirkend zu gestalten.

Richard von Strigl schreibt in seinem bereits zitierten Werk *Kapital und Produktion:* »Wenn Verfügung über Kapital nichts anderes bedeutet als die Möglichkeit, Produktionsumwege einzuschlagen, also heute Produktionsmittel aufzuwenden, welche erst später einen Ertrag geben, so ist diesem Kapitalmarkt der Tausch von ›Gegenwartsgütern‹ gegen ›Zukunftsgüter‹ eigentümlich.«

Strigl macht aber auch darauf aufmerksam, daß ein Teil des Ertrages jeder Produktion wieder zur Bildung neuen Kapitals verwendet werden muß, da jedes Produkt, jedes Produktionsverfahren und jede Produktionsanlage veralten.

»Für jedes aufgewendete originäre Produktionsmittel muß früher oder später ein wirtschaftlicher Nachfolger in der Gestalt eines fertigen Konsumgutes entstehen, das bei Aufrechterhaltung der Produktion wiederum zur Alimentierung eines originären Produktionsmittels dienen muß.« Und weiter: »Die Produktionsmittelerzeugung aber ist in ihrem ganzen Umfang davon abhängig, daß sie aus der Konsumgütererzeugung durch Hingabe des Erneuerungsfonds alimentiert wird; sie wird stehenbleiben, sobald in dieser Produktion kein Erneuerungsfonds geschaffen wird.«

Ein Blick in die frühere DDR und in die Länder des ehemaligen Ostblocks bestätigt diese Aussage.

Wichtig ist, daß durch Bildung von Kapital aus dem Betrieb einer Produktionsanlage das in ihr gebundene Kapital wieder in freies Kapital, in Gestaltungsenergie, umgewandelt wird. Nur so ist die Möglichkeit zu schaffen, für neue Produkte, aber auch für bekannte Produkte mit neuen Techniken und für neue Märkte ertragsteigernde Umwege einzuschlagen.

Einige weitere aneinandergereihte Zitate aus von Strigls Werk mögen verdeutlichen, worauf es mir ankommt...

»Konsumgüter ... sind niemals von sich aus Kapital, sie übernehmen die Funktionen des Kapitals nur dann, wenn sie in einer bestimmten Weise verwendet werden, welche wir früher mit der Formel reproduktiver Konsum umschrieben haben.«

Und weiter: »Neues Kapital kann demnach ausschließlich in der Form von freiem Kapital gebildet werden. Es kann neues Kapital nur in der Weise entstehen, daß fertige Konsumgüter ›gespart‹ werden und in der Weise verwendet werden, daß sie die Einschlagung eines Produktionsumweges ermöglichen.«

Und schließlich: »Ein Mehr an Kapital bedeutet die Vermehrung eines Produktionsfaktors, welcher dem Prinzip des abnehmenden

Ertrages unterliegen wird. Hier sei nur dazu gesagt, daß die kluge Wahl der produktiven Kombination jene Art der Verschiebung zwischen den Produktionsfaktoren vorziehen wird, bei welcher der zu erwartende Mehrertrag ein größerer ist.«

Investieren heißt, Kapital langfristig zu binden. Das Risiko besteht dann darin, daß die erzeugten Produkte vor der Bildung eines äquivalenten freien Kapitals durch den Ertrag aus der bestehenden Produktion keinen Markt mehr finden. Es ist auch zu berücksichtigen, daß technischer Fortschritt den erforderlichen Produktionsweg gegenüber früheren Verfahren wesentlich verändern kann; die auf neue Art erzeugten Produkte werden wegen des geringeren erforderlichen Kapitaleinsatzes preisgünstiger, wettbewerbsfähiger, indem die auf dem gesamten Investitionswege für den Verbrauch aller notwendigen Güter erforderliche Primärenergie zur Erzeugung der eingesetzten Arbeit sinkt. Die Verzahnung der Wirtschaft und der Energietechnik wird hier deutlich, die wichtige strukturpolitische Aufgabe der Energiewirtschaft erkennbar.

Das Problem der *klugen Wahl* wird uns zukünftig noch mehr beschäftigen müssen als bisher. Durch die Informationsrevolution wird sich das Wissen und mit ihm die Kreativität des Menschen noch ungeahnt steigern. Dieses Wissen entsteht auf breiter Basis und ist somit vor Einschlagen eines neuen Produktionsweges bereits verfügbar, ohne ihm direkt in Gestalt von Forschung und Entwicklung zugerechnet zu werden – oder es macht Produktionswege möglich, die ohne dieses Wissen nicht ausreichend ertragreich wären. Andererseits wird die Informationsevolution neue Bedürfnisse und Forderungen entstehen lassen, die Produkte und Produktionswege schneller veralten lassen können.

Aber nicht nur Produkte und Produktionswege, sondern auch Wissen wird durch diese Informationsevolution zu einer leicht verderblichen Ware.

Wo stehen wir nun in unseren Überlegungen? Kapital ist ertragreich eingesetzte Negentropie. Sie besteht aus durch menschliche Kreativität geschaffener und zweckdienlich eingesetzter technischer Arbeitsfähigkeit. Seit Einführung der Dampfmaschine kann technische Arbeitsfähigkeit in großen Beträgen verfügbar gemacht werden, im Zeitalter der Kernenergie kann sie sogar für alle Zukunft in ausreichendem Maß verfügbar sein. Zusammen mit der ebenfalls unbegrenzten Kreativität des Menschen brauchte es keinen Mangel an Negentropie und damit an Kapital zu geben. Es ist der Zeitfaktor, der diesen Mangel bewirken kann – Produktionswege wollen aufgebaut und eingesetzt werden. Unendlich lange Genehmigungsverfahren, die Behinderung erforderlicher Investitionen zehren Kapital auf und mindern den Mehrertrag des eingeschlagenen Produktionsweges.

Es ist aber auch das irrtümliche Einschlagen falscher Produktionswege, die sich nicht *rechnen*, unsinniger Produktionswege, die ideologisch begründet werden, an den Wünschen und Bedürfnissen der Menschen vorbeigehen und vieles mehr, das zur Kapital- und damit letztlich auch zur Energievergeudung führt.

In jüngster Zeit ist es üblich, bei der Überlegung über die Gewinnung von Exergie vom Erntefaktor zu sprechen und darunter die während der gesamten Lebensdauer einer Anlage gewonnene Nutzenergie ins Verhältnis zu setzen zu der bei der Errichtung dieser Anlage aufzuwendenden Nutzenergie. Diese Überlegung ist jedoch zu kurz gegriffen, wenn sie nicht dem hier vorgetragenen Gedanken folgt, daß alles zur Schaffung einer Produktionsanlage aufgewandte Kapital über Einkommen schließlich auch zu aufgewandter Exergie mit einem entsprechenden Verbrauch von Energie wird, genauso wie die während der Produktion in dieser Anlage oder für die Tätigkeiten zur Beistellung der Rohstoffe gezahlten Einkommen. Demzufolge muß für den Erntefaktor bei der Exergiegewinnung eine Relation zwischen der insgesamt gewonnenen Nutzenergie einerseits und dem Kapital sowie der während der Produktion aufgewandten Energie und den dabei gezahlten Einkommen andererseits hergestellt werden, und das heißt letztlich nichts anderes, als daß eine Verbindung zwischen der Wirtschaftlichkeit einer Produktion und dem insgesamt benötigten Energieaufwand hergestellt wird. Die wirtschaftlich bessere Lösung ist *insgesamt* auch die energieökonomischere. Dieser Gedanke beleuchtet die grundsätzliche Bedeutung des zweiten Hauptsatzes, des Gesetzes des Geschehens für alles Wirtschaften.

Erinnern wir uns noch zweier Zitate aus dem vorigen Kapitel. In dem einen wurde das Entropieprinzip, das der zweite Hauptsatz als das Gesetz des Geschehens ausdrückt, als der Direktor in der Fabrik der Naturprozesse bezeichnet, der Art und Ablauf des Geschäftsganges vorschreibt, und in dem anderen wurde die Thermodynamik als die Wissenschaft des Möglichen in der Natur erkannt.

Wie alles Leben, so ist auch alles Handeln des Menschen, jede Güterproduktion und jede Dienstleistung, aber auch jeder Verbrauch, schlechthin alles, was er zu seinem Leben braucht, direkt wie indirekt an Energieumsätze gebunden, das heißt, der Direktor in der Fabrik der Naturprozesse schreibt auch Art und Ablauf der vom Menschen gewollten Geschäftsvorgänge vor.

Wir haben bereits früher Wilhelm Ostwalds energetischen Imperativ kennengelernt: »Vergeude keine Energie, verwerte sie.«

Menschliche Kreativität ersinnt schließlich auch die Produkte, die der Mensch für notwendig oder wünschenswert hält. Hier scheint erneut der anthropomorphe Charakter des zweiten Hauptsatzes auf, denn der Mensch bestimmt Rangfolgen und Werte, hier begegnen sich Ethik und Naturwissenschaft, und hier finden gerade in der heutigen Debatte um die Kernenergie, um die Energiefrage allgemein und auch um die Umweltproblematik unzulässige Grenzüberschreitungen statt.

Auch das sei hier wiederholt: Es geht um die friedliche und humane Begrenzung des Bevölkerungswachstums, um die Schaffung von Lebensfreundlichkeit und die langfristige Erhaltung der Lebensfähigkeit auf der Erde. Wenn das mit einem Mehrverbrauch an umweltgerecht erzeugter Energie, mit einer wesentlich gesteigerten Güterproduktion, mit weiterem Wachstum erreicht werden kann, ist dieser Weg geboten, und zwar unter Inkaufnahme des Menschen, wie er ist und nicht, wie Eiferer ihn malen.

Ostwalds Satz müßte demnach heißen: »Vermeide Negentropieverluste!« Und das gilt nicht nur für die Produktion und den Verbrauch, sondern – und da ist es schon gar nicht mehr faßbar – für die Schaffung einer Nachfrage, die im Platonschen Sinn des erzogenen Menschen nicht mehr als vernünftig anzusehen ist.

Wir haben gesehen, daß die beiden klassischen Produktionsfaktoren Kapital und Arbeit gleiche Brüder sind, was sich spätestens bei der Ausgabe von Belegschaftsaktien zeigt, und mehr noch, daß das, was als Arbeitsentgelt gezahlt und was danach in Verbrauchsgüter und Dienstleistungen umgesetzt wird, aber auch das, was durch Verzicht von direktem Verbrauch zu Kapital und darüber hinaus zu Investitionen wird, sein Äquivalent in Negentropie findet und darüber auch ein Maß für Exergie ist.

Der vorherige Exergieaufwand findet also sein Maß – größenordnungsmäßig und volkswirtschaftlich betrachtet – in der Höhe des eingesetzten Kapitals. Daher ließe sich der Ostwaldsche Satz auch formulieren: »Vergeude kein Kapital.«

Sind somit die Gesamtkosten, nämlich die für den Kapitaldienst und die für die zur Umwandlung eingesetzte Energie, für eine bestimmte Exergieform bei einem Verfahren höher als bei anderen, dann heißt das eigentlich nichts anderes, als daß der vorherige Aufwand an Exergie und damit an Energie bei diesem Weg größer war. Der gebräuchliche Begriff, das Kapital sei vorgetane Arbeit, ist so verdeutlicht.

Der dritte klassische Produktionsfaktor Boden umfaßt neben dem Land und seinen Erträgen alle natürlichen Ressourcen, worunter wir auch die Luft und das Wasser und ihre natürliche Regenerationsfähigkeit verstehen. Dienen diese Ressourcen zum Ausgang einer Produktion, bezeichnen wir sie als Rohstoffe. Damit ergeben sich in dieser Überlegung die Produktionsfaktoren des Menschen zu

Kreativität – Exergie – Rohstoff

oder, mit der Zusammenfassung von Kreativität und Exergie, zu Negentropie oder Gestaltungsenergie als

Gestaltungsenergie und Rohstoff.

Rohstoff ist in dieser Betrachtung ein von den beiden anderen abgeleiteter Produktionsfaktor, denn Kreativität bestimmt, welche uns verfügbare Materie als Rohstoff zu nutzen ist. Der Einsatz von Gestaltungsenergie bietet sie unserem Zugriff dar.

Sicherlich ist diese Definition der Produktionsfaktoren, die den bisher postulierten Gegensatz zwischen Kapital und (menschlicher) Arbeit verläßt, auch richtiger, weil gerade die Wirtschaftsform, in der dieser Gegensatz zwischen Kapital und Arbeit besonders betont wurde, nur für eine Funktionärsschicht bessere Lebensbedingungen schuf und die große Mehrzahl ihrer Bürger in Not und Unfreiheit hielt.

Die hohe Flexibilität, die Marktwirtschaften gegenüber Planwirtschaften befähigt, auf veränderte Anforderungen schnell zu reagieren und so Arbeitsteiligkeit und verlängerte Produktionswege vorteilhafter als in Planwirtschaften wirksam werden zu lassen, erklärt Eucken vor einigen Jahrzehnten in *Kapitaltheoretische Untersuchungen* mit den Worten: »Den Verkehrswirtschaften [wir sagen Marktwirtschaften] fehlt die einheitliche Produktionsleitung der kommunistischen oder sozialistischen Wirtschaftssysteme, was nationalökonomische Dilettanten immer wieder veranlaßt, von ihrer Planlosigkeit zu reden. In Wahrheit treten anstelle eines Planes die Pläne aller Wirtschaftenden, die in der Naturalwirtschaft durch Tauschwerte, in der Geldwirtschaft durch das Preissystem gegeneinander abgeglichen werden.

Die Frage, welche Produktionswege zu wählen sind, tritt in der Verkehrswirtschaft also nicht an die Zentralleitung, sondern an die Leitungen der einzelnen Unternehmungen heran.«

Wenn wir die Kreativität als wesentlichen Produktionsfaktor auffassen, dann sind die vielen Einzelplanungen in der Marktwirtschaft deshalb erfolgreicher, weil die Planenden dichter an den jeweiligen Aufgaben sind, ihre Kreativität problemnäher einsetzen, den Erfolg registrieren und Korrekturen schneller anbringen können.

Und noch ein letztes Mal von Strigl: »Der Kosmos der Wirtschaftstheorie ist nicht Realität. Aber die Gesetze, aus welchen die Wirtschaftstheorie ihre Gebilde aufbaut, beherrschen doch die reale Wirtschaft. Nicht in dem Sinne, daß die reale Wirtschaft niemals anders als nach diesen Gesetzen aufgebaut sein könnte. Aber doch in dem Sinne, daß dort, wo der Aufbau der Wirtschaft von diesen Gesetzen abweicht, wo die Wirtschaft die Güterverwendung anders geordnet hat, als bei den gegebenen Daten aufgrund der Wirtschaftsgesetze bestimmt wäre, eine Änderung ausgelöst wird, welche die Anpassung an diese Wirtschaftsgesetze zum Ziele hat.«

Es ist hier nicht der Raum, diesen Kosmos der Wirtschaftstheorie zu untersuchen. Statt dessen sollen einige weitere Beziehungen zu den Zusammenhängen mit der Thermodynamik und den im Abschnitt *Die Gegensätze und die Hauptsätze* entwickelten Gedanken geknüpft werden.

5.3 Die Produktionsfaktoren sind unbegrenzt verfügbar

Kreativität, Exergie und Rohstoffe sind im Prinzip unbegrenzt zu beschaffen. Das darf, wie wir alle lernen, jedoch nicht auf Kosten der Natur und damit letztlich der Lebensfähigkeit auf dieser Erde gehen.

Die Natur bietet uns die Rohstoffe dieser Erde. Rohstoff ist aber auch ihre, der Erde, Regenerierfähigkeit, mit der sie Schäden selbst zu heilen vermag, hier in erster Linie Schäden, die durch den Menschen hervorgerufen sind. Natur, das ist die Umwelt des Menschen, die in ihren positiven Auswirkungen Vorbedingung für seine Entfaltung ist. Aus den Produktionsfaktoren Information, Energie, Materie werden durch das Handeln des Menschen Kreativität, Exergie, Rohstoff, wobei die Reihenfolge betont auf unsere Möglichkeiten, etwas zu gestalten, hinweisen soll. Statt Arbeit, Kapital und Boden, so haben wir gesehen, sind sie die Produktionsfaktoren, nach denen sich unser Leben ausrichtet.

Im Gegensatz zu der Befürchtung Georgescu-Roegens, daß nicht nur Energie, sondern auch Rohstoffe, dem Entropieprinzip folgend, bis zur Unverfügbarkeit zerstreut werden, sollten wir erkennen, daß durch unterschiedlichste Substitutionsvorgänge beide, nicht nur Exergie, sondern auch Rohstoffe, nach unseren Maßstäben unbegrenzt verfügbar sein können. Was jedoch auftreten kann, ist ein temporärer Engpaß, bis der Mensch durch seine Kreativität neue Wege und Möglichkeiten erschlossen hat.

Gleichwohl ist diese Befürchtung einer Rohstoffbegrenzung nicht in allen Punkten zu widerlegen, so zum Beispiel hinsichtlich der Phosphorvorkommen auf der Welt. Phosphor als wichtiger Baustein allen organischen Lebens, neben Sauerstoff, Kohlenstoff, Wasserstoff und Schwefel, könnte, so befürchten manche, die Menge der je insgesamt auf dieser Erde entstehenden organischen Substanz begrenzen, wenn er durch Zerstreuung unverfügbar geworden ist, das heißt, wenn der Aufwand an Negentropie, der erforderlich wäre, ihn aus feinster Verteilung wieder aufzukonvertieren, nicht mehr darstellbar ist. Daraus könnten sich, langfristig gesehen, Prioritäten für den Umgang mit Biomasse ergeben. Grundsätzlich gilt jedoch:

- Die drei Produktionsfaktoren sind unbegrenzt verfügbar, und
- die drei Produktionsfaktoren sind in weiten Grenzen gegeneinander austauschbar.

Innerhalb dieser Beziehung gibt es vielfältige Verlagerungen, da neue Produkte alte ersetzen und dazu andere Rohstoffe erforderlich sind und häufig vorhandene Stoffe durch Anwendung von Exergie und neuen Verfahren zu neuen Rohstoffen werden. Wie bei der Schaffung von Negentropie eine Beziehung zwischen Kreativität und Exergie besteht, so gibt es auch eine Verbindung und Austauschbarkeit zwischen allen drei Produktionsfaktoren, zwischen Kreativität, Exergie, Rohstoff. *Die Überlebensstrategie muß darin bestehen, diese Austauschbarkeit so zu nutzen, daß die Lebensfähigkeit gefährdende Engpässe und Umweltschäden vermieden werden.*

Kehren wir zurück zu dem Beispiel der Straße. Sie wurde mit Hilfe von Kreativität und Exergie sowie aus Rohstoffen geschaffen und stellt einen dem Menschen dienenden Ordnungszustand dar, weil sie Transporte ermöglicht, weil sie Menschen verbindet. Wollen wir einen in der Nähe der Straße befindlichen geeigneten, aber knappen oder zu anderen Zwecken besser dienenden Rohstoff nicht als Baumaterial für die Straße verwenden, so können wir die Aufgabe auch lösen, indem wir einen weiter entfernt befindlichen, häufig vorkommenden Baustoff unter Mehraufwand von Kreativität und Exergie heranführen. Wir haben in diesem einfachen Beispiel den einen Rohstoff mit Hilfe von Kreativität und Exergie durch einen anderen ersetzt. Dieser Ersatz eines Rohstoffs durch einen anderen ist in großem Umfang auch auf anderen Gebieten möglich, um knapp werdende Rohstoffe zu strecken oder zu ersetzen. Vermutlich wird eine der wichtigsten Aufgaben von Technik und Wirtschaft darin bestehen, in den nächsten Jahrzehnten das knapper werdende Öl zu strecken und durch andere Rohstoffe zu ersetzen. Neue Rohstoffe, neue Produkte und neue Produktionsverfahren werden durch eine, auch lange Entwicklungswege ausschöpfende verfeinerte Technik möglich. Vermutlich liegt in der schwierigen Überschaubarkeit dieser Entwicklungswege ein Teil der heute geäußerten Angst und Sorge, aber auch der Verständnislosigkeit gegenüber der Technik und den Handlungen und Entscheidungen, die sie erfordert.

Mit der Verknappung wesentlicher Rohstoffe werden auch die Produktionswege vermutlich noch mehr an Umfang zunehmen und einen höheren Aufwand erfordern. Es sind Ersatzstoffe (ohne den abwertenden Beigeschmack des Geringwertigen) und Ersatztechniken zu entwickeln, die das gleiche Ziel, die Lösung der gleichen Aufgabe, nur mit größerem Aufwand an Technik und an Negentropie, ermöglichen. Einer Verknappung an Rohstoffen ist demnach nur durch den Mehraufwand von Kreativität und Exergie zu begegnen.

Was sind Rohstoffe?

Sie sind Material, das durch Aufwand von Exergie nach einem durch menschliche Kreativität gefundenen, entwickelten, erprobten und in die Tat umgesetzten Verfahren zum Ausgang einer Güterproduktion verwendet wird.

Bauxit gab es immer schon. Die Produktion von großen Mengen an Exergie in Form von Strom, die Entdeckung des Aluminiums als

Baustoff, die Entwicklung der Reduktionselektrolyse und der Veredelungsverfahren machten aus Bauxit erst einen Rohstoff, den Ausgangsstoff für die Aluminiumproduktion. Aluminium vermag in vielen Bereichen Kupfer zu verdrängen, seine Gewinnung ist aber viel energieintensiver als die von Kupfer. Somit haben Kreativität und Exergie einen neuen Rohstoff geschaffen. Dieses Beispiel ließe sich beliebig ergänzen. Verfügen wir über Exergie zu wirtschaftlich tragbaren Bedingungen und in unbegrenzter Menge und steigern wir unsere Kreativität, dann sind noch deutlichere Verschiebungen von knapp werdenden Rohstoffen zu unbegrenzt vorhandenen Rohstoffen zu erwarten.

Nehmen wir Ammoniak als Ausgang der Düngemittelproduktion. Von den bei seiner Produktion verwendeten Kohlenwasserstoffen ist im NH_3 gar kein Kohlenstoff mehr enthalten. Nur als Energie- und Wasserstoffspender sind Kohlenwasserstoffe am Prozeß beteiligt – in beiden Funktionen durchaus ersetzbar durch Kernenergie.

Wasserstoff wird vielleicht einmal in (sehr) ferner Zukunft zu einem der hauptsächlichen Energieträger und Rohstoffe werden. Gemeinsam mit elektrischer Energie wird er die am vielseitigsten und umweltfreundlichsten nutzbare Exergie abgeben und Kohle und Kohlenwasserstoffe weitgehend ersetzen können. Nur sollten wir uns nicht der Illusion hingeben, mit dieser Aussage sei unser Energieproblem gelöst. Die heute vielbeschworene Wasserstoffwirtschaft wird viele technologische Zwischenstufen erfordern, über die noch zu sprechen sein wird, und sie steht erst am Ende einer langfristigen Entwicklung und eines hohen Kapitalaufwandes. Sie ist im Aufbau außerordentlich kapitalintensiv und ökonomisch wie ökologisch überhaupt nur denkbar, wenn für ihren Aufbau große, dichte, umweltfreundliche und bezahlbare Energievorräte nutzbar geworden sind, beispielsweise mit den Brut- oder Fusionsreaktoren. Wahrscheinlich werden wir aber die uns für die Lösung großer zukünftiger Aufgaben verfügbare Gestaltungsenergie für längere Zeit auf die Bewältigung anderer für das Überleben wichtigerer Aufgaben richten müssen, etwa weltweit ausreichende Wasserversorgung und langfristige aktive Klimaverbesserung für das zu eng werdende Raumschiff Erde, beides über eine ausreichende Energieversorgung aus der Kernenergie.

In der näheren Zukunft sind wir um des Überlebens willen möglicherweise gezwungen, ökologisch ungünstigere Wege zu beschreiten. Müssen wir nämlich künftig einen Teil des Öls durch verflüssigte Kohle ersetzen, dann werden wir wegen der nicht zu umgehenden zusätzlichen Umwandlungsverluste sogar mehr Energie für den gleichen Aufgabenumfang verwenden müssen als bisher, dann werden wir vermutlich die Rechnung dafür begleichen müssen, daß wir versäumt haben, rechtzeitig die Kernenergie nutzbar zu machen. Rohstoff ist natürlich auch die Primärenergie, aus der die jeweils benötigte Form der Exergie gewonnen wird.

Die Austauschbarkeit der drei Produktionsfaktoren Kreativität, Exergie, Rohstoffe, soll an Bild 4 erläutert werden. Es zeigt beispielhaft drei unterschiedliche Felder, in denen die Produktion bestimmter Güter ablaufen kann. So kann das gleiche Produkt bei geringerem Kenntnisstand, Organisationsgrad usw., also bei geringerer Kreativität und bei geringerer Verfügung über Exergie, beispielsweise nur aus menschlicher oder tierischer Arbeitskraft, aus Windmühlen oder Wasserrädern und mit hohem Rohstoffaufwand – entsprechend dem Feld 1 des Bildes 4 – erzeugt werden. In diesem Bereich verläuft die Produktion in einfachen Volkswirtschaften.

Besteht dagegen die Aufgabe, dieses Produkt bei geringerem Aufwand von Rohstoffen und Exergie herzustellen, dann bewegen wir uns im Feld 2. Während die Produktionen entsprechend Feld 1 zu hohem Rohstoffaufwand und damit möglicherweise auch hohem Energieaufwand bei schlechter Exergieausbeute und damit auch zu hohem Ressourcenaufwand und damit zu hoher Umweltschädigung führen kann, stellt das Feld 2 – gewissermaßen als Idealbild – das wünschenswerte Gegenteil dar, jedenfalls solange Exergie nur begrenzt, aus zudem endlichen Vorräten und unter starker Beeinträchtigung der Umwelt, zu gewinnen ist. Rohstoffe und auch Arbeitsfähigkeit und damit Energie sind optimal durch Kreativität ersetzt. Primärenergie ist auch Rohstoff. James Watt brauchte etwa die 50fache Kohlemenge zur Erzeugung von Exergie wie moderne Kohlekraftwerke.

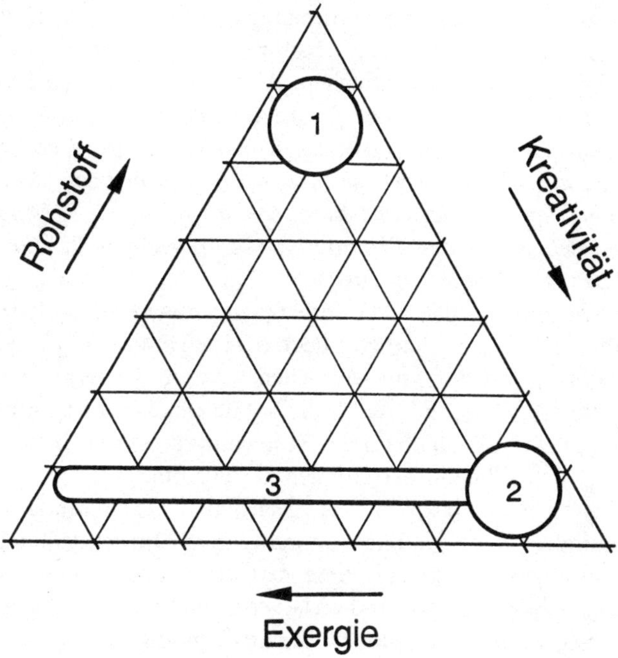

Bild 4: Wechselbeziehung der Produktionsfaktoren Kreativität, Exergie, Rohstoff

Können wir jedoch Exergie ausreichend, aber ohne unzulässigen Rohstoffverbrauch und unzulässige Umweltbelastung gewinnen, etwa durch Kernenergie, erweitert sich unser Handlungsspielraum entsprechend dem Feld 3: Neben einem hohen Maß an Kreativität steht ein ebenfalls hohes Maß an Arbeitsfähigkeit zur Verfügung, beispielsweise nur schwach konzentrierte, schwer abbaubare oder ungünstig liegende Rohstoffe zu finden und bereitzustellen oder schließlich, um sie durch die beiden ersten Produktionsfaktoren zu substituieren. Bedeutsam ist an dieser Überlegung im Anschluß an den vorigen Abschnitt auch, daß die Verlängerung der Produktionswege die Verlagerung einer bestimmten Produktion von der Rohstoffseite auf die Seite der Exergie und die der Kreativität bewirken kann.

Die häufig zu hörende Forderung, es sei von quantitativem Wachstum auf qualitatives Wachstum umzuschalten, ist anhand dieses Bildes genauer zu verstehen. *Wenn Kreativität und Exergie unbegrenzt und, was die Exergie angeht, auch umweltfreundlich verfügbar sein können, und wenn Umweltschädigung vorrangig von den anthropogen hervorgerufenen Stoffströmen bewirkt wird, dann heißt qualitatives Wachstum, eine ausreichende Versorgung der Menschen mit den Produktionsfaktoren entsprechend dem Feld 3 des Bildes 4 zu ermöglichen.*

Die Begründung, daß es die anthropogen bewirkten Stoffströme sind, die die Umwelt schädigen, liegt, bezogen auf die Klimagefährdung, darin, daß die vom Menschen getätigten Energieumsätze unterhalb von $^1/_{10\,000}$ der durch die Sonne eingestrahlten Energiemenge liegen und deshalb für das Klima untergeordnete Bedeutung haben. Die stofflichen Belastungen bei der Energieumwandlung, beispielsweise durch CO_2, verschlechtern dagegen die Abstrahlungsfähigkeit der Erde und können klimagefährdende Temperaturerhöhungen bewirken (Treibhauseffekt), wobei der heute bestehende Gleichgewichtszustand verlassen wird. Diese Überlegung ist die wichtigste Grundtatsache für die Ausformung eines wirksamen Umweltschutzes, soweit das Klima betroffen ist, denn auch bei der Exergiegewinnung und ihrer Nutzung sind es die auftretenden Stoffströme und nicht die umgesetzten Wärmeströme, die die Umwelt belasten.

Das Feld 3 ist also nach diesen Überlegungen für die Erzeugung von Gütern anzustreben, wobei nicht allein die Stoffumsätze bei der eigentlichen Produktion von Gütern, sondern auch Rohstoff- und Energiemengen zu berücksichtigen sind, die wir vorab zur Erstellung der Produktionsanlagen benötigen.

Und noch etwas: Alle bei der Produktion beliebiger Güter dennoch auftretenden Stoffumsätze sind in ihrer negativen Einwirkung auf die Umwelt wiederum durch entsprechenden Einsatz von Exergie zu begrenzen.

Bedeutsam ist an diesen Überlegungen über die Austauschbarkeit der Produktionsfaktoren jedoch auch, daß wir zukünftig aus Umweltschutzgründen, aber auch um Rohstoffe zu strecken, dem

Gedanken der Rezyklierung große Aufmerksamkeit widmen müssen. Je mehr wir die benötigten Produkte im Bereich der Felder 2 oder 3 herzustellen in der Lage sind, desto geringer wird allerdings auch der Aufwand zur Rezyklierung von Rohstoffen werden und ebenso die dabei auftretenden Stoffströme und damit möglichen Umweltbeeinträchtigungen.

Die Kernenergie könnte als eine Exergiequelle, deren stoffliche Abfälle genau zu begrenzen und aus der Lebenssphäre des Menschen zu entfernen sind, so zur Voraussetzung jeder umweltfreundlichen Produktion werden.

Damit werden wir auf den Grundfehler jener Utopien hingewiesen, die eine ausreichende Exergieversorgung mit wenig dichten, zeitlich schwankenden und nicht nachfragekonformen, erneuerbaren Energien vorsehen, weil sie den Exergieaufwand – und damit letztlich den Energieverbrauch – übersehen, der bei dem Bau der materialaufwendigen und damit teuren Umwandlungs-, Umformungs- und Speicheranlagen erforderlich ist, bevor die erste Kilowattstunde abgegeben wird. Wir verbrauchen vorab viel Exergie und schädigen die Umwelt dabei bereits vorab durch große Stoffumsätze, solange die erforderliche Exergiegewinnung mit hohen (zu hohen!) umweltschädigenden Stoffumsätzen verbunden bleibt.

Bei diesen Anlagen für erneuerbare Energien dient der höhere Kapitalaufwand nicht dazu, einen längeren Produktionsweg einzuschlagen, um einen höheren Ertrag zu erreichen. Es wird im Gegenteil Kapital aufgewandt, um Produktionsanlagen zu errichten, die geringere Erträge bringen als bestehende Produktionsanlagen. In ihnen findet somit eine Kapitalvernichtung statt, und die Befürworter dieser Anlagen verhindern damit geradezu das, was sie erreichen zu wollen vorgeben. Das Bild ändert sich auch nicht, wenn man versucht, sogenannte externe Kosten zu kapitalisieren und beispielsweise der Stromerzeugung aus Kohle zusätzlich anzulasten, weil die hohen Aufwendungen an Exergie zum Bau der alternativen Stromerzeugungsanlagen mangels anderer Möglichkeiten aus herkömmlichen Stromquellen zu bestreiten sind. Kostet beispielsweise im günstigsten Fall Strom aus Photovoltaik etwa 2 DM je kWh, so ist das nur erreichbar, weil zum Bau der Anlage Strom zu weniger als einem Zehntel der Kosten, nämlich aus Kohle- oder Kernkraftwerken, verfügbar war, und alle direkt und indirekt vom Bau dieser Anlagen lebenden Menschen Produkte und Dienstleistungen beziehen konnten, die mit billigem Strom erzeugt worden sind. Wieviel würde der Strom aus solchen Anlagen kosten, wenn zu ihrem Bau bereits Strom zu den Kosten von Photovoltaik-Stromerzeugern einzusetzen wäre? Und wieviel schneller würden nicht ersetzbare Primärenergien und Rohstoffe aufgebraucht sein, wollte man die Energieversorgung weltweit auf solche sogenannten sauberen Energien umstellen? Und woher käme das erforderliche Kapital?

Vor fast einer Generation erregte der Physiker Wilhelm Fucks mit seinem Buch *Formeln zur Macht* über Deutschland hinaus Aufsehen, als er – ebenfalls die klassischen Produktionsfaktoren verlassend – Energieproduktion, Stahlerzeugung und Größe der Bevölkerung zu den wesentlichen Faktoren der wirtschaftlichen Macht eines Staates machte. Wir würden heute anstelle des Begriffes Macht wohl richtiger den der Bedeutung setzen. Fucks ging bei seinem Ansatz davon aus, daß der wirtschaftlichen Macht politische Macht folge, und suchte diese Macht in zwei Formeln zu beziffern, die als Produkte aus den Faktoren Energie in der einen und Stahlerzeugung in der zweiten Formel mit jeweils der dritten Wurzel der Zahl der Einwohner gebildet wurden.

Wir sehen heute, daß der Grundgedanke der Fucksschen Überlegung, wonach China bereits in den 70er Jahren alle anderen Volkswirtschaften überholt haben sollte, allenfalls noch in seiner Umkehrung stimmt, nämlich darin, daß die politische Bedeutung jener Staaten sinkt, die sie nicht durch wirtschaftliche Bedeutung zu stützen vermögen.

Der andere Ansatz, die Stahlerzeugung oder die Energieerzeugung und die Größe der Bevölkerung allein als ausschlaggebende Produktionsfaktoren zum Maß zu nehmen, erscheint dagegen heute nicht mehr richtig, ohne daß damit die Bedeutung der Grundstoffindustrie geschmälert würde. Die wachsende Vielfalt der Lösungsmöglichkeiten für unterschiedlichste Aufgaben verdeutlicht, daß der Ansatz für wirtschaftliche Leistungsfähigkeit und somit der Bedeutung von Volkswirtschaften wie auch einzelner Regionen breiter geschehen muß, nämlich über eine Bewertung der drei Produktionsfaktoren Kreativität, Exergie, Rohstoff und über ihre Austauschbarkeit gegeneinander, aber auch über die Flexibilität, die Volkswirtschaften entwickeln unter Einsatz dieser drei Produktionsfaktoren, um Engpässe vorausschauend zu vermeiden.

Interessanterweise rechnet Fucks mit seinen Formeln auch in vereinfachten Modellen *Vereinigungsprämien* für die politische und wirtschaftliche Vereinigung von Volkswirtschaften und Völkern aus.

Der Begriff *Vereinigungsprämie* scheint mir glücklich gewählt für das, was wir heute aus der wirtschaftlichen Vereinigung Europas, aus der Wiedervereinigung Deutschlands oder gar aus dem Zusammenwachsen eines größeren Europa erwarten.

5.4 Energie- und Stoffströme der Volkswirtschaft

> Alles wirtschaftliche Handeln ist sozial, daher ist alle Wirtschaft immer auch Vollzug von Gesellschaft.
>
> *Niklas Luhmann*

Ohne Zweifel wird sich also mit einem Höchstmaß an Kreativität die Summe der gewünschten Güter, unter größter Schonung der Energievorräte, anderer Rohstoffe und der Umwelt, also der Natur, erzielen lassen.

Wie stellt sich nun die Form wirtschaftlichen Handelns mit ihren Begriffen Kapital, Arbeit, Investitions- und Konsumgüter in dem Begriffsdreieck *Kreativität, Exergie, Rohstoff* dar? Bezeichnen wir im Bild 5 die drei Produktionsfaktoren als Quellen, nämlich die Quelle *Kreativität* mit Q_K, die Quelle *Rohstoff* mit Q_R und die Quelle *Exergie* mit Q_E, so ergibt sich ein vereinfachtes Schema, in dem der Kasten mit dem J die Investitionsgüterindustrie bezeichnet. In ihn fließen die drei Quellen Q_K, Q_E und Q_R ein. Aus Q_K und Q_E wird die Negentropie erhalten, die es ermöglicht, aus den Rohstoffen Investitionsgüter herzustellen.

Im Falle des Kraftwerks, der Raffinerie oder der Kokserzeugung seien hier die jeweiligen Primärenergien unter dem Begriff des Rohstoffs Q_R subsumiert, während bei anderen Q_E zugeführte Arbeitsfähigkeit darstellt.

Aus der Bilanzhülle treten die gewonnenen Produkte aus, die hier vertreten sind durch die umgewandelten, umgeformten, dem jeweiligen Zweck angemessene Exergie $Q_{E'}$, die der Natur entnommenen und für die Güterproduktion gereinigten und veredelten Rohstoffe $Q_{R'}$ und schließlich die Investitionsgüter P_I, die als Maschinen, Apparate und Anlagen die Voraussetzung für eine Verbrauchsgüterproduktion sind. Daß die Investitionsgüterindustrie durch den Einsatz von Kapital, also Gestaltungsenergie, vorab aufgebaut werden mußte, sei vereinfacht hier nicht dargestellt.

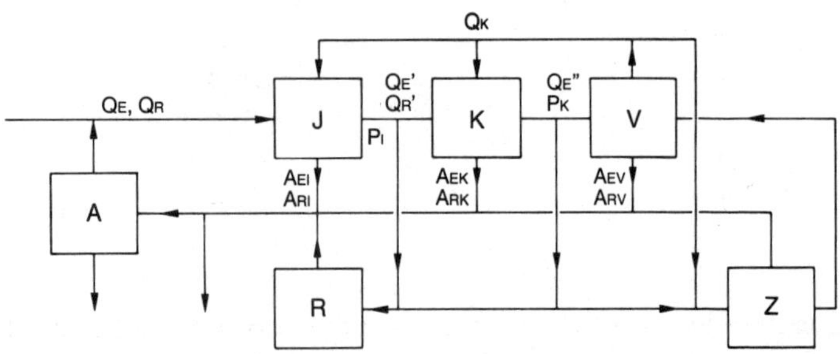

Bild 5: Energie- und Stoffströme einer Volkswirtschaft

Aus der Bilanzhülle J treten auch Verluste aus, nämlich Abwärme auf einem wirtschaftlich nicht mehr nutzbaren Temperaturniveau oder in nicht nutzbarer Menge A_{EI} sowie nicht mehr nutzbare Stoffe A_{RI}, die der Umwelt in einer sie nicht schädigenden Form zurückgegeben werden müssen. Mit Q_K, $Q_{E'}$, $Q_{R'}$ und P_I werden in der Konsumgüterindustrie, bezeichnet durch den Kasten K, alle die

Produkte hergestellt, an denen wir Menschen Bedarf haben, nicht nur, um unser Leben zu fristen, sondern auch, um es angenehm zu machen, um unsere Lebensumstände frei zu gestalten. $Q_{E'}$ und Q_K bilden für diesen Kasten aus Exergie und Kreativität die Negentropie, die für die Schaffung des höheren Ordnungsgrades der gewünschten Konsumgüter erforderlich ist, wobei dem jeweils erreichten Ordnungsgrad der Vorprodukte diese Negentropie hinzugefügt wird. Aus der Bilanzhülle, die K umschließt, treten demzufolge die Verbrauchsgüter P_K, aber auch die für den Konsum benötigte Exergie $Q_{E''}$ aus. Die Bilanzhülle verlassen aber auch wieder Abfallstoffe energetischer Art A_{EK} und stofflicher Art A_{RK}, die wiederum unsere Welt nicht schädigen und unser Lebensgefühl nicht beeinträchtigen dürfen.

Der dritte Kasten V soll schließlich den Verbrauch darstellen. Er wird gespeist von den Verbrauchsgütern P_K und von Nutzenergie $Q_{E''}$, die zum Heizen, Kochen, zur Nachrichtenübertragung, zum Antrieb von Autos und Flugzeugen und von Spielautomaten und zu Hunderten von anderen Zwecken gebraucht wird und die in ihrer Bedeutung gleichrangig neben den Konsumgütern steht.

In diesem Kasten V möge nun alles angesiedelt sein, was unser Leben lebenswert macht, was uns erst gestattet, Mensch zu sein, und was uns schließlich auch dazu befähigen soll, uns weiterzuentwickeln. Durch den Verbrauch von Gütern und Energie regenerieren wir Menschen uns in diesem Bereich als Individuen wie als Art.

Als Gegenleistung liefern wir dafür die Quelle *Kreativität* Q_K. Alles, was die Ausschöpfung dieser Quelle fördert, hat hier seine Berechtigung, verlangt zu Recht einen angemessenen Anteil an Gütern und Energie. Hier taucht das »jedem nach seiner Leistung, jedem nach seinen Bedürfnissen« der alten Marxisten wieder auf.

Hier ist nicht nur der Unternehmer wie der Arbeiter Berechtigter, sondern jeder, der der menschlichen Gesellschaft etwas gibt – Ausbildung, Kunst, Erziehung, Heranbildung, Betreuung in jeder nur denkbaren Form, Information, gesteigertes Lebensgefühl durch Sport, Reisen und vieles mehr, kurzum alles, was geeignet ist, um

Menschen weiterzubringen und Lebensfreundlichkeit zu schaffen.

Die aus diesem Kasten austretende Quelle Kreativität ist denn auch nicht nur die Kreativität der am Produktionsprozeß Beteiligten, sondern das Ergebnis geistig-seelischen Zusammenwirkens in allem menschlichen Zusammenleben. Sie schafft das, was wir unter dem *Sinn des Lebens* verstehen.

Nicht nur die Weiterbildung unserer intellektuellen Fähigkeiten durch Forschung und Entwicklung gehören hierher, sondern auch alle Anstrengungen, uns sittlich vorwärtszubringen. Diese Bemühungen sind im Augenblick sogar vorrangig, da wir nach aller naturwissenschaftlichen Bildungssteigerung, nach dem Anwachsen unserer materiellen Möglichkeiten geradezu dadurch in Gefahr zu geraten scheinen, daß unsere ethische Entwicklung verharrt. Schutz der Umwelt, Entwicklungshilfe, Verhinderung von Brutalität, von Terror und Kriegen scheinen fast nicht erreichbar, und die Erziehung zu Haß und kriegerischen Absichten ist in einigen Staaten schon im Kindesalter möglich, ohne daß die Verursacher eine sittliche Ächtung trifft. Diese Liste kann hier nur mit einem resignierenden Undsoweiter abgeschlossen werden.

Die Wirtschaft steht vor einer sich unablässig ausweitenden Aufgabe. Sie ermöglicht nicht nur die Aufrechterhaltung des Ordnungssystems Leben im Sinne der Beschaffung von Subsistenzmitteln, sondern immer weiter gehend darüber hinaus auch jener Ordnungssysteme, die über die Zivilisation hinaus die Kultur ausmachen. Die Ordnung, so wie wir sie unter Einsatz der Wirtschaft und der Technik ermöglichen, ist nur im Zusammenhang mit Wertideen denkbar und gestaltbar. Wertverlust bedeutet in diesem Sinn Verlust von Ordnung. In den *Gesammelten Aufsätzen zur Wissenschaftslehre* von Max Weber finden sich die Sätze: »Der Begriff der Kultur ist ein Wertbegriff. Die empirische Wirklichkeit ist für uns ›Kultur‹, weil und sofern wir sie mit Wertideen in Beziehung setzen, sie umfaßt diejenigen Bestandteile der Wirklichkeit, welche durch jene Beziehung für uns bedeutsam werden, und nur diese.«

Als Preis für alle Bemühungen für den Menschen verlangt das System zur Versorgung der Menschheit, das Versorgungsunternehmen Wirtschaft, als Gegenleistung unsere Kreativität und, wenn auch in stark abnehmendem Maße, unsere physische Arbeitsfähigkeit, wie folgende Beispiele zeigen:

Rechnet man die physische Arbeitsfähigkeit des Menschen mit 100 kWh/Jahr und seinen Nahrungsbedarf mit 2,9 Mio. kJ/Jahr, so ist sein Wirkungsgrad etwa 14,5 Prozent. Die physische Arbeitsfähigkeit des Menschen ist im Verhältnis zu seinem Verbrauch – rechnet man noch seinen in der Vergangenheit stark gewachsenen Bedarf an anderen Gütern in ihrem Energieäquivalent neben der Energieaufnahme durch Nahrung (korrekterweise müßte man auch noch den Energieaufwand zur Erzeugung seiner Nahrung einrechnen) in eine solche Wirkungsgradbetrachtung ein – völlig uninteressant in einem Zeitalter, das auf Steigerung des Wirkungsgrades seiner Arbeitsmaschinen, auf ihre vielfältige Wirksamkeit, Zuverlässigkeit und Genauigkeit aus sein muß und damit Werte erreicht, die jeden Menschen unvergleichlich übertreffen. Noch 1960 standen in Deutschland je Arbeiterstunde *nur* die hundertfache Arbeitskraft allein an elektrischer Energie zur Verfügung – eine Generation später, 1990, war es schon mehr als die vierhundertfache. Was soll da der Ruf: »Zurück zum einfachen Leben mit Hacke und Spaten!«

Bezieht man die physische Arbeitsfähigkeit des Menschen auf elektrische Energie, so kostet die vergleichbare Arbeitsfähigkeit bei einer elektrischen Arbeitskraft jährlich etwa 25 DM. Bezogen auf die Anzahl der Jahresarbeitsstunden, die wir Menschen in unserem Beruf verbringen, ist das also etwas mehr als 1 Pf/h. Diese der menschlichen Arbeitsfähigkeit gleichgesetzte billige Arbeitsstunde kostet also nur $^{1}/_{2000}$ oder weniger des menschlichen Stundenlohns. Sie ist es, die unseren Wohlstand ausmacht.

Es ist sehr aufschlußreich, die Hilfe, die uns die elektrische Energie bietet, selbst zu *erfahren,* indem man ein Fahrradergometer mit der Leistung von 100 Watt antreibt und sich vorstellt, daß eine solche zehnstündige Betriebsweise gerade eine Kilowattstunde erbringt, die man für größenordnungsmäßig 25 Pfennig vom Stromlieferanten zu jeder Tag- und Nachtzeit beziehen kann.

Durchschnittlich wurden je Arbeiterstunde in der Bundesrepublik Deutschland im Jahr 1988 etwa 24 kWh an elektrischer Arbeitsfähigkeit eingesetzt. In der Grundstoffindustrie lagen diese Werte erheblich höher. So wurden je Arbeiterstunde in der eisenschaffenden Industrie 86 kWh, in der Chemie rund 92 kWh, in der Papierindustrie 165 kWh eingesetzt.

Mit dem für die jährliche menschliche Arbeitsfähigkeit angegebenen Betrag von 100 kWh standen also durchschnittlich dem Arbeiter in der eisenschaffenden Industrie das 1400fache, in der Chemie das 1500fache und in der Papierindustrie das 2600fache seiner eigenen physischen Arbeitskraft allein an elektrischen Hilfskräften zur Verfügung. Diese Zahlen lassen erahnen, welches Ausmaß an Verminderung menschlicher und tierischer Anstrengung uns die Technik gebracht hat – vermutlich der wesentlichste Beitrag, den der Mensch selbst zur Humanisierung seines Lebens geleistet hat.

Glücklicherweise ergibt sich so durch die Technik ein Moment, das den Menschen selbsttätig aus einer materialistischen Betrachtungsweise als Objekt ausklammert, weil er als Produzent technischer Arbeitsfähigkeit durch körperlichen Einsatz bedeutungslos wird. Je mehr Technik wir haben, je vollkommener sie wirkt, desto mehr bedürfen wir anderer Qualitäten des Menschen, um ihn nützlich wirken zu lassen. Wir werden geradezu gezwungen, die menschlichen Werte weiterzuentwickeln, weil sie es sind, die immer der Maschine überlegen bleiben, aber auch, weil sie zur sicheren Beherrschung der Technik erforderlich sind.

Die Technik hebt die Tätigkeiten des Menschen auf ein höheres und ihm dadurch angemesseneres Niveau. Auch so trägt Technik zur Menschlichkeit bei.

Doch zurück zum Bild 5.

Der Verbrauch der Güter hinterläßt mit A_{RV} und A_{EV} wiederum stoffliche und energetische Abfälle. Während heute noch weitgehend beide Arten von Abfällen, hier wie bei dem Verlassen der beiden Betrachtungsbereiche der Kästen I und K, in die Umgebung zerstreut werden und während das bei der Zerstreuung der Abfallenergie in Form von Wärme wohl weiter so bleiben muß (allerdings auch unschädlich zu gestalten ist), müssen und dürfen die stofflichen Reste nicht nur einfach – und häufig problembehaftet – gelagert oder in die Umwelt zerstreut werden. Sie sollten aus Gründen des Umweltschutzes konzentriert und wieder in den Prozeß Wirtschaft zurückgeführt werden. Rohstoffkreisläufe werden genauso allgemein entwickelt und in sich geschlossen werden müssen, wie man es heute bei Brennstoffkreisläufen in der Kerntechnik bereits entwickelt hat. Umweltfreundlichkeit und Rohstoffausnutzung ergänzen einander.

Diese Aufbereitung von Abfällen im Kasten A oder die sichere Abtrennung von der Ökosphäre erfordern aber wiederum zu ihrer Durchführung Negentropie. Qualitatives Wachstum muß bedeuten, einerseits das breite Spektrum der Güterversorgung mit minimierten Stoffströmen abzudecken und andererseits umweltschädigende Einflüsse dennoch erforderlicher Stoffströme durch Einsatz von Kreativität und umweltfreundlich gewonnener Exergie aufzuheben.

Erinnern wir uns, was im Kapitel *Die Gegensätze und die Hauptsätze* bei der Erläuterung des zweiten Hauptsatzes der Thermodynamik und des Entropiebegriffs über die in dem Zusammenhang gebrauchten Begriffe Ordnung und Unordnung gesagt wurde. Unordnung im Sinne hoher Entropie bedeutete dort den Zustand geringster Unterscheidungsmöglichkeit und damit größter Gleichförmigkeit.

In diesem Sinn sind die Stoffe, die wir heute als Rohstoffe nutzen, mit verhältnismäßig hoher Gleichförmigkeit, also bei hoher Entropie, in der Erdkruste verteilt. Wir müssen Negentropie aufwenden, um sie zu gewinnen, zu konzentrieren, zu transportieren und zu verarbeiten, um sie also in einen Zustand geringerer Entropie zu versetzen.

Die Wirtschaft ist im Bild 5 in einem Gleichgewichtszustand dargestellt und nur eine Momentaufnahme, bei der gerade soviel an den Produktionsmitteln Kreativität, Exergie, Rohstoff eingegeben wird, wie zu der Erfüllung des augenblicklichen Zwecks erforderlich ist.

Nun gibt es aber Dinge, die mittel- oder langfristig im voraus getan werden müssen, um Güter und Energie für spätere Jahre, für unsere Kinder und Kindeskinder, greifbar zu machen. Wir brauchen demzufolge Güter und Energie für heute lebende Menschen, die ihre Gegenleistungen dafür nicht unmittelbar heute an die Produktion von Investitions- oder Konsumgütern meßbar zurückgeben. Der Begriff *meßbar* ist hier natürlich nur in sehr übertragenem Sinne gemeint. Diese Gegenleistungen fließen in Anlagen, Arbeiten, Einrichtungen und Vorhaben, die zukunftgerichtet sind. Wir müssen also Gestaltungsenergie aufwenden, um späteren Generationen die für ihr Leben erforderliche Negentropie verfügbar machen zu können.

Die Grundlagenforschung gehört in diesen Bereich genauso wie Ausbildung und Bildung überhaupt, aber auch neue Fabriken zählen dazu, die erst in zehn Jahren zu produzieren beginnen. Und hierzu gehören auch Staudämme, die noch später Bewässerung und urbares Land bringen, gehören auch neue Verfahren, die rohstoffökonomischer, energiesparender, umweltfreundlicher sind, aber vielleicht erst in zwei oder drei Generationen genutzt werden können, sich also erst ab da *bezahlt* machen. Schließlich ist die Streckung der begrenzten Öl- und Erdgasvorräte eine der wichtigsten dieser Aufgaben, zieht man die Folgerungen aus den bisherigen Ölkrisen.

Diese Leistungen fließen aber auch in Anlagen und Einrichtungen, die erneuert werden müssen und die andere, später gefragte, neue oder bessere Produkte herstellen werden. Sie müssen aber auch in einem heute immer noch unterschätzten Maß als Sach- und Dienstleistungen in die Entwicklungshilfe fließen, denn das ist vordringlich die Aufgabe, die die Menschheit insgesamt mit dem Ziel einer langfristigen Zukunftssicherung hat, sollen nicht Lebensräume zerstört werden.

In diesem Sinn ist das Schema in Bild 5 noch um ein Kästchen für die Zukunftssicherung Z zu ergänzen.

Die längeren, aber ergiebigeren Produktionswege gelten eben nicht nur in singulärer Betrachtung für jedes einzelne Produkt, sie stellen sich mit ihrer Verwobenheit auch in der Gesamtheit dieser in die Zukunft gerichteten Aktivitäten dar, von denen man häufig nicht voraussagen kann, in welchen Feldern sie dem Menschen zu nutzen vermögen.

Wir sind es gewohnt, in einer Volkswirtschaft zu leben, die in ausreichendem Maß Verbrauchsgüter produziert und angesichts einer hartnäckigen Arbeitslosigkeit Gedanken nach einer Verminderung der Arbeitszeit aufkommen läßt. In Anbetracht der immer dringlicher werdenden Zukunftsinvestitionen sollten wir statt einer Verkürzung der Arbeitszeit die Vollbeschäftigung dadurch wieder anstreben, daß wir für die Zukunft planen, bauen, forschen und entwickeln, daß wir Kapital produzieren, aber auch denen helfen, die ohne unsere Technik und Organisationsfähigkeit nicht aus ihrer mißlichen Lage herausfinden. Wir werden unsere Probleme nicht bewältigen, indem wir weniger arbeiten, sondern vermutlich nur durch Mehrarbeit. Wir werden diese Mehrarbeit sinnvoll aber nur verrichten können, wenn wir durch Aus- und Weiterbildung die Menschen befähigen, wachsende Anforderungen an ihre Kreativität zu erfüllen.

So wie es Hunger weltweit nicht mehr zu geben brauchte, wenn die Menschheit ihre Anstrengungen voll auf humanitäre Ziele und weniger auf Machtansprüche und ihre Verwirklichung lenkte, so brauchte es auch keine Arbeitslosigkeit zu geben, wenn die Hilfe beim Aufbau der Dritten Welt und der Staaten des ehemaligen Ostblocks, die dafür erforderliche Güterproduktion, nicht als ein Samariterakt, sondern – richtiger – als Zukunftssicherung für alle verstanden würde, ebenso wenn wir die langfristigen und dringlichen Zukunftsaufgaben des Schutzes unserer Welt und der langfristigen Energie- und Gütervorsorge anpackten.

Wir erleben heute hautnah, welche Schwierigkeiten und Probleme sich auftun, einen durch Ideologie völlig heruntergewirtschafteten Staat wie die ehemalige DDR wieder aufzubauen. Der Aufbruch im östlichen Europa wird sich möglicherweise sogar noch schwieriger gestalten, weil neben dem Fehlen von mit marktwirtschaftlichen Organisationsformen vertrauten Eliten auch die Ordnung der Systeme noch nicht einen Zustand erreicht hat, bei dem ausländisches Kapital freiwillig in diese Länder strömt.

Doch kehren wir zur allgemeinen Betrachtung zurück.

Manche der heutigen Schwierigkeiten, Zustimmung zu neuen Techniken in der Öffentlichkeit zu erhalten, scheinen darin begründet zu sein, daß die natürliche Vorratswirtschaft des Menschen sich über Jahrtausende immer nur auf die Perioden von Ernte zu Ernte erstreckte. Eine Energie- und Rohstoffwirtschaft, die auf voraussichtliche schwere Mangelerscheinungen in zehn Jahren oder in der nächsten Generation hinweist, wird angesichts eines momentanen Überflusses überhaupt nicht verstanden, nicht zuletzt, weil die Marktwirtschaft auf kurz- und nicht auf langfristige Signale reagiert. Die Sorge vor einer Zerstörung unserer Erde durch Abholzung und durch Überweidung scheint gering zu sein bei denen, die fernab leben und keinen Hunger leiden, und sie kann nur geringes Gewicht haben bei denen, die um des augenblicklichen Überlebens willen diese Schädigung hervorrufen müssen. Energie zu sparen, Rohstoffe haushälterisch zu verwenden, menschliche Kreativität optimal einzusetzen müßte eine Selbstverständlichkeit sein in einer Notlage, die wir für die Versorgung der Menschheit heraufkommen sehen. Nur, das intensivste Sparprogramm, selbst wenn es befolgt würde, gibt uns nur wenige Jahre Aufschub für die Lösung von Problemen. Es liegt in der Logik exponentiellen Wachstums, daß eine wünschbare Verminderung der Zuwachsraten bei den reichen Ländern, in denen noch gespart werden kann, ohne existentielle Gefährdungen für Millionen Menschen heraufzubeschwören, nur einen Zeitaufschub von einigen Jahren bringt. Gerechnet auf das Jahr 2000 werden bei starkem Sparen in den Industriestaaten im Jahr 2010 die gleichen jährlichen Energiemengen gebraucht, die ohne Einsparung zehn Jahre früher erforderlich sind. Wir müssen demzufolge jedes Sparen schnellstmöglich in Zukunftssicherung umsetzen. Es gilt, nicht weniger zu produzieren, sondern unsere produktiven Fähigkeiten so auszurichten, daß Engpässe vermieden oder aufgehoben werden.

Angesichts der Energiemangellage, die für die Welt als Ganzes bereits heute herrscht, sind Sparappelle bei den Industrieländern sinnvoll. Energiesparen als größte Energiequelle zu bezeichnen, das ist jedoch nicht durchdacht angesichts des Umstands, daß nach der Studie der Weltenergiekonferenz *(World Energy – Looking ahead to 2020)* die Dritte Welt im Jahre 2020 allein mindestens soviel Energie brauchen wird wie heute die ganze Welt. Soll dann etwa der

Energieverbrauch der industrialisierten Welt in Ost und West auf den Wert Null sinken? Und woher kommt die Energie für die Dritte Welt, wenn Öl und Erdgas zur Neige gehen? Bestünde heute weltweit keine Unterversorgung an Energie, dann müßte bereits jetzt etwa das Doppelte der heute weltweit verbrauchten Energiemenge verfügbar und gerecht verteilt sein.

Wir müssen dagegen die Wachstumsraten im Energieverbrauch erheblich steigern und die Energie gerecht verteilen, um daraus Exergie zu schaffen und mit ihr Kapital zu bilden, das Investitionen zur Zukunftssicherung und langfristigen Begrenzung von Not ermöglicht. So ließe sich ein bremsender Effekt auf das Bevölkerungswachstum erzielen (wie anhand der Bilder 1 und 2 dargestellt). Nur eine schnell und nachhaltig das Bevölkerungswachstum überholende Produktion von Nahrung und anderen Gütern hilft hier.

Daß das Bevölkerungswachstum nach ausreichender Versorgung der Menschen mit Gütern nur dann abgebaut wird, wenn auch religiöse und rituelle Tabus verschwinden, sei nicht verschwiegen. Diese Tabus entstanden einst aus religiösen, medizinischen, sozialen, kurz aus humanitären Gründen. Sie werden in alten Religionen, denen die Frische des Religionsstifters abhanden gekommen ist, zu einem stützenden Formelgerüst. Ein heutiger Religionsstifter würde angesichts der Erwartung von 5 Milliarden schlecht oder unterversorgter Menschen der Dritten Welt im Jahr 2000 die Familienplanung in der Dritten Welt zu seinem obersten humanitären Ziel setzen. Es sind viele heilige Kühe zu schlachten – nicht nur in Indien.

Um es erneut eindringlich zu wiederholen: Die Reduzierung der Zuwachsraten im Weltenergieverbrauch ist nicht das Problem, sondern die Reduzierung der Zuwachsraten der Weltbevölkerung. Dieses Ziel zu erreichen, dazu brauchen wir mehr und nicht weniger Kreativität und Exergie.

Nun werden weitaus nicht alle Güter zur Deckung des Lebensbedarfs der Menschheit gefertigt oder Investitionen für die Zukunft gemacht. Manche Länder meinen, ihre Zukunft dadurch besser zu sichern, daß sie in Waffen investieren. Kriege werden geführt, die letztendlich nur dem Ziel dienen, strategische Positionen zu gewinnen oder zu halten, Ausgangspositionen für die eigene Energie- und Rohstoffversorgung zu gewinnen oder zu festigen, ohne Rücksicht auf die Welt und auf die übrige Menschheit.

In das Schema der Produktionsfaktoren und ihres wirtschaftlichen Zusammenwirkens nach Bild 5 ließe sich auch noch ihre Bindung in Rüstungsausgaben, Kriegskosten und -verluste eintragen. So dürfte beispielsweise der Golfkrieg mit seinen Folgelasten größenordnungsmäßig dem Zehnfachen des Aufwandes entsprechen, den OECD und OPEC im Jahr 1991 der Dritten Welt als Hilfe angedeihen ließen.

Sieht man einmal davon ab, oder besser: vertraut man darauf, daß das Sprichwort vom Krieg als Vater aller Dinge in der naturwissenschaftlich-technischen Welt seine Bedeutung verlieren muß, so bleibt in dem für diesen Bereich darzustellenden Kasten Krieg oder Rüstung R keine nützliche Komponente für den Menschen. Er stellt im wahrsten Sinne nichts weiter dar als eine Umweltschädigung mit der Vergeudung von Kreativität, Exergie, Rohstoff und in viel schlimmerem Maße noch die Vernichtung von Menschen, Völkern und Kulturen. Er ist Entropievermehrung aus sittlicher Unreife der Menschen.

5.5 Kapital – Zeit und Prioritäten

Ein großer Teil der nicht fachbezogenen Literatur zu dem Thema *Energieversorgung – Rohstoffversorgung* hat eine pessimistische Grundtendenz, die aussagt, wir seien zur Zeit dabei, nicht nur die in Jahrmillionen aufgebauten fossilen Energievorräte, sondern auch Rohstoffe, vor allem Metalle, in wenigen Generationen aufzuzehren und damit die Überlebensfähigkeit späterer Generationen auf dieser Erde zu gefährden. Danach leben wir weit über unsere Verhältnisse und werden innerhalb einer kurzen Zeitspanne umzudenken haben in Richtung auf eine besonnene Lebensweise, die nicht nur die in der Natur vorhandenen Vorräte streckt, sondern gleichzeitig auch neue Rohstoffe, die in ausreichendem Maß vorhanden sind, als Ersatz verwendbar macht. Außerdem, so heißt es, sei die bei dem Abbau dieser Vorräte durch den Menschen hervorgerufene Zerstörung der Lebensbedingungen auf der Erde lebensgefährlich. Bücher wie *Grenzen des Wachstums* gehen davon aus, daß Verbrauchseinschränkungen rigoroser Art ohne Beachtung von Übergangsfunktionen zur Lösung dieser Aufgaben beizutragen haben.

Ich befürworte diese Haltung, was einen sparsamen und vernünftigen Umgang mit den uns anvertrauten Rohstoffen und Primärenergien angeht, denn tatsächlich wird die Menschheit in gut einer Generation mehr an fossilen Energien verbrauchen, als alle bisher auf der Erde gewesenen Menschen zusammen verbraucht haben – und das wird wiederum größenordnungsmäßig die Hälfte aller noch vorhandenen und mit heutigen Methoden abbaufähigen Vorräte an fossilen Energien sein.

Ich halte die rigorose Forderung nach Verbrauchseinschränkung jedoch da für falsch, wo sie die kreativen Fähigkeiten der Menschen außer acht läßt. Ich halte sie auch da für falsch, wo sie die naturwissenschaftlich-technische Weiterentwicklung nur mit einem negativen Grundton bewertet. Erinnern wir uns an Malthus. Ihm folgte Liebig mit seiner Theorie der gezielten Düngung. Sie führte wiederum wenige Generationen später durch die Bereitstellung von chemisch erzeugtem Dünger zu einer Vervielfachung der landwirtschaftlichen Erträge.

Der Boden ist zwar nicht vermehrbar, aber durch das Zusammenwirken von Kreativität, Exergie, Rohstoff konnten seine Erträge so weit gesteigert werden, daß einem Teil der Menschheit Hunger heute unbekannt ist. Daß dennoch noch Hunderte von Millionen Menschen Hunger leiden oder sogar durch ihn in ihrer Existenz bedroht sind, ist jedoch nicht eine Folge von zuviel, sondern von heute immer noch zuwenig angewendeter Technik, insbesondere aber zurückzuführen auf einen Mangel an Energie und damit an Arbeitsfähigkeit, der sich auch auf die Beschaffung von Süßwasser, Düngemitteln und die Verarbeitung landwirtschaftlicher Produkte erstreckt.

Bei allen diesen Vorschlägen wird nicht genügend bewertet, daß es vor allem der *Mangel an Kapital und Zeit* ist, der uns begrenzt. Sie haben demzufolge die *Prioritäten* zu setzen.

Zwanzig Jahre nach dem ersten Bericht des MIT an den Club of Rome *(Grenzen des Wachstums)* erschien 1991 ein neuer Bericht des Clubs »Die globale Revolution«. Die Besorgnis, die dieser Bericht ausdrückt, ist noch schärfer formuliert, als es in der kritischen Würdigung des Club of Rome zu »Grenzen des Wachstums« seinerzeit geschah.

Damals fand sich in dieser kritischen Würdigung kein Wort zur Kernenergie und zum Thema »Verschlechterung des Mensch-Umwelt-Systems« in bezug auf die Technik nur eine negative Feststellung:

»Aus diesem teuflischen Regelkreis können uns technische Lösungen allein nicht herausführen.« Nun wird niemand behaupten, daß technische Lösungen *allein* dazu ausreichten. Aber, wie weit sie zu helfen vermöchten, scheint mir einer Betrachtung wert, zumal sich in »Grenzen des Wachstums« in dem Kapitel »Technologie und die Grenzen des Wachstums« bereits damals, vor 20 Jahren also, der Hinweis findet: »Es ist jedoch wahrscheinlich, daß eine Gesellschaft, der große Mengen von Kernenergie zur Verfügung stehen, die Freisetzung industriell entstehender Schadstoffe auf technischem Weg weitgehend verhindern kann.« Hätte man nicht schon damals vom Club of Rome im Hinblick auf den Umweltschutz nach dieser Anregung den Gedanken der Austauschbarkeit der Produktionsfaktoren, wie er hier im Kapitel 5.3 erläutert wurde, gerade unter dem Gesichtspunkt weitergehenden Einsatzes der Kernenergie verfolgen müssen?

Zwanzig Jahre später finden sich nun in »Die globale Revolution« Sätze wie: »Der sogenannte Treibhauseffekt, der bei weitem bedrohlichste Schaden« usw.

Der Weltenergieverbrauch hat sich von 1970 bis heute um mehr als das 1,5fache gesteigert, und der Stromverbrauch hat sich sogar mehr als verdoppelt, wobei etwa 70% aus herkömmlicher Wärmeenergie gedeckt werden. Der Stromverbrauch ist naturgemäß hoch in den Industriestaaten, die zudem über ausreichende Investivkraft und ausgeformte Infrastruktur verfügen. Sie wären leicht in der Lage gewesen, die – dazu noch wirtschaftlich vorteilhafte – Kernenergie in stärkerem Maß einzusetzen und damit größenordnungsmäßig vielleicht 1 Mrd t SKE an fossilen Energien jährlich einzusparen. *Hätte der Club of Rome nicht bereits damals mit einer Empfehlung die Kernenergie in technisch hoch entwickelten Staaten stützen müssen?* Der Weltenergiemarkt wäre so entlastet und die Umwelt geschützt worden.

Und heute kommt er hinsichtlich der regenerativen Energien wieder zu dem Ergebnis wie vor zwanzig Jahren: »Zweifellos kann auch auf alternative und sanfte Energien ... zurückgegriffen werden, doch gemessen am gegenwärtigen Stand der Entwicklung werden sie wahrscheinlich nicht rechtzeitig zur Verfügung stehen, daß sie die notwendigen Einschränkungen beim Verbrauch fossiler Brennstoffe auszugleichen vermögen«, um dann zu diesen alternativen Energien an späterer Stelle fortzufahren: »... erfordert ein weltweites Sofortprogramm von ungefähr demselben Umfang wie seinerzeit das Mondlandungsprogramm der Amerikaner.«

Der Club of Rome schätzt also ein, daß die regenerativen Energien nicht rechtzeitig zur Verfügung stehen, er will aber gleichzeitig große Beträge an Kapital und Entwicklungspotential binden. Ist das nicht geradezu kopflos agiert in der heutigen Weltlage?

Damals hieß es in der Bewertung des MIT-Berichts »Grenzen des Wachstums« durch den Club of Rome zu dem gleichen Thema:

»Es wurde eingewendet, die Möglichkeiten der Wissenschaft und des technischen Fortschritts bei der Lösung bestimmter Probleme seien nicht genügend berücksichtigt. Dies bezieht sich ... auf die Erzeugung oder Nutzbarmachung praktisch unbegrenzter Energiemengen, einschließlich der schadstoffreien Sonnenenergie und ihres Einsatzes zur Synthese von Nahrungsmitteln aus Luft und Wasser und zur Gewinnung nützlicher Mineralien aus Gestein. Es bestand jedoch Übereinstimmung, daß derartige Entwicklungen wahrscheinlich zu spät genutzt werden könnten, um Übervölkerungs- und Umweltkatastrophen abzuwenden.«

Zur Kernenergie gibt es wiederum heute, 1991, am Ende einer Einsicht in ihre Notwendigkeit nur eine abwertende Bemerkung: »Heute jedoch räumen wir widerwillig ein, daß die Verbrennung von Kohle und Öl aufgrund des dabei entstehenden Kohlendioxids für die Gesellschaft wahrscheinlich noch gefährlicher ist als die Atomkraft.

Darum gibt es triftige Gründe dafür, die nukleare Option offenzuhalten und Schnelle Brüter zu entwickeln. Allerdings müssen wir darauf hinweisen, daß die Wahl dieser Option nur eine Teillösung bringt. In der kurzen Zeit, die uns noch bleibt, um den CO_2-Gehalt zu reduzieren, dürfte es nahezu unmöglich sein, die notwendigen Anstrengungen für den Bau einer ausreichenden Zahl von Atomkraftwerken zu unternehmen und das erforderliche Kapital zu beschaffen.«

Was heißt es, eine Option offenzuhalten, wenn es doch nahezu unmöglich sein soll, das erforderliche Kapital zu beschaffen, und zwar für eine Energieerzeugung wie die Kernenergie, die entwickelt und erprobt, die wirtschaftlich ist und die mehr als eine Größenordnung weniger kapitalintensiv ist als beispielsweise Strom aus Sonnenenergie.

Hat der Club of Rome einmal untersuchen lassen, um wieviel kapitalintensiver alternative Energien sind, für die er ein umfassendes »Weltprojekt zur Entwicklung alternativer Energien« fordert?

Und was heißt, eine Option offenzuhalten, zeitlich? Vielleicht bis zum nächsten Bericht des Club of Rome in zwanzig Jahren?

Wie hält man ausreichend Wissenschaftler, Ingenieure, Facharbeiter und Infrastruktur vor für einen nur in großem Maßstab sinnvollen und helfenden Einsatz der Kernenergie angesichts der Engpässe Kapital und Zeit?

Werden fossile Brennstoffe knapp oder ihre Nutzung aus Gründen des Umweltschutzes beschränkt, so bleibt uns nur die Kerntechnik, da sie mit wesentlich geringerem Aufwand Exergie zu gewinnen gestattet als alle anderen Möglichkeiten, die wir in den nächsten ein oder zwei Generationen verfügbar haben, insbesondere aber als die sogenannten regenerativen Energiequellen. Auf die Kernenergie bezogen, bedarf es keiner Einschränkung an sinnvoll aufgewandter Energie.

Die *alternativen* Energien sind dagegen so energie- und rohstoffaufwendig, daß wir sie uns in großem Umfang eigentlich erst dann leisten können, wenn es uns gelungen ist, durch Einführung der Brutreaktoren oder der Fusionsreaktoren unbegrenzt Exergie preiswert verfügbar zu haben. Die energiearmen Länder der Dritten Welt sind noch weniger in der Lage, die hohen Kapitalströme aufzubringen, die vor jeder Nutzung alternativer Energien erforderlich sind. Setzen wir die *alternativen Energien* heute durch, dann wird uns der material- und energieaufwendige Aufbau ihrer Nutzung vermutlich so viel an knappen fossilen Energien vorab kosten, daß diese noch schneller aufgezehrt sein werden. Die gegenüber anderen Strategien des Aufbaus einer Energieversorgung demzufolge übermäßig erforderliche Verbrennung dieser fossilen Energien gefährdet zudem unser Ökosystem. Möglicherweise verfehlen wir so, wegen des unwiederbringlichen Verbrauchs der fossilen Energieträger, auf immer das Ziel einer ausreichenden Energieversorgung und erkennen zu spät, daß wir Illusionen aufgesessen sind. Insbesondere die Sonnenenergienutzung zur Stromerzeugung, Meerwasserentsalzung und Wasserstoffgewinnung wird erst nach Einführung der Kernenergie an Bedeutung gewinnen. Und das ist durchaus zu verstehen, denn so wie es Regionen in unserer Welt gibt, in denen mit regenerativen Energiequellen nichts oder nicht viel zu gewinnen ist, so gibt es auch Gebiete, die in dieser Hinsicht klimatisch begünstigt sind, die aber noch auf lange Zeit nicht die Infrastruktur besitzen, um Kernkraftwerke oder große Kohlekraftwerke oder Kohleumwandlungsanlagen bei sich betreiben zu können. In solchen Gegenden wird die Sonnenenergie eine gebührende Rolle übernehmen können, wenn in ausreichenden Mengen billige Exergie zur Verfügung steht, solche Anlagen zu erschwinglichen Preisen in kapitalschwachen, aber für regenerative Energien geeigneten Volkswirtschaften anbieten zu können.

Kernenergie vermag in den Industriestaaten jenes hohe Maß an *preiswerter umweltfreundlicher* Exergie zu schaffen, das die nutzbringende Verwendung regenerativer Energien in Entwicklungsländern möglich macht, weil mit ihr die großen Mengen an Material zu gewinnen und zu verarbeiten sind, die der Aufbau von alternativen Energiesystemen erfordert.

Warum glaubt man, dieses Potential dann nicht einsetzen zu dürfen, wenn sich herausstellt, daß das ständige Energieeinkommen aus erneuerbaren Quellen nicht groß genug oder nicht rasch genug zu steigern ist, um Hungernden zu helfen und eine rasch fortschreitende Zerstörung unseres Planeten abzubremsen? Kann man erwarten, daß die hungernden Menschen in der Sahelzone Verständnis für solche Überlegungen aufbringen?

Der Produktionsfaktor Kreativität bürgt auch dafür, daß der jeweilige erreichte Stand der Technik und ihre Hilfe für die Menschheit nicht festgeschrieben werden. Kreativität bedeutet schließlich auch fortwährende Suche nach Neuem und Besserem. Sie wird so zum Motor der Innovationen. Innovationen lassen sich zwar nicht befehlen, aber es läßt sich ein Klima schaffen, in dem sie gedeihen. Innovationen ermöglichen es, mit einem geringeren Aufwand von Negentropie bisherige Ordnungszustände zu erhalten oder bei gleichem Aufwand höhere Ordnungszustände zu gewinnen. Kreativität wird so zum stärksten Antrieb der Evolution des Menschen. Durch sie werden auftretende Veränderungen in den Lebensbedingungen nicht mehr durch den langwierigen und leidvollen Vorgang der Anpassung des menschlichen Organismus bewirkt, sondern dadurch, daß sie den Menschen fähig macht, früh erkannte nachteilige Veränderungen in seiner Umwelt zu bremsen, rückgängig zu machen oder durch andere Maßnahmen in ihrer Wirkung zu mildern oder zu beseitigen und so auch seine Lebensfähigkeit zu verbessern.

Wir würden diese Förderung wieder auslöschen, wenn wir nur jenen Teil der Kreativität als menschlich ansähen, der über sogenannte humanitäre Hilfe Medikamente und Nahrung verteilt, um kurzfristiges Überleben zu ermöglichen, nicht aber jenen, der die heutige Technik optimal dazu anwendet, langfristig ausreichend Güter zu schaffen und Not zu lindern.

Neben die drei Produktionsfaktoren *Kreativität, Exergie, Rohstoff* tritt als gewichtiger weiterer Faktor die *Zeit.* Sie steht in einer Wechselbeziehung mit dem Kapital. Ausreichendes Kapital gestattet Forschung, Entwicklung und Einführung technischer Maßnahmen in kürzerer Zeit – und umgekehrt. Zeit, die wir mit Palaver verlieren, mit mühsamen Erörterungen über vermeintlich unerträgliche Gefahren heutiger Technik, vernichtet Kapital. In dem Maß, in dem wir sie vertun, müssen wir zudem weiter Rohstoffe verschwenden und die Umwelt schädigen, weil bessere Lösungen zunächst verhindert werden. In dem Maß, in dem wir sie vertun, verlängern wir die Leiden in der hungernden Welt.

In vielen Darstellungen wird das Bruttosozialprodukt in Verbindung mit dem Energieaufwand gezeigt und von einer notwendigen Entkoppelung beider gesprochen, in der Meinung, der Energieverbrauch müsse so begrenzt werden, daß bei gleichem oder wachsendem Bruttosozialprodukt weniger Energie gebraucht werde. Dies ist nur so lange sinnvoll, wie es gilt, Energieverschwendung abzustellen, und wie Energie knapp ist. Ist Energie ausreichend vorhanden, gewinnen andere Entkoppelungen vorrangige Bedeutung, jene nämlich, bei denen knappe Rohstoffe gespart werden, oder jene, die bei gleichem Bruttosozialprodukt die Umwelt verbessern – selbst mit einem Mehraufwand an Energie. So wird die wiederholte Verwendung von knappen Stoffen in vielen Fällen zu einem Mehraufwand an Exergie führen.

Ich halte deshalb die Abhängigkeit des Bruttosozialprodukts vom Energieverbrauch für nicht annähernd so bedeutsam, wie sie heute dargestellt wird, und meine, daß es eine Reihe wesentlicher anderer Größen im Verhältnis zum Bruttosozialprodukt gibt, bei denen die Entkoppelung vordringlicher, lebenswichtiger ist, auch um den Preis von mehr Kraftwerken, mehr Chemieanlagen und mehr Stahlwerken. Genauso wie der Energieverbrauch läßt sich beispielsweise der Kupferverbrauch zum Bruttosozialprodukt in Beziehung setzen. Soll man Kupfer sparen, indem man das mit mehr Energieaufwand zu gewinnende Aluminium verwendet, oder spart man statt dessen besser den Strom, der zur Aluminiumproduktion gebraucht wird?

Es gibt eine Vielzahl solcher *Statt-dessen-Vorgänge.* Folgen wir der Überlegung, daß – falls wir die Kerntechnik rechtzeitig nutzen – Exergie unbegrenzt verfügbar sein kann, dann wird man annehmen dürfen, daß in einigen Jahrzehnten möglicherweise der Energieverbrauch schneller steigt als das Bruttosozialprodukt, und zwar zugunsten anderer Einsparungen und einer Verbesserung der Umweltbedingungen, dann ist es vielleicht interessant oder sogar wichtig, andere Sachverhalte vom weiter wachsenden Bruttosozialprodukt abzukoppeln, etwa das Anwachsen des Mülls, den Anstieg der Spurengase in der Atmosphäre, die Länge der Verkehrsstaus usw.

Bruttosozialprodukt, was ist denn das schließlich? Es ist der Bau und Betrieb von Krankenhäusern und Schulen, der Konsum von Zigaretten und Alkohol, die Produktion in der Landwirtschaft wie die Aufwendungen im Verteidigungshaushalt, die Heilung von Verkehrsopfern wie Suchtkranken, Forschung und Lehre, Leistung für die Entwicklungshilfe und vieles mehr über die Produktion an Verbrauchsgütern hinaus.

Bruttosozialprodukt, was ist das nicht? Das ist nicht Hilfsbereitschaft und menschliche Wärme, das ist nicht die Mühe der Eltern mit ihren heranwachsenden Kindern, das ist nicht die dem Menschen helfende Idee, nicht die ihn zu Ausbeutungs- und Manipulierzwecken in die Irre führende Ideologie, nicht die Schöpfung von Kunstwerken, die noch nicht vermarktet sind.

Demzufolge hat das Bruttosozialprodukt in dieser Überlegung keinen Raum. Es ist zu wenig aussagefähig als ein Indikator von Menschlichkeit – allenfalls dann vielleicht, wenn man das Verhältnis von Rüstungsausgaben oder Mitteln für die Entwicklungshilfe zu ihm in Relation setzt. Tut man das, so wird sich wenigstens ein grober Indikator für die Friedensliebe und Hilfsbereitschaft einer Nation oder einer von ihr vertretenen politischen Idee ergeben.

Und was heißt Entkoppelung von Bruttosozialprodukt und Energieverbrauch? Eine Volkswirtschaft, die zu einer reinen Dienstleistungsgesellschaft geworden ist, würde die höchste Entkoppelung erreichen. Sie würde damit jedoch, solange ihr Güterverbrauch – also der materielle Lebensstandard – gleich bleibt, nur scheinbar weniger Energie verbrauchen, jenen Betrag weniger nämlich, der zur Herstellung der einzuführenden Güter erforderlich ist. Dieser Energiebetrag müßte aber dennoch aufgewendet werden, nämlich da, wo die Güter statt dessen produziert werden. Und wird nicht dort, wo hohe Energiemengen verbraucht werden, also in energieintensiven Industrieregionen und bei der Großserienfertigung, immer das Streben nach Wirkungsgradverbesserung, nach Energieeinsparung herrschen? Wird nicht der Kostenfaktor Energie in solchen Volkswirtschaften die höchstmögliche technisch sinnvolle Entkoppelung erzwingen? Es entspricht zudem auch der Psyche des Menschen, da rational vorzugehen, wo es nicht um sein direktes persönliches Wohl und Verhalten geht – er wird beispielsweise da, wo er beruflich wirkt, mit äußerster Akribie sparen, jedoch da, wo es um seine täglichen Gepflogenheiten geht, großzügiger sein.

Der funktionale Zusammenhang zwischen Energiebedarf und Bruttosozialprodukt ist rein zufällig so stark in das Blickfeld der Öffentlichkeit gerückt, weil Energie ein sehr knappes Gut zu werden droht und ihre Gewinnung und Umwandlung in Exergie die Umwelt gefährden kann. Ist Energie mengenmäßig unbegrenzt und ohne Gefährdung von Mensch und Umwelt verfügbar, verliert dieser Zusammenhang gegenüber anderen Engpässen und Gefährdungen seine Bedeutung.

Ersparnis an nicht vermehrbaren Gütern wie Umwelt und langfristig unersetzbaren Rohstoffen muß dann Vorrang haben vor Energieeinsparung, auch dann, wenn Rohstoffersparnis und Umweltschonung nur um den Preis eines höheren Energieaufwandes zu erhalten sind.

Deshalb erscheint es zweckmäßiger, den Verbrauch an knapp werdenden Rohstoffen in Relation zu einer definierten Lebensgüte zu messen und bei gleicher Lebensgüte möglichst geringen Verbrauch an nicht erneuerbaren oder wiedergewinnbaren Stoffen zu erreichen.

Was ist jedoch Lebensgüte?

Sicherlich ein schwer greifbarer, unterschiedlich aufzufassender Begriff.

Geben wir uns mit einer unvollkommenen Definition zufrieden, so gehören zur Lebensgüte sicherlich Dinge wie die Lebenserwartung, die (geringe) Quote der Säuglingssterblichkeit, die durchschnittliche Ausbildungsdauer, die soziale Sicherung, die Wohnfläche und die Energiedienstleistungen je Haushalt. Hierhin gehören aber auch die Aufwendungen für Weiterbildung, für Forschung und Entwicklung, für die Kunst, für Kranke und Alte. Lebensgüte ist keine Sache des Augenblicks. Sie muß langfristig angelegt sein, demzufolge ist die Struktur der gesamten Bevölkerung ein wichtiger Indikator. Lebt eine Nation lange in Frieden und Wohlstand, dann folgt hohe Lebenserwartung, dann ergeben sich nicht ausgezackte Diagramme des Altersaufbaues, weil ganze Generationen durch Kriege hingerafft werden, dann ist eine gesunde Basis an jungen Menschen da, die zahlenmäßig ausreichen, Bürden von vorangehenden Generationen zu übernehmen.

Langfristig gesicherte Lebensgüte muß aber auch die Entwicklungshilfe einschließen, und sie muß gewahrt werden können bei minimalem Aufwand für Verteidigungsausgaben.

Ich habe früher den Begriff *Lebensfreundlichkeit* gebraucht und möchte ihn höher einordnen als *Lebensgüte,* weil er mehr als die materiellen Erfordernisse zum Leben ausweist. Lebensfreundlichkeit umfaßt zusätzlich die mehr gefühlsmäßigen Dinge des Lebens, beispielsweise das Verhältnis von Eltern und Kindern zueinander, die Zuvorkommenheit bei Behörden, eine verständige Rechtsprechung – sie ist gewissermaßen *der gute Ton* in allen Lebenslagen.

Ein Höchstmaß an Lebensfreundlichkeit zu erreichen ist entscheidender, als über die Entkoppelung von Bruttosozialprodukt und Energieverbrauch nachzudenken (weil so möglicherweise politisch schwierig erscheinende Entscheidungen auf später verschoben werden können).

6. Wege in die Zukunft – Zur Strategie der Energieversorgung

> Zehnmal zehntausend Mann zogen drei Monate hindurch die Steine von den Brüchen zum Nil. Wieder zehnmal zchntausend Mann schafften dann die Steine über den Fluß zu dem Platz, wo die Pyramide stehen sollte. Alle zusammen aber hatten vorher zehn Jahre lang an dem Weg gebaut, worauf sie die Steine zogen.
>
> *Herodot über den Bau der Cheopspyramide*

6.1 Von den Möglichkeiten und Grenzen der Energieversorgung

Eine Flut von Veröffentlichungen zur Frage der Energieerzeugung wird begleitet von technischen Vorschlägen zur Lösung der Aufgabe. Begriffe wie Kraft-Wärme-Koppelung, dezentrale Versorgung (small is beautiful), Kombi-Kraftwerke, regenerative Energien und Wasserstofftechnologie begegnen uns täglich. Sie richtig einzuordnen und zu werten, dazu bedarf es eines energiewirtschaftlichen und energietechnischen Grundverständnisses.

Alle Produktion und jede Dienstleistung sind abhängig von dem Einsatz von Arbeit, die wir, so haben wir bereits früher gesehen, mit wachsender Tendenz und auch heute schon weitaus überwiegend aus technischen Prozessen gewinnen. Der Siegeszug der Dampfmaschine bis zu ihrer Weiterentwicklung zu den heutigen Kraftwerken hat diejenigen hohen Beträge an Arbeit erzeugt, die erforderlich waren, unsere Zivilisation zu entwickeln. Weit größere Beträge an Arbeit werden erforderlich, auch die Länder des ehemaligen Ostblocks und der Dritten Welt zu entwickeln, und zwar – wie in Kapitel 3 dargestellt – als Vorbedingung, um langfristig die Lebensfähigkeit auf unserer Erde zu erhalten, das Bevölkerungswachstum auf friedliche Weise zu bremsen und das Biotop Erde erträglich zu gestalten.

Daß die vom Weltenergierat geschätzten verfügbaren Energiemengen nicht ausreichen werden, eine wünschbare Versorgung für alle Menschen zu erreichen, wurde ebenfalls bereits erörtert. Entsprechend der heutigen Versorgungsstruktur, aber auch im Hinblick auf die langen Vorlaufzeiten bei der Einführung neuer Strukturen und auf den dabei erforderlichen hohen Kapitalaufwand, aber auch im Hinblick auf die hohen in die heutige Struktur investierten Kapitalbeträge wird die Energieversorgung zumindest in der ersten Hälfte des nächsten Jahrhunderts weitaus überwiegend durch die fossilen Energien Kohle, Öl und Erdgas gesichert werden müssen.

Nun ist die Frage dieser mengenmäßigen Sicherung der Energieversorgung nicht nur davon abhängig, daß ausreichende Lagerstätten vorhanden sind, sondern auch davon, daß die Verfügungsmöglichkeit für die nachfragenden Länder nicht durch wirtschaftliche oder politische Hemmnisse begrenzt ist, daß also wirtschaftspolitische, strategische, ökologische oder andere Grenzen ihren Abbau, ihren Transport oder ihren Einsatz einschränken.

Sieht man einmal von dem Umstand ab, daß die fossilen Energien eigentlich in schnell wachsendem Umfang der Dritten Welt verfügbar gemacht werden müßten, da insbesondere ihre Umwandlung im Vergleich mit anderen Energietechniken den relativ geringsten Kapitalaufwand benötigt und das erforderliche Wissen leichter übertragbar erscheint, dann ergibt sich folgendes grob vereinfachte Bild: Die nach heutigen Maßstäben gewinnbaren fossilen Energien betragen etwa 1200 Mrd. t SKE (Steinkohleeinheiten), wovon etwa 72 Prozent aus Kohle, knapp 17 Prozent aus Erdöl und gut 11 Prozent aus Erdgas bestehen. Sie sind überwiegend in Lagerstätten auf der nördlichen Erdhalbkugel verteilt – mit den größten Vorräten (allerdings in unterschiedlicher Aufteilung auf Kohle, Öl und Erdgas) in der GUS, der ehemaligen UdSSR, Nordamerika und im Nahen Osten. Allein von den Vorräten aller fossilen Energieträger zusammengenommen her könnten die zugleich auch größten Verbraucher, die USA und die GUS, auch längerfristig in ihrer Versorgung autark sein; tatsächlich ist jedoch die amerikanische Volkswirtschaft in hohem Maß auf den Verbrauch von Öl ausgerichtet, das nur begrenzt im Land vorhanden ist, und deshalb bereits heute in hohem Maß von Öleinfuhren abhängig. In der GUS könnte sehr bald eine ähnliche Situation entstehen, wenn dort bei rückläufigen Fördermengen für Öl der wünschbare wirtschaftliche Aufschwung und demzufolge eine westlichen Verhältnissen entsprechende Motorisierung einträte.

Die anderen großen Industrieregionen, Westeuropa und der westpazifische Raum voran mit Japan, sind dagegen in einer wesentlich ungünstigeren Lage, da sie, wie bisher, auch weiterhin auf sehr hohe Energieimporte angewiesen sind. Diese Regionen werden in den nächsten Jahrzehnten mehr als die Hälfte der auf dem Weltmarkt verfügbaren Energien für sich beanspruchen. Sie werden dort mit den anderen »Energie-Habenichtsen«, nämlich den Ländern der Dritten Welt, zusammentreffen. Der Energiehunger dieser reichen westlichen Länder wird wesentlich die Weltmarktpreise für Energien bestimmen. Der befürchtete Nord-Süd-Konflikt könnte aus diesem Grund bald zu einem Konflikt Westeuropa und Japan einerseits und der Dritten Welt andererseits werden und darüber hinaus mit erheblichen politischen Druckmitteln zu dem Versuch der Dritten Welt führen, den Umstand zu ändern, wonach das eine in den Industriestaaten lebende Viertel der Weltbevölkerung drei Viertel der verfügbaren Energie verbraucht.

Zu diesem Problem gesellen sich andere. Das Bild 6 zeigt die Verteilung der Ölvorräte auf unserer Erde und die Konzentration dieser Vorräte auf die OPEC-Länder. Es bestätigt die häufig geäußerte Befürchtung, daß gerade die großen Industrieregionen bald vor einer Knappheit an dem wichtigsten Treibstoff für ihre Wirtschaftsmotoren, vor einer Knappheit an Öl nämlich, stehen könnten, und diese Befürchtung wird zweifelsohne verstärkt angesichts der Tatsache, daß die OPEC zum Beispiel im Jahr 1989 über 77 Prozent der Weltölvorräte verfügte, aber nur mit 37 Prozent an der Belieferung des Ölmarktes beteiligt war. Hält diese Tendenz an, dann wird die OPEC um die Jahrhundertwende über 90 Prozent des mit heutigen Mitteln auf der Welt förderbaren Öls verfügen.

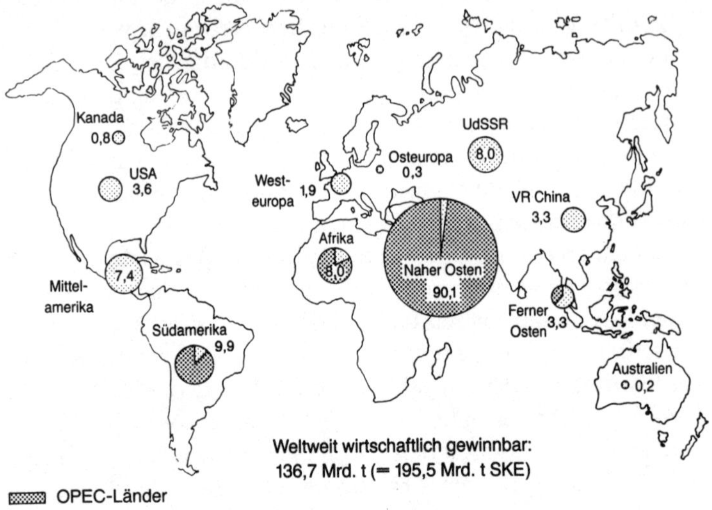

Bild 6: Weltvorräte an Erdöl 1989

Bereits im Jahr 1988 veröffentlichte das amerikanische nationale Komitee des Weltenergierates die schon erwähnte Studie mit dem Titel *Countdown To The Next Crisis* mit alarmierenden Meldungen über die rasch wachsende Abhängigkeit Amerikas von Ölimporten. Betrug der Aufwand für die Ölimporte im Jahr 1987 noch 50 Mrd. Dollar, so würde, falls es so weiterginge, noch vor Ende der 90er Jahre ein Aufwand von 150 bis 200 Mrd. Dollar allein für Ölimporte erforderlich sein.

In der Zwischenzeit hat uns mit dem Golfkrieg nach zwei Ölkrisen ein drittes Mal eine Gefährdung der Ölversorgung ins Haus gestanden, ohne daß offensichtlich weltweit daraus Lehren gezogen werden.

Michael Stürmer schreibt zu diesem Problem im Juli 1991 in der *Frankfurter Allgemeinen Zeitung* mit Blick auf die Nahostkonflikte: »Es wird Zeit, nicht nur die Ölfeuer zu zählen in Kuweit, sondern auch die politische Landschaft zu betrachten, in der sie sich finden. Auch ohne das Öl wäre diese Landschaft kein einladender Ort. Das Öl aber verschärft alle Schwierigkeiten, und zugleich verbindet es die arabischen Ungewißheiten mit dem Schicksal der westlichen und östlichen Industriegesellschaften. Energiepolitik muß immer zwischen größeren und kleineren Übeln wählen. Zu den Lehren des Golfkrieges gehören nicht nur militärisch interessante Erkenntnisse, sondern es gehört dazu auch die Dringlichkeit einer realistischen Energiepolitik.« Die im Nahen Osten aufziehenden drohenden Wolken waren spätestens seit Beginn der islamischen Revolution mit der Krise im Persischen Golf erkennbar, wie aus dem Bericht über die 8. Hochtemperaturreaktortagung in San Diego im September 1986 (siehe *VGB-Kraftwerkstechnik*, 1986, Heft 11) hervorgeht. Dort heißt es: »Senator Hatfield aus Oregon, einer der bedeutendsten republikanischen Politiker der USA, eröffnete die Tagung mit einer bemerkenswerten Rede. Er warnte vor neuer OPEC-Abhängigkeit. Durch die Straße von Hormuz flössen Ölmengen in Höhe des gesamten Ölimports der USA, die Verbündeten in Europa und Japan seien noch stärker vom Öl abhängig. Ein neuer Weltkrieg zwischen Kapitalisten und Kommunisten sei nicht zu befürchten, wohl aber ein Verteilungskampf um als lebensnotwendig erachtete Ressourcen. Das amerikanische Verteidigungsministerium bezieht vorsorglich ein militärisches Eingreifen bei Krisen, die die Ölversorgung bedrohen, in seine Überlegungen ein und schließt auch den Einsatz von Kernwaffen nicht aus – so die Aussage vor einem Ausschuß des amerikanischen Kongresses.« Und das war fast fünf Jahre vor dem Golfkrieg!

Ohne Zweifel wird das Öl noch auf Jahrzehnte eine wichtige Energiequelle bleiben. Wollen wir daraus entstehende Abhängigkeiten vermindern und Versorgungsstöße abfedern, dann sollten wir jedoch bald eine Strategie einleiten, die die Ölvorräte streckt, die das Öl da ersetzt, wo es am ehesten ersetzbar ist, nämlich im Wärmemarkt und in der Stromerzeugung, und die es da, wo wir es noch lange brauchen, nämlich im Verkehr und als Rohstoff, um andere Möglichkeiten ergänzt. Wir sollten auch nicht übersehen, daß die Zeitspanne, in der das Öl Primärenergieträger Nr. 1 in der Weltenergieversorgung ist, nur etwas mehr als eine Generation dauern wird. In der Mitte der 60er Jahre hat das Öl die Kohle erst von dieser Position verdrängt und wird sie in den ersten Jahren des neuen Jahrhunderts vermutlich wieder an die Kohle verlieren.

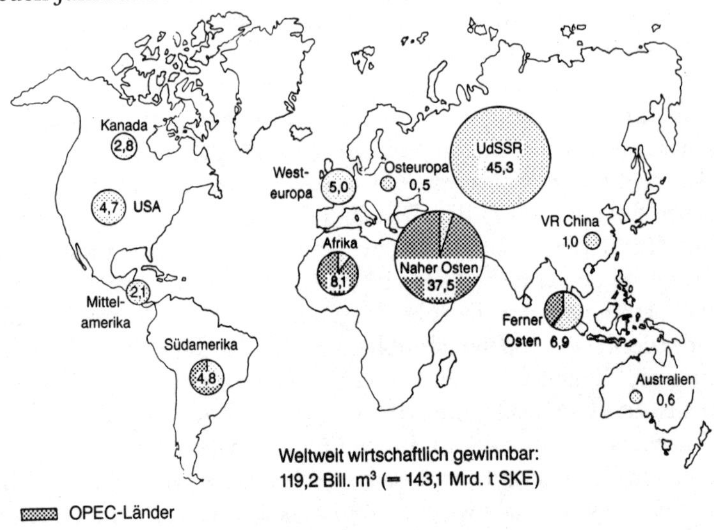

Bild 7: Weltvorräte an Erdgas 1989

Gleich wertvoll wegen seines weiten Anwendungsspektrums stellt sich das Erdgas dar. Bild 7 zeigt jedoch, daß die westlichen Industrienationen auch nur in geringem Maß über Erdgas verfügen. Die GUS als größter Erdgasproduzent wird auf Jahrzehnte hinaus bei der Versorgung Europas mit Erdgas eine führende Rolle spielen müssen. Der Nahe Osten ist aber auch bei diesem Energieträger in einer herausragenden Position, da er über mehr als ein Drittel der Erdgasvorräte der Welt verfügt. Politische Unruhen in dieser Region werden also nicht nur beim Öl, sondern, wenn auch indirekt, ebenfalls erheblichen Einfluß auf die Energieversorgung mit diesem Energieträger nehmen können.

Zweifellos werden wie in der Vergangenheit so auch in Zukunft neue zusätzliche Vorräte an Öl und Erdgas entdeckt und erschlossen. Zweifellos wird aber auch die Reichweite dieser Vorräte relativ zu dem Kapital- und Zeitaufwand für Ersatzlösungen immer mehr schrumpfen, je später die Industriestaaten beginnen, Techniken zur Streckung der Öl- und Gasvorräte zu entwickeln und entsprechende Investitionen in Angriff zu nehmen.

Und schließlich noch ein Wort zur Kohle. Die USA, die GUS und noch vor ihnen die Volksrepublik China werden auch in der Zukunft die großen Kohleförderländer bleiben. Die Weltenergieversorgung wie auch der Umweltschutz, vor allem die Vermeidung einer gefährlichen Kohlendioxidüberladung der Atmosphäre werden auch davon abhängen, wie schnell der technische Fortschritt, den westliche Technologie beim Einsatz dieser Energien bereits heute ermöglichen könnte, in der GUS und in China zu bewirken ist.

Ergänzt werden muß, obwohl das für die nächste Generation nicht die Bedeutung hat, die es haben sollte, daß über die Kernenergie unter Einschluß der Brutreaktoren Energie in nach menschlichen Maßstäben unbegrenzter Menge verfügbar sein könnte und sicherlich letztlich auch verfügbar gemacht wird. Der Weg dahin wird über eine fortwährend verbesserte Technik und über das überzeugende Argument langer und für die Öffentlichkeit sicherer Betriebszeiten bestehender westlicher Kernkraftwerke führen. Der Schock der Tschernobyl-Katastrophe hat völlig überdeckt, daß dieser Reaktortyp sich insbesondere gegenüber westlichen Reaktoren in seiner physikalischen Konzeption wie in seiner überwachungs- und sicherheitstechnischen Ausrüstung außerordentlich nachteilig darstellt und nach westlichen Maßstäben gar nicht genehmigungsfähig wäre.

Etwa ein Drittel der heute weltweit eingesetzten Energie von 11 Mrd. t SKE wird zur Stromerzeugung verwandt. Zweifellos wird die Bedeutung der elektrischen Energie in der Energieversorgung noch wachsen, da sie, als *die* Modernisierungsenergie, wegen ihrer vielfältigen Verwendungsmöglichkeit weiter an Beachtung gewinnt, ausgesprochen dezentral einsetzbar und aus einer breiten Palette an Primärenergien zu erzeugen ist. Vor der möglichen Verwirklichung der fernen Utopie einer Strom-Wasserstoff-Wirtschaft wird zweifellos eine Entwicklung ablaufen, die die elektrische Energie als hauptsächliche Endenergie durchsetzen wird, ergänzt um Techniken, die den Treibstoffsektor durch über das Öl hinausgehende andere Energiequellen entlasten.

Teilen wir die Energieversorgung in zwei Energiearten auf, die beide mittelfristig, etwa je zur Hälfte, die Versorgung decken, nämlich in die leitungsgebundenen und die nicht leitungsgebundenen, dann gehören zur ersten Gruppe Strom, Gas und Fernwärme und zur zweiten Gruppe Kohle und Öl in Chemie und Erzreduktion, als Treibstoffe und als Wärmequellen in netzfernen Versorgungsbereichen.

Durch das preisgünstige Angebot von Erdgas ist in Deutschland wie auch in anderen Industriestaaten bei leitungsgebundenen Energien die Elektroenergie als Endenergie auf den zweiten Platz verwiesen worden. Ähnlich wie beim Öl wird sich wegen der mengenmäßigen Begrenzung der Vorräte dieser Umstand nur einige Jahrzehnte halten. Vermutlich werden auch die Gasvorräte später einmal gestreckt werden müssen durch Gas, das aus Kohle und Kernenergie erzeugt wird, auch deshalb, um so die hohen Investitionen in die Verteilungssysteme langfristig nutzen zu können.

Bei vielen Ländern der Dritten Welt, die erst am Anfang des Aufbaus einer Energieversorgung stehen, wird jedoch die Elektroenergie notwendigerweise den Vorzug erhalten müssen, weil

- diese Volkswirtschaften den Aufbau mehrerer sich überlagernder Netze nicht bezahlen können,
- Gas in vielen Regionen nicht oder nicht ausreichend verfügbar,
- Strom am vielseitigsten verwendbar ist
- und insbesondere auch aus den unterschiedlichsten Primärenergien hergestellt werden kann.

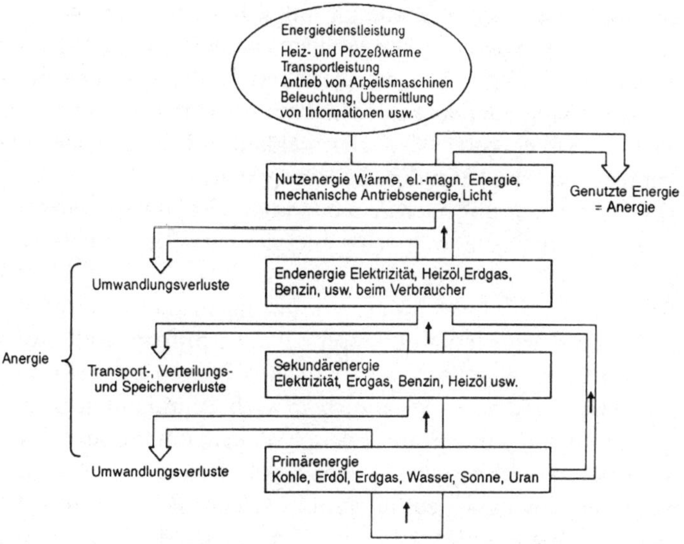

aus: SIEMENS - Peter Penzynski "Ausgewählte Grundbegriffe für die Soft-Hard-Energie-Diskussion"

Bild 8: Energiefluß zur Erbringung von Energiedienstleistungen

In Anlehnung an Bild 8 läßt sich der Energiefluß von der Primärenergiegewinnung bis zum Verbrauch der Nutzenergie als Energiedienstleistung allgemein darstellen. Dabei treten in den einzelnen Stufen von der Primärenergiegewinnung, ihrer Umwandlung in Sekundärenergie, deren Transport und Verteilung bis zum Angebot an Endenergie und schließlich deren Einsatz als Nutzenergie Verluste auf, so daß sich ein Nutzungsgrad ergibt, der bestimmt wird von dem Primärenergie- und dem nachgefragten Endenergiefächer, einschließlich des energetischen Äquivalents für das aufgewandte Kapital sowie für Löhne, Steuern und Erträge.

Ist beispielsweise der Erdgasanteil im Primärenergiefächer und im Endenergiefächer groß, werden die Verluste von der Gewinnung über den Transport, die Verteilung und schließlich die Umsetzung in Nutzenergie ebenso wie die erforderlichen Kapitalströme, die zu investieren sind, kleiner, der Nutzungsgrad der Energie steigt.

Ist der Anteil der Kernenergie im Primärenergiefächer groß, dann spielen die energetischen Verluste im Hinblick auf ihre Bedeutung für den Umweltschutz eine geringere Rolle, mehr dagegen im Zusammenhang mit dem Kapitalaufwand, der bei der Kernenergie wegen ihrer bei guter Wirtschaftlichkeit hohen erforderlichen Kapitalströme eine besondere Bedeutung hat.

Die Differenzierung nach dem benötigten Kapitalaufwand müßte Ausgang für eine weltweite energiepolitische Arbeitsteilung sein.

Kapitalintensive Investitionen, die im allgemeinen einen höheren Wissensstand erfordern und besser bei ausgeprägter Infrastruktur auszuführen sind, sollten in den reichen Industriestaaten ausgeführt werden und deren Verbrauch an leichter und mit geringerem Kapitalaufwand hantierbarer Energie senken, um Preise und Kapitalbedarf für die Energieversorgung in aufstrebenden Volkswirtschaften erschwinglich zu halten. Ein solches Vorgehen würde in seiner Wirkung jede der heute üblichen Formen der Entwicklungshilfe in ihren Auswirkungen bei weitem übertreffen und hätte nichts von dem Almosencharakter, der der Entwicklungshilfe in den Augen der aufstrebenden Länder oftmals anhaftet, sondern wäre eine Form zukunftgerichteter Arbeitsteilung.

Wenn heute bereits mehr als ein Drittel der weltweit genutzten Primärenergie zur Stromerzeugung eingesetzt wird und der Anteil der leitungsgebundenen Energien und damit der Elektroenergie zukünftig noch steigt, dann muß, nicht zuletzt weil Strom am vielseitigsten verwendbar und aus den unterschiedlichsten Primärenergien zu erzeugen ist, unser besonderes Augenmerk dieser Energie und zukünftigen Strategien zu ihrer sicheren, mengenmäßig ausreichenden und umweltfreundlichen Erzeugung gelten. Es wird sich zeigen, daß sich über mögliche technologische Verknüpfungen auch Perspektiven für die Energieversorgung allgemein gewinnen lassen, die zwangsläufig mehrere Bedingungen zu erfüllen hat, alle von großer Wechselwirkung aufeinander, nämlich

– langfristig mengenmäßig ausreichend zu sein, eine noch über Jahrzehnte wachsende Weltbevölkerung versorgen zu können

trotz der Endlichkeit der fossilen Primärenergien, insbesondere von Öl, aber auch von Erdgas,
- die Aufgabe bei einer begrenzten Verfügung über Kapital und Zeit zu bewerkstelligen und schließlich
- Umweltschutzerfordernissen zu entsprechen.

Bei der Umwandlung und Umformung von Energie geht es darum, zweckentsprechende Arbeitsfähigkeit zu gewinnen. Dazu ist entweder in der Natur bereits vorhandene gerichtete (Strömung) oder, ohne den Umweg über Wärme, zu richtende (Potential) Energie wie Wasser, Wind, photovoltaische oder solarthermische der Sonnenstrahlung in die gewünschte Exergieform umzuwandeln oder – und das ist die überwiegend genutzte wirtschaftliche Möglichkeit – Wärmeenergie durch Ausnutzung von Temperaturgefällen zu richten und dann umzuformen.

Bild 9 zeigt ein Schema dieser Vorgänge. Der Punkt 1 stelle den Ausgang der Exergiegewinnung dar. Von hier ausgehend wird potentielle, chemische oder nukleare Energie und die Energie von Strömungen und Strahlung genutzt. Wasserkraft und Windkraftanlagen setzen also ohnehin schon gerichtete Energie, Strömungsenergie, direkt in eine andere Form von Exergie, nämlich in mechanische Arbeit (3), um. Der andere Schenkel des Dreiecks bezeichnet die Umformung der ebenfalls bereits geordneten elektromagnetischen Energie des Sonnenlichts in Exergie in Punkt 4, ebenso die über Brennstoffzellen aus Gasen wie Wasserstoff, Kohlenmonoxid oder Methan direkt, also ohne Zwischenschaltung einer Wärmekraftmaschine als Elektroenergie gewinnbare Exergie. Der weitaus überwiegende Teil der Exergiegewinnung geschieht jedoch auf dem Weg über Wärmekraftanlagen von 1 über 2 nach 3, wobei durch Verbrennung oder Kernreaktion Wärme freigesetzt und diese Wärme dann in Turbinen oder Kolbenmotoren in mechanische Arbeit umgewandelt wird. Sie läßt sich schließlich über Generatoren in Elektroenergie umwandeln (4). Entsprechend den Überlegungen zum zweiten Hauptsatz läßt sich nicht die gesamte Wärmeenergie nutzen, denn ein von der Prozeßführung und den Umgebungsbedingungen abhängiger Anteil geht als Abwärme, als Anergie, verloren. Möglich, wenn auch heute noch praktisch ohne Bedeutung, ist auch die direkte Umwandlung von Wärme in Elektroenergie, also der Weg 1 über 2 nach 4.

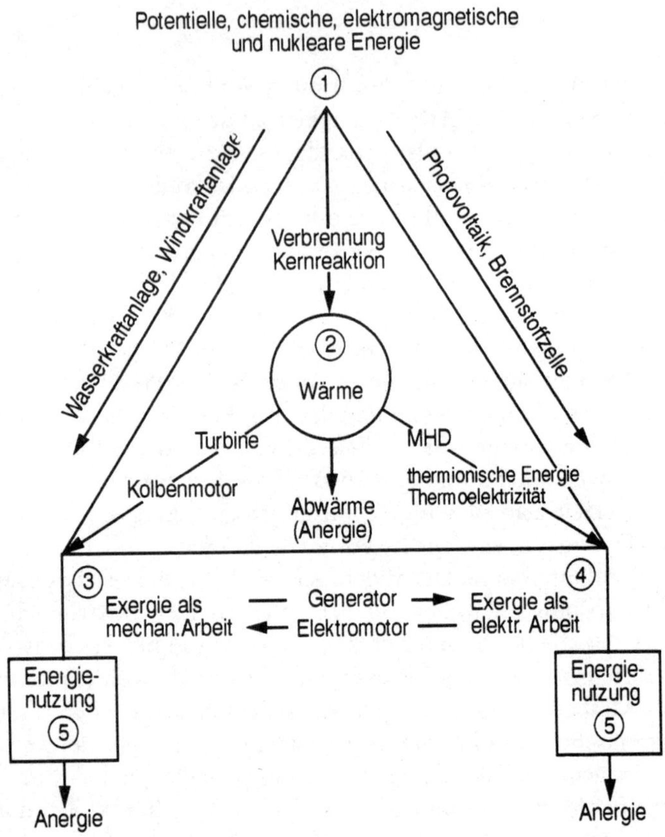

Bild 9: Schema der Energieumwandlungen

Von der nicht über thermodynamische Prozesse erzeugten Exergie spielt heute lediglich die Wasserkraft eine bedeutendere Rolle. Sie liefert weltweit größenordnungsmäßig soviel Elektroenergie wie die Kernenergie, ohne allerdings auch nur annähernd deren

Potential zu besitzen. Die bei 3 oder 4 verfügbare Exergie wird schließlich wieder nach ihrer Nutzung, also auf dem Umweg, den der Mensch bestimmt, ebenfalls wieder zerstreut und damit zu Anergie.

6.2 Von den Möglichkeiten und Grenzen der Exergieerzeugung

Die Gewinnung von Arbeitsfähigkeit ist an Kreisprozesse gebunden, in denen Temperaturgefälle genutzt werden, um Wärmeströmen Exergie zu entziehen. Solche Kreisprozesse laufen fortwährend auch in der Natur ab, wenn auch komplizierter, als an dem Beispiel des Wasserkreislaufs erläutert.

Kreisprozesse in der Natur sind überhaupt Vorbedingung für die Ausbildung des Lebens. Durch Kreisprozesse, die seit Anbeginn auf unserer Erde ablaufen, wurde erst alles Leben und auch die Bildung der Lebewesen möglich, die unsere heutigen fossilen Brennstoffe einst waren, durch diese Kreisprozesse wurde aber auch ihre Konzentration in Lagerstätten zu Kohle, Öl und Erdgaslagern bewirkt.

Die zur Gewinnung von Negentropie erforderliche Arbeitsfähigkeit gewann der Mensch von Anbeginn an aus seiner eigenen und später zusätzlich aus der Arbeitsfähigkeit domestizierter Tiere. Wasserrad und Windmühle kommen in geschichtlicher Zeit hinzu. Erst seit Einführung der Dampfmaschine vervielfältigte sich die Arbeitsfähigkeit, die dem Menschen verfügbar wurde, so stark, daß die heutige Massenproduktion, bei gleichzeitiger Entlastung des Menschen von körperlicher Arbeit, möglich wurde. Diese der neuen Technik zu verdankende Arbeitsfähigkeit aber steht zu jeder Tages- und Nachtzeit zur Verfügung, im Sommer wie im Winter. Außer bei der Wasserkraft wird dabei in allen Verfahren Wärme genutzt, um gegenüber der Umgebungstemperatur ein Temperaturgefälle zu schaffen und seinen Abbau zur Gewinnung von Arbeitsfähigkeit zu verwenden. So entstanden mit Dampfmaschinen, Dampfkraftwerken, Diesel- und Ottomotoren neue Systeme, die

die zur Produktion, zum Transport, aber auch zur Heizung jeweils benötigte Arbeitsfähigkeit erzeugten. Alle diese Arbeitsmaschinen brauchten fossile Energien zu ihrem Antrieb.

Nach A. Weinberg läßt sich die Unterversorgung der Welt mit Energie und Gütern als eine Energie- und Entropiekrise deuten. Energiekrise heißt, daß uns ohne Kernenergie langfristig nicht genügend Energie verfügbar ist. Entropiekrise heißt, daß, selbst wenn wir die noch vorhandenen Energiequellen schneller ausbeuteten, zeitweilig also kein Energiemangel bestünde, dennoch zu wenig Arbeitsfähigkeit aus dieser Energie gewonnen und angewandt werden könnte, weil das Kapital dazu fehlt, um einen Zustand dauerhafter Versorgung in einer lebensfähigen Umwelt zu ermöglichen. Es reicht nicht, genügend Energie zur Verfügung zu haben, wir müssen aus ihr auch die benötigte Negentropie zu schaffen in der Lage sein, nicht nur, um den Zerfall von Ordnungssystemen und damit die Entropiezunahme des Biotops Erde aufzuhalten, sondern auch, um darüber hinaus in dem Maß anti-entropisch durch Aufbau weiterer Ordnungssysteme wirken zu können, das erforderlich ist, um Humanität und damit Lebensfreundlichkeit zu steigern. Dazu gehören Energie und Energieumwandlungsanlagen, Energieverteilungssysteme und Anwendungsvorrichtungen. Für sie ist Negentropie vorher aufzuwenden, damit später Negentropie rechtzeitig am richtigen Ort und in der zweckmäßigen Form zur Güterproduktion verfügbar ist. Wir können durch dieses »Vorher« die Entropiekrise auch deuten als eine Krise, die durch Kapitalmangel entsteht.

Wir suchen heute nach einem System, das die Menschheit auf lange Dauer mit Arbeitsfähigkeit versorgt, obwohl einzelne Energien knapp zu werden drohen und die Beeinträchtigung der Umwelt durch die Energieumwandlung spürbar zu werden scheint. Die Kernenergie wird in einem solchen System eine wichtige, wahrscheinlich die führende Rolle übernehmen müssen. Von der Kernenergie als einer Übergangsenergie zu sprechen vernebelt die Begriffe und hindert daran, die erforderlichen Techniken rechtzeitig zu erproben, einzuführen und sie sicher und zumutbar den Menschen verfügbar zu machen.

Um ein solches Energiegesamtsystem zu beschreiben, müssen einige thermodynamische Zusammenhänge verständlich gemacht werden. Die beiden Hauptsätze der Thermodynamik und daraus herzuleitende Beziehungen zwischen Energie- und Materialaufwand zur Gewinnung von Arbeitsfähigkeit vermögen den Zusammenhang zwischen Kapital- und Energieaufwand zur Erzeugung von Exergie aufzuzeigen.

In der Natur wie auch bei den technischen Kreisprozessen, die der Mensch ausführt, können niemals Wärmemengen mit ihrem Temperaturgefälle genutzt werden, ohne daß dabei Verluste auftreten. Deshalb gibt es in Wirklichkeit keine reversiblen Prozesse – die verlorene Arbeitsfähigkeit findet sich nicht in der bei dem Kreisprozeß gewonnenen Arbeit wieder. Durch Ausnutzen der gewonnenen Arbeitsfähigkeit läßt sich also niemals wieder der energiemäßige Ausgangszustand des Arbeitsmediums erreichen. Wirkliche Kreisprozesse sind immer irreversibel, nicht umkehrbar – im Gegensatz zu Idealprozessen, die reversibel, also umkehrbar, angenommen werden können. Irreversible, nicht umkehrbare Vorgänge sind Verluste an Arbeitsfähigkeit, die durch die Eigenschaften des Arbeitsmittels entstehen wie auch durch Reibung und Abstrahlung und dadurch, daß Wärmeströme, die an das Arbeitsmittel übertragen werden, selbst wieder ein Gefälle brauchen, um zu fließen, wodurch die Temperatur des Arbeitsmittels, beispielsweise am Eintritt in die Turbine, geringer ist als die höchste im Verfahren auftretende Temperatur.

Glücklicherweise lassen sich die in wirklichen Energieumwandlungsprozessen ablaufenden komplizierten thermodynamischen Vorgänge an einem einfachen, idealen Vergleichsprozeß, dem Carnot-Prozeß, hinreichend deutlich machen, ohne daß die Theorie thermodynamischer Optimierungsprozesse zu erläutern wäre.

Gemeint ist in diesem Buch mit Exergie die technische Arbeitsfähigkeit, die aus einem zeitlich gleichbleibenden Stoffstrom ohne Berücksichtigung seiner kinetischen und potentiellen Energie gewonnen werden kann, und zwar im praktischen Fall, und nicht jene Exergie, die bei reversiblem Prozeß zu gewinnen wäre. Der

Carnot-Prozeß zieht als theoretischer Vergleichsprozeß, als Idealprozeß, keine Verluste an Arbeitsfähigkeit durch Reibung und durch Verlust von Temperaturgefällen oder Wärmemengen in den einzelnen Verfahrensschritten in Betracht. Der Exergieinhalt der Wärme ist (ähnlich wie beim Wasser) von Temperaturdifferenzen (dort Gefällehöhe) und Wärmemengen (dort Wassermengen) abhängig. Die wirklichen Prozesse, mit denen Exergie aus Energie gewonnen wird, müssen wegen charakteristischer Eigenschaften des Arbeitsmittels anders verlaufen als der den Idealfall darstellende Carnot-Prozeß, weil bei keinem von ihnen die Wärme bei gleichbleibend hoher Temperatur von außen zugeführt und oft auch nicht die Abwärme bei gleichbleibend geringen Temperaturen (zum Beispiel der Umgebungstemperatur) nach außen abgeführt werden kann. Otto- und Diesel-Prozeß bei Verbrennungsmotoren sind Beispiele für solche Wärmekreisprozesse und wenigstens mit Namen jedem Autofahrer bekannt.

Bei Kraftwerken heißen diese Prozesse anders, zum Beispiel Clausius-Rankine-Prozeß oder Joule-Prozeß. Sie sind wärmetechnisch auch komplizierter, funktionieren im Grundsatz jedoch ähnlich wie der Carnot-Prozeß. Carnot hat seinen idealen Vergleichsprozeß 1824 angegeben und dabei auch auf die Ähnlichkeit zwischen der Fallhöhe beim Wasser und der Temperaturdifferenz der Wärme hingewiesen: »Die bewegende Kraft eines Wasserfalls hängt von seiner Höhe und der Wassermenge ab, die bewegende Kraft der Wärme hängt von der zur Verwendung kommenden Wärmemenge und von dem ab, was man ihre Fallhöhe nennen könnte und was wir in der Tat so bezeichnen wollen, d. h. von der Temperaturdifferenz der Körper, zwischen denen der Austausch des Wärmestoffes erfolgt.

Beim Wasserfall ist die bewegende Kraft dem Höhenunterschied zwischen dem oberen und dem unteren Sammelbecken genau proportional. Beim Fall des Wärmestoffes wächst die bewegende Kraft ohne Zweifel mit dem Temperaturunterschied zwischen dem warmen und dem kalten Körper, aber wir wissen nicht, ob sie diesem Unterschied proportional ist.«

Carnot erkannte also, daß zur Gewinnung von Arbeit aus Wärme die Möglichkeit eines Übergangs der Wärme von hoher zu tiefer Temperatur bestehen, also ein Wärmegefälle vorhanden sein muß. Er erkannte darüber hinaus, daß bei Wärmekraftmaschinen die Bedingung des periodischen Funktionierens erfüllt sein muß, wobei innerhalb gewisser Zeiträume jeweils bestimmte Ausgangszustände des Arbeitsmediums wiederhergestellt, also Kreisprozesse ausgeführt werden.

Am Carnot-Prozeß als dem Prototyp aller Wärme umsetzenden Kreisprozesse läßt sich die Umwandlung von Wärme in Exergie erläutern. Die Wärmemenge q wird dem Arbeitsmittel während der Wärmezufuhr auf gleichbleibendem oberen Temperaturniveau T_o von außen zu- und aus ihm auf gleichbleibendem unteren Temperaturniveau T_u nach außen an die Umgebung abgeführt (Bild 10). Das dazwischenliegende Temperaturgefälle ΔT_o (denken wir wieder an das Gefälle des Wasserfalls) nutzen wir aus, um Arbeitsfähigkeit

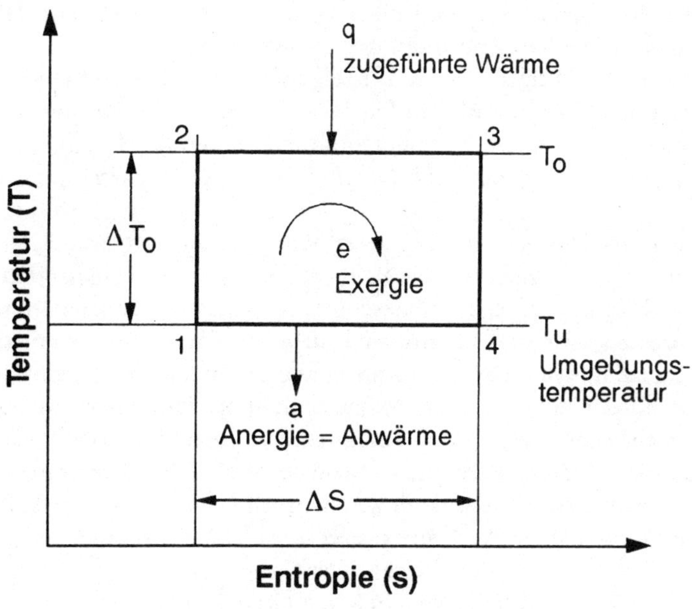

Bild 10: Der Carnot-Kreisprozeß im Temperatur-Entropie-Diagramm

(Exergie) zu gewinnen, wobei im Gegensatz zum Wasser des Wasserfalls die Wärmemenge abnimmt. Der Anteil der Wärme, der nicht mehr in Arbeit umzuwandeln ist (beim Wasserfall ist es das Wasser im Unterbecken), heißt Anergie; beiden haben wir Energie entzogen, dem Wasser potentielle Energie, dem Arbeitsmittel im Kreisprozeß Wärmeenergie. Somit setzt sich die aufgewendete Energie aus der Summe von Exergie und Anergie zusammen, die sich in dem Temperatur-Entropie-Diagramm als Flächen darstellen lassen, da das Produkt aus Temperatur und Entropie die Dimension der Energie hat.

In Bild 10 stellen senkrecht verlaufende Zustandsänderungen Aufnahme (von 1 nach 2) oder Abgabe (von 3 nach 4) von Arbeit dar, wobei sich die Temperatur des Arbeitsmittels ändert, ohne daß Wärme zu- oder abgeführt wurde (Warmwerden der Luftpumpe, Abkühlung einer sich entleerenden Gasflasche). Waagerechte Zustandsänderungen bedeuten Wärmeaufnahme (von 2 nach 3) oder Wärmeabgabe (von 4 nach 1) des Arbeitsmittels, ohne daß sich dabei die Temperatur des Arbeitsmittels ändert.

Bei rechtsläufigen, also im Uhrzeigersinn verlaufenden Kreisprozessen wird Wärme auf dem Temperaturniveau T_o zu- und auf dem Temperaturniveau T_u abgeführt und Exergie im Betrag $\Delta T_o \cdot \Delta s$ abgegeben (Kolbenmotoren, Flugtriebwerke, Kraftwerksprozesse).

Bei linksläufigen Kreisprozessen wird Exergie aufgewandt, um Wärme vom Temperaturniveau T_u auf das Niveau T_o hochzupumpen (Wärmepumpe, Kältemaschine). Solche linksläufigen Kreisprozesse stellen das wesentliche Instrument dar, um in klimatisch geeigneten Regionen regenerative Energie, nämlich Energie auf dem Niveau der Umgebungstemperatur, »hochzupumpen« auf das Niveau einer gewünschten Raumtemperatur und so fossile oder nukleare Energie wesentlich effizienter zur Gebäudeheizung zu nutzen als bisher. Das ist kein Widerspruch zum zweiten Hauptsatz der Thermodynamik, denn es geschieht nicht *von selbst,* sondern nur unter Aufwand von Exergie. Der Carnot-Prozeß stellt als idealer und damit reversibler Prozeß den Grenzfall dar, dem man die wirklichen Prozesse in Kraftwerken, Motoren und Flugzeugtriebwerken und bei linksläufigen Prozessen auch in Wärmepumpen und Kältemaschinen anzunähern sucht. Bei ihm ist der Wirkungsgrad η, also die Ausbeute an Arbeitsfähigkeit

$$\eta = \frac{T_o - T_u}{T_o} = 1 - \frac{T_u}{T_o}, \qquad (2)$$

worin T_o die obere Temperatur ist, bei der die Wärme zugeführt wird, während T_u die untere Temperatur ist, bei der die Wärme abgeführt wird.

T_u, das untere Temperaturniveau, wird von der Umgebungstemperatur bestimmt, die sich in dem Wechselspiel auf unserer Erde zwischen der Sonneneinstrahlung und der Wärmeabstrahlung an das Weltall einstellt und die etwa bei 290 K liegt. T_u kann somit niemals gleich 0 werden. Also kann bei der Umsetzung von Wärme in Arbeitsfähigkeit wegen dieses $T_u > 0$ niemals ein Wirkungsgrad von 1 erzielt werden, so wie es möglich wäre, wenn T_u beim absoluten Nullpunkt läge. Es kann also niemals alle Wärme zu Arbeitsfähigkeit umgewandelt werden, selbst wenn der Prozeß ideal abläuft und keine Schmälerung durch zusätzliche Verluste erfährt. Nur ist bei dem absoluten Nullpunkt der Temperatur (−273°C) alles Leben erloschen. Leben und eine vollkommene Umwandlung von Energie in Arbeitsfähigkeit schließen einander demnach aus. Wärmeenergie läßt sich also niemals vollständig zur Gewinnung von Exergie einsetzen.

Die im Fall des Carnot-Prozesses gewinnbare Menge an Arbeitsfähigkeit hängt von der Gefällehöhe ($T_o - T_u$) und der Wärmemenge (q) ab, die umgesetzt werden. Demnach ist die erzielbare Arbeitsfähigkeit, also die Exergie, e.

$$e = q \cdot \frac{T_o - T_u}{T_o} = q \cdot \eta \qquad (3)$$

Nun ist der Carnot-Prozeß ein Idealprozeß, bei dem Wärme auf jeweils konstanten Temperaturniveaus zu- oder abgeführt wird.

Bei idealisierten Vergleichsprozessen, die mit Gas oder Wasser in der flüssigen und dampfförmigen Phase arbeiten und die sich technisch nutzbaren Kreisprozessen annähern, erfolgt die Wärmezu- und -abfuhr entlang Linien gleichen Drucks. Man nennt sie Isobaren. Dadurch ist die mittlere Temperatur der Wärmezufuhr von außen, durch die physikalische Eigenart der Arbeitsmittel Wasser in flüssigem oder dampfförmigem Zustand oder Gas bedingt, immer kleiner als die maximal im Kreisprozeß auftretende Temperatur T_o, weil die Wärmezufuhr nicht bei einer gleichbleibenden oberen Temperatur, sondern entlang einer Linie gleichen Drucks über eine Temperaturspanne, also mit einer mittleren oberen Temperatur T_{om} geschieht, die kleiner ist als T_o.

Ebenso ist die mittlere Temperatur der Wärmeabfuhr nach außen T_{um} bei isobarer Wärmeabfuhr größer als T_u, und zwar aus dem gleichen Grund, also im Mittel höher als die Umgebungstemperatur. Die gegenüber T_o geringere mittlere obere Temperatur der Wärmezufuhr von außen T_{om} und die gegenüber T_u höhere mittlere Temperatur der Wärmeabfuhr nach außen T_{um} vermindern, wie aus der Gleichung 2 hervorgeht, den Wirkungsgrad. Nur bei dem Dampfkraftprozeß erfolgt die Wärmeabfuhr isobar-isotherm, das heißt bei gleichbleibendem Druck und gleichbleibender Temperatur, die somit nahe an die Umgebungstemperatur gelegt werden kann. Dieser Teil des Dampfkraftprozesses kann somit annähernd so günstig gestaltet werden wie der Carnot-Prozeß. Es ist diese besondere Eigenart des Wassers, die es für den Kraftwerksbetrieb so vorteilhaft macht, wobei theoretisch $T_{um} = T_u$ ist. Somit gilt für die Vergleichsprozesse der Energieumwandlung, nämlich

- den Joule-Prozeß für Gasturbinen, mit Gas oder Luft als Arbeitsmittel,
- den Clausius-Rankine-Prozeß für Dampfkraftwerke (gleich, ob fossil oder nuklear beheizt), mit Wasser als Arbeitsmittel,
- den Seiliger-Prozeß für Verbrennungskraftmaschinen, beispielsweise den Otto- oder Dieselmotor, mit vergastem Treibstoff als Arbeitsmittel,

daß ihre theoretisch optimalen Umwandlungswirkungsgrade bei

gleichen Werten für T_o und T_u als in dem Arbeitsmittel auftretende *maximale* obere und untere Temperaturwerte geringer sind als die des Carnot-Prozesses, weil die *mittleren* Werte der Wärmezufuhr von außen T_{om} niedriger als die maximal im Prozeß auftretende Temperatur T_o und die *mittleren* Werte der Wärmeabfuhr nach außen T_{um} höher sind als die *minimal* im Prozeß auftretende Temperatur T_u, da

$$\frac{T_o - T_u}{T_o} > \frac{T_{om} - T_{um}}{T_{om}} \qquad (4)$$

ist. Die maximal gewinnbare Arbeitsfähigkeit bei Idealprozessen, die ohne sonstige Verluste ablaufen können, ist bei idealen Vergleichsprozessen mit Wasser oder Gas als Arbeitsmittel also wiederum geringer als die des Carnot-Prozesses bei gleichen im Arbeitsmittel auftretenden maximalen Temperaturdifferenzen und ohne sonstige Verluste. Wir hatten beim Carnot-Prozeß gesehen, daß der Umwandlungswirkungsgrad niemals den Wert 1 auf der Erde erreichen kann, weil dazu $T_u = 0$, also der absolute Nullpunkt als untere Prozeßtemperatur, erforderlich wäre. Wir sehen nun, daß zusätzlich auftretende Bedingungen, wie Charakteristika der Arbeitsmittel, einen zweiten Grund liefern, daß niemals eine Energieumwandlung mit dem optimal denkbaren Wirkungsgrad des Carnot-Prozesses geschehen kann.

Allen diesen Prozessen ist gemeinsam, daß die maximale Werkstoffbelastung von der maximalen Temperatur und dem am Anfang des Prozesses herrschenden Druck bestimmt wird. Beide Zustandsgrößen bestimmen damit den Aufwand an Material, der auf der heißen Seite des Arbeitsmittels eines Kreisprozesses zur Ausführung eines thermodynamisch hochwertigen Verfahrens erforderlich ist. Allen Prozessen ist ebenso gemeinsam, daß aus Werkstoffgründen die möglichen Werte für die obere Prozeßtemperatur des zur Exergiegewinnung eingesetzten Kreisprozesses wesentlich geringer sind als die bei der Wärmefreisetzung durch die Verbrennung maximal im Verfahren auftretenden Temperaturen. So stehen Temperaturen in Feuerungen von Dampferzeugern von

1200 bis 1400°C nur obere Prozeßtemperaturen von bisher ca. 550°C gegenüber, für die die eingesetzten ferritischen Werkstoffe festigkeitsmäßig noch ausreichen. Wesentlich aufwendigere austenitische Werkstoffe würden Temperaturen von 600 bis 650°C ermöglichen. Die mittleren Temperaturen der Wärmezufuhr von außen, die den erreichbaren Wirkungsgrad bestimmen, liegen, so sahen wir eben, aufgrund der physikalischen Eigenschaften des Arbeitsmittels noch wesentlich darunter.

Die zulässigen maximalen Werkstofftemperaturen führen zusammen mit den physikalischen Eigenschaften des Arbeitsmittels also zu einem erheblichen Verlust an Arbeitsfähigkeit bei der Umwandlung in technisch ausführbaren Prozessen gegenüber den wirklich während der Verbrennung auftretenden oberen Temperaturen, da ein großer oder der größte Teil der maximal vorhandenen Temperaturgefälle nicht ausgenutzt werden kann.

Bis heute sind wir nicht in der Lage, in wirklichen Prozessen, die Kohle einsetzen, Verfahren auszuführen, die diese hohen Temperaturbereiche auch nur annähernd zu nutzen gestatteten, also zu höheren Wirkungsgraden führen könnten. Gedankliche Ansätze dazu gibt es schon lange. Mit Erdgas als Brennstoff werden diese hohen Temperaturen jedoch nutzbar, wodurch sich bei ihnen Kraftwerkswirkungsgrade von über 50 Prozent verwirklichen lassen.

Die bei wirklichen Prozessen entstehenden Verluste durch nicht umkehrbar verlaufende Vorgänge, wie Reibungs- und Spaltverluste, aber auch durch Wärmeverluste nach außen wie auch durch die für die Wärmeübertragung erforderlichen Temperaturgefälle lassen sich durch höheren Material- und Bearbeitungsaufwand (sprich Exergieaufwand bei der Erstellung der Anlagen) zwar vermindern, aber bei noch so hohem Materialaufwand nicht verhindern und bilden eine zusätzliche Begrenzung für die erreichbaren Wirkungsgrade. So entsteht eine Verknüpfung zwischen den erreichbaren Umwandlungswirkungsgraden, also der Ausbeute an Arbeitsfähigkeit, und den Anlagekosten, das heißt dem Materialaufwand und dem Aufwand an Bearbeitung für dieses Material. Druckverluste in strömenden Stoffen, also in flüssigem oder dampfförmigem Wasser oder in Gas, sind solche Reibungsverluste;

Transportvorgänge dieser Art treten im Kraftwerk an vielen Stellen auf. Der Druckverlust hängt unter anderem von dem Quadrat der Geschwindigkeit ab, mit dem das Medium transportiert wird. Eine auf die Hälfte reduzierte Transportgeschwindigkeit senkt die Druckverluste auf ein Viertel des ursprünglichen Wertes, erfordert aber den doppelten Rohrleitungsquerschnitt und entsprechend mehr an Material. Sollen also Exergieverluste über geringere Druckverluste vermindert werden, so ist mehr an Material in größere Rohrleitungen zu investieren. Zur Herstellung dieses größeren Anlageumfanges ist aber wiederum mehr vorab einzusetzende Gestaltungsenergie und damit vorab einzusetzende Exergie erforderlich. *Umwandlungswirkungsgrad* und *Investitionsaufwand, Exergieausbeute* und *vorheriger Kapitalaufwand* in Form von Negentropie (Gestaltungsenergie) und damit auch an Exergie werden in ihrer *Wechselwirkung* an diesem Beispiel deutlich.

Ähnlich verhält es sich mit Temperaturgefällen, die zum Transport der Wärme durch Wandungen in Wärmetauschern erforderlich sind (Dampferzeuger, Wärmetauscher, Kondensatoren). Diese Temperaturgefälle senken die im Kreisprozeß auftretende mittlere obere Temperatur der Wärmezufuhr von außen, oder sie heben die mittlere untere Temperatur der Wärmeabfuhr nach außen und senken über eine so verminderte nutzbare Temperaturdifferenz die möglichen Wirkungsgrade. Je geringer nun aber die Temperaturdifferenz sein soll, die man braucht, um eine Wärmemenge durch die Wand einer Heizfläche zu transportieren – da diese Temperaturdifferenz das zur Exergiegewinnung nutzbare Temperaturgefälle schmälert –, desto größer ist die für den Wärmetausch erforderliche Heizfläche, desto größer ist der Dampfkessel, desto größer sind die an vielen anderen Stellen des Prozesses einzusetzenden Wärmetauscher bis zu den Wasserdampfkondensatoren unter den Turbinen oder den Wärmetauschern in Trockenkühltürmen, desto höher ist also der Materialaufwand. Wir haben somit *erneut einen Zusammenhang zwischen Investitionsaufwand* und damit der vorab eingesetzten Gestaltungsenergie, des Kapitals, zur Erzeugung dieser Anlagen *und dem Umwandlungswirkungsgrad* oder der Ausbeute an Arbeitsfähigkeit festgestellt. Wiederum ist festzuhalten, daß sich über den zweiten Hauptsatz der Thermodynamik nicht nur eine Aussage zu dem aus einer Wärmemenge für das Schaffen von Negentropie nutzbaren Anteil an Arbeitsfähigkeit gewinnen läßt, sondern daß auch eine Verknüpfung zu dem dafür erforderlichen Kapitalaufwand möglich wird. Eine große Heizfläche, also ein hoher Materialaufwand für den Wärmetausch, entspricht kleinen Verlusten im nutzbaren Temperaturgefälle, ein großer Strömungsquerschnitt, also ein großer Materialaufwand für die Rohrleitung, entspricht einer kleineren Strömungsgeschwindigkeit, also einem kleineren Druckverlust, usw.

Im praktischen Betrieb technischer Anlagen treten dann immer noch zusätzliche Verluste auf, wenn Anlagen außerhalb ihres Bestpunktes betrieben werden, also außerhalb jenes Zustandes, für den bei vorgegebenem Materialaufwand die einzelnen Drücke, Temperaturen und andere Kenngrößen optimal aufeinander abgestimmt sind. Das ist im sogenannten Teillastgebiet der Fall, dann also, wenn diese Anlagen nicht optimal ausgelastet sind.

Bei gleicher Größe von Anlagen hängt somit der erzielbare Wirkungsgrad der Energieumwandlung von der Höhe des Material- und Fertigungsaufwandes und damit vom Kapitalaufwand ab.

Es gilt aber auch aus völlig analoger Überlegung, daß der Wirkungsgrad von Kraftwerken bei größeren Einheiten insgesamt steigt und bei ihrer Errichtung der Aufwand an Gestaltungsenergie und Material und damit der Kapitalbedarf, bezogen auf die Leistungseinheit, sinkt.

6.2.1 Die Schwächen alternativer Energiekonzepte

Die Kraftwerkstechnik sei überschaubarer, ökonomischer und umweltfreundlicher zu gestalten, wenn der Bau großer Kraftwerksblöcke eingestellt und statt dessen eine Vielzahl kleinerer errichtet würde, sagen manche der heutigen Kritiker.

Der Zusammenhang zwischen Reibungsverlusten, Rohrquerschnitten und Materialaufwand mit der strömenden Menge und damit mit dem Kapital- und Materialaufwand wurde bereits erläutert. Hier ein weiterer: Das Volumen eines Würfels steigt bei Verdoppelung seiner Kantenlängen auf das Achtfache, seine Oberfläche und damit in erster Näherung auch der Materialaufwand aber nur auf das Vierfache. Enthält der so umschlossene Raum Dampferzeuger, Wärmetauscher oder Turbinen, ist leicht verständlich, daß die in ihm umsetzbare Leistung auf das Achtfache steigt, während sich Wärmeverluste nur im Verhältnis der Oberfläche, also auf das Vierfache, erhöhen – und der Kapitalaufwand für die Umhüllung ist, bezogen auf die Leistungseinheit, deutlich geringer. Es gibt auch andere Anlagenteile, wie beispielsweise die Leittechnik, deren Aufwand ebenfalls bei weitem nicht mit dem Anwachsen der Einheitsgröße ansteigt.

Die Vergrößerung der Einheit bedeutet daher beides: bessere Wirkungsgrade und verminderten Kapitalaufwand. In der Tat sind die Kraftwerke in dieser Entwicklungsrichtung fortgeschritten, von kleinen Einheiten, deren Größenbegrenzung durch technische Rahmenbedingungen vorgegeben war, zu immer größeren Anlagen, sobald diese Vergrößerung technisch beherrschbar war. Welchen anderen Grund sollte es für die Energieversorgung geben, die Leistungen von Kraftwerken zu steigern, als den höherer Wirtschaftlichkeit? Das heißt aber im Sinn des bisher Erläuterten doch, daß so die gleiche Exergie bei einem geringeren Aufwand von Energie zur Gewinnung der für die Errichtung der Anlagen erforderlichen Exergie wie auch während ihres Betriebes gewonnen wurde. *Große Einheiten dienen der Energieeinsparung – nichts sonst.*

Es ist der gleiche Grund, aus dem man von kleinen Schiffen zu Großschiffen übergegangen ist. Oder: Der heutige Ferienreiseverkehr wäre ohne das Großraumflugzeug nicht möglich. Oder: 80 Menschen befördert man in einem Bus weniger energie- und materialaufwendig als in 80 einzelnen Personenkraftwagen – dieser Trend gilt also nicht nur für Kraftwerke.

Es gibt noch eine Vielzahl anderer wirtschaftlicher Gründe gegen viele dezentralisierte Kleinanlagen anstelle weniger großer: Sie sind personalaufwendiger, sie brauchen einen überproportional höheren Aufwand an Regelungs- und Überwachungsanlagen, sie brauchen insgesamt mehr Platz, da Straßen, Abstandsflächen, Nebengebäude nicht verhältnisgleich geringer werden, und sie stören, da in der Nähe von Ballungsgebieten betrieben, mehr durch Lärm, Rauchgas und Transporte von Brennstoffen und Abfällen. Neben der erläuterten Beziehung zwischen erreichbarem Wirkungsgrad und erforderlichem Kapitalaufwand gibt es verfahrenstechnische Schwierigkeiten, ökonomisch und ökologisch günstige Prozesse gewissermaßen mit dem Storchenschnabel zu verkleinern, was insbesondere für die neuen ökonomisch wie ökologisch vorteilhaften Kohle- und Gaskraftwerke, aber auch für Kernkraftwerke gilt. Ob diese Kleinanlagen in das Verteilungsnetz einzubinden oder mit Kühlwasser zu versorgen sind, steht darüber hinaus noch auf einem anderen Blatt. Es soll hier aber ausdrücklich vermerkt werden, daß diese Aussage sich nicht generell gegen Heizkraftwerke richtet. Sie haben unter entsprechenden Bedingungen, beispielsweise synchroner Nachfrage nach Strom und Wärme, ihren energiewirtschaftlichen und volkswirtschaftlichen Nutzen. Diese Aussage richtet sich gegen die falsche Behauptung, Abwärme sei um jeden Preis zu nutzen und Strom aus großen Kondensationskraftwerken geradezu zu ächten und statt dessen in Kleinanlagen zu erzeugen.

Der Zusammenhang zwischen Investitionsaufwand und gewählter Technik bei der Exergiegewinnung geht aus Bild 11 hervor. Insbesondere wird deutlich, daß bei den regenerativen Energien der Materialaufwand und damit der Kapitalaufwand, also die vorab einzusetzende Gestaltungsenergie, sehr hoch und, rational betrachtet, im Vergleich mit anderen Techniken zu hoch werden angesichts der weltweit vorhandenen Kapitalengpässe.

Bild 11 zeigt nach einer Untersuchung von H. Schaefer, *Dezentrale Energieversorgung – Wunschvorstellung und Realität,* daß im Materialaufwand zwischen Solarzellenmodulen, photovoltaischen und solarthermischen Kraftwerken auf der einen und Dampf- und Gasturbinenkraftwerken auf der anderen Seite ein Unterschied im spezifischen Materialbedarf und damit auch im Kapitalbedarf auftritt im Verhältnis von 100 bis 10 zu 1. Zu diesen hohen Materialaufwendungen kommt erschwerend hinzu, daß die mit regenerativen Energien betriebenen Kraftwerke nicht nachfragegerecht, sondern witterungsbedingt erzeugen. Kostensenkend ist, daß bei ihnen kein Aufwand für Brennstoffe entsteht.

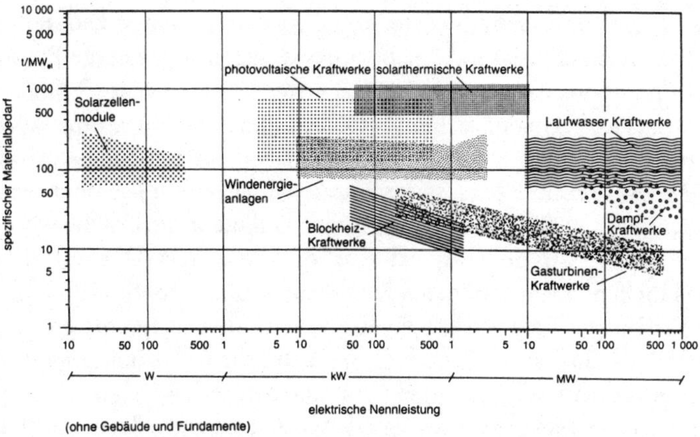

Quelle: H. Schaefer et. al. Dezentrale Energieversorgung · Wunschvorstellung und Realität

Bild 11: Spezifischer Materialbedarf unterschiedlicher Stromerzeugungsanlagen, abhängig von der Anlagengröße

Liegen nun solche regenerativen Stromerzeugungsanlagen, obwohl kein Aufwand für Brennstoffe anfällt, in ihren Erzeugungskosten erheblich über herkömmlichen Anlagen, dann bedeutet das, daß der Kapitalaufwand zu ihrer Installation besonders hoch sein muß, da ja die umzuwandelnde Energie im Gegensatz zu fossiler oder nuklearer Energie von der Sonne kostenfrei beigestellt wird. An Kapital fehlt es aber gerade den Entwicklungsländern, während sie von der Sonne begünstigt sind. Hier liegt der Grund, warum sich an fossilen Energien arme und an Sonnenschein reiche Länder der Dritten Welt nicht schon lange und in hohem Maße zur Deckung ihres Energiehungers der regenerativen Sonnenenergie zugewandt haben.

Mathematisch läßt sich der Zusammenhang zwischen Kapital- und Energieaufwand bei der Exergiegewinnung am Beispiel der Elektroenergie darstellen, wobei die Stromerzeugungskosten k vereinfacht einer aus 5 Faktoren zusammengesetzten Formel folgen:

$$k = \frac{\alpha \cdot a}{t} + \frac{p}{\eta} \qquad (5)$$

Der Lohn- und Gehaltskostenanteil ist der einfachen Darstellung halber vernachlässigt, da er bei Großanlagen nur wenige Prozent der Erzeugungskosten beträgt.

Der erste Term der rechten Seite, der sogenannte leistungsabhängige Kostenanteil, wird aus den spezifischen Leistungskosten a (DM/kW) gebildet (das ist der Betrag, der je Leistungseinheit – hier je Kilowatt – für die Errichtung der Anlage aufgebracht werden muß), ferner aus dem Kapitaldienst α, der mit $\alpha \cdot a$ (DM/kW · Jahr) die jährlichen Kapitalkosten je Leistungseinheit bestimmt (Zinsen, Amortisation). Sie werden dividiert durch die Ausnutzungsdauer t (h/Jahr) – das ist die Jahresstundenzahl, die sich ergibt, wenn die mit dem Kraftwerk erzeugte Gesamtarbeit in kWh durch die Engpaßleistung dieses Werkes geteilt wird. Der erste Term der Gleichung 5 ergibt somit DM/kWh.

Der zweite Term auf der rechten Seite, der sogenannte Arbeitskostenanteil, enthält den Wärmepreis p (das sind die Kosten für die Wärmeeinheit der eingesetzten Primärenergie in DM/kWh, worin der Heizwert des Brennstoffs in kWh ausgedrückt ist – also 1 kg Kohle mit einem Heizwert von 29,3 MJ entspricht 8,14 kWh) und den Wirkungsgrad η der Anlage, der angibt, wieviel an elektrischer Arbeit in kWh aus dem Wärmeinhalt der Brennstoffeinheit (ebenfalls kWh) erzielbar ist. 1 kWh Strom entspricht bei einem Wirkungsgrad von 40 Prozent der Aufwand von 2,5 kWh Wärme, die im Kraftwerk aus Brennstoff zugeführt werden müssen – also eine Steinkohlemenge von etwa 0,3 kg SKE. Dieser Wert läßt sich für Wärmekraftwerke, die mit Kohle betrieben werden, in der nächsten Kraftwerksgeneration auf 0,26 – 0,27 kg SKE/kWh senken.

Unter gleichen Voraussetzungen (gleiche Betriebszeit, gleiche wirtschaftspolitische Einflüsse, wie Inflationsrate oder Preissteigerungen, die nichts mit dem Energieaufwand der für die Umwandlung einzusetzenden Primärenergien zu tun haben) ist eine Lösung dann besser als eine andere, wenn sie nach der Gleichung (5) zu geringeren Kosten führt.

Versteht man unter Brennstoffkreislaufkosten alle Kosten, die beim Einsatz eines bestimmten Brennstoffes erforderlich sind, dann tauchen in der Gleichung diese Kosten in dem Wärmepreis auf. Ist der Wärmepreis = 0, wie bei regenerativen Energiequellen, entsteht aber durch den Betrieb des Kraftwerkes eine Umweltbeeinträchtigung, so sind die laufenden Kosten zur Behebung dieser Beeinträchtigung wie ein Wärmepreis zu rechnen. Das gilt auch bei landschaftlichen oder allgemein biologischen Veränderungen, die Mittel zu ihrer Behebung erfordern. Allerdings sind, wie R. Friedrich et al. in *Externe Kosten der Stromerzeugung* gezeigt haben, diese externen Kosten bei Kohlekraftwerken und Photovoltaikanlagen etwa von gleicher Größe und bei Kernkraftwerken etwa halb so hoch und wiederum geringer als bei Windkraftanlagen, jedoch in allen Fällen weit geringer als die aus der Gleichung 5 folgenden Kosten. In dieser Untersuchung sind allerdings externe Kosten durch Klimaveränderungen, bedingt durch Spurengase, nicht enthalten.

Nun ändert sich während der Lebensdauer (Betriebszeit) die jährliche Ausnutzungsdauer t und damit – in einem komplizierten Zusammenhang – der Wirkungsgrad η. Ebenso verändert sich während der Betriebsdauer der Wärmepreis p (Steigerung der Brennstoffpreise, dirigistische Maßnahmen zur Einsparung bestimmter Primärenergien usw.). Die Stromerzeugungskosten aus einem Kraftwerk können demnach nicht gleichbleiben. Für die Gesamtheit von Kraftwerken, die in einem Netz betrieben werden, kommt hinzu, daß die Leistungskosten sich von Anlage zu Anlage durch Verbesserungen im Stand der Technik bei neuen Anlagen, durch Kostendegression mit wachsender Leistung je Einheit, durch verschärfte Umweltschutzauflagen und durch die Inflationsrate ändern. Diese Einflüsse ergeben ein grobes Bild der Optimierungsaufgabe bei der Stromerzeugung, die schließlich heißen muß, bei jahres- und tageszeitlich unterschiedlichen Anforderungen die Nachfrage mit geringstmöglichem Energieaufwand sicher zu befriedigen.

Die spezifischen Anlagekosten und der Wirkungsgrad eines Kraftwerkes sind nach den Überlegungen, die wir zum zweiten Hauptsatz der Thermodynamik angestellt haben, miteinander verbunden. Ein günstigerer Wirkungsgrad erfordert im allgemeinen höhere Kapitalkosten je Leistungseinheit und umgekehrt, denn für eine höherwertige Anlage wird mehr und hochwertigeres Material und mehr Fertigungsaufwand, also mehr Gestaltungsenergie, benötigt.

Um den unterschiedlichen Anforderungen nach elektrischer Energie, die weder in großen Mengen noch wirtschaftlich speicherbar ist, nachkommen zu können, müssen Anlagen für unterschiedliche Ausnutzungsdauer (man nennt sie Grundlast-, Mittellast- und Spitzenlastanlagen) gebaut werden.

Bei niedriger Ausnutzungsdauer müssen auch geringe Anlagekosten angestrebt werden, selbst wenn dann ein ungünstigerer Wirkungsgrad in Kauf genommen werden muß, denn der erste Term der Gleichung 5 erhält bei geringerem t einen höheren Einfluß auf die Kosten als der zweite. Bei hoher Ausnutzungsdauer t sind umgekehrt höhere Anlagekosten gerechtfertigt, um einen günstigen Wirkungsgrad und damit einen spezifisch geringeren Verbrauch an Primärenergie zu erreichen, weil die Bedeutung des ersten Terms für die Erzeugungskosten sinkt und dadurch die des zweiten relativ steigt.

Bei niedrigem Wärmepreis lassen sich zur Erzielung wettbewerbsfähiger Strompreise höhere Anlagekosten dann rechtfertigen, wenn sich anders der Prozeß nicht bewerkstelligen läßt (Kernenergie). Im Extremfall sinkt bei regenerativen Energiequellen (Wind, Wasser, direkte Sonnenenergie, Erdwärme, Gezeitenenergie) der Wärmepreis gegen Null. In diesem Fall ist der erzielbare Wirkungsgrad deshalb bedeutungsvoll, weil er mit dem Material- und Energieaufwand zum Bau der Anlagen verknüpft ist. So muß eine Anlage mit geringem Wirkungsgrad (bei gleicher Leistung) groß sein – und damit viel Kapital verbrauchen –, während eine Anlage mit hohem Wirkungsgrad zwar kleiner, dagegen technisch komplizierter und im Material- und Herstellungsaufwand hochwertiger und damit ebenfalls wieder kapitalaufwendig sein kann. Das Optimum wird innerhalb dieser Grenzen liegen und auch von der Art der Energiedarbietung bestimmt.

Sagen wir jetzt, in der Vergangenheit hätten wir Energie vergeudet, um bei niedrigen Energiepreisen Kapital zu schonen, so weisen die alternativen Techniken heute in die entgegengesetzt falsche Richtung, nämlich *Kapital zu vergeuden, um Energie zu sparen.* Sehen wir den bei jeder Investition zwischen dem Kapitalaufwand und dem zugehörigen Energie- und Rohstoffaufwand bestehenden Zusammenhang, dann ist der Irrtum leicht zu erkennen.

Der höhere Material- und Arbeitsaufwand bei Sonnen- und Windkraftwerken geht aus einem Beispiel hervor: Um die Arbeit eines 1300-MW-Kernkraftwerkblocks von ca. 10 Mrd. kWh im Jahr zu ersetzen, müßten beispielsweise 10 000 Windenergieanlagen von je 250 kW Leistung eingesetzt werden. Würde die Leistung in Solarkraftwerken errichtet, wäre eine Fläche von 300 Fußballfeldern für die Kollektorflächen erforderlich. Da Wind und Sonne bei uns aber nicht fortwährend verfügbar sind, müßten zusätzliche Kohlekraftwerke errichtet werden, die die Elektroenergie in Ausfallzeiten der regenerativen Energien liefern. Das bedeutet aber, daß die regenerativen Energien lediglich helfen, Brennstoff in diesen Kraftwerken einzusparen, und daß sie demzufolge auch nur eine Vergütung in Höhe der ersparten Arbeitskosten erhalten sollten, die, auf Importkohle als Vergleichsenergie bezogen, bei etwa 3,5 Pf/kWh liegt. Höhere Einspeisevergütungen müssen letztlich von den Abnehmern insgesamt getragen werden, wobei Kapital und also auch Energie vergeudet werden.

Um den Leistungsausfall einer Windkraftwerksleistung, entsprechend der Leistung eines Kernkraftwerksblocks heutiger Blockgröße von 1300 MW, bei einer Windstille von etwa 10 Tagen durch Wasserkraft zu überbrücken, wäre bei einem Gefälle von 100 m und einer Wassertiefe von 13 m eine Fläche von 100 km^2 erforderlich. Zum Vergleich: Die Oberfläche des Bodensees beträgt 538 km^2. (Ausdrücklich muß jedoch darauf hingewiesen werden, daß Wasserkraftwerke eine wirtschaftlich sinnvolle Nutzung regenerativer Energien darstellen, die allerdings in ihrer Menge begrenzt sind, neben der bereits erwähnten Wärmepumpe, der zukünftig steigende Aufgaben zuwachsen.)

Selbstverständlich würde niemand so vorgehen und bei einer Vielzahl von Windrädern auch noch die Bundesrepublik mit einigen künstlich geschaffenen Bodenseen bedecken (wieviele Bäume müßten dazu gefällt werden?), sondern man würde für die Reserve billiger und besser doch wieder konventionelle Kraftwerke bauen. Es kämen also zu den Wind- und Sonnenkraftwerken für die Reservehaltung wieder konventionelle Anlagen hinzu; entsprechend höher wäre der Material- und Energieaufwand vor Einsatz dieser Kraftwerke, entsprechend größer würde der Aufwand an Energie zum Bau eines solchen Energieversorgungssystems in der Erwartung, bei seinem Betrieb später Energie einsparen zu können. Und die Kosten für die Vorhaltung dieser Reserveleistung wären den Stromerzeugungskosten aus alternativen Energien hinzuzufügen. Ist beispielsweise Strom aus einem Solarkraftwerk heute etwa 20mal so teuer wie aus einem Kernkraftwerk, dann ist das zugleich auch eine Aussage über den bei dem höheren Materialaufwand vorher erforderlich gewesenen höheren Kapital- und damit auch Exergieaufwand, und diese Exergie wurde aus billigen Energien – Öl, Gas, Kohle und Kernenergie – gewonnen. Wieviel teurer wäre eine solche Anlage – es wurde bereits erwähnt –, wäre sie mit Strom aus teurer Solarenergie errichtet worden? Damit spreche ich nicht gegen die Nutzung erneuerbarer Energien – ihre teure Nutzung in Marktnischen kann zwingend sein, ihre wirtschaftliche Nutzung ist jedoch nur im Niedertemperaturbereich, also für exergetisch nicht wertvolle Energieformen, sinnvoll. Solarkollektoren zur Warmwasserbereitung oder Wärmepumpen, die Umgebungswärme aufnehmen, sind angebracht, genauso wie es Photovoltaik zur Stromerzeugung in vielen Nischen sein mag (Satelliten- und Nachrichtentechnik allgemein, Insellagen bei geringem Bedarf und vieles anderes mehr).

Der Bau einer nennenswert den Energiehaushalt entlastenden alternativen Energieversorgung, die sich auf Solarstrom oder gar solar erzeugten Wasserstoff ausrichtet, verschlänge wegen des hohen Exergieaufwandes – und damit wegen des Verbrauchs an Kapital und fossilen Energien vorab – unsere knappen Vorräte noch schneller und belastete demzufolge auch die Umwelt entsprechend stärker, da ihre Regenerationsfähigkeit auch zeitabhängig ist – er verlängerte damit die Not in der Dritten Welt wiederum durch eine aus ideologischen Gründen geborene Utopie.

Den Menschen eine ausreichende oder nur eine die übrige Energieversorgung entlastende Beistellung von solar erzeugtem Wasserstoff vorzugaukeln, führt auf einen gefährlichen Irrweg, der notwendige andere technische Entwicklungen verzögern könnte.

Die Hoffnung auf eine ferne Strom-Wasserstoff-Wirtschaft läßt sich von der Seite des dafür erforderlichen Materialaufwandes mit Solarenergie jedenfalls nicht verwirklichen, sie ist nur denkbar bei einem hohen Maß an preisgünstig erzeugter Elektroenergie aus Kernkraftwerken oder bei vielleicht zukünftig erfolgreichen Prozessen der thermochemischen Wasserspaltung oder der Hochtemperaturelektrolyse unter Verwendung von Prozeßwärme auf hohem Temperaturniveau aus Hochtemperaturreaktoren.

Und noch einmal sei es wiederholt: Der Bau von Energieumwandlungsanlagen erfordert Gestaltungsenergie (Kapital), bestehend aus Kreativität und Exergie, die aus Primärenergie und den dazu erforderlichen Anlagen gewonnen wurde, und er erfordert Rohstoff. Energie allein zu besitzen nützt nichts; man braucht auch Anlagen, diese Energie umzuwandeln und zu verteilen. Demnach besteht Gewinnung von Arbeitsfähigkeit aus der Verfügung über Primärenergie *und* aus dem Vorhandensein von Energieumwandlungs- und Verteilungsanlagen. Kreativität, besonders als Ingenieurleistung, vermag bei gleicher Ausbeute an Arbeitsfähigkeit den Aufwand zu senken. Die Ablehnung technischen Wissens zugunsten plakativer Triviallösungen (überschaubare, das heißt angeblich mit geringem Wissen bau- und betreibbare kleine Anlagen) wird mehr Kapital und Energie verbrauchen, um gleiche Ordnungszustände zu ermöglichen, muß also zu einer Entropievermehrung, bei gleichem Nutzen also zu einer Energievergeudung, aber auch zu größerer Umweltschädigung insgesamt in unserem System Erde führen.

Halten wir fest:

1. Energie kann in Wärmekraftwerken grundsätzlich auch im idealen Vergleichsprozeß, dem Carnot-Prozeß, immer nur zu einem Teil in Arbeitsfähigkeit umgewandelt werden.

2. Da die theoretischen Vergleichsprozesse der Energieumwandlung bei den verwendeten Arbeitsmitteln Wasser und Gas in Kraftwerken und Motoren ungünstiger sind als der Carnot-Prozeß, sind die Wirkungsgrade dieser Vergleichsprozesse wiederum ungünstiger als der des Carnot-Prozesses, auch bei gleichen oberen und unteren Prozeßtemperaturen.
3. Strömungs- und Wärmeverluste verschlechtern die Umwandlungswirkungsgrade bei ausgeführten Prozessen zusätzlich, neben anderen Verlustquellen, wie An- und Abfahren und Betrieb im Teillastbereich.
4. Die Verminderung der Verluste erfordert einen Mehraufwand bei der Ausrüstung der Anlagen. Verminderung des Energieaufwands in der Produktion von Elektroenergie setzt einen erhöhten Einsatz der Produktionsfaktoren Kreativität, Exergie, Rohstoff und damit an Kapitalaufwand bei der Herstellung der Anlagen voraus.
5. Mit wachsender Größe der Einheiten sinkt der Energie- und Kapitalaufwand bei gleicher Produktion von Exergie.
6. Bei größeren Einheiten sinkt insgesamt die Umweltbelastung, da bessere Wirkungsgrade zu erzielen sind, wodurch geringere Abwärme- und Abgasmengen austreten.
7. Es gibt für jede Infrastruktur und für jede Abnahmedichte durch die Wirtschaftlichkeit bestimmte optimale Einheitsgrößen, die in Industriestaaten zu den heute üblichen großen Einheiten geführt haben.

6.2.2 Kraftwerke von morgen

Die wesentliche Verbesserungsmöglichkeit künftiger Kraftwerksprozesse liegt in der Koppelung des Gasturbinenprozesses (Joule-Prozeß) mit dem Dampfkraftprozeß (Clausius-Rankine-Prozeß). Man bezeichnet solche Kraftwerksblöcke als Kombi-Prozesse. Bei dieser Koppelung werden die Vorteile des offenen Gasturbinenprozesses (kein Wärmetauscher am Anfang des Prozesses, hohe Gaseintrittstemperaturen, also hohe Werte für die mittlere obere Temperatur der Wärmezufuhr von außen) mit dem Vorteil des Dampfkraftprozesses verbunden (Kondensation bei Umgebungstemperatur am Prozeßende führt zu niedrigst möglichen Temperaturen der Wärmeabfuhr nach außen). Die hohen Austrittstemperaturen aus der Gasturbine bringen in dieser Koppelung deshalb keinen Verlust an Arbeitsfähigkeit, weil diese Abwärme nicht verlorengeht, sondern zur Dampferzeugung im nachgeschalteten Dampfkraftprozeß genutzt wird.

Bei gleichbleibender unterer Prozeßtemperatur des Dampfprozesses ist durch die vorgeschaltete Gasturbine die obere Prozeßtemperatur gesteigert worden, da sich bei Gasturbinen wesentlich höhere Prozeßanfangstemperaturen (die Gasturbineneintrittstemperaturen sind etwa doppelt so hoch wie die Dampfturbineneintrittstemperaturen) verwirklichen lassen, was nach unserer Kenntnis über den Carnot-Prozeß einer Wirkungsgradsteigerung gleichkommt.

Werden solche Koppelprozesse mit Kohle betrieben, so braucht man Kohlevergasungsanlagen, die die Kohle zu einem in der Gasturbine einsetzbaren gasförmigen Brennstoff umformen. Die Prozesse der Koppelung von Gas- und Dampfturbine mit vorgeschalteter Kohlevergasung müssen dabei dann auch noch die Wärmemengen aufnehmen, die bei den wärmeabgebenden Vergasungsprozessen anfallen. Der gute Gesamtwirkungsgrad ergibt sich aus den Wirkungsgraden der Teilprozesse, wobei die exergetisch vorteilhafte Nutzung der bei der Vergasung freiwerdenden Wärme, die Frage, ob Voll- oder Teilvergasung der Kohle, und zwar mit Luft oder mit Sauerstoff, ausgeführt wird, und das Verhältnis der Leistung von Gasturbine und Dampfturbine neben den thermodynamischen Auslegungen des Gasturbinen- und des Dampfturbinenprozesses bedeutsam sind.

Mit dem Bau von erdgasbeheizten Kraftwerksblöcken wurde die Hintereinanderschaltung von Gas- und Dampfturbinen möglich und in einer größeren Anzahl von Kraftwerken gerade in Deutschland seit Jahren praktiziert. Die Erfahrungen mit diesen kombinierten Kraftwerken stehen am Anfang der Kohle-Kombi-Blöcke. Mit der Einführung der Kohlevergasung werden den Erdgas-Kombi-Blöcken zukünftig diese Kohle-Kombi-Blöcke zur Seite stehen. Der

Einsatz von Erdgas in Kraftwerken wird in der längerfristigen Zukunft stark rückläufig sein, da das Gas für andere Zwecke gebraucht wird.

Für neue kohlegefeuerte Anlagen wird sich eine größere Anzahl veränderter Planungsgesichtspunkte ergeben:

1. Sie werden in Netze einspeisen, deren Grundlast von Kernkraftwerken gedeckt wird. Da bei Kernkraftwerken die Brennstoffkosten sehr niedrig liegen, spielt ihr Wirkungsgrad gegenüber fossil befeuerten Kraftwerken nur im Hinblick auf den Zusammenhang mit den Investitionskosten eine Rolle, das heißt, die Auslegung hat nicht Preisentwicklungen bei Brennstoffen für einen langen Zeitraum zu antizipieren.
2. Sie werden ausgelegt werden müssen unter dem Gesichtspunkt hoher künftiger Preissteigerungen bei den Brennstoffen und unter Berücksichtigung höherer Inflationsraten.

Kohlekraftwerke werden künftig in ihrer Technik wahrscheinlich stark von der Einführung der Kohlevergasung bestimmt. Die Kohlevergasung wird vermutlich aus wirtschaftlichen Gründen sogar über diese Verbindung von Kohlevergasung und Kraftwerk überhaupt eingeführt und großtechnisch erprobt. Erst in späteren Schritten werden dann solche Kohlevergasungsanlagen auch für eine Gaserzeugung verwendet, die Öl und Erdgas noch auf anderen Gebieten als auf dem der Stromerzeugung ersetzt oder zumindest streckt.

Dabei wird in der langfristigen Tendenz Kohle (zunächst vermutlich Braunkohle wegen des besseren Wasserstoff-zu-Kohlenstoff-Verhältnisses) hauptsächlich zur Gewinnung eines Gasgemisches aus Kohlenmonoxid und Wasserstoff eingesetzt, das verhältnismäßig heizwertarm und wegen des somit großen Volumens je Wärmeeinheit nicht wirtschaftlich über weitere Entfernungen zu transportieren ist. Aus diesem Gasgemisch können später Methanol und, über die Methanolgewinnung hinausgehend, auch selektiv höhere Kohlenwasserstoffe gewonnen werden, um so zu einem Teil das Öl auch im Verkehrssektor ersetzen zu können.

Somit ergeben sich bei der Abstützung der Stromerzeugung auf Kohle und Kernenergie neben dem herkömmlichen Kohlekraftwerk künftig fünf Verfahren der Stromerzeugung:

1. Aus Kernenergie, die mit dem System Konverter, Brüter und Wiederaufarbeitung einen aus heutiger Sicht unerschöpflichen Energievorrat verfügbar macht. Die Einführung wird von dem einsetzbaren Kapital, aber in vielen Ländern auch vom Aufbau der erforderlichen Verteilungsinfrastruktur abhängen. Diese Kraftwerke sind vorrangig für den Grundlastbereich geeignet. Dabei wird neben die bewährten Leichtwasserreaktoren westlicher Technik zukünftig der Hochtemperaturreaktor treten mit seinem über die Stromerzeugung hinausweisenden Potential, Prozeßwärme auf hohem Temperaturniveau erzeugen zu können, um damit vielfältig zur umweltfreundlichen Streckung der Vorräte an fossilen Energien außerhalb des Elektrizitätssektors beizutragen.
2. Aus Kohle-Kombi-Blöcken mit teilweiser Vergasung der Kohle zum Betrieb von vorgeschalteten Gasturbinen und Nachfeuerung von Kohle oder Restkoks in nachgeschalteten Dampferzeugern unter Ausnutzung der Abgase der Gasturbine als Verbrennungsluft. Bei diesen Anlagen ist nur eine teilweise Vergasung der Kohle erforderlich. Sie sind wahrscheinlich für die Vergasung mit Luft und anschließender Stromerzeugung in Kombi-Prozessen die energieökonomisch beste Lösung.
3. Aus Kohle-Kombi-Blöcken mit voller Vergasung der Kohle, wobei die Vergasungsanlage in das Kraftwerk einbezogen ist. Die Abwärme der Gasturbine wird ohne Nachfeuerungen zur Dampferzeugung für den Dampfkraftprozeß verwendet. Hierbei wird die Vergasung mit reinem Sauerstoff erfolgreich sein.
4. Aus Gas-Kombi-Blöcken, die von einem Kohlegas- oder allgemein von einem Gasversorgungssystem mit Brennstoff versorgt werden, analog zu den heute betriebenen Gas-Kombi-Blöcken. Der Einsatz von Erdgas wird jedoch, langfristig gesehen, vermutlich seine Grenzen finden, da das hochwertige Erdgas anderer Verwendung zugeführt werden muß.

5. In der Koppelproduktion bei der Gaserzeugung für andere Zwecke als die der Kohleverstromung, wobei die Stromausbeute entsprechend der von der Nachfrage nach Gas bestimmten Betriebsweise der Anlagen sowie von der Art des gewünschten Produktes bestimmt wird. In diesen Bereich ist auch die Kohlevergasung unter Verwendung nuklearer Prozeßwärme einzuordnen.

Aus allen diesen Verfahren läßt sich da, wo es wirtschaftlich sinnvoll ist, Wärme zu Heizzwecken auskoppeln (s. a. 6.2.3).

Die Strategie der Einführung unterschiedlicher Reaktorsysteme ist vielfältig behandelt worden. Hier nur noch einige zusätzliche Bemerkungen.

Die bedrohlich werdende Energieknappheit erzwingt den baldigen Bau einer größeren Anzahl heutiger Leichtwasserreaktoren. Um langfristig Brennstoffengpässe bei Kernbrennstoffen zu vermeiden, muß darüber hinaus der Bau von Wiederaufarbeitungsanlagen und von Brutreaktoren vorangetrieben werden. Die erforderlichen sicheren Systeme sind in Staaten mit hohem technisch-wissenschaftlichen und investiven Potential weiterzuentwickeln und zu betreiben. Betrachtet man die Weltenergieversorgung als Ganzes, dann kann jedes in westlichen Industriestaaten errichtete Kernkraftwerk im Saldo die Vermeidung des Baus eines Kernkraftwerkes in einem technisch weniger entwickelten Land mit schwächerer Investivkraft bedeuten, in dem möglicherweise die Not, auch hinsichtlich der Sicherheits- und Überwachungseinrichtungen, andere Prioritäten setzt.

Alle diese Verfahrensschritte hinsichtlich der Sicherung der Energieversorgung über Kohle und Kernenergie sind jedoch an Großanlagen gebunden. Das gilt für Kohle-Kombi-Blöcke, für Kohlevergasungsanlagen, für Kernkraftwerke und schließlich auch für die Kombination von nuklearer Prozeßwärme mit Kohlevergasungsanlagen. Gerade diese Großtechnik aber ist es, gegen die sich heute ein Widerstand aufgebaut hat. Ohne sie wird sich jedoch die Energieversorgung der Welt nicht sichern lassen.

Eine mengenmäßig ausreichende, sichere und umweltfreundliche Energieversorgung ist somit mit kleinen einfachen Anlagen nicht aufzubauen. Die Gründe dafür liegen angesichts der knappen Ressource Kapital in den bei Großanlagen erzielbaren Kostendegressionen und Wirkungsgradverbesserungen sowie in den technischen Verfahren, die erst bei großen Leistungseinheiten möglich sind. *Die Forderung von vielen, dafür aber kleinen Anlagen ist der Weg in die falsche Richtung! Er verbraucht mehr an Energie und Negentropie und damit an Kapital, als wir uns leisten können.*

6.2.3 »Kraft-Wärme-Koppelung« – unideologisch

Der Wärmemarkt hat nach dem Kraftstoffsektor bei uns den zweitgrößten Anteil am Ölverbrauch. Das Erfordernis, Öl einzusparen, wird im Wärmesektor schnell und umfangreich verwirklicht werden können. Der Elektrizität wird dabei eine besondere Aufgabe zukommen. Elektrisch betriebene Wärmepumpen und die gekoppelte Strom- und Fernwärmegewinnung in Heizkraftwerken sind die in diesem Zusammenhang betrachteten, sich ergänzenden Verfahren der Wärmeversorgung. Die direkte Heizung mit elektrischer Energie wie auch die Nachtstromspeicherheizung behalten ebenfalls ihre energiewirtschaftlich zu rechtfertigende Rolle, da sie, wie im ersten Fall, bei räumlich und zeitlich begrenzter Heizung (Badezimmer) sogar Energie sparen oder, wie im zweiten Fall, keine zusätzliche Kraftwerksleistung erfordern.

Die Nachfrage nach elektrischer Energie allgemein und nach Wärme im Raumheizungsbereich verläuft weder jahreszeitlich noch tageszeitlich in gleichbleibendem Verhältnis beider zueinander. Im Sommer wird sogar über einen längeren Zeitraum überhaupt nicht geheizt. Die Nachfrage nach Strom schwankt saisonal wesentlich geringer als die nach Wärme. Heizkraftwerke, aber auch Wärmepumpen zu Raumheizzwecken werden deshalb jeweils nur über eine geringere Ausnutzungsdauer betrieben werden als Kraftwerke, die als Kondensationskraftwerke nur der Stromerzeugung dienen. Die Abwärme von Kondensationskraftwerken, selbst wenn sie nutzbar wäre, könnte also nur über eine begrenzte Zeit zu Heizzwecken verwendet werden. Sogar im Tagesverlauf während des Winters klafft die Nachfrage nach Strom und Wärme erheblich auseinander, da die Aufheizperiode von Wohnungen, Büros und Fabriken nicht mit der Produktionsspitze, also der Nachfrage nach elektrischer Energie in der Industrie, zusammenfällt.

Nun wird der Fernwärme in der letzten Zeit eine besondere Aufmerksamkeit gewidmet, und manche meinen gar, jede Stromproduktion in Kondensationskraftwerken müsse mit einer Abwärmeabgabe gewissermaßen bestraft werden, da die gleichzeitige vorteilhafte Nutzung von Energie zur Strom- und Wärmegewinnung sträflich außer acht gelassen würde. Jeder Ingenieurstudent lernt im ersten Semester, daß diese Koppelung von Strom- und Fernwärmeerzeugung energetisch eine annähernde Verdoppelung der Nutzung der eingesetzten Energie bringt. Demzufolge wird die Kraft-Wärme-Koppelung auch bereits da intensiv genutzt, wo sie sinnvoll ist, wo beispielsweise die Nachfrage nach Strom und Wärme annähernd deckungsgleich verläuft oder wo Wärme mit hoher Ausnutzungsdauer, vielleicht das ganze Jahr über und in großen Mengen, benötigt wird. Wenn dagegen Fernwärme aus der Kraft-Wärme-Koppelung zur Raumheizung in Wohngebieten nicht in dem Maße zur Anwendung kommt, wie das bei zukünftig knapper werdendem Heizöl wünschenswert wäre, dann hat das eine Reihe von Gründen.

Heizkraftwerke und Verteilungssysteme für Fernwärme gehören investitionsmäßig zusammen, haben demzufolge nach Term 1 in der Gleichung 5 hohe spezifische Leistungskosten, da in die Bewertung nicht nur die Anlagekosten des Heizkraftwerkes, sondern auch die hohen Anlagekosten für das verteilende Rohrleitungssystem mit eingehen müssen. Wegen des guten Wirkungsgrades haben diese Anlagen dafür insgesamt nach Term 2 der Gleichung 5 niedrige arbeitsabhängige Kosten. Heizkraftwerke haben somit eine ähnliche Kostenstruktur wie Kernkraftwerke, bei denen auch die Leistungskosten hoch sind, während die Arbeitskosten bei ihnen sehr niedrig liegen.

Nun wissen wir aber, daß Kernkraftwerke anderen, fossil beheizten Kraftwerken nur bei hoher Ausnutzungsdauer t überlegen sind, weil dann der Term 1 in Gleichung 5 sinkt. Das läßt sich bei Heizkraftwerken jedoch nicht erreichen, da die Heizdauer von der Jahreszeit und vom Wetter bestimmt wird und zu wesentlich geringeren Ausnutzungsdauern führt, als sie Kraftwerke zur reinen Stromerzeugung haben. Die hohen Kosten für die Fernwärmeverteilung schließen den Wettbewerb zwischen Gas und Fernwärme in Gebieten mit geringer Abnahmedichte aus, da es unwirtschaftlich ist, teure Verteilungsnetze zweimal zu verlegen. Um den Nachteil der aufgrund der relativ kurzen Heizperiode geringen Ausnutzungsdauer der Kraft-Wärme-Koppelung zu kompensieren, ist es sinnvoll, Fernwärme, soweit es vom Standort her möglich ist, nicht aus kleinen Heizkraftwerken abzunehmen, sondern aus großen Kraftwerksblöcken auszukoppeln, die unabhängig von der Nachfrage nach Wärme zur Stromerzeugung betrieben werden. Die Nachfrage aus dem elektrischen Netz bestimmt dann die Ausnutzungsdauer dieser Blöcke. Sie ist demzufolge etwa um den Faktor 2 oder mehr größer als bei Heizkraftwerken. Über den größeren Teil des Jahres werden diese Kraftwerksblöcke voll als Kondensationskraftwerke betrieben, die ihre Abwärme auf herkömmliche Weise abgeben und nur während der Heizperiode zusätzlich Fernwärme liefern. Sie werden je nach Jahreszeit oder aber auch nach der tageszeitlich schwankenden Nachfrage nach Strom und Fernwärme mit unterschiedlichen Anteilen als Kondensations- oder Heizkraftwerke betrieben.

Bei großen Kraftwerkseinheiten senkt die entsprechend der Nachfrage nach elektrischer Energie höhere Ausnutzungsdauer über den Term 1 in der Gleichung 5 auch die Kosten für die Heizwärme. Da die Nachfrage nach Strom und nach Wärme tageszeitlich nicht gleich verläuft, entsteht durch Fernwärmeabgabe nur eine geringe Verstärkung der Belastungsspitze, die zudem durch Warmwasserspeicher, also Wärmeabnahme in Zeiten nicht maximaler Stromnachfrage, abgebaut werden kann.

Fernwärme verträgt, wegen der damit verbundenen Wärmeverluste und des Aufwandes für den Bau des Transportsystems, wirtschaftlich keinen weiten Transport. Also müßten die großen und damit thermodynamisch hochwertigen Kraftwerkseinheiten, die nach der vorangegangenen Überlegung zweckmäßigerweise zur

Fernwärmeerzeugung eingesetzt werden sollten, in der Nähe von Ballungsgebieten errichtet werden. Die Fernwärmestudie, die die Bundesregierung seinerzeit anfertigen ließ, geht davon aus, daß wirtschaftlich sinnvoll etwa das Dreifache der heutigen Fernwärmeleistung angeschlossen werden könnte und damit etwa ein Viertel aller Verbraucher erreichbar wäre.

Da jedoch Öl und später auch Gas als Brennstoffe für die Raumheizung ersetzt werden müssen, da sie, langfristig gesehen, im Treibstoffsektor und als Rohstoffe gebraucht werden, da die direkte Verfeuerung von Kohle in privaten Heizungen und in Heizwerken zu einem ungünstigen Wirkungsgrad und zu unzulässiger Umweltbelastung führt und da Fernwärme aus Transportgründen nur einen Teil des Marktes abdecken kann, muß die Wärmepumpe – als ein Heizsystem, das alle diese Nachteile vermeidet – schnell den ihr gebührenden Anteil bei der Heizwärmeversorgung übernehmen.

Im übrigen: Wenn die Heizkraftkoppelung zu hohen Wirkungsgraden führt, dann gelten sie doch auch für den in der Koppelproduktion erzeugten Strom. Weshalb sollte der dann nicht in Gebieten, die durch Fernwärmenetze nicht zu erreichen sind, ebenfalls zur Heizung eingesetzt werden, als Fernwärme per Draht, insbesondere auch zum Antrieb von Wärmepumpen? Vorteilhaft wäre, daß so die Nachfrage nach Heizstrom und Fernwärme synchron geschähe. Aller andere Strom müßte nach wie vor in Kondensationskraftwerken erzeugt werden.

Was macht die Wärmepumpe so reizvoll und wie arbeitet sie? Das Prinzip ist so alt wie die technische Thermodynamik und wurde, wie wir sahen, bereits 1851 von William Thomson (Lord Kelvin) angegeben. Es wird im Grunde bei jedem Kühlschrank und bei jeder Tiefkühltruhe seit Jahrzehnten angewendet.

Erinnern wir uns des zweiten Hauptsatzes der Thermodynamik in der Fassung von Clausius: »Wärme kann nicht von selbst aus einem kälteren in einen wärmeren Körper übergehen.« Nicht von selbst, das stimmt, aber mit Hilfe von außen doch, nämlich unter Aufwand von Exergie, wie wir bei der Erläuterung des Carnot-Prozesses als linksläufigem Kreisprozeß gesehen haben.

Im Gegensatz zu den früher beschriebenen *rechtsläufigen* Kreisprozessen, bei denen aus Wärme Arbeitsfähigkeit gewonnen wird, ist der Wärmepumpenprozeß also ein *linksläufiger* Prozeß. In ihn wird Arbeitsfähigkeit hineingesteckt, um aus der Umgebung Wärme zu entnehmen und sie auf ein Temperaturniveau zu heben, das über der Umgebungstemperatur liegt und sie so zu Heizzwecken verfügbar macht. Dieser Vorgang steht also nicht im Widerspruch mit den beiden Hauptsätzen der Thermodynamik, da er nicht *von selbst* erfolgt.

Die Umgebungswärme, die dazu gebraucht wird, ist die von der Sonne eingestrahlte Wärme. Die Wärmepumpe ist das in unseren Breiten geeignete Mittel, um erneuerbare Energien, nämlich die Sonnenenergie, zu nutzen.

Der wirtschaftliche Durchbruch der Wärmepumpen wird mit steigenden Preisen für fossile Energien, aber auch mit der Verbesserung der Wirkungsgrade in der Stromerzeugung gefördert, wie wir noch sehen werden. Außerdem wird ihr Preis mit einsetzender Serienfertigung sinken.

Die Leistungsziffer ε der Wärmepumpe gibt das Verhältnis der nutzbaren Wärme zu der mit der Antriebsenergie der Wärmepumpe zugeführten Exergie an, die auch in die Wärmeleistung eingeht. Hat eine Wärmepumpe die Leistungsziffer $\varepsilon = 3$, dann findet sich das Dreifache an Wärme in der Heizung, bezogen auf die zugeführte Exergie, wieder, das heißt, das Doppelte der zugeführten Exergie steht kostenlos aus der Umgebung zur Verfügung.

Zwei Drittel der Heizwärme sind dann also der Umwelt entnommen – sie stammen von der Sonne, sie sind regenerative Energie.

Wärmepumpenprozesse sind bei weitem nicht so kompliziert wie Kraftwerksprozesse. Dennoch gibt es eine Vielzahl von Schaltungs- und Kombinationsmöglichkeiten. Wärmepumpen können im sogenannten monovalenten Betrieb als einziges Heizsystem oder im bivalenten Betrieb, das heißt mit Zusatzheizung durch Öl an kalten Tagen, arbeiten. Sie können mit Speichern versehen sein, so daß sie während der Spitzenlastzeiten im Netz abzuschalten sind, sie können aber auch mit Verbrennungsmotoren anstelle von Elektromotoren betrieben werden.

Bedenken wir, daß die Wärmepumpe eine wesentliche Möglichkeit darstellt, Öl durch Kohle oder Kernenergie zu ersetzen, so müßten wir ihr eigentlich noch den volkswirtschaftlichen Nutzen der Öleinsparung zusätzlich gutschreiben, zum Beispiel wenn sie so viel Öl einsparen hilft, daß die Verflüssigung der Kohle zur Ölsubstitution erst später und in geringerem Umfang durchgeführt werden muß. Für die Wärmepumpe heute Mehraufwand zu treiben bedeutet, den späteren Aufwand für Ölersatzlösungen zu vermindern. Die Wärmepumpe ist in Verbindung mit der Fernwärme das wichtigste Glied in dem Versuch, Öl auf dem Wärmesektor zu substituieren.

Wird die im Kraftwerk aufgewendete Wärmemenge Q_K mit dem Wirkungsgrad η in Strom umgewandelt und beträgt die Leistungsziffer der Wärmepumpe ε, so ist die aus dem Einsatz der elektrisch betriebenen Wärmepumpe gewinnbare Heizwärme Q_w gleich dem Produkt

$$Q_w = Q_K \cdot \eta \cdot \varepsilon \qquad (6)$$

Mit heutigen Kraftwerkswirkungsgraden bei Kondensationskraftwerken, also sogar ohne Nutzung der Abwärme zu Heizzwecken und bei in unserem Klima realisierbaren Leistungsziffern, ist $Q_w/Q_K > 1$ zu erreichen. So wird also mehr Heizwärme verfügbar, als im Kraftwerk an Energie für die Erzeugung des Stroms aufgewendet wird.

Übrigens bedeutet $Q_w/Q_K > 1$ – also insgesamt beim Verbraucher mehr Wärme zum Heizen zu erhalten, als im Kraftwerk an Energie für die Gewinnung der Antriebsexergie der Wärmepumpe aufgewendet wurde – nicht die Erfindung des Perpetuum mobile. Der erste Hauptsatz der Thermodynamik ist deshalb nicht außer Kraft gesetzt – die Wärmebilanz stimmt, weil ein Teil der Wärme eben der Umwelt entzogen wird.

Und da der zweite Hauptsatz sagt, Wärme könne »nicht von selbst« von einem niedrigeren auf ein höheres Temperaturniveau übergehen, hilft die Wärmepumpe der Wärme nach, auf dieses gegenüber der Umgebungstemperatur höhere und damit zu Raumheizzwecken ausreichende Niveau zu kommen. Die in der Wärmepumpe aufgewendete Exergie hat den Ordnungszustand geschaffen, um eine bestimmte Wärmemenge über das Temperaturniveau der Umgebung zu heben. Auch das ist eine Form der Kraft-Wärme-Koppelung. Außerdem erspart sie aufwendige Fernwärmesysteme.

Zusätzliche Vorteile der elektrisch angetriebenen Wärmepumpe sind: Strom kommt überall hin, die Wärmepumpe läßt sich vorteilhaft auch außerhalb von Ballungsgebieten installieren, und der für den Antrieb der Wärmepumpe erforderliche Strom kann auch in Kernkraftwerken oder Wasserkraftwerken erzeugt werden – abseits von den Ballungsgebieten und unter Einsparung von fossilen Energien und bei verringerter Belastung der Umwelt mit Abgasen.

Heutige Kraftwerkswirkungsgrade führen bereits bei Leistungsziffern der Wärmepumpe von unter 2,5 zu $\eta \cdot \varepsilon > 1$. Ein solches Heizsystem ist nicht nur ökonomisch, sondern auch besonders umweltfreundlich, da die Abgase in großen Kraftwerken hervorragend gereinigt werden.

Der Vorteil gegenüber einem Fernwärmesystem liegt darin, daß (siehe Bild 10) die Wärmemenge $T_u \Delta s$ gar nicht erst über ein teures Rohrleitungssystem transportiert werden muß, sondern als regenerative Energie der Umwelt entzogen wird,während die für die Pumparbeit erforderliche Exergie $\Delta T_0 \Delta s$ als Strom über das ohnehin vorhandene elektrische Netz geliefert wird.

Eine hochwertige ökonomische und ökologische Auslegung von Heizkraftwerken ist aus den früher beschriebenen Gründen jedoch nur bei Anlagen von einer bestimmten Mindestgröße an zu erreichen und nicht bei der Dezentralisierung auf viele kleine Anlagen. Sie ist bei zukünftigen Kraftwerken sogar noch mehr auf große Blöcke beschränkt als bei vorhandenen Anlagen, weil die möglichen Prozeßverbesserungen nur bei großen Anlagen zu verwirklichen sind bzw. ihre Vorteile zur Geltung bringen – wie beispielsweise bei den bereits erläuterten Kombiprozessen mit Kohlevergasung und gekoppeltem Einsatz von großen Gas- und Dampfturbinen. Bei deren Einsatz steigt die erzeugte Elektroenergie je Einheit abgegebener Heizwärmemenge jedoch wesentlich, weil durch höhere Temperaturen am Prozeßanfang das zur Stromerzeugung nutzbare Gefälle zunimmt.

Mit wachsendem Anteil an elektrischer Energie je abgegebener Fernwärmeeinheit und mit wachsender Leistungsziffer der Wärmepumpe wird die energiewirtschaftliche Bedeutung der Fernwärme gegenüber der Elektrowärmepumpe also sinken. Die Elektrowärmepumpe wird sich andererseits mehr und mehr der energiewirtschaftlich günstigen und umweltschonenden Gaswärmepumpe annähern und langfristig vermutlich das bevorzugte Heizsystem darstellen, wenn das Erdgas andere Aufgaben zu übernehmen hat.

Der heute in überzogenem Ausmaß geforderte Ausbau der Fernwärme muß dagegen in die Irre führen. Einmal mehr vergeuden wir Kapital und Zeit. Die ehemalige DDR hat den extremen Ausbau der Fernwärmesysteme beschritten und hinterläßt mit der erforderlichen Restrukturierung dieser Systeme große wirtschaftliche Probleme.

Man kann schließlich auch noch daran denken, den in Heizkraftwerken erzeugten Strom über Wärmepumpen gemeinsam mit der zur Fernheizung genutzten Abwärme einzusetzen. Ist die bei der Kraft-Wärme-Koppelung gewonnene elektrische Arbeit kleiner als die zum Antrieb aller elektrisch betriebenen Wärmepumpen erforderliche Arbeit, werden also nicht hochwertige große, sondern kleine Heizkraftwerke gebaut, bei denen aus technischen Gründen vergleichsweise weniger elektrische Energie je abgegebener Einheit Wärme für die Fernheizung erzeugt wird, oder steigt die Anzahl der elektrisch betriebenen Wärmepumpen sehr schnell, so steht nicht einmal genügend zusätzlich benötigter Strom für diese neue Art von Heizung aus Heizkraftwerken zur Verfügung. Um es noch einmal deutlich zu wiederholen: Bei der energieökonomisch sparsamsten Form der Heizung, bestehend aus Fernwärmeversorgung und elektrisch betriebenen Wärmepumpen als Hauptelementen neben den anderen Heizmöglichkeiten, wird der Strombedarf aller Wärmepumpen größer sein als die bei wirtschaftlich optimalem Fernwärmeeinsatz in der Koppelung von Strom- und Fernwärmeerzeugung überhaupt gewinnbaren Mengen an elektrischer Energie. Es ist deshalb unsinnig, immer wieder zu behaupten, Strom für alle in Frage kommenden Anwendungszwecke müsse weitgehend in kraft-wärme-gekoppelten Anlagen erzeugt werden. Solche Heizkraftwerke wären nämlich nicht einmal in der Lage, die für eine sinnvolle Stromheizung benötigte elektrische Energie ausreichend zur Verfügung zu stellen, ganz abgesehen davon, daß wie schon erwähnt, die Nachfrage nach Strom und nach Fernwärme in der Regel weder tageszeitlich noch saisonal synchron verläuft.

Sicherlich kann man auch ins Auge fassen, daß langfristig ein Teil der für ein solches System erforderlichen Exergie auch aus Kernenergie stammen könnte. So würde die Abhängigkeit von einzuführendem Öl oder Erdgas vermindert und eine weitere Schonung der Umwelt bewirkt.

Es müssen hier überhaupt drei Vorurteile ausgeräumt werden, nämlich

1. daß Kernenergie nicht erheblich zur Ölsubstitution beitragen könne – sie ist im Gegenteil dazu unerläßlich, allein aus Mengengründen, weil Kohle in dem erforderlichen Umfang möglicherweise nicht zur Verfügung steht oder aus Umweltschutzgründen gemeinsam mit anderen fossilen Energien nicht in beliebig wachsendem Umfang eingesetzt werden kann, aber auch, weil sie gut geeignet ist, Öl direkt über Strom oder über die folgende Kette zu ersetzen: Kernenergie ersetzt Kohle (zum Beispiel in der Stromerzeugung), die so frei werdende Kohle ersetzt Öl (zum Beispiel über Kohlevergasung oder Kohleverflüssigung);
2. daß Lösungen für den Wärmesektor möglichst unter Ausschaltung der elektrischen Energie erfolgen müßten, um den zusätzlichen Ausbau von Kraftwerkskapazität zu ersparen – das Gegenteil ist richtig; über den Einsatz der elektrisch betriebenen Wärmepumpe wird die Ölsubstitution im Wärmesektor schnell, wirtschaftlich, energieökonomisch und mengenmäßig möglich;
3. daß die Kraft-Wärme-Koppelung das energetisch beste Verfah-

ren sei, Heizwärme zu gewinnen, und nur die Abwärme, nicht aber die in der Koppelung der Erzeugung gewonnene Elektroenergie zur Heizung eingesetzt werden dürfe. Eine je nach Ausnutzungsdauer, Abnahmedichte und Transportlänge günstige Mischung von Fernheizung und elektrisch betriebenen Wärmepumpen wird dagegen langfristig das optimale System darstellen, in dem sich eine Verschiebung zugunsten des Anteils der über Wärmepumpen bereitgestellten Heizenergie vollziehen wird.

Es würde den Rahmen dieses Buches sprengen, Zwischenlösungen, wie den Einsatz von Lüftungswärmepumpen, in Ergänzung zur Öl- und Gasheizung zu erläutern. Es sollte auch darauf hingewiesen werden, daß der energieökonomische Einsatz von Wärmepumpen in den mittleren klimatischen Breiten sinnvoller ist als in Regionen mit sehr niedrigen winterlichen Temperaturen.

6.2.4 Ziel ist das Energiegesamtsystem – eine Vision

So wie in der Vergangenheit unter entsprechenden Voraussetzungen die Koppelproduktion von Strom und Fern- bzw. Prozeßwärme sinnvoll war, wird sich das Gesamtkonzept der Energieversorgung auf die Koppelproduktion von Strom und eine Reihe anderer Produkte ausweiten müssen. Da die Einflüsse stets wechselnder Nachfrage nach den verschiedenen Produkten eine hohe Flexibilität des Systems insgesamt verlangen, sind Untersuchungen über im Einzelfall einzuschlagende Planungswege immer vor dem Hintergrund des gesamten Systems zu sehen. Einzelfragen – ohne diese Wechselwirkung zum Gesamtsystem – beantworten zu wollen, kann zu falschen Ergebnissen führen.

Neben den reinen Stromerzeugungsverfahren in Kern- und Kohlekraftwerken wird in Zukunft den Koppelprozessen für die Erzeugung von Produkten über die Stromerzeugung hinaus eine hohe Bedeutung zukommen, da sie es ermöglichen, mit den verfügbaren Primärenergien eine breite Palette von Sekundärenergien unter verbesserten ökonomischen und ökologischen Verhältnissen bereitzustellen. Unter *Koppelprozeß* sollen Verfahren der Energieumwandlung verstanden werden, bei denen Strom erzeugt wird, und

1. ausgehend von einer Primärenergie, mindestens eine zusätzliche Sekundärenergie entsteht,
2. mehrere Primärenergien innerhalb eines Verfahrens in mehrere Sekundärenergien umgewandelt werden,
3. solche Verfahren zu Wärmekaskaden und verschiedenen Stoffumwandlungen verknüpft werden und damit der Erzeugung verschiedenartiger Vorprodukte und nutzbarer Sekundärenergien dienen,
4. Spaltstoffe durch Brutstoffe entstehen, die in unterschiedlichen Reaktorsystemen zur Erzeugung verschiedener Sekundärenergien herangezogen werden können.

Als fünfter übergeordneter Koppelprozeß kann die Verknüpfung der vier vorgenannten Systeme zu einem Energiegesamtsystem verstanden werden.

In Zukunft wird man hierüber noch hinausgehen und in einem Energie-Stoff-Gesamtsystem auch die Wiedergewinnung bereits verarbeiteter Stoffe und ihren Zusammenhang mit der Energieumwandlung betrachten müssen. Das wird jedoch erst dann möglich sein, wenn Exergie in großem Maß und zu niedrigen Kosten verfügbar ist. Ein weiteres Beispiel dafür, daß Rohstoffschonung, verbunden mit Umweltschutz, an ein Mehr an Exergie und damit auch Energie gebunden ist und nicht an ein Weniger. Hier sei an die bereits erörterte Verbindung des zweiten Hauptsatzes der Thermodynamik auch mit Stoffumsätzen erinnert.

Die Einführung eines neuen oder die wesentliche Veränderung des bestehenden Energiesystems erfordern lange Zeiträume und hohe, risikoreiche Kapitaleinsätze. Deshalb erscheint es erforderlich, Gesamtmodelle zu suchen, aus denen die Prioritäten für die Weiterentwicklung abgeleitet werden können. Diese Gesamtmodelle müssen dabei so ausgerichtet sein, daß sie bei einer Sicherung der Energieversorgung im gesamten Spektrum der angebotenen Sekundärenergien über einen entsprechenden Verbund einen hohen Grad von Austauschbarkeit der einzelnen Energiearten untereinander ermöglichen.

Erinnern wir uns der im Kapitel 5 getroffenen Aussage, wonach die drei Produktionsfaktoren Kreativität, Exergie, Rohstoff unbegrenzt verfügbar sind, wenn wir den Gedanken der Austauschbarkeit verfolgen. Beziehen wir beispielsweise diese Überlegungen in die Entwicklung eines Energiegesamtsystems ein, dann wird sich daraus für die Energiewirtschaft, insbesondere für die Ölwirtschaft, in dem Bemühen, Abhängigkeiten von einzelnen Ölförderregionen zu vermeiden und, langfristig gesehen, die Ölvorräte zu strecken, ein Bild ergeben, in dem die Basis für alle Ölprodukte verbreitert wird, und zwar in bezug auf andere Primärenergien, auch unter Einbeziehung der Kernenergie. Ausgang dieser Produktionen ist in weiten Bereichen das sogenannte Synthesegas $CO + H_2$, das mit unterschiedlichem Verhältnis von Kohlenmonoxid und Wasserstoff gebraucht wird.

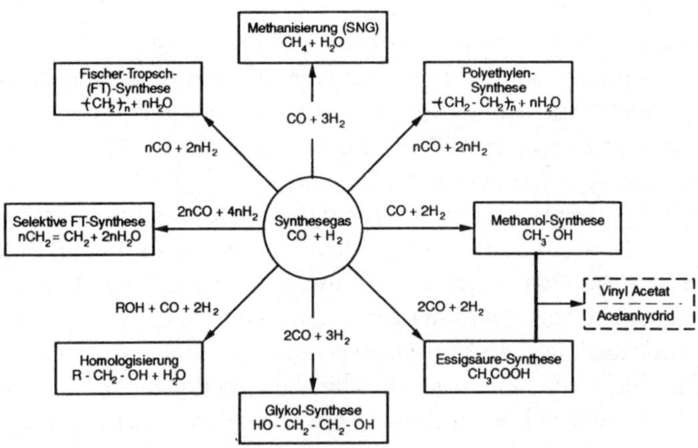

Bild 12: Produkte der Synthesegaschemie

Bild 12 stellt die Produkte der Synthesegaschemie dar, die, aufbauend auf einer Synthesegaserzeugung, zu Chemierohstoffen führt. Bedeutsam ist, daß dieses Synthesegas auch aus Erdgas oder

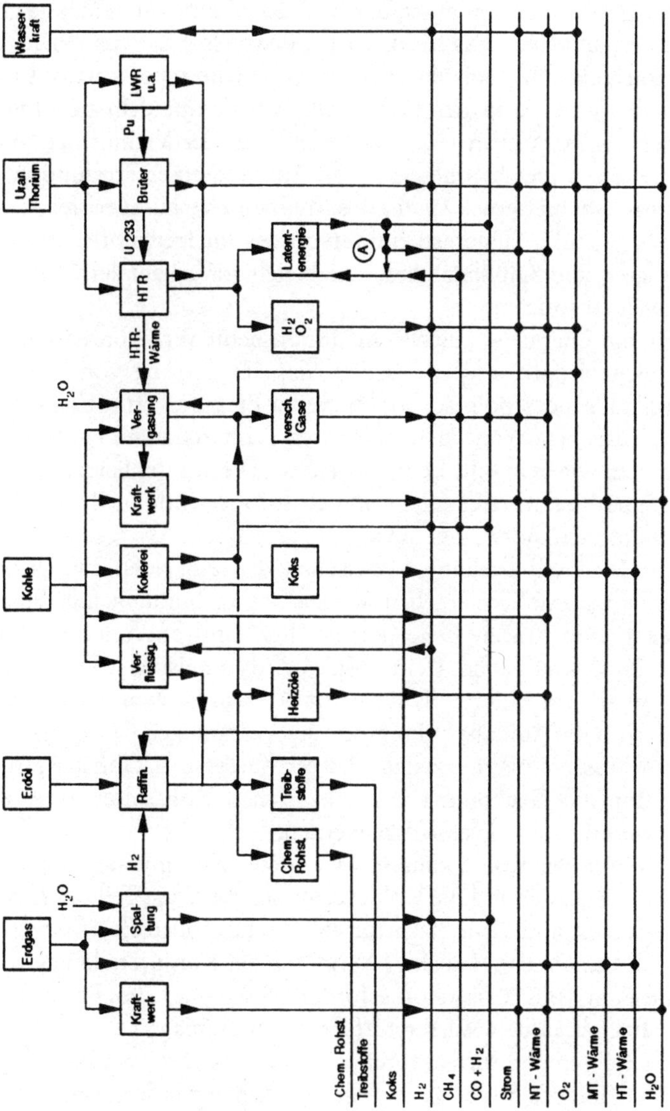

Bild 13: Energiegesamtsystem

Kohle gewonnen werden kann und daß bei seiner Herstellung große Energiemengen aus Kernenergie, beispielsweise aus Hochtemperaturreaktoren, einzukoppeln sind. Hochtemperaturreaktoren deshalb, weil sie in der Lage sind, Wärme auf dem benötigten hohen Temperaturniveau beizustellen. Aus der Vielfalt der Möglichkeiten, dieses Synthesegas zum Ausgang einer Produktion zu nehmen, sei hier etwas später das Methanol herausgegriffen, da es hervorragend geeignet ist, zur Versorgung im Treibstoffsektor beizutragen, die Ölbilanz und, bei gleicher Verkehrsleistung, die Umwelt zu entlasten.

Für ein Energiegesamtsystem, das die heute verfügbaren Primärenergien umfaßt und eine schrittweise Entlastung von knapper werdenden oder politisch verknappten Energien ermöglicht, läßt sich, ausgehend von der verfügbaren Primärenergie, ein Schema angeben, wie es in Bild 13 dargestellt ist. Die aus der Primärenergie erzeugten Sekundärenergien und Rohstoffe sind am linken Bildrand untereinander aufgeführt.

Die Wechselbeziehungen zwischen den einzelnen Energieumwandlungsverfahren ergeben sich aus den Verbindungen der in der zweiten und dritten Zeile dargestellten Umwandlungsverfahren bzw. Produktangaben. Dem Erdgas wird so beispielsweise zusätzlich zu seinem Einsatz als Rohstoff oder im Bereich der Heizung weiterhin die Aufgabe zukommen, in Spaltanlagen $CO + H_2$ oder reinen Wasserstoff zu erzeugen. Dieser Wasserstoff kann in Raffinerien für die Gewinnung von chemischen Rohstoffen oder zur Hydrierung von Öl verwendet werden.

Aufgabe der Kohle kann es in weiterer Zukunft sein, über die Kohlevergasung und die Kohleverflüssigung einen Teil des Erdöls zu ersetzen und Grundlage für chemische Rohstoffe, Treibstoffe oder Öl zu werden. Für diese Verfahren der Kohleveredelung wird in großem Maß Wasserstoff erforderlich sein, der zum Beispiel aus thermochemischen Wasserstoff-Erzeugungsanlagen unter Einsatz von Hochtemperaturreaktoren, also aus nuklearer Wärme, wie im rechten Teil des Bildes dargestellt, gewonnen werden könnte, aber auch in herkömmlichen oder verbesserten Elektrolyseverfahren unter Verwendung von Strom aus Wasserkraft, Leichtwasserreaktoren oder anderen Quellen. Die Kohle findet aber auch weiterhin zur Stromerzeugung und im Bereich der Heizung Anwendung. Sie wird für die Kokserzeugung gebraucht, und sie wird schließlich in der Kohlevergasung, noch vor der Einführung der Kohleverflüssigung, mit der Erzeugung von Wasserstoff, synthetischem Erdgas, Synthese- und Reduktionsgas eine Reihe neuer Aufgaben übernehmen. Im Bereich der Kernenergie werden Brüter und Leichtwasserreaktoren in erster Linie zur Stromerzeugung eingesetzt, werden aber auch einbezogen in die direkte Wasserstoffgewinnung, während Hochtemperaturreaktoren in die Methanspaltung, in die Vergasung von Kohle und andere Hochtemperaturprozesse eingebunden werden können.

Aufgabe der Brüter wird es sein, neben der Erzeugung von Elektroenergie mit Plutonium 239 und Uran 233 weitere Spaltstoffe für Leichtwasserreaktoren und Hochtemperaturreaktoren zu produzieren und somit die Kernenergie zu einer unbegrenzt verfügbaren Energiequelle zu machen. In Wettbewerb zu einem solchen System mit Brütern könnte, wiederum sehr langfristig gesehen, einmal die Fusion als Spaltstofferzeuger und Energiequelle treten. Der Wasserkraft bleibt schließlich neben der Stromerzeugung in Laufwasserkraftwerken in Speicherkraftwerken die Aufgabe überlassen, über die Speicherung von Energie zur nachfragegerechten Stromproduktion beizutragen.

Ein so vielseitig verschachteltes System, wie es in Bild 13 dargestellt wird, stellt der Energietechnik eine Vielzahl neuer Aufgaben.

Die Entwicklung zu einem Energiegesamtsystem wird mit einer Strategie erfolgen müssen, die marktwirtschaftliche Gegebenheiten berücksichtigt, um so die Entwicklungskosten überschaubar zu halten und wirtschaftliche Risiken zu vermindern.

Bezogen auf die Primärenergien Kohle und Kernenergie läßt sich eine mögliche Strategie etwa nach dem Bild 14 verfolgen. Kohle (1) wird mit weiter verbesserten Verfahren zur Stromerzeugung (2) eingesetzt; dabei gewinnt die Kohlevergasung (3) an Bedeutung, um über die Verbindung von Gas- und Dampfturbinen zur Wirkungsgradsteigerung, also zur besseren und umweltfreundlicheren Koh-

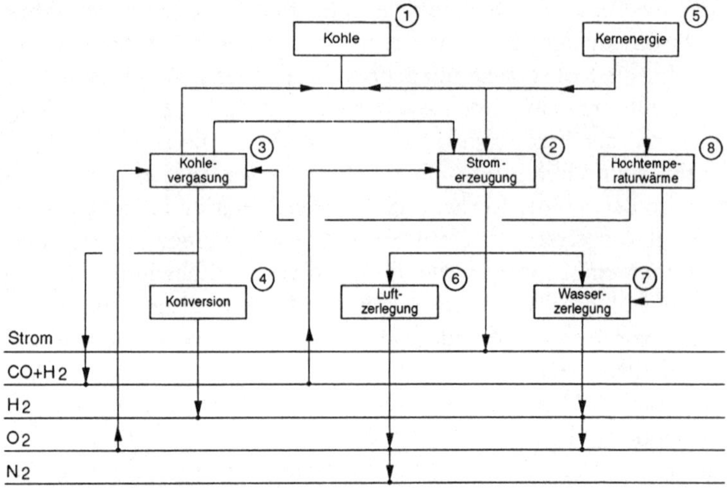

Bild 14: Kohle- und Kernenergieverbund zur Strom- und Gaserzeugung

leverstromung in den sogenannten Kombiprozessen, beizutragen. Die Entwicklung der Kohlevergasung in großtechnischem Maßstab muß wirtschaftlich vertretbar für diese Verbesserung der Stromerzeugung aus Kohle entwickelt werden. Mit diesem Instrument der Kohlevergasung läßt sich dann Synthesegas ($CO + H_2$) oder aber – nach der Konvertierung (4), nach der Umwandlung von Kohlenmonoxid (CO) und Wasserdampf in Kohlendioxid (CO_2) und H_2 und Auswaschen des Kohlendioxids – schließlich reiner Wasserstoff H_2 gewinnen oder jedes gewünschte (siehe Bild 12) Verhältnis von CO zu H_2 herstellen.

Betrachten wir auf der anderen Seite die Kernenergie (5). Sie kann über die Leichtwasserreaktoren, langfristig auch über Brutreaktoren, wesentliche, wenn nicht überwiegende Anteile der Stromerzeugung (2) übernehmen. In dieses Aufgabenfeld gehört in diesem Zusammenhang jedoch auch beispielsweise die Luftzerlegung (6) und, über Elektrolyseverfahren, die Wasserzerlegung (7) zur Gewinnung von Wasserstoff. Im Gegensatz zur Wasserstoffgewinnung aus fossilen Energien wie der Kohle fehlt dabei die CO_2 abgebende Konversionsstufe. Der in beiden Anwendungen (6) und (7) erzeugte Sauerstoff kann beispielsweise wieder der Kohlevergasung zugeführt werden. Die Kernenergie vermag mit der Technik der Hochtemperaturreaktoren (8) aber auch Prozeßwärme auf hohem Temperaturniveau beizustellen. Mit dieser Wärme ließe sich Kernenergie beispielsweise in die Kohlevergasung zur Erzeugung von Synthesegas als Rohstoff für die Chemie einbinden, um so aus der gleichen Menge an Kohle eine größere Menge an Synthesegas erzeugen zu können und gleichzeitig die bei der Kohlevergasung über Wärmefreisetzung aus Kohle (autotherm) auftretende CO_2-Abgabe an die Umgebung zu vermindern. Hochtemperaturwärme aus Hochtemperaturreaktoren könnte aber auch zeitlich nach der Methanspaltung die Verfahren der Wasserspaltung über neue Techniken wesentlich verbessern. Sollte auf diese Weise ein Beitrag zur Wasserstoffproduktion erzielt werden, der den weltweiten Einsatz von Öl und Erdgas merklich verringert, dann werden Beträge an elektrischer Arbeit erforderlich, die dem Mehrfachen der Stromerzeugung Deutschlands entsprechen. Das mag verdeutlichen, welche geringe Hoffnung auf photovoltaisch erzeugten Wasserstoff mit seinem hohen spezifischen Investitionsaufwand zu setzen ist.

Die bei der Kohlevergasung denkbare Verzahnung mit der Kernenergie ist natürlich im gleichen Sinn auch für die Verbindung von Öl (mit oder ohne zusätzliches Erdgas) mit der Kernenergie vorstellbar.

Das in diesem System gewonnene Synthesegas ist auch direkt dem Erdgas beizumischen. Der schließlich rein aus Kernenergie bei der Wasserspaltung gewinnbare Wasserstoff könnte auch zum Ausgang einer auf Stickstoff basierenden Düngemittelproduktion werden, da im Ammoniak NH_3 schließlich kein Kohlenstoff vorhanden ist und die auf Kohle oder Öl basierenden Verfahren nur auf Wasserstoff abzielen und dabei als unerwünschtes Nebenprodukt CO_2 abgeben.

Doch kommen wir zu dem eingangs erwähnten Methanol zur Stützung der Treibstoffversorgung zurück. Methanol ist bei Umgebungstemperatur flüssig und kann in unterschiedlichen

Mischungsverhältnissen dem Benzin beigegeben oder allein als Treibstoff verwendet werden (Autorennen in Indianapolis). Es ist billiger als andere Alternativen, kann überall erzeugt werden und bedarf zu seiner Verteilung als Treibstoff nicht einer völlig neuen Logistik.

Da ein Methanolprogramm eine große Aufgabe wäre, muß zuerst politischer Wille entwickelt werden. Dann sollte die Ölindustrie eintreten. Es ist ihr Geschäft, Treibstoff zu beschaffen und zu verteilen, und es sollte in ihrem Interesse liegen, dieses Geschäft unter sich ändernden Bedingungen der Ölversorgung zu sichern.

Öl kann verhältnismäßig einfach – und auch wirtschaftlich vertretbar – durch andere Energien ersetzt werden, wenn es für Heizzwecke verwendet wird, wohingegen an einen Ersatz für Öl als Treibstoff oder als Grundlage chemischer Produkte hinsichtlich der Wirtschaftlichkeit noch nicht so bald gedacht werden kann. Es wäre daher sinnvoll, das Öl zu strecken, indem man unter Einbindung anderer Energien bis hin zur Kernenergie aus Öl Methanol erzeugt und ebenfalls als Treibstoff einsetzt. Dies ist sinnvoll, da

- Methanol die Konstruktion von Autos mit beträchtlich höherem Wirkungsgrad ermöglicht, man also deutlich weniger Treibstoff bei gleicher Fahrleistung braucht,
- Kernenergie und Erdgas bei der Methanolerzeugung zusätzlich eingebracht werden können, wodurch mehr Treibstoff aus einer gegebenen Ölmenge produziert werden kann,
- in ferner Zukunft, wenn das Öl knapp wird, Methanol mit Hilfe der Kernenergie auch aus Kohle mit oder ohne zusätzlichen Einsatz von Erdgas hergestellt werden kann, wodurch die Ölindustrie die Chance wahren würde, ihre Aufgabe langfristig gesehen sogar ohne Öl zu erfüllen.

Die Gesamtwirkung dieser Strategie wäre die Verlängerung der Ölreserven (nicht der völlige Verzicht auf Öl), der Abbau ölversorgungsbedingter Spannungen und der Gewinn desjenigen politischen oder wirtschaftlichen Freiheitsgrades, den man für wünschenswert oder notwendig hält. Wenn Methanol erzeugt wird, sollte wenig CO_2 emittiert werden. Das kann geschehen, indem man

- Erdgas einsetzt, um das Wasserstoffdefizit der schweren (und mittleren) Erdölfraktionen auszugleichen,
- die Energie für den Umwandlungsprozeß aus Kernenergie bezieht. Wegen der erforderlichen hohen Prozeßtemperaturen wäre der benötigte Reaktortyp der Hochtemperaturreaktor (HTR).

So würden beispielsweise für eine jährliche Produktion von rund 2 Mio. t Methanol mit einem Energieäquivalent von etwa 1 Mio. t Benzin, heute produziert aus etwa 1,12 – 1,5 t Rohöl, benötigt:

- 0,4 Mio. t Rohöl
- 650 Mio. m^3 Erdgas,
- 950 MW an thermischer HTR-Kapazität, bei 7500 Vollaststunden pro Jahr.

950 MW thermische Reaktorkapazität entsprechen 300 MW elektrischer Leistung. Rechnet man für einen Standort etwa mit je zwei Kernkraftwerken mit der elektrischen Leistung von je 1300 MW, dann würde sich aus den entsprechenden Mengen an Einsatzstoffen Öl und Erdgas eine Treibstofferzeugungskapazität von über 16 Mio t Methanol je Jahr ergeben.

Um den gesamten möglichen Beitrag der Kernkraft für diesen Zweck abzuschätzen, sei darauf verwiesen, daß gegenwärtig jährlich 1200 bis 1300 Mio. t Treibstoff verbraucht werden. Ein besserer Wirkungsgrad, der mit Methanol erreicht würde, könnte den Bedarf verringern, zusätzlicher Verkehr ihn erhöhen.

Wenn wir Kohle und Erdgas für das gewählte Beispiel mit 2 Mio. t Methanol pro Jahr einsetzen würden, benötigten wir:

- 0,5 Mio. t Kohle,
- 700 Mio. m^3 Erdgas,
- 980 MW thermischer HTR-Kapazität mit 7500 h/a.

In diesem Fall könnte die Methanolerzeugung durch die einfache Summenformel

$$C + CH_4 + 2H_2O + \text{Energie} \longrightarrow 2\,CH_3OH. \qquad (7)$$

dargestellt werden. Wenn nur Kohle verfügbar ist (die ebenfalls etwas Wasserstoff enthält), würden über 20 Prozent des Kohlenstoffs als CO_2 anfallen und müßten freigesetzt oder mit Wasserstoff aus anderen Quellen in Methanol umgewandelt werden. Wenn nur Erdgas verfügbar ist, würde überschüssiger Wasserstoff erzeugt, der in Raffinerien oder chemischen Anlagen verwendet werden könnte, etwa für die Produktion von Ammoniak.

Mögliche höhere Wirkungsgrade beim Methanoleinsatz im Verkehr, aber im wesentlichen auch die Einbindung nuklearer Prozeßwärme in die Methanolerzeugung würden je nach den sonstigen Ausgangsstoffen (Öl, Gas, Kohle) und im Verhältnis zu ihrer Verwendung zusätzlich zu erheblichen Verminderungen des CO_2-Ausstoßes bei gleicher Verkehrsleistung führen.

Da das Öl bei einem solchen Vorgehen zudem noch durch Gas oder Strom im Wärmesektor ersetzt würde, würde die Umsetzung dieses Vorschlags insgesamt zu einer starken Verminderung des Ölverbrauchs führen, womit die vorhandenen Reserven an Öl auf lange Zeit ausreichen würden, was wiederum seinen Preis nicht zu stark ansteigen ließe.

Die Automobilindustrie, so hört man hin und wieder, sei zukünftig ihrer Probleme ledig, die aus der Gefährdung der Öl- und damit der Treibstoffversorgung und aus der Umweltbelastung durch die Autoabgase resultieren könnten, wenn sie sich auf das Wasserstoffauto ausrichte, denn es verbrenne rückstandsfrei Wasserstoff, der zudem aus Solaranlagen umweltfreundlich zu gewinnen sei. Diese Überlegungen weisen einen gefährlichen Irrweg, vielleicht in dem Bemühen, heute zu hörende Kritik am Straßenverkehr mit dem Versprechen baldiger paradiesischer Zustände abzufangen.

Wollte man den heutigen Treibstoffbedarf in Deutschland durch Wasserstoff decken, der durch Strom aus Photovoltaik mit anschließender Elektrolyse gewonnen würde, brauchte man allein dazu größenordnungsmäßig das Doppelte der heute in Deutschland insgesamt erzeugten Elektroenergie und dazu nicht nur das Doppelte der heute in Deutschland installierten Kraftwerksleistung, sondern, wegen der geringen Sonnenscheindauer, mehr als das Sechsfache der insgesamt installierten Kraftwerksleistung in teuren photovoltaischen Anlagen. Der Flächenbedarf dafür entspräche vielleicht dem Sechsfachen der Oberfläche des Bodensees. Da es Zeiten mit sehr geringer Sonneneinstrahlung gibt, wären zudem große Wasserstoffspeicher anzulegen.

Man wird entgegenhalten, daß es nicht um die volle Versorgung des Treibstoffsektors mit Wasserstoff gehen müßte, sondern nur um einen Teil dieser Versorgung, beispielsweise um den CO_2-Ausstoß im Straßenverkehr um 25 Prozent zu senken. In diesem Fall wären Wirtschaftlichkeitsüberlegungen wohl noch eher an der Grenze des Vertretbaren, da dann die komplizierte Logistik der Wasserstoffverteilung neben die herkömmliche Verteilungslogistik träte.

Um die Größenordnung zu verdeutlichen: Die schon beträchtlich groß wirkende Photovoltaikanlage von Neuenburg in Bayern würde den Treibstoffverbrauch von weniger als 50 Autos decken können. Die Investitionskosten der Anlage, auf die Autos umgelegt, würden 1 Mio. DM je Auto entsprechen. Soll, im Weltmaßstab gesehen, Wasserstoff über die Elektrolyse erzeugt werden – in einer Menge, die energetisch beispielsweise dem heutigen Einsatz des Erdgases entspricht –, dann ist dazu Elektroenergie erforderlich, die größenordnungsmäßig dem heute weltweit insgesamt erzeugten Strom entspricht. Welche Rolle soll da die Photovoltaik spielen? Um es noch einmal zu betonen: Mit Hilfe der Photovoltaik Strom und Wasserstoff zu erzeugen kann für Teilaufgaben sinnvoll sein. Den Eindruck zu erwecken, als könnten auf diese Weise Energie- und Umweltprobleme gelöst werden, ist gefährlich, weil er dazu beiträgt, vermeintlich unbequeme Entscheidungen hinauszuschieben.

Es ist statt dessen sinnvoll, neben den Leichtwasserreaktoren und den Brütern bei der erforderlichen Ausweitung der Aufgaben der Kernenergie dem hier schon verschiedentlich erwähnten Hochtemperaturreaktor Bedeutung zuzumessen, weil er die Möglichkeit eröffnet, große Wärmemengen auf hohem Temperaturniveau in industrielle Prozesse einzubringen, auch über den Treibstoffsektor hinaus in die Chemie allgemein oder in die Stahlindustrie. Neben seine mit denen heutiger westlicher Leichtwasserreaktoren vergleichbaren Vorteile tritt seine passive Sicherheit, ein einfacherer Brennstoffkreislauf, eine kontinuierliche Be- und Entladung des Brennstoffs, sein einfacher Betrieb und schließlich die wegen des guten thermodynamischen Wirkungsgrades relativ verringerte Abwärmemenge, die ihn unter Beachtung des gegenüber fossilen Energien geringeren Brennstoffpreises auch für den Einsatz mit Trockenkühltürmen in ariden Gebieten unserer Erde geeignet macht.

Für den Einsatz von Hochtemperaturreaktoren hat Marchetti einen interessanten Vorschlag gemacht. Erinnern wir uns des Bildes 7, wonach die größten Erdgasreserven auf dieser Welt im Osten der GUS und im Nahen Osten liegen, und vergegenwärtigen wir uns, daß die Gefahr der Klimabeeinflussung durch die CO_2-Überladung der Atmosphäre zu einem der Hauptprobleme des Umweltschutzes werden könnte: Marchetti hat nun vorgeschlagen, in großen Erdgasförderregionen das Erdgas mit Hilfe der Wärme aus Hochtemperaturreaktoren in Synthesegas ($CO + H_2$) zu spalten, dieses Gas zu konvertieren und durch Auswaschen des dabei entstehenden Kohlendioxids (CO_2) in reinen Wasserstoff zu verwandeln. Das CO_2 könnte wieder in die ehemaligen Erdgaslager gepreßt werden und belastete so die Atmosphäre nicht, während der Wasserstoff über Rohrleitungen räumlich entfernter Verwendung zugefördert würde.

Die gesamte Energie des eingesetzten Erdgases würde so noch um einen Anteil von 30 Prozent, der aus nuklearer Wärme stammt, gesteigert, das Erdgas also gestreckt werden. Dieses Verfahren wäre zudem noch günstig zu kombinieren mit der Methanolerzeugung in den Gasfördergebieten ebenfalls unter Einsatz von Hochtemperaturreaktoren.

Schließlich sollte nicht unerwähnt bleiben, daß die großen Vorräte an Ölschiefer und Teersanden in den USA, in Venezuela, Kanada und der GUS mit Hilfe des Hochtemperaturreaktors vorteilhaft zu erschließen wären.

Der Autor meint die vorteilhaften Eigenschaften des Hochtemperaturreaktors aus mehr als 20jähriger Beschäftigung mit dem Thorium-Hochtemperatur-Reaktor THTR-300 als technischer Geschäftsführer der Betreibergesellschaft beurteilen zu können.

Fassen wir zusammen: In den nächsten ein bis zwei Generationen wird die Aufgabe der Energiewirtschaft darin bestehen, ein Strom-Gas-System aufzubauen, in dem eine ausreichende Energieversorgung auf der Basis von Kohle und Kernenergie gewährleistet wird und das die Streckung des Öls und später auch des Erdgases ermöglicht. Sehr langfristig wird dieses System vermutlich zu einem Strom-Wasserstoff-System, das sich weit überwiegend auf Kernenergie abstützt. Die Kohle wird dann ihre Aufgabe als Energieträger verlieren und ebenfalls langfristig zu einem wichtigen Rohstoff in der Chemie werden.

Für eine Übergangszeit von mehreren Generationen werden wir jedoch auf ein Strom-Gas-System angewiesen sein, bei dem sowohl Strom als auch Gas aus unterschiedlichen Primärenergien hergestellt werden, mit wachsendem Anteil der Kernenergie bei beiden Produkten und der Möglichkeit, Versorgungsengpässe durch Verlagerung auf zugängliche und ausreichend vorhandene Primärenergien zu vermeiden und das Öl und später auch das Erdgas zu entlasten.

Auch 1930 bei der ersten Weltkraftkonferenz in Deutschland gab es schon Fragen wie heute nach einer langfristigen und mengenmäßig ausreichenden Energieversorgung. Damals war der Hauptenergieträger die Kohle. Vom Aufschwung des Öls ahnte man noch nichts. Die erste Kernspaltung durch Otto Hahn sollte erst acht Jahre später stattfinden. Schon damals ergab sich die Frage, ob man denn die Kohle vergeuden dürfe, ob man sie nicht höherwertigen Zwecken zuzuführen habe und ob sie nicht besser zu verflüssigen sei – Fragen, die wir heute auch stellen. Fischer und Tropsch und auch Bergius waren in dieser Richtung gerade erfolgreich gewesen. Würde man über ausreichend Kohle verfügen? Diese Sorge führte auch damals schon den Niederländer de Haas zu Überlegungen, die Sonnenenergie intensiv zu nutzen, Wind- und Wasserkräften, der Erdwärme und der Biomasse hohe Bedeutung zuzuweisen. Solche Überlegungen verhinderten jedoch nicht das große Windmühlensterben in den 30er Jahren, als mehrere Tausend Windmühlen in Deutschland ihren Betrieb einstellten, veranlaßt durch die Einführung billiger Nachtstrom-Sondertarife für den Übergang zum elektrischen Betrieb. Diese Windmühlen waren mit Wind als Antriebsenergie wegen der ungleichmäßigen Darbietung gegenüber Strom nicht wettbewerbsfähig, obwohl die Investitionen bereits getätigt waren.

Die Erörterung einer zukünftigen Energieversorgung darf nicht in der Theorie steckenbleiben. Erst Zahlen, die einen möglichen Bedarf und die Möglichkeiten seiner Deckung abschätzbar machen, vermögen Realisierbarkeit und Wunschdenken voneinander zu trennen.

Menschlichkeit bemißt sich auch nach Tonnen, nämlich an Weizen oder Stahl, an Öl oder Düngemitteln oder entsalztem Meerwasser, mit denen den notleidenden Ländern geholfen wird.

Noch können Industriestaaten die steigenden Ölpreise zahlen. Nicht nur die wirtschaftliche, auch die politische Stabilität der Industriestaaten kann jedoch durch die Ölpreissteigerung ins Schwanken geraten, wenn der Wohlstand sinkt und die Arbeitsplätze unsicher werden. Energieknappheit macht darüber hinaus bei der ungleichförmigen Verteilung der Quellen Industriestaaten erpreßbar. Sie macht die Zustände in der Dritten Welt jedoch vollends unhaltbar. Das Öl wird noch in dieser Generation den Zenit seiner Förderung erreichen und überschreiten, das Erdgas vermutlich ein oder zwei Jahrzehnte später, während Kohle und Kernenergie ihren Anteil an der Primärenergieversorgung bis weit in die Zukunft steigern können. Dennoch müssen wir bereits heute befürchten, daß alle Energien zeitweilig knapp werden aus unterschiedlichen Gründen:

– Öl und Erdgas, weil die Vorräte im Zeitraum weniger Jahrzehnte zur Neige gehen;

- Kohle, weil sie gegenüber Öl, bei wesentlich höherem Förderaufwand, wesentlich längeren Transportwegen und technisch komplizierterer Umwandlung, auch längere Aufbauzeiten für die Förderkapazitäten braucht;
- Kernenergie, weil sich ihre Einführung in den wesentlichen Industriestaaten, die zugleich große Energieverbraucher sind, verzögert.

Wir sollten dennoch nicht verkennen, daß wir die technischen Instrumente besitzen, eine ausreichende und umweltverträgliche Energieversorgung zu schaffen. Wir sollten es auch wollen und Kohle und Kernenergie ihre Rolle dabei ermöglichen. Beide zu einem Energiegesamtsystem in der beschriebenen Form auszubauen erfordert Mut zum unternehmerischen Wagnis und den Pioniergeist einer im Aufbruch befindlichen, dem Praktischen zugewandten Generation von Ingenieuren und Wissenschaftlern, Handwerkern und Kaufleuten.

Werden Investitions- und Innovationsfreude durch staatliche Eingriffe blockiert oder gebremst, indem der Staat versäumt, Ordnungsrahmen zu geben und ihre Durchsetzbarkeit zu gewährleisten, so ist zu befürchten, daß bei der Langfristigkeit des Handelns in der Energiewirtschaft rechtzeitige Vorsorge zur Sicherstellung der Energieversorgung vereitelt und damit nicht die notwendigen Voraussetzungen für künftiges notwendiges Wachstum geschaffen werden. Energiepolitische Beschlüsse müssen in dem Bewußtsein gefaßt werden, daß die ihnen folgenden Entscheidungen in ihren Auswirkungen langfristig sind.

Es ist hochgradig gefährlich, bei solchen Beschlüssen einen opportunistischen Kurs zu steuern. Werden neue Techniken heute gestoppt, so werden nicht nur die Arbeitsplätze gefährdet, sondern qualifizierte Arbeitskräfte abwandern und wichtige Entwicklungen unterbrochen werden. Möglicherweise werden auch Industriezweige in Länder mit leichteren Bedingungen abwandern. Denkpausen helfen da nicht. Sie überwinden bei erforderlichen Innovationen nicht die Schwierigkeiten auf dem Weg von der Pilotanlage bis zur technischen Reife, sie schaffen keine Fertigungskapazitäten, und sie geben weder dem Ingenieur noch dem Schweißer die Routine, die er bei seiner Arbeit braucht. Kreativität bleibt ungenutzt oder wird in falsche Bahnen gelenkt, Exergie wird nicht ausreichend verfügbar gemacht, und es werden so zudem knapper werdende Rohstoffe vergeudet.

Alle Industriestaaten sind aufgefordert, bei der Ausformung eines Überlebenskompromisses mitzuarbeiten. In welchem Maß sie das tun, läßt sich an einfachen Kriterien ablesen, die viel sinnvoller sind als das Verhältnis von Energieverbrauch zu Bruttosozialprodukt. Es sind:

– das Verhältnis von Ölverbrauch zu Kernenergieeinsatz, weil so abmeßbar wird, wie stark ein Industriestaat bereit ist, bei sich umzustrukturieren, um Öl für andere oder für die Zukunft einzusparen, und
– das Verhältnis von Ausgaben für die Entwicklungshilfe zu Rüstungsausgaben, weil so der Wille zu einer friedlichen Lösung weltweiter Probleme erkennbar wird.

6.2.5 Energieversorgung und das Umweltproblem

In dem Maß, in dem die Weltbevölkerung wächst, die Kommunikation der Menschen zunimmt und erkennbar wird, daß menschliches Handeln die Lebensbedingungen auf der Welt insgesamt schädigen könnte, gewinnt das Problem des Umweltschutzes öffentliche Aufmerksamkeit. Die Fragen des Staubauswurfs, der Schwefeldioxid- und Stickstoffoxidemissionen, die biologisch schädliche Erwärmung von Flüssen durch Kühlwassernutzung und andere Probleme wurden bisher schrittweise zumindest technischen Lösungsmöglichkeiten zugeführt oder wie in der Bundesrepublik gelöst.

Heute sehen wir, daß zwar mengenmäßig genügend Energie, auch bei einer wachsenden Weltbevölkerung und bei erfolgreichem Handeln gegen Hunger und Not, bereitgestellt werden kann, befürchten aber, daß durch menschliches Handeln die Erde irreparabel geschädigt werden könnte. Vermutlich werden die Kohlenwasserstoffe und die Kohle künftig aus Umweltschutzgründen nicht mehr in so stark steigendem Maß verbrannt werden können wie bisher. Wir werden sehr darüber nachdenken müssen, in welchen Bereichen sie nicht beschränkt werden dürfen und wo Kernenergie sie zu ersetzen vermag. Verbrennung fossiler Primärenergien und übermäßige Abholzung von Wäldern in energiearmen Regionen ohne entsprechende Wiederaufforstung führen möglicherweise zu einem Anstieg der mittleren Temperaturen in unserer

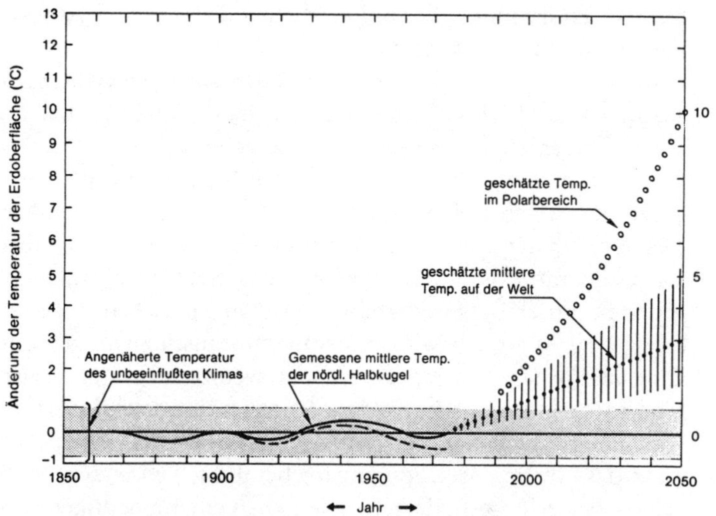

Quelle: World Meteorological Organization (WMO)
Influence of Potential Climatic Change 11. Weltenergiekonferenz München 1980

Bild 15: Grafik der durchschnittlichen Oberflächentemperatur für die nördliche Hemisphäre seit 1860 (durchgezogene Linie) und wie sie ohne Zusatz von Kohlendioxid (gestrichelte Linie) hätte sein können. Die Rasterfläche enthält fast die gesamte Bandbreite der Temperaturfluktuationen, die während der letzten tausend Jahre und mehr aufgetreten sind. Die Schätzung der zukünftigen globalen Durchschnittstemperatur (gepunktete Linie) basiert auf einer fortlaufenden Erhöhung der Konzentration an CO_2, und die Strichschraffierung stellt eine Unsicherheit mit einem Faktor von 2 bei den Modellberechnungen dar. Man erwartet, daß die Temperaturänderung der Polarregion drei- bis fünfmal größer als der globale Durchschnitt ist.

Welt, die gefährliche Klimaveränderungen im Gefolge haben könnten. Sie werden bewirkt durch einen Anstieg an Kohlendioxid in der Atmosphäre, wodurch die Fähigkeit der Erde sinkt, die aufgenommene Sonnenenergie an das Weltall abzustrahlen (Treibhauseffekt). Die World Meteorological Organization kommt bereits in einer Arbeit im Jahr 1979 für die Weltenergiekonferenz zu einer Abschätzung, wie sie Bild 15 wiedergibt.

Ob durch den CO_2-Anstieg eine nachteilige Klimaveränderung eintritt, kann der Verfasser nicht beurteilen. Treffen die Befürchtungen zu, dann müßte allerdings umgehend unter dem Aspekt der Vorsorge gehandelt werden.

Die anthropogen bewirkten Energieumsätze spielen dagegen für das Klima auf der Erde keine Rolle, wenn auch im Einzelfall (Stadtklima, Flußerwärmungen) Einflüsse bestehen mögen.

Die Begründung für diesen Umstand liegt darin, daß in dem durch das Stefan-Boltzmannsche Strahlungsgesetz verdeutlichten Zusammenhang zwischen Abstrahlungsleistung und Oberflächentemperatur die Temperatur in der vierten Potenz auftritt, das heißt, ein durch die Entwertung aller vom Menschen eingesetzten Energie zu Anergie bewirkter Temperaturanstieg von größenordnungsmäßig ca. 1°C wird erst erreicht, wenn der heutige anthropogene Energieumsatz auf größenordnungsmäßig den hundertfachen Wert steigt. Ein Temperaturanstieg von 2 oder 3°C, wie er als Wirkung des Anstiegs der Spurengase befürchtet wird, würde Energieumsätze erfordern, die rein gedanklich die mit heutigen Fördermethoden abbaubaren gesamten Vorräte an fossilen Energien in weniger als einem Jahr aufzehrten.

Es sind also die Stoffumsätze und dabei ihre Zerstreuung in die Umwelt, die Dissipation der Materie im Sinne Georgescu-Roegens, die eine Gefährdung darstellen. Die Forderung an ein langfristig zu rechtfertigendes Energiegesamtsystem muß also heißen, daß die dabei erforderlichen Stoffumsätze bei der Herstellung der Anlagen wie auch bei ihrem Betrieb durch anfallende Abfallstoffe nicht die Umwelt schädigen dürfen, das heißt, sie müssen möglichst gering sein und dürfen nicht in die Umgebung zerstreut werden, sondern sind möglichst in konzentrierter Form zu sammeln (und wiederzuverwenden), so daß sie ohne Gefahr für die Umwelt wie auch für den Menschen aufbewahrt oder unschädlich gemacht werden können. Da sich diese Forderung bei der Verbrennung von fossilen Energien hinsichtlich des Kohlendioxids nicht erfüllen lassen, von Ausnahmen wie dem Marchetti-Vorschlag abgesehen, muß das Energiegesamtkonzept auch aus Gründen des Umweltschutzes danach aufgebaut sein, maximalen Nutzen aus den einzusetzenden fossilen Energien durch Verfahrenskombinationen zu erzielen.

Um Veränderungen unseres Klimas vorzubeugen, müssen wir also vermutlich den Einsatz fossiler Energien beschränken, lange bevor die Vorräte zu Ende gehen. Wir sollten deshalb rechtzeitig überlegen, in welchen Gebieten sie auch langfristig unersetzbar sind und wo sie durch Kernenergie ersetzbar wären. Im übrigen ist nur etwa ein Zehntausendstel des Kohlenstoffs der Erdrinde in Lagerstätten von Kohle, Öl und Erdgas gebunden. Der Kohlenstoff in der Biosphäre beträgt wiederum nur wenige Prozent dieses Wertes, von denen mehr als neun Zehntel in den Bäumen enthalten sind. Auch diese Zahlen mögen verdeutlichen, wie schmal das Existenzfenster ist, in dem wir auf unserer Erde leben, denn eine Umverteilung von geringen Anteilen des Kohlenstoffs der Erdrinde in die Atmosphäre kann das thermische Gleichgewicht so verändern, daß unsere Lebensmöglichkeit entscheidend beeinträchtigt wird.

Das unter 6.2.2 beschriebene Potential zur Steigerung der Wirkungsgrade, auch bei mit fossilen Energien betriebenen sogenannten Kombiprozessen, das unter 6.2.3 beschriebene System, Heizwärme – unter wachsender Verwendung der Wärmepumpe – ökonomisch und ökologisch sinnvoller zu erzeugen als exzessive Fernwärmesysteme zu fordern, und schließlich das unter 6.2.4 in dem Energiegesamtsystem beschriebene Potential, zur Streckung des Öls im Treibstoffsektor durch den Übergang auf Methanol, dessen Gewinnung ebenfalls den Einsatz der Kernenergie vorsieht, führen schließlich zu einem Konzept der Energieversorgung, das auch hohen Ansprüchen an die Minderung des CO_2-Ausstoßes gerecht wird.

Der Begriff der Entropie läßt sich an den Brennstoffkreisläufen auch in bezug auf die Umweltbeeinträchtigung gut erläutern. Dabei gehen wir von folgender Überlegung aus: Das System Erde ist stofflich in sich geschlossen. Alle Elemente befinden sich in ihrem natürlichen Zustand mehr oder minder fein verteilt in der Erdrinde, im Wasser oder in der Luft. Jeder Rohstoff wird aus diesem Zustand größerer Unordnung durch Zufuhr von Exergie in einen Zustand größerer Ordnung, sprich größerer Reinheit, gebracht und steht so als Einsatzstoff zur Herstellung von Gütern zur Verfügung.

Bei der Verarbeitung werden die Stoffe mit anderen zusammengefügt. Im Hinblick auf ihren gedachten Zweck entsteht der höchste Ordnungszustand ebenfalls unter Hinzufügung von Exergie. Bei dem Verbrauch des Produktes wird dieser Ordnungszustand dann wieder zerstört, es entsteht Abfall wie Georgescu-Roegen sagt: unverfügbare Materie. Sie belastet die Umwelt nur dann nicht, wenn die übrigbleibenden Produkte entweder durch Vermischung unter eine zulässige Konzentrationsgrenze gebracht oder unschädlich gelagert oder dem ursprünglichen oder einem anderen Produktionsvorgang als Roh- oder Einsatzstoff wieder zugefügt werden können. Im letzteren Fall müßten aus ihnen neue Stoffe erzeugt werden können mit einem geringeren Aufwand an Exergie, als ihre ursprüngliche Gewinnung erfordert. Unverfügbare Materie ist das, was die Umweltschädigung hervorrufen kann. Wählen wir zur Verdeutlichung dieser Überlegung als Beispiel die Kohle (Bild 16).

Durch Zufuhr von Negentropie wird sie gefördert und aufbereitet. Wird sie vor ihrem Einsatz weiterbearbeitet, indem sie vergast und das Gas anschließend gereinigt (entschwefelt) wird, so entsteht erneut durch Zufuhr von Negentropie ein höherer Ordnungszustand. Danach wird die Kohle verbrannt. Die dabei freiwerdende chemische Energie wird Ausgang einer Produktion von Strom, Prozeß- oder Heizwärme. Durch die Oxidation und den bei der Verbrennung mit zugeführten Stickstoff entsteht das Rauchgas, der verbrauchte Kohlenstoff wird als Kohlendioxid wiederum mit anderen Stoffen durchmischt und fein verteilt, der Entropiegehalt des Systems steigt noch über das Maß hinaus, das vor der Gewinnung der Kohle vorhanden war. Wird das Kohlendioxid durch Energiezufuhr aus dem Sonnenlicht in der Photosynthese pflanzlicher Substanz wieder konzentriert, also durch die riesige Energiezufuhr von der Sonne wieder zu verfügbarer Materie, so kann sich der Kreislauf – allerdings nur in sehr großen Zeiträumen – wiederholen. Geschieht eine Überladung in dem Sinne, daß Sekundäreffekte wie der Treibhauseffekt wirksam werden, kann sich das labile Klimagleichgewicht mit den Folgen starker Veränderung der Lebensbedingungen verschieben.

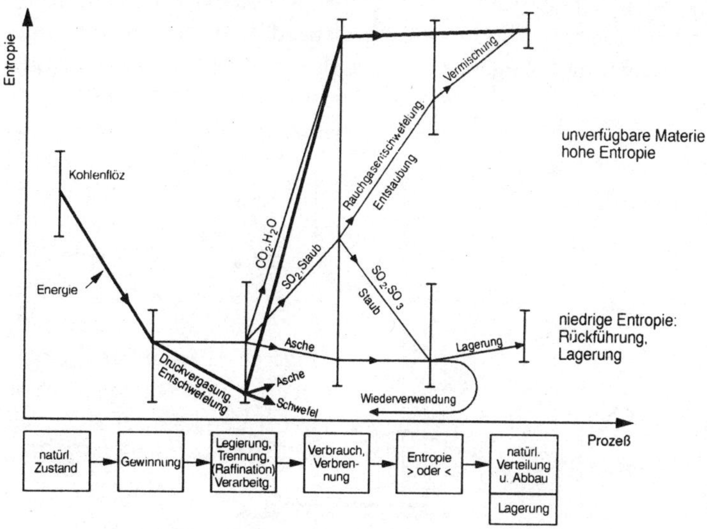

Bild 16: Vermischungsgrad von Stoffen (Entropie) im Verlauf ihrer Nutzung (hier Kohle)

Die durch Reinigung des Rauchgases abgeschiedenen Schadstoffe, Schwefel und Staub, lassen sich konzentrieren. Ihr Erhalt im Zustand geringer Entropie schafft die Möglichkeit, sie aus der Erdatmosphäre fernzuhalten und damit unschädlich zu machen oder sie einer Nutzung zuzuführen.

Es wird unter Berufung auf die Photovoltaik und die Windenergie häufig der Eindruck erweckt, als seien diese Energien vorrangig dazu geeignet, die mögliche Klimagefährdung durch eine CO_2-Beladung der Atmosphäre aus der Verbrennung fossiler Energien zu verhindern. Unter dem hier dargestellten Gesichtspunkt, daß die knappste Ressource, über die wir verfügen, Kapital ist, muß jedoch festgestellt werden: Auf Errichtungskosten von 1988 bezogen und unter Berücksichtigung der klimatischen, jahres- und tageszeitlichen Begrenzung der photovoltaischen Stromerzeugung und vor allen Dingen – wie auch bei der Windenergie – ihres auch langfristig mengenmäßig auf Marktnischen beschränkten Einsatzes läßt sich bei gleichem Kapitaleinsatz bei Kernenergie eine Leistung erstellen, die mindestens eine Größenordnung mehr Strom ohne CO_2-Belastung abzugeben vermag als ein photovoltaisches Kraftwerk.

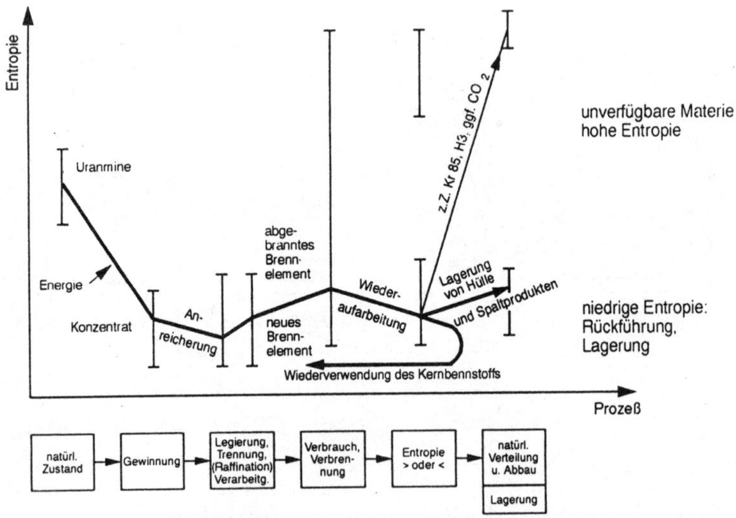

Bild 17: Vermischungsgrad von Stoffen (Entropie) im Verlauf ihrer Nutzung (hier Kernbrennstoff)

Rechnet man bei dem Neubau der Leistung heute mit fossiler Energie betriebener Kraftwerke, zum Beispiel durch Kombiprozesse, die über die so verwirklichte Wirkungsgradverbesserung bei gleichem Kohleeinsatz gegenüber dem heutigen Zustand mehr erzeugte elektrische Arbeit fiktiv als Stromproduktion ohne zusätzliche CO_2-Emission, dann läßt sich mit dem gleichen Kapitalaufwand gegenüber Photovoltaik ebenfalls ein Vielfaches mehr an Strom ohne CO_2-Belastung erzeugen.

Dieses Kapital, in Staaten des ehemaligen Ostblocks oder der Dritten Welt zur Erneuerung mit fossiler Energie betriebener Kraftwerke eingesetzt, würde dort nicht nur die Versorgung gegenüber heute sicherer machen und total überholte Anlagen ersetzen, sondern wegen der dort relativ stärkeren Steigerung der Wirkungsgrade durch Kombiprozesse in der gleichen Betrachtungsweise noch wesentlich mehr an fiktiv ohne CO_2-Emission produziertem Strom ergeben. Und die dabei anzuwendende Technik ist heute in großem Maßstab erprobt.

Ähnlich ist es bei Uran als Brennstoff für Kernkraftwerke (Bild 17). Uran wird durch Negentropiezufuhr konzentriert, zu Brennelementen verarbeitet und im Kernkraftwerk zur Stromerzeugung verwendet. Am Ende des Kreislaufs wird das Resturan und das bei der Spaltung entstandene Plutonium nach der Wiederaufarbeitung beim Zustand geringer Entropie in den Kreislauf zurückgeführt. Die Spaltprodukte lassen sich als hochradioaktiver Abfall in konzentrierter Form, also bei geringer Entropie, von der Umwelt fernhalten.

Die Bilder 16 und 17 zeigen einen grundsätzlichen Unterschied in der Umweltproblematik auf, die durch den Einsatz von Kohle oder Uran zur Energieumwandlung entstehen kann.

Das Kohlendioxid ist nicht in bestimmten Regionen der Erde festzuhalten. Es verteilt sich in der Atmosphäre. Seine Anreicherung dort steht in einer komplizierten Wechselwirkung mit den Meeresoberflächen und den Waldregionen der Erde.

Der hochradioaktive Müll fällt dagegen glücklicherweise konzentriert an. Unsere Aufgabe ist es, ihn in dieser konzentrierten Form von der Erdoberfläche fernzuhalten und seine Ausbreitung sicher zu verhüten; die Lagerung in Salzdomen oder Felskavernen sind dazu geeignete Verfahren.

Energie, Gesellschaft und Umwelt wurden bei der Weltenergiekonferenz 1980 in München in einen Zusammenhang gestellt. Dabei kam klar zum Ausdruck, daß gerade die Erhaltung und der Schutz der Umwelt ein hohes Maß an Energie erfordern. Wir glauben – in unserer Wohlstandsgesellschaft nur auf unsere Probleme bezogen –, allein der Überfluß sei für die Umweltprobleme verantwortlich zu machen. Weltweit sind jedoch heute drei Viertel der Menschheit mit Energie unterversorgt – in 20 Jahren werden es fast fünf Sechstel sein. Überweidung, Entwaldung, Rohstoffverknappung und Nahrungsmangel sind Zeichen der Armut, und auch sie wird zu einer Zerstörung der Umwelt führen.

7. Das Risiko der Unwissenheit – Zur Technikfeindlichkeit

In Wirklichkeit erregen die Menschen, die einen wichtigen Fortschritt in einer bestimmten Richtung machen, fast beständig eine mächtige öffentliche Opposition ... Kopernikus. Nehmen wir Galilei. Beide kamen sie wegen ihrer Entdeckungen in die Klemme. Und Darwin wurde natürlich zu seiner Zeit für unsagbar böse gehalten. Beinahe jeder, der einen wichtigen Fortschritt erringt, wird dafür gehalten.

Bertrand Russell in »Bertrand Russell sagt seine Meinung«

7.1 Die Verteufelung des Fortschritts

Der Mensch hat es verstanden, mit seinen technischen Fertigkeiten die Erde seiner Spezies untertan zu machen. Er hat sich dabei verhalten wie jede andere Population auch, nämlich bessere Lebensbedingungen in eine höhere Anzahl von Lebewesen der eigenen Art umzusetzen.

Sehr bald nach Einführung der Technik, mit den ersten Werkzeugen, wurde diese Population so stark, daß neben die Schaffung von Ordnungszuständen (im Sinne des Gebrauchs von Werkzeugen zur besseren Nutzung menschlicher und tierischer Arbeitsfähigkeit) weitere Ordnungssysteme geschaffen werden mußten, die vermieden, daß sich die menschlichen Aktivitäten gegenseitig behinderten, die im Gegenteil dafür sorgten, daß sie sich durch Arbeitsteilung sogar noch verstärkten. Die Wirtschaft war geboren, sie machte den Staat, die Verwaltung, die spezialisierte Ausbildung und vieles mehr erforderlich. So entstand schrittweise ein komplexeres Ordnungssystem, das zunächst immer nur den Menschen in seinem Mittelpunkt sah. Wir meinen heute ein außerordentlich bewegliches Ordnungssystem, einen zu allem fähigen Mechanismus erreicht zu haben, von dem viele befürchten, er könne uns als unüberschaubar oder unbeherrschbar entgleiten, und von dem andere wiederum hoffen, er sei so empfindlich, daß er durch terroristische Akte seinen Besitzer wechseln könnte.

Wir lernen heute, daß die Symbiose des Menschen mit seiner Welt erfordert, sein evolutionäres Ziel zu verändern, bewußt – und das bedeutet friedlich und human – seine Zahl zu begrenzen und statt dessen die Lebensumstände der Menschen und die Lebensfähigkeit der Welt zu verbessern.

Innerhalb des *schmalen Existenzfensters*, in dem jegliches Leben überhaupt nur möglich ist, müssen wir ein möglichst hohes Maß an negentropischen Systemen unterhalten, um dieses Ziel zu erreichen. Dieses Wissen ist schon viel und hätte vor nicht allzu langer Zeit dem Naturwissenschaftler und dem Ingenieur vermutlich auch gereicht, seine Aufgabe auch von der Ethik her formuliert zu sehen, und in Zeiten, in denen die Politik noch Handlungsfähigkeit schaffen konnte, zugleich den ersten Schritt zur Tat bedeutet.

Die Situation ist heute anders. Die materielle Notlage der Welt, unnützer Kapitalverschleiß in der Rüstung, die Sorge um zur Neige gehende Energie- und Rohstoffvorräte und daraus resultierende Verteilungskriege alarmieren die Menschen. Sie fühlen sich wachgerüttelt und wollen helfen oder zumindest doch Schlimmeres verhindern, aber es ist niemand da, der ihnen hilft, die notwendigen Schritte zu erkennen. Bekennermut ist bei den Politikern verlorengegangen. Angesichts einer ihnen nicht mehr überschaubaren komplexen Materie weichen sie in verharmlosende Unverbindlichkeiten aus. Man behält sich die Option eines lebenswichtigen Eingriffs offen, solange der Patient noch nicht tot ist. Dieser Führungsmangel in der Politik schafft Freiraum für Heilslehren, für Scharlatane und Schwarmgeister. Hinzu kommt, daß in Zeiten eines Aufbruchs sich immer Wegweiser finden, denen es wichtiger ist, als Wegweiser wahrgenommen zu werden, als den richtigen Weg zu weisen. Wir brauchen den Widerstand gegen diesen Widerstand. Wir brauchen die Begründung für unser Handeln aus der Vernunft und nicht allein aus dem Gefühl. Für Kant ist der *autorisierte Gewissensrichter eine idealisierte Person, welche die Vernunft sich selbst schafft.* Die Vernunft – und nicht das Gefühl. Bürgerinitiativen sind häufig emotionalisiert – sie halten das für vernünftig, was *auf der Hand zu liegen* scheint.

So wie wir an früherer Stelle gesehen haben, daß in komplexen Wirtschaftssystemen Produktionsumwege erforderlich sind, um ökonomisch gesetzte Ziele günstig zu erreichen, werden wir auch lernen müssen, daß der Schutz der Umwelt nicht einfach nur in dem geringeren Verbrauch von Gütern bei einer Gruppe gut versorgter Satter zu finden ist, sondern nur über eine humane Stabilisierung der Weltbevölkerung mit ausreichend umfänglichem Güterdargebot überhaupt möglich werden kann. Es zu erhalten und lebensfreundliche Bedingungen zu schaffen erfordert den Produktionsumweg über ein ausreichendes Energieangebot, das ohne übermäßige Beanspruchung der Rohstoffe verwirklicht werden muß.

Der Ingenieur weiß heute, daß im Sinn einer Erhaltung der Lebensfähigkeit und der Schaffung von Lebensfreundlichkeit auf unserem Planeten nicht mehr alles getan werden darf, was getan werden kann; dagegen beginnt ihn zunehmend der Umstand zu bedrücken, nicht mehr das tun zu können, was unbedingt und jetzt und ohne jeden weiteren Zeitaufschub in Angriff genommen werden muß. Zaudern ist keine Option, es ist nicht zu verantworten.

Das komplizierte Ordnungssystem, in dem wir leben, gerät in Gefahr, es beginnt, einen Mangel an Zufuhr von Negentropie zu spüren. Die Lebensfähigkeit wird durch jene behindert, die sie zu schützen vorgeben.

Am Anfang des Buches hatte ich festgestellt, daß die Vorbedingungen für die Einrichtung günstiger Lebensverhältnisse in komplexen Ordnungssystemen zunächst in ihren Trägern, den Menschen selbst, erfüllt sein müssen, in:

- gegenseitigem Vertrauen,
- vertiefter Urteilsfähigkeit als Klammer für ein weitgehendes Spezialistentum,
- Opferbereitschaft zugunsten anderer Menschen, Völker und kommender Generationen und
- Pflichtbewußtsein im Tausch gegen beanspruchte Rechte.

Aus ihnen kann das Handeln erwachsen, das in seiner Auswirkung erst die Veränderung der materiellen Lebensumstände als Voraussetzung für jede höhere Lebensform schafft.

Das Zusammenwirken der menschlichen Gemeinschaften ist nach diesen vier Oberbegriffen – die manchen fortschrittlichen Kräften geradezu in den Ohren gellen: *Vertrauen*, *Urteilsfähigkeit*, *Opferbereitschaft* und *Pflichtbewußtsein* – auf Ziele auszurichten, die, wenn überhaupt eine Rangfolge von Prioritäten möglich ist, etwa lauten könnten:

- Erhaltung und Schaffung von Frieden,
- Beseitigung von Hunger und Not,
- Erhaltung der Natur in Erkenntnis des symbiotischen Charakters alles Lebenden,
- Freiheit von Angst und von seelischem und von ideologischem Zwang,
- Freiheit zur Kreativität.

Diese Ziele möchte ich über den Begriff des Sozialen hinausgehend als humane Ziele ansprechen. Sie sind nur unter Ausschöpfung heutiger Möglichkeiten von Naturwissenschaft und Technik zu erreichen, wenn wir Technik positiv definieren: *Technik ist vom Menschen über seine Fähigkeit als einzelner hinausgehend systematisch eingesetzte Gestaltungsenergie zur Förderung von Lebensfreundlichkeit.*

Erstaunlicherweise erscheint in den in hohem Maß von Lebensrisiken freien und reichen westlichen Industriestaaten die Freiheit von Angst ein immer schwerer erreichbares Ziel zu werden in dem Maß, in dem politische oder religiöse Gruppen das »Ängstigen«

und die »Angst« als erfolgreiches Herrschaftsinstrument über von Not freie Menschen entdeckt haben.

In der Frühzeit reichte zum Überleben der Egoismus des einzelnen oder einer Gruppe aus. Das Prinzip Eigennutz der Biologie reichte auf dieser Stufe zur Erhaltung der Erbinformation und damit des Lebens.

Alle danach folgenden Lebensformen bedurften eines weitergehenden sozialen Verhaltens. Da dieses Wort einen großen Verschleiß durchgemacht hat – noch in unserer Zeit deckt es in seinen negativen Auswüchsen den ganzen Spielraum menschlichen Verhaltens vom Nationalsozialismus bis zur kambodschanischen Volksrepublik ab –, möchte ich seinen positiven Inhalt, wie er in diesem Zusammenhang verstanden wird, definieren als den partnerschaftlichen Zusammenschluß von Menschen, die gemeinsam und gleichberechtigt ihre Lebensbedingungen gestalten und damit eine Stufe erreichen, die in wechselseitiger Hilfe nicht nur die Überlebensfähigkeit ihrer Mitglieder, sondern damit auch die Lebensfähigkeit des gesamten symbiotischen Systems Erde steigert.

Ich befürchte allerdings, daß das Streben nach sozialem Verhalten allein heute nicht mehr ausreicht, weil, wie die Gegenwart zeigt, eine Form von Gruppenegoismus bestehen bleibt, der immer noch zuläßt, daß Staaten zu ihrem Vorteil andere beeinträchtigen oder ausbeuten können, und daß ganze Völker über Ideologien seelisch verkrüppelt werden.

Schließlich erleben wir in unserer Zeit, daß Staaten, die den Sozialismus auf ihre Fahne geschrieben haben, die Ideale des Sozialismus ihren Bürgern gegenüber völlig vergessen können. Ich meine deshalb, das Idealbild unserer Lebensform sollte nicht mehr die soziale Gesellschaft, sondern die humane Gemeinschaft sein.

Eine humane Gemeinschaft könnte eine Gesellschaftsform sein, die, dem antiken Ideal folgend, die höchste ethische und kulturelle Entfaltung des Menschen umfaßt, mit voller Ausbildung seiner Urteilskraft und seiner Empfindungsfähigkeit. Daraus muß dann das, was wir humanes Verhalten nennen, gegenüber allen Menschen, gegenüber allem Lebenden, gegenüber der Welt entstehen. Weltinnenpolitik nennt Carl Friedrich von Weizsäcker alle Politik angesichts der Begrenztheit unserer Erde. Wir werden begreifen müssen, daß die Besatzung des *Raumschiffes Erde* nicht mehr in eine Reihe von Gesellschaften aufzuteilen, sondern eine Gemeinschaft ist.

Wir sollten uns nicht in Theorien verlieren, das Ergebnis ist allein maßgebend, und so kann es nicht um einen Philosophenstreit gehen, welches mögliche System besser sein könnte, sondern nur um meßbare Größen.

So wie die soziale Qualität heutiger Gesellschaften nicht an den Programmen und Ideologien gemessen werden sollte, sondern einzig und allein an der Qualität sozialen Lebens in ihnen, sollten humane Gesellschaften erkenn- und meßbar sein an dem in Richtung auf Verbesserung der Lebensbedingungen für diese Welt insgesamt erzielten Fortschritt. Ein solches humanes Gemeinschaftssystem müßte den aus menschlicher Sicht höchsten Ordnungszustand erreichen. Es ist nur denkbar unter Zufuhr eines Maximums von Negentropie, unter Ausschöpfung aller Möglichkeiten also, die uns die Produktionsfaktoren Kreativität, Exergie, Rohstoff zu geben vermögen. *Nur die Technik vermag allen Formeln von Humanität und Frieden den materiellen Inhalt zu geben, ohne den sie zu Leerformeln verkommen müßten.*

Der möglicherweise bevorstehende und dann nur durch unser Fehlverhalten entstehende Mangel an Energie und die daher eben nicht ausreichend verfügbar werdende Arbeitsfähigkeit scheint das Hauptproblem zu sein, an dem eine rechtzeitige Besserung scheitern könnte. Ein anderes, nämlich Kreativität nicht nutzbar zu machen, liegt in der Schwierigkeit, die Urteilsfähigkeit der Menschen zu vertiefen. Haben wir uns bereits mit der Energie, ihren grundsätzlichen physikalischen Gesetzen, ihren Vorräten und den Möglichkeiten ihrer Beschaffung auseinandergesetzt, so müssen wir noch Aufschluß gewinnen über die Behinderung technischer Kreativität, die heute manchmal in eine offene Technikfeindlichkeit ausartet.

Naturwissenschaft, Technik und Medizin in ihren vielfältigen Zweigen haben mit ihrer Kreativität den Menschen ein Dasein ermöglicht, in dem sie – wenigstens in den industrialisierten Ländern – frei von Not, geschützt vor einer an sich unerbittlich in ihrer Auslese vorgehenden Natur, geschützt vor Hunger und Kälte, sozial abgesichert, und in den meisten dieser Länder auch frei von politischen Zwängen leben können. Naturwissenschaft und Technik sind wichtige Teile unserer Kultur geworden, und jede neue naturwissenschaftliche Arbeit bedeutet einen Beitrag zu ihrer Entwicklung. In unserem Zeitalter haben Naturwissenschaft und Technik soziale, ökonomische und politische Funktionen wie nie zuvor. Wie weit auch immer eine naturwissenschaftliche Arbeit von einer direkten Anwendung entfernt ist, bedeutet sie doch ein Glied in der Kette von Handlungen und Entscheidungen, die das Schicksal der Menschen bestimmen. Dieser Aspekt der Wissenschaft kam uns in seiner vollen Auswirkung erst nach Hiroshima zum Bewußtsein. Naturwissenschaft und Technik verändern die Welt stärker als die Politik. Sie geben die Impulse, die im politischen Raum als politisches Handeln wirksam und erkennbar werden. Der Fortschritt der Technik entscheidet Kriege – und verhindert sie.

Zu den vielen Gutachten, die man über die Entkoppelung von Wirtschaftswachstum und Energieverbrauch, zu den Studien, die man über Notwendigkeit oder Unnötigkeit des Wirtschaftswachstums liest, fehlen andere, die verblüffenderweise niemand für erforderlich hält, nämlich die: Was wird sein, wenn die Energieversorgung in einen so desolaten Zustand geraten ist, daß der einzelne Bürger nur noch geringe Energiemengen gegenüber heute zur Verfügung hat und die Differenz zwischen reichen und armen Ländern dennoch nicht geringer geworden sein wird?

Wann werden wir begreifen, daß langfristige Strategien zum friedlichen Abbremsen des Bevölkerungswachstums im Zeitmaßstab von vielleicht zwei oder drei Generationen ablaufen und daß Substitutionsstrategien zur Sicherung der Energie- und damit auch der Güterversorgung in ähnlich langen Zeiträumen zu veranschlagen sind? Wer wägt die sozialen Explosivkräfte, die aus den Prognosen des Weltenergierates sprechen, wenn er in resignierender Feststellung beispielsweise von der Weltenergiekonferenz Istanbul 1977 über die Konferenzen in München, Neu-Delhi, Cannes bis zu Montreal 1989 für das Jahr 2020 in seinen jeweils niedrigsten Prognosen für den Weltenergieverbrauch von jährlich über 28 Mrd. t SKE auf unter 18 Mrd. t SKE zurückfällt? Wie werden wir mit riesigen aus Not in Bewegung geratenen Wanderungsströmen auf integrative Weise fertig?

Aber auch: Wie sähe eine Welt aus, in der bei größtmöglicher Verminderung von umweltschädigenden Stoffströmen eine extreme Verschiebung der Produktionsfaktoren in Richtung Kreativität geschähe und Arbeitsfähigkeit weitaus überwiegend als Elektroenergie eingesetzt würde? Wie verändert sich dann die Rolle des Kapitals, nicht zuletzt vor dem Hintergrund einer höheren Flexibilisierung jeder Produktion durch Roboter und Steuerungstechnik, die strukturell auf den vorrangigen Einsatz von elektrischer Energie ausgerichtet ist und die eine höhere Beweglichkeit des gebundenen Kapitals bewirkt?

Das spätere Urteil über unsere Generation wird sicherlich davon mitgeprägt, ob sie in der Lage war, einer notleidenden Menschheit zu helfen oder ob sie aus Angst vor vermeintlichen Risiken in einer technisch geprägten Welt einem kleinmütigen Irrationalismus anheimfiel, der sie handlungsunfähig oder allenfalls zur Verweigerung fähig machte. Angst vor der Kernenergie, Angst vor den Multis, den Chemiekonzernen, Angst vor einer Manipulation, die den Einzelmenschen zu einem Verbraucher herabwürdigt, führen in diesen Irrationalismus, der dann die Sehnsucht zum Althergebrachten, zum Beherrschbaren erzeugt. Kommt der Solidarisierungseffekt in der Masse hinzu, dann erleben wir jene Protestformen, die abseits von jeder vernunftbegründeten Abwägung rein vom Gefühl gesteuert werden.

Le Bon hat in seinem Buch *Psychologie der Massen* bereits Ende des vorigen Jahrhunderts unsere heutigen Protestbewegungen beschrieben. Er hat auch die grundlegende Schwäche der Vernunft bei der Aufgabe, Menschen überzeugen zu wollen, gegenüber der Beeinflussung durch Gefühle erkannt und in einem Satz ausgedrückt: Noch nie hat die Vernunft in ihrem ewigen Kampf das Gefühl besiegt.

Kennzeichnend für die Ideologien scheint mir, daß sie Menschen mit geistigen und seelischen Zwängen über negative Gefühle zu manipulieren suchen. Sie säen Angst, Mißtrauen, Neid und Haß, um zu regieren.

Dagegen ist das Merkmal des Erfolges von Ideen, daß sie dem Menschen die Angst nehmen, Angst vor Hunger und Not, Angst vor dem Tod, vor Krieg oder vor einer aussichtslosen Zukunft. Alle politisch noch heute wirksamen Ideen, aber auch die Religionen sind mit diesem Ziel der Humanisierung unseres Lebens angetreten. Sie brauchen heute mehr denn je Überzeugungskraft.

Es ist nicht das Ausdenken von Utopien, das rationales Handeln oftmals behindert, sondern die Überschätzung ihrer Bedeutung als Anstoß zu weiterem Voranschreiten bis hin zur Verneinung von Naturgesetzen.

Immer gehen neue Ideologien und Ideen einher mit einer Veränderung der Lebensumstände ihrer Anhänger. Sie erzwingen oder wollen gewaltlos Verhaltensänderungen erreichen. Ihre Wirkung muß daran gemessen werden können, ob denn wenigstens theoretisch und logisch plausibel der Inhalt der Idee, der aufgezeigte Weg, geeignet sein könnte, das angestrebte Ziel zu erreichen. Die heutige Technikfeindlichkeit will dem Menschen ein natürliches, gesichertes, einfaches, gewalt- und angstfreies Leben bringen, indem sie allenfalls den bestehenden Zustand erhalten, bestenfalls – aus ihrer Sicht – ihn sogar zurückdrehen will.

Noch zu Anfang des 16. Jahrhunderts konnte Ulrich von Hutten verzückt ausrufen: »Oh, Jahrhundert, oh, Wissenschaft, es ist eine Lust zu leben.« Es scheint so, als würde dieser Ausruf heute weniger begrüßt werden, obwohl Ulrich von Hutten sicherlich unter anderen, ungünstigen, nicht durch Technik und Naturwissenschaft geförderten Bedingungen gelebt hat. Fast ein Vierteljahrtausend später hat Kant gesagt, er fürchte, daß in den Fortschritten des menschlichen Geschlechts die Kultur der Talente, der Geschicklichkeit und des Geschmacks der Entwicklung der Moralität vorauseile.

Das trifft unsere heutige Situation, meine ich, schon viel eher: »... der Entwicklung der Moralität vorauseile.« Und Alfred Weber kommt in diesem Jahrhundert schließlich zu der Erkenntnis, das Ergebnis der bisherigen Geschichte sei, daß die Menschheit zu der

Daseinsangst der Primitiven zurückkehre. Das scheint häufiger heutigen Sorgen über die technische Entwicklung zugrunde zu liegen. Dabei ist erstaunlich, daß Einwände oftmals aus Richtungen kommen, die philosophisch dem Rationalismus nahestehen.

Die Menschen werden nicht mehr durch moralisch anspruchsvolle Ziele motiviert, sondern sollen von einer Basis aus beeinflußt werden, die auf Begriffen wie »Angst« und »Neid« aufbaut. Wie, glaubt man, von solch einer Basis her eine Philosophie schaffen zu können, die den Menschen hilft, friedlich und auskömmlich miteinander zu leben?

In dieser Generation lehrt uns die Naturwissenschaft, daß wir einen sehr begrenzten Lebensraum haben – begrenzt durch zur Neige gehende oder zumindest temporär nicht verfügbare Rohstoffe, begrenzt durch die Verletzlichkeit unseres Ökosystems, wobei richtig verstanden die Abkürzung »öko« für ökonomisch wie ökologisch stehen sollte, begrenzt aber auch beispielsweise durch die Raumfahrttechnik, die uns zeigt, daß unser Zugriff zum Weltall immer nur gering sein wird und daß wir Menschen – in Dimensionen der Astronomie gesprochen – allenfalls vor die Haustür gehen können, bis zum Mond und bis zu den Grenzen unseres Sonnensystems, aber nicht weiter. Wir erleben aber auch, daß die Kommunikationsmittel sich ausgeweitet haben, daß wir hier nachts um 11 Uhr ein zur selben Zeit stattfindendes Fußballspiel in Argentinien sehen können und uns darüber unterrichten, welche politischen Verwicklungen auf einem anderen Kontinent zu kriegerischen Auseinandersetzungen führen. Alles im selben Augenblick. Wir sind mobil geworden im Verkehr und können innerhalb weniger Stunden jeden Punkt dieser Erde erreichen. Wir erfahren also an uns selbst, wie begrenzt der Raum ist, in dem wir leben.

Diese neue »Weltanschauung« erfordert auch eine philosophische Deutung, damit die Menschen sich in ihrer Welt zurechtfinden. Vermutlich hat mehr die Philosophie als die Naturwissenschaft versagt, indem sie uns nicht das Weltverständnis vermitteln konnte, das es uns erlaubt, uns in Raum und Zeit mit den Mitteln, die uns zur Verfügung stehen, auskömmlich einzurichten. Wir erleben – dadurch angestoßen – tastende Versuche zu einer neuen Weltanschauung, bei denen wir dazu beitragen müssen, daß die Ziele dieses Aufbruchs von rationalem Denken und nicht von mystischen Glaubensvorstellungen geprägt werden.

Die geistige Auseinandersetzung muß rational werden. Der Bürger muß erkennen, daß eine Philosophie, die sich darauf beschränkt, auf der Basis von Neid und Angst Menschen manipulieren zu wollen, nicht im Recht ist. Da, wo Utopien und Ideologien bei der langfristigen Sicherung unserer Zukunft im Spiel sind, geschieht eine solche gefährliche Manipulation. Fragen der Energiepolitik, Fragen der langfristigen Sicherung unserer Versorgung und der Stabilität unserer Gesellschaft dürfen nicht nur als Wege dazu dienen, andere politische Gedanken durchzusetzen oder Machtübernahmen vorzubereiten. Selbst in Demokratien meint man zu erleben, daß eine subtile Form von Angstausbreitung zur Manipulation der Menschen eingesetzt wird. Nicht physische oder psychische Gewalt totalitärer Machthaber übt dann Zwänge aus, sondern geschürte Furcht vor überzeichneten Gefahren.

In der Sorge vor plakativen und griffigen, aber falschen Argumenten steckt das, was ich als das Risiko der Unwissenheit bezeichnen möchte. Dieses Risiko bedroht große Teile der Menschheit in den armen Ländern noch und in den reichen Ländern – will es scheinen – schon wieder. Die Menschen in diesen reichen Ländern werden offenbar – weit genug entfernt von der Not – auf den Pol der Langeweile zugetrieben. Eine Hysteriewelle folgt der anderen. Weiße Spatzen bei Kernkraftwerken oder Nitrosamine im Bier erscheinen vielen gleichrangig oder vorrangig vor der Aufgabe einer materiellen Sicherung der Zukunft und einer ideellen Sicherung der Freiheit. Technikfeindlichkeit wird zur Mode.

Sucht man nach den Wurzeln dieser Bewegung, dann fallen vier scheinbar nur wenig verbundene Begriffspaare ins Auge, die für das Verständnis der Situation wichtig sind, nämlich:

- Information und Medien,
- Spezialistentum und Öffentlichkeit,
- Kreativität und Kritik und schließlich
- Risiken und die Relationen.

7.2 Information und Medien

Was ist es eigentlich, das den widersprüchlichen Widerstand gegen viele Zweige der Technik und, wie es scheinen will, besonders die Kerntechnik begründet? Sicher nicht Heuchelei, denn diejenigen, die eigentlich Systemveränderung meinen und Kernkraftwerke nur im Kommunismus oder anderen Diktaturen befürworteten, sind eine winzige Minderheit, wie jede freie Wahl immer wieder beweist. Es kann nur, meine ich, nicht ausreichende Urteilsfähigkeit sein. Sie kann begründet sein in mangelnder Bereitschaft, Informationen zu geben durch diejenigen, die es wissen könnten, oder in mangelnder Bereitschaft, Informationen aufzunehmen bei jenen, deren Urteilsfähigkeit vertieft werden soll. Der frühere Bundeskanzler Schmidt hat die Ansicht geäußert, eine Bringschuld der Ingenieure und Wirtschaftler werde in der heutigen Energiediskussion nicht erfüllt. Vermutlich gilt diese Ansicht auch für die Industriediskussion oder die Wachstumsdiskussion und morgen für andere Begriffe. Diejenigen, die immer wieder zu informieren suchen, erfahren jedoch oft, wie völlig versperrt die Aufnahmefähigkeit bei jenen ist, die verunsichert und besorgt sind oder scheinen. Beweise oder Tatsachen, die nicht in ein gefühlsbetontes, fest geprägtes Weltbild passen, perlen von diesem Weltbild ab, die Nachrichten dagegen, die Befürchtungen verstärken können, werden begierig aufgesogen.

Wenn wir den Wert von den Ordnungssystemen, die vom Menschen unter Einsatz von Negentropie herstellt werden, bewerten wollen nach der Lebensfreundlichkeit, die sich ermöglichen läßt, dann muß auch die Informationsarbeit der Medien daran gemessen werden.

Negentropie enthält Information und Arbeitsfähigkeit. Wir sahen früher, daß eine fehlende oder irreführende Information in dem dort gebrauchten technischen Begriffsinhalt den Aufbau von Ordnungssystemen unmöglich machen kann, selbst wenn Arbeitsfähigkeit in Fülle vorhanden ist. Die Arbeitsfähigkeit, die einem Wasserfall entnommen werden könnte, ist nicht zu gewinnen, wenn statt einer Wasserturbine eine Dampfturbine geliefert wird. Diese Arbeitsfähigkeit kann aber auch dann nicht genutzt werden, wenn zwar die richtige Turbine vorhanden ist, ihr Einsatz aber durch falsche oder irreführende Information verhindert wird.

Mißinformation kann den Aufbau von Ordnungssystemen stören oder ihre Erhaltung verhindern. Die Verantwortung, die dem Journalisten zuwächst, wenn er sein Tun an der Lebensfreundlichkeit messen lassen muß, die seine Informationsarbeit schafft, ist nicht kleiner als die des Politikers, Naturwissenschaftlers oder Ingenieurs. Er wird demzufolge die Vertrauenswürdigkeit seiner Quellen nicht sorgfältig genug prüfen können und sich selbst immer eigener Kritik unterziehen müssen. Um Informationen formulieren, weitergeben und aufnehmen zu können, dazu bedarf es der Verständigung, der Möglichkeit, uns verständlich zu machen, aber auch zu verstehen. Beides ist Voraussetzung, um jenes Maß an Übereinstimmung zu erzielen, das wir einen demokratischen Konsens nennen, um gemeinschaftlich handeln zu können. Alle, denen die Ordnung des menschlichen Lebens und Zusammenlebens ein hohes Gut ist, sollten sich gegen die vielen Versuche wehren, die Verständigungsmöglichkeiten durch Zerstörung der Sprache zu verschütten.

Im Kapitel 3.1 wurde bereits der Philosoph Wolfgang Stegmüller zitiert mit seiner Befürchtung, die semantische Verschmutzung unserer geistigen Umwelt könne die physische Umweltverschmutzung übertreffen. Er fährt an der zitierten Stelle fort: »Die Anerkennung des Primats des ökologischen Imperativs ist nutzlos, wenn seine Befolgung durch andere Imperative, wie politische, ideologische und ökonomische, durchkreuzt wird, die selbst dieser semantischen Atmosphäre entstammen und die Haltung derer bestimmen, die uninformiert sind.«

Erinnern wir uns der Erläuterung der Bedeutung, die der Information bei der Schaffung von Negentropie zukommt. Erinnern wir uns, daß im Handeln des Menschen Negentropie als Gestaltungsenergie aus Kreativität und Arbeitsfähigkeit geschaffen wird und Information wesentlicher Bestandteil der Kreativität ist, und erinnern wir uns schließlich, daß die Produktionsfaktoren Kreativität, Exergie, Rohstoff in weiten Grenzen gegeneinander austauschbar sind, dann kann in Fortführung dieser Gedanken Stegmüllers direkt abgeleitet werden, daß aus falscher Information bewirktes

Fehlverhalten nicht die günstigste Form des Austausches dieser Faktoren in Richtung auf rechtzeitige und ausreichende Versorgung der Menschen und Entlastung der Umwelt oder die Verminderung der Abhängigkeit von knappen Ressourcen sein kann.

Die semantische Verschmutzung unserer geistigen Umwelt kann so zu einer ökologischen Belastung werden, genauso wie sie zu Unfrieden oder Unterversorgung führen kann.

Wollen wir diese semantische Verschmutzung zunächst ausräumen, um die Basis für eine Verständigung zu erhalten, müßten wir uns als Ingenieure und als Naturwissenschaftler dafür einsetzen, daß klare, faßbare und verständliche Darstellungen unserer Probleme allen verfügbar sind, daß Begriffsinhalte klar definiert sind und für verschwommene Deutungen kein Platz bleibt, daß Gesetze und Verordnungen lesbar und auch ausführbar abgefaßt sind.

Die Ingenieure haben nichts zu verbergen, und sie gehorchen auch nicht zweifelhaften dunklen Mächten. Am wenigsten sollte allen Beteiligten Raum gelassen werden für eine Diskussion mit Leerformeln, die anstelle technischer, wirtschaftlicher, sozialer oder ökologischer Fakten unerwiesene Behauptungen oder einfach Klatsch setzt. Der Soziologe Schelsky bezeichnet diese Art der Leerformeln als die Gebetsmühlen des niederen politischen Klerus.

Abgelehnt werden muß auch die bewußte Zerstörung der Sprache durch Veränderung der Begriffsinhalte. Wo die Verständigung nicht mehr möglich ist, grassiert das Mißtrauen. So bilden sich Vorurteile. Wo Verständigung nicht mehr möglich ist, gibt es keinen Austausch und keinen Aufbau von Informationen. Die Veränderung der Begriffsinhalte birgt aber auch die Gefahr zu weitgehender Ausdeutung des Gesagten durch Verwenden verschwommener Begriffe und aus fremden Sprachen übernommener mutwillig verkrüppelter Worte. So kann der Hörende sich jeweils seine ihm passende Ausdeutung suchen. Es läßt sich durch vielfältige Deutungsmöglichkeit anscheinend eine Übereinstimmung mit einer Vielzahl von Menschen herstellen. Es läßt sich aber auch Verantwortung abschieben, da nicht mehr exakt klar ist, was der Sprechende gemeint hat, und er selbst später auch zu einer anderen Ausdeutung des von ihm Gesagten überschwenken kann. Wir wissen aus früheren Kapiteln, welche Bedeutung der Information zur Schaffung von Negentropie und damit zum Aufbau von Ordnungssystemen zukommt. Wir haben gerade in der jüngsten Vergangenheit erlebt, wie Desinformation bewußt benutzt wurde, um Ordnungssysteme zu zerstören.

Eine Sprache lebt. Sie verändert sich in einer pulsierenden Gesellschaft. Neue Begriffe werden geprägt, um neue Sachverhalte aussprechbar zu machen, alte Sachverhalte erscheinen in neuen Zusammenhängen und erfordern neue Ausdrucksmöglichkeiten. Die Möglichkeit des Abstrahierens durch die Sprache hat erst aus dem Homo erectus den Homo sapiens gemacht. Die Ausfeilung dieses Instruments und vor allem die Erfindung des Schreibens ermöglichte die Ausbildung von Hochkulturen. Die geradezu mystische Ausstrahlung von der geistigen Gewalt, die von Schreibenden und Lesenden ausging, wird vermittelt, wenn man alten ägyptischen Skulpturen von Lesenden gegenübersteht, die in ihrer an Barlach erinnernden Abstraktion dieses Mysterium ausdrücken. Die Priesterschaft, die elitäre Macht von Leuten, die schreiben und lesen konnten, verpflichtete. Sie besaßen Verantwortung. 4000 Jahre später geschieht ein nächster, fast unbegreiflicher Schritt. Geschriebenes läßt sich, nach Erfindung der wiederverwendbaren bleiernen Lettern durch Gutenberg, beliebig vervielfältigen. Die Fähigkeit, lesen und schreiben zu können, findet sich nun bei vielen. Derjenige, der schreiben kann, übt seine Macht, seine Kontaktmöglichkeit, seine Informationsabgabe nun so aus, daß er direkt mit den Menschen in Verbindung tritt. Der noch bei den Ägyptern einflußreiche Kreis einer kleinen Gruppe, die zu lesen vermag, ist für die Übersetzung von Meinungen, Erkenntnissen und Befehlen, aber auch der für eine Manipulation erforderlichen Kommunikationselemente nicht mehr vonnöten.

Die Beeinflussung ist direkt, ohne Kontrolle und ohne Korrektur. Die Erfindung der Buchdruckerkunst ist der Beginn der Neuzeit, der Ausbreitung der Wissenschaften, der Organisation moderner Staatswesen. Die rasche Verbreitung neuer Ideen, aber auch Ideologien, wurde möglich. Die Erde schrumpfte dadurch, daß alles Wissen, alle Erfahrung des Menschen vervielfältigt zur Verfügung stand und, gemessen an dem Fortschritt der Wissenschaften, der Philosophie, der Staatskunst usw., in kurzer Frist verbreitet wurde und über Raum und Zeit hinweggetragen werden konnte. Die Verantwortung der Schreibenden wuchs mit dieser Vervielfältigungsmöglichkeit. Herrscher, im weltlichen wie im kirchlichen Bereich, suchten die ihnen nicht passenden Meinungen durch die Zensur, den Index, zu blockieren.

Die Perfektion in der Unterdrückung von Gedrucktem erreichten in unserer Zeit die Maßnahmen in der DDR. Die Urteilsfähigkeit der Bürger wurde zum Verkümmern gebracht, da der Apparatschik gebraucht wurde. Die Freiheit der Meinungsäußerung im Westen führt aber auch nicht allgemein dazu, daß die Vertiefung der Urteilsfähigkeit der Menschen erklärtes Ziel verantwortungsvoller journalistischer Arbeit ist. Art und Weise vieler Medien scheinen im Gegenteil darauf abgestimmt, diese Urteilsfähigkeit geradezu zu verschütten, durch Schüren von Emotionen, bewußte Verbreitung von Halbwahrheiten, Aufbauschen von Nachrichten zu Sensationsmeldungen, Enthüllungen von Selbstverständlichkeiten und – wenn das alles nicht hilft – durch schlichte Erfindung, exakter gesagt, durch Lüge (Loch-Ness-Syndrom). So wird das Nachrichtenmagazin, das Boulevardblatt oder die Zeitung der Regenbogenpresse zu einer Droge aufgebaut, die schon am Frühstückstisch ein für den Tag ausreichendes Quantum psychischer Erregung zu liefern hat. Der Zeitgeist blendet die Wahrheit aus. Heute zensieren nicht wenige Medien selbst zeitgeistgerecht in der Hoffnung auf wirtschaftlichen Erfolg. Nach Solschenizyn wird im Westen ohne Not gelogen.

Nun erst das Fernsehen, der einbahnige Nachrichtenverteiler, der ohne Antwort des Gegenübers bleibt und wohl auch froh darüber ist. Nicht einmal die Höhe der verkauften Auflage, wie noch bei jeder Zeitung, vermag als Antwort des Lesers herangezogen zu werden. Es schuf auch jenen Typ des Moderators, der selbst die Bildlichkeit des Fernsehens mit dem nachher gesprochenen Wort auslöschen kann. Getrieben von der Faszination der Technik, in Bruchteilen von Sekunden jeden Menschen erreichen zu können, befindet er sich in einem absurden Wettlauf mit der Zeit. Nachrichten, die früher Tage oder Wochen brauchten, bis sie den Empfänger erreichten, müssen heute so schnell verteilt werden, daß Gründlichkeit zu kurz kommt. Der Moderator, der Kommentator – sie wissen beinahe alles (besser) und haben keine Zeit, den Fachmann um Rat zu fragen. Der Allesbesserwisser als das Gegenstück zum Fachidioten ist geboren.

Vermutlich werde ich mich an dieser Stelle der harten und berechtigten Empörung derjenigen Journalisten aussetzen, die sich zu Unrecht angegriffen fühlen, da ihnen an der Verbreitung der Wahrheit und an der Vertiefung der Urteilsfähigkeit ihrer Leser oder Zuschauer gelegen ist. Vermutlich werde ich von anderen bezichtigt, berechtigte Kritik, die in den Medien zum Ausdruck kommt, nicht ertragen zu können. Dennoch muß ich die Gedanken in dieser Form niederschreiben, gerade der umfassenden, bemühten und sachverständigen journalistischen Arbeit wegen, die es auch in unserem Land gibt. Ich meine aber, Bereitschaft, Befähigung und Berechtigung zum Kritisieren sollten bestenfalls zum besseren Handeln anregen, sie sollten nicht einfach lähmen wollen, und jene, die in den Medien kritisieren, müssen sich auch selbst der Kritik stellen. Wie auf der einen Seite nicht zu bestreiten ist, daß jeder, der handeln, Dinge bewegen und verändern, die Lebensumstände der Menschen beeinflussen muß, einer Überwachung durch Kritik ausgesetzt sein muß, so sollte andererseits auch unbestreitbar sein, daß ihm dieses Handeln durch keine Kritik abgenommen werden kann.

Das ist aber bereits ein wesentlicher Teil des Problems in der heutigen Auseinandersetzung um die Technik. Die tägliche Arbeit vieler Ingenieure, die jahrzehntelange Forschung großer Institute, die verläßliche Versorgung unserer Bürger mit Energie und Gütern schon über Generationen, alles das scheint oftmals in einem Teil der Medien leicht zu wiegen gegen die Worte weniger Scharlatane, die der Menschheit eine Versorgung zum Nulltarif versprechen, ohne Wachstum, ohne Eingriffe in die Natur und ohne den Verbrauch von Rohstoffen.

Welch ein Fortschritt! Fortschritt wohin? Wir sollten begierig dem Siegeszug des Mikroprozessors folgen. Er wird uns die Möglichkeit bringen, in eine echte wechselseitige Kommunikation zu treten, aus der Einbahnstraße eine Regelstrecke zu machen, die die Medien auf die Aufgaben reduziert, die ihren Fähigkeiten und Einsichtsmöglichkeiten entsprechen. So werden sich die Medien durch diese Rückkoppelung mehr auf die sachliche Übermittlung der Nachrichten, ergänzt um sachverständige Fachkommentare, auf das Sichtbar- und nicht auf das Meinungsmachen besinnen. Noch besser: Der Zuschauer, der Zuhörer, der Leser kann im Anschluß an eine Nachricht, gewissermaßen anhand eines Quellenverzeichnisses, Sachverstand abrufen, der jeweils die Aspekte überdeckt und mitberührt, unter denen der Empfänger die Nachricht vertieft betrachten oder überdenken möchte. Die Technik ermöglicht den mündigen Bürger. Schritte auf diesem Wege könnten sein: das Kabelfernsehen, die Veröffentlichung von umfassenden Befragungen zu der Arbeit der Medien, ihre Rückführung auf Informationstransport und -verteilung. Informationsproduktion muß auf Fakten und ihre Verknüpfung miteinander ausgerichtet sein, bei hohem Wahrheitsgehalt. Bezogen auf die heutige Form der Unterrichtung durch Presse und Fernsehen, läßt sich die Ergänzung vorstellen, daß der einzelne sich zu einem Fragenkomplex die Stellungnahmen aller wesentlichen Zeitungen, nicht nur der, die er zufällig hält, abrufen kann und Fakten darüber hinaus zusätzlich einbindet und daß leichter Zugriff zu vielfältigen Datenbanken die Beurteilung des Dargebotenen ermöglicht.

Der häufig beklagte *Zeitungs-Unsinnseffekt* ist dann – mit den elektronischen Hilfen der Zukunft – kompensiert, wenn es gelingt, den Bürger wirklich kritisch zu machen, wobei unter *kritisch* die *Kunst der Beurteilung* gemeint ist. Der Bürger wird dann kritisch sein, wenn er Gelegenheit hat, Nachrichten aus verschiedenen Quellen mit seiner Lebenserfahrung zu vergleichen und sich durch eigenes Nachdenken ein Urteil darüber zu bilden, welche Nachrichten dem dargestellten Sachverhalt am nächsten kommen. Als »kritischer« Bürger wird er langfristig die Medien bevorzugen, bei denen er feststellt, daß die dargestellten Sachverhalte häufig mit der Wirklichkeit übereinstimmen. Die Informationstechnik wird uns zudem die Möglichkeit schaffen, Sprachbarrieren zu überwinden. Kommunikation wird über diese Schranken hinweg selbstverständlich und so auch die Kreativität fördern.

So wird zweifellos die Technik von morgen dazu beitragen, die Demokratie zu vervollkommnen. Der Mensch wird nicht nur befähigt, kreativ arbeiten zu können, er genießt auch eine seinen Fähigkeiten gemäße Ausbildung, und er erhält die Möglichkeit, kontroverse Meinungen vor jeder Entscheidung, ergänzt um Fakten, abzurufen. Eine vertiefte Urteilsfähigkeit und ausgedehnte Information zerstören den Rest von Manipulierbarkeit.

Nachrichten werden in ihrem Wahrheitsgehalt prüfbar, Zeitungen und Politiker dürfen nicht mehr die Vergeßlichkeit der Öffentlichkeit als feste Größe in ihr Kalkül einbeziehen, womit der Wahrhaftigkeit sehr gedient werden wird.

Es ist einleuchtend, daß bei einem solchen Zustand Demokratien diktatorische Machtstrukturen, die sich in ihnen zu bilden versuchen, auflösen und Heilslehren, die verführen, anstatt zu helfen, entlarven. Faschistische und faschistoide Systeme wie Kommunismus oder andere Diktaturen, die nur einseitige Information tolerieren, werden in der geistigen Auseinandersetzung unterliegen, je vielfältiger die Möglichkeiten werden, die zukünftige Technik auch ihren Bürgern bietet, ihre Urteilsfähigkeit zu vertiefen. Allerdings wird in einem solchen System die Informiertheit als Grundlage von Urteilsfähigkeit auch mehr und mehr zu einer Holpflicht des einzelnen.

Verantwortung tragen in einem solchen zukünftigen Informationssystem nach wie vor in hohem Maße gerade wieder auch Journalisten, da das Maß an Informationen wächst und diese Informationen aufbereitet und zugriffsbereit gemacht werden müssen. Viele handeln bereits heute danach, viele müssen sich jedoch auch der Kritik stellen, oberflächlich zu arbeiten.

Die ernsthafte Aufgabe des Journalisten als des Mittlers, des Übersetzers, als desjenigen, der Zusammenhänge sichtbar macht, wird sich durchsetzen gegenüber jenen, die nur die Aufmerksamkeit des Augenblicks erheischen möchten, in der Hoffnung, daß die Nachprüfung so schnell nicht möglich ist und der morgige Tag bereits neue Sensationen bringt, die die von gestern überdecken oder vergessen machen. Muß nicht auch der Journalismus, in Anlehnung an das Wort Klees, sich als *Sichtbarmachung* verstehen?

Die Demokratie wird so ihre größte Schwäche überwinden, die in einer oberflächlichen Unterrichtung und der Manipulation durch Emotionen besteht und die sich um so gravierender auswirkt, je komplexer die Entscheidungsvorgänge werden. Die Vielfalt der Meinungen wird erreichbar und bleibt nicht nur die Summe der Einfalt einiger Manipulatoren.

Welche Perspektiven ergeben sich daraus allein für die Politik? Der Bürger ist in der Lage, die Äußerung von Politikern unmittelbar danach mit früheren Äußerungen zu vergleichen. Politiker redeten erst, wenn sie die leicht zugängliche Quelle gründlicher Information befragt hätten. Wahlprogramme würden nicht unmittelbar noch in der Wahlnacht durch den Reißwolf gedreht, die Bürger vermöchten sie leicht immer wieder abzurufen und Kursabweichungen zu ermessen oder Kurskorrekturen zu verlangen. Wahrscheinlich würden sich durch eine Vertiefung der Urteilsfähigkeit auch Warnungen erübrigen, wie sie der Club of Rome in seiner jüngsten Veröffentlichung »Die globale Revolution« mit den Worten ausspricht: »In Anbetracht der ernsten Entscheidungen, die in naher Zukunft anstehen, könnten künstlich geschürte Rivalitäten zwischen den Parteien, die nur auf Stimmenfang bei den nächsten Wahlen abzielen und oft nicht einmal auf tatsächlichen ideologischen Differenzen beruhen, in die Katastrophe führen.« Welch eine grandiose Vorstellung, beispielsweise ein neues Gesetz auf einfache Weise abrufen und selbst beurteilen zu können, anstatt nur fortwährend Kommentare oder Kritiken lesen zu müssen, während das eigentliche Gesetz offenbar den meisten Medien nicht die Druckerschwärze wert ist, es dem Bürger buchstabengetreu vor Augen zu führen. Mündige Bürger?

Eine verbesserte Kommunikation verbindet Menschen. Die Elektronik vermag die alte Polis zurückzurufen, weil sich die Regierenden wieder jedem unmittelbar verständlich machen können wie früher in der überschaubaren Volksversammlung, und die Regierten können, bei guter Information und Rückkoppelung, ihre Meinung und Entscheidung besser gründen. Die Regierung der Regierten – das ist nicht die plebiszitäre Demokratie, sondern das Zusammenarbeitsverhältnis von mitbestimmtem Aufsichtsrat und Vorstand. Die Regierung wird der Vorstand, der die Richtlinien der Unternehmenspolitik bestimmt und ausführt, der Bürger vermag zu überwachen, er stellt mit dem Parlament den mitbestimmten Aufsichtsrat.

In der antiken Polis konnte noch jeder jedes Amt übernehmen, wenn er als Bürger die erforderlichen Voraussetzungen erfüllte: Er mußte frei, wehrhaft und selbständig sein. Deshalb wurden die Ämter der Richter, Feldherren, Gesandten und andere verlost – so etwa, wie es Marx auch wieder verlangte, wenn er forderte, die Menschen müßten frei ihren Neigungen nachgehen können. Unser heutiges Leben kann diesen Zustand nicht wiederherstellen, es ist ohne den Spezialisten nicht denkbar. Die Herstellung der Polis wäre wieder möglich, wenn erreicht werden könnte, daß der einzelne urteilsfähig mitentscheidet. Neben die verlockende und gefährliche Möglichkeit heutiger Kommunikation, nicht die Urteilsfähigkeit zu vertiefen, sondern Meinung zu machen, anstatt Meinungsbildung zu ermöglichen, anspruchslos einzuschläfern und Nachrichten zu einem bloßen Genußmittel zu degradieren, träte die Wechselwirkung. Die zentrale Frage für die Bewältigung der Aufgaben in demokratischen und damit nach unserem Verständnis freien Staatsformen wird die Ausbildung der Urteilsfähigkeit der Bürger. Die technische Frage der Einholung und Auswertung ihrer Urteile ist leicht zu lösen. Welch ein faszinierendes Geschenk der Technik, dieses freie Menschsein damit zu ermöglichen.

7.3 Spezialistentum und Öffentlichkeit

In der Polis mußte der Staat klein bleiben, damit alle teilhaben konnten. Diese Teilhabe wird durch die Massenkommunikation ermöglicht, sobald uns das Fernsehen im Zeitalter der Mikroprozessoren und Computer auch die Möglichkeit der Rückäußerung schafft.

In der Regierung der Regierten ist allerdings die Gemeinschaft echt und radikal durchgeführt, da unbedingt gilt, was die Volksversammlung mit Mehrheit beschlossen hat. Politisch frei ist in der Polis nur der Staat, die Gemeinschaft; sie allerdings wählt immer wieder ihre Vertreter zu den verschiedenartigen Aufgaben und praktiziert so Demokratie. In einer überschaubaren Welt ist diese Regierung der Regierten beinahe dem Ideal anzunähern, da die Regierung wie die Aufgaben zur Erhaltung der Gemeinschaft nur wenige Funktionen, nur wenige Spezialisten brauchen. Je höher organisiert ein Staatswesen, eine Gesellschaft oder eine Gemeinschaft jedoch ist, desto weniger läßt sich dieser Zustand ohne die ausgedehnte Nutzung heutiger elektronischer Kommunikationsmöglichkeiten der geschilderten Form erhalten. Der Chirurg, der Unternehmensführer, der Flugkapitän, der Lastwagenfahrer, der Fernsehtechniker, der Bergmann und viele andere und immer mehr Berufe brauchen eine lange, manchmal fast ausschließlich auf ihre Berufsjahre gerichtete Ausbildung, wollen sie erfolgreich sein.

In dieser Hinsicht ist die griechische Polis also nicht mehr zu verwirklichen. Es entsteht der *Spezialist,* dessen hochwertige Ausbildung in einem Fachgebiet auch mit einer geminderten Ausbildung in anderen Lebensbereichen einhergehen kann, aber nicht notwendigerweise muß, denn diszipliniertes Lernen, Konzentrationsfähigkeit, Schulung in der Fähigkeit, Informationen aufzunehmen und zu verarbeiten, werden ihm behilflich sein bei der Urteilsfindung in ihm fernen Sachgebieten.

Demokratie und Leistungsgesellschaft bedingen einander. Die Demokratie ist geeignet, durch Wahl- und Kontrollvorgänge Vetternwirtschaft zu unterbinden und den Egoismus von einzelnen oder von Gruppen in die Schranken zu verweisen. So verhindert sie Erstarrungen und bringt Leistungsbereitschaft zur Wirkung.

Die Demokratie braucht aber auch die Leistungsgesellschaft als Vorbedingung zur Freiheit von geistigen und materiellen Zwängen. Freiheit der einzelnen macht die Demokratie erst dauerhaft, Freiheit der einzelnen von materieller Not und Abhängigkeit, Freiheit zu Kreativität, Vertiefung der Urteilsfähigkeit und Menschlichkeit. Ohne die Leistungsbereitschaft kann es diese Freiheit nicht geben.

Das Parlament, das die Summe der einzelnen Willensbildungen formuliert, muß versuchen, ein breites Feld der Urteilsfähigkeit aus vielen Berufen und Lebenserfahrungen zu umschließen. Der Nur-Politiker, der keine wie auch immer geartete, Berufs- oder Lebenserfahrung und damit die Arbeit der Spezialisten verstehende Urteilsfähigkeit mitbringt, ist aus diesem Grund so ungeeignet für die Politik, wie der absolutistische Herrscher früherer Zeiten es war, und auch so gefährdet, an den Bedürfnissen und Problemen der Bürger vorbeizuregieren. Ohne eine außerhalb des Parlaments liegende berufliche Absicherung könnte er auch die Unabhängigkeit seiner Urteilsbildung opportunistischem Kalkül opfern.

Jede Diskussion, nicht nur die politische oder wie auch immer geartete fachliche, wird erschwert durch unterschiedliche Erfahrungsbereiche und unterschiedliche Urteilsfähigkeit der Beteiligten. Die Demokratie wird sich in der Abstimmung dieser unterschiedlichen Erfahrungsbereiche immer wieder bewähren müssen.

Wenn wir eine Basis für eine Verständigung geschaffen haben, wird es uns gelingen, das Vertrauen, das das natürliche Bindeglied zum anderen Menschen ist, zu erhalten oder da wieder aufzubauen, wo es verlorengegangen ist. Vertrauen, ohne das eine menschliche Gemeinschaft nicht möglich ist, ist heute mehr denn je erforderlich, in einem Zeitpunkt, in dem durch den Fortschritt der Wissenschaft jeder viel mehr darauf angewiesen ist, sich auf das Urteil des anderen, auf seine Hilfe verlassen zu müssen, weil er selbst Dinge nicht überprüfen kann, die außerhalb seiner beruflichen Erfahrung liegen. Hier liegt aber auch eine wichtige gesellschaftliche und demokratische Pflicht des Spezialisten nämlich, verständlich zu bleiben und damit die Urteilsfähigkeit seiner Mitbürger zu vertiefen.

Blieben die Spezialisten verständlich, gäbe es weniger Freiraum für Schwätzer. Unsere Sprache ist das wichtigste Werkzeug, die Verständigung auch da zu ermöglichen, wo die Sachverhalte nur schwer zu überblicken sind. Und hier liegt, als Gegenstück zu der Unverständlichkeit der Spezialisten, das Feld der Verführer und Wirrköpfe. Soll daher die Verständigung unter Menschen zerstört werden, muß zunächst – und sei es selbst innerhalb auch nur einer Sprache – babylonische Sprachverwirrung hervorgerufen werden. So entsteht das Ideologie-Deutsch; man lese doch nur einmal die Arbeiten oder Aufrufe vieler sich fortschrittlich Gebärdender, will man einen Zoo der gräßlichsten Wortungeheuer genießen.

Sachkompetenz reicht allein nicht, wenn sie nicht zu relativieren versteht. Sittliches Handeln besteht darin, zwischen mehreren Möglichkeiten die auszuwählen, die der Menschlichkeit dient, auch wenn es die unbequemere ist, auch wenn sie verlangt, gegen den Strom der öffentlichen oder der von Massenmedien bevorzugten Meinung anzuschwimmen. Sittliches Handeln verlangt auch Wahrheit. Unwahr zu argumentieren, um einer vermeintlich besseren Sache wegen, entlarvt diese Sache, da sie nicht mit den ihr wirklich zuzusprechenden Argumenten zu überzeugen vermag.

Wir beklagen heute Informationsdefizite, die die Verständnislosigkeit gegenüber technischen und wirtschaftlichen Erfordernissen angeblich mitverschulden. Profitmaximierung, Ausbeutung, Arbeitsplatzvernichtung durch Rationalisierung, Leistungsstreß bei Schulkindern gehören zum täglichen Vokabular der Bewußtseinsveränderung. Schelsky sagt in *Die Arbeit tun die anderen*: »Nicht der Besitz der Produktionsmittel im Sinne der Güterproduktion, sondern der Besitz der Produktionsmittel im Sinne der Sinnproduktion, der Bewußtseins- und Normbeherrschung einer Bevölkerung machen heute die Fronten der Klassenherrschaft aus. Diese politische Einsicht haben nicht nur kapitalistische Klassenherrscher – wie Beaverbrook, Hearst oder Springer – gehabt, sie gehört zu den Grundpositionen der politischen Herrschaft des Faschismus (Goebbels) und des Marxismus aller Schattierungen.«

Vom Besitz der Produktionsmittel im Sinne der Sinnproduktion ist es dann nicht mehr weit bis zur Umwertung der Begriffe im Sinn von Orwells *1984*: Krieg bedeutet Frieden, Freiheit ist Sklaverei, Unwissenheit ist Stärke.

Unsere Philosophie hat uns davor zu bewahren, daß rücksichtsloser Egoismus zur Richtschnur einzelner wie ganzer Völker wird. Wollen wir wieder handlungsfähig werden im Sinne des Notwendigen, dann müssen wir Philosophie und Naturwissenschaften vereinen und den vermeintlichen Widerspruch zwischen Geistes- und Naturwissenschaften überbrücken. Wir brauchen sie beide,

- wir brauchen die Klarheit und Verständlichkeit der Sprache als Instrument des Denkens,
- wir brauchen die naturwissenschaftliche Information, umfassend und ideologisch unverfälscht, als Abbild unserer physikalischen Welt.

Sie beide schärfen die Urteilsfähigkeit. Urteilsfähigkeit ist Voraussetzung zum Auffinden der Wahrheit. Die Urteilsfähigkeit vieler prüft die gefundene Wahrheit, sie ist als fördernde Kritik wiederum Ausgang der Vertiefung der Urteilsfähigkeit der Kritisierten und damit eine Vorbedingung für sie kreativ zu sein.

Aus diesem Wechselspiel entsteht Vertrauen in eigenes und fremdes Handeln. Vertrauen setzt aber auch voraus, daß man dem anderen neben vertiefter Urteilsfähigkeit verantwortungsvolles Handeln und Vernunft zubilligt, denn vertrauen kann nur, wer vernünftig handelt und vernünftiges Handeln bei dem anderen ebenfalls voraussetzt.

Was heißt eigentlich: Verantwortung tragen, verantwortungsbewußt sein in Fragen von solcher Bedeutung, daß Menschenleben, Menschenglück oder vergleichbar Unbezahlbares auf dem Spiel steht? Es heißt, daß der Betroffene seine Urteilsfähigkeit vor Treffen einer Entscheidung, vor Übernahme einer Verantwortung nach allen ihm verfügbaren Informationen vertieft hat, es heißt, daß er sich in die Lage versetzt hat, vergleichen zu können, abwägen zu können zwischen unterschiedlichen Möglichkeiten und Machbares von nur Wünschbarem zu unterscheiden.

Viele Entscheidungen sind nur zu fällen nach einer langen beruflichen Spezialisierung. Das vertrauensvolle Verhältnis des Bürgers zu dem in einer hochorganisierten Gesellschaft erforderlichen Spezialistentum scheint mir daher eine wichtige Rolle zu spielen. Verantwortungsfähigkeit und Vertrauenswürdigkeit sind in diesem Zusammenhang wichtige Begriffe.

Humaner und sozialer Fortschritt sind unlösbar an technischen

Fortschritt gebunden. Technischer Fortschritt wiederum verlangt die Zusammenarbeit der Spezialisten, die nur erfolgreich arbeiten können, wenn sie von dem Vertrauen der Gesellschaft getragen werden. *Der eigentliche Inhalt jeder humanen Idee ist deshalb das Zusammenspiel einzelner mit der Gemeinschaft zum Wohle aller.* Spezialistentum, das sich zum Nutzen aller in der Gemeinschaft verwirklichen kann, ist somit zutiefst human. Wer Mißtrauen gegen dieses Spezialistentum sät, ohne dieses Mißtrauen begründen zu können, zerstört bewußt die Gemeinschaft. Wir begegnen heute häufig einem Mißtrauen, das geradezu gezüchtet wird und das schon konformistischen Zwängen unterliegt – einem Mißtrauen, das bereits Verhaltensnormen auszuprägen beginnt, in denen die Verneinung menschlicher Bindungen und die anarchistische Entwurzelung als Freiheit mißdeutet werden – einem Mißtrauen, das oftmals auch den Spezialisten überfordert, dann nämlich, wenn er sich nicht mehr sicher mit seiner Arbeit eingebettet fühlt in einen Plan, der ihm sein Tun in einem größeren Zusammenhang als nützlich erscheinen läßt und der es ihm somit ermöglicht, sein Tun in ethische Kategorien einzuordnen. Er braucht die Einordnung seiner Arbeit in den Reigen der Arbeit auch der anderen Spezialisten. Nicht der Spezialist, sondern die zusammenwirkenden Spezialisten sind in unserer komplexen Welt erforderlich. Ihr Zusammenwirken ergibt erst das lebensfähige Modell.

Interdisziplinäre Zusammenarbeit vermag erst den gesamten Fragenumfang – beispielsweise der Vertretbarkeit der Kernenergie – zu beantworten. Der Politiker ist gehalten, diese interdisziplinäre Zusammenarbeit in Entscheidungen umzuformen. Seine Aufgabe ist es, die Durchführbarkeit erforderlicher Handlungen zu garantieren.

Die griechische ›Techne‹, die Geschicklichkeit des Handwerks, wurde erst in unserer Zeit zu einer das Leben sichernden Technik, die ohne den Spezialisten undenkbar ist.

Die Abneigung gegen diese »Technik« und damit auch gegen Spezialisten, wird mehrere Wurzeln haben. In der einen trennt sich – wie in der Antike – der Vornehme durch geistige Tätigkeit von der Aufgabe der Unfreien ab, für das leibliche Wohl sorgen zu müssen.

Der Bauer und der Handwerker sind Leibeigene, Sklaven. Sie entwickeln die Technik.

In der anderen zeigt sich so etwas wie die Angst des Primitiven vor einem künstlichen Gott, der mächtig und unverstanden ist und von dem die materielle Existenz bedingt wird. Man haßt Technik, weil man sich ihr unterlegen fühlt. Viele Geisteswissenschaftler und die sich selbst so nennenden Intellektuellen sind hier angesiedelt.

Spengler fühlte deutlich, daß diese Abneigung gegenüber der Technik sich auf den Techniker, den Ingenieur übertragen hat: »Sie belauschten die Gesetze des kosmischen Taktes, um sie zu vergewaltigen, und sie schufen so die Idee der Maschine als einen kleinen Kosmos, der nur noch dem Willen des Menschen gehorcht.

Aber damit überschritten sie jene feine Grenze, wo für die anbetende Frömmigkeit der anderen die Sünde begann, und daran gingen sie zugrunde, von Bacon bis Giordano Bruno. Die Maschine ist der Teufel: So hat der echte Glaube immer wieder empfunden.« Das sagt er im zweiten Teil seines Hauptwerkes, das den Untergang des Abendlandes zum Thema hat.

Neben dem Ingenieur steht bei ihm der Unternehmer; über ihn sagt er in seiner Rolle gegenüber dem Arbeiter: »Aber wenn die sozialistische Theorie der Gegenwart nur die Leistung des Letzten hat sehen wollen und für sie allein das Wort Arbeit in Anspruch nahm, so ist diese doch nur durch die souveräne und entscheidende Leistung des Ersten möglich.

Das berühmte Wort von dem starken Arm, der alle Räder stillstehen läßt, ist falsch gedacht. Anhalten – ja, aber dazu braucht man nicht Arbeiter zu sein. In Bewegung halten – nein.

Der Organisator und Verwalter bildet den Mittelpunkt in diesem künstlichen und komplizierten Reich der Maschine. Der Gedanke hält es zusammen, nicht die Hand.«

Er erkennt hier ausdrücklich die Bedeutung der Kreativität bei menschlichem Handeln an. Was Spengler noch nicht sehen konnte, ist, daß die Technik den Arbeiter innerhalb weniger Jahrzehnte von der physischen Arbeit befreit und ihn zum Aufseher der Technik und zu ihrem Herrn machen wird, zum Organisator für den Einsatz von Arbeitsfähigkeit und nicht mehr zum eigentlich physische Arbeit Verrichtenden. Die weitere Veränderung der Tätigkeit des Menschen in Richtung auf kreative Handlungen wird erst seine Befreiung ermöglichen, und zwar vor allem durch materielle Unabhängigkeit, durch Befreiung zur Bildung, zur Vertiefung der Urteilsfähigkeit und zur Ausformung der Kreativität. Eine Befreiung, die nur die Technik gewähren kann. Die Auswüchse der Technik, wie sie besonders zu beklagen waren, als der Mensch nur ein funktionales Rädchen in einer noch nicht hinreichend beherrschten Maschine war, die Entseelung, die wir heute in mancher Fließbandarbeit empfinden, werden Übergangsstationen sein, die wir auf dem Weg zur Automatisierung der Fertigungsvorgänge bald hinter uns lassen werden. Bereiten wir den Menschen also vor auf seine kreativen Aufgaben danach.

Fürchtet man sich vor der Technik, dann müssen folgerichtig der Unternehmer und der Ingenieur die Zielscheibe des Angriffs werden, personifiziert – je nach gewünschter Angriffsfläche – als Wagner (Fachidiot), Faust (der Gott herausfordernde Prometheus) oder Mephisto (die dämonische Verkörperung des Bösen, dem es nur um die Herrschaft über das Leben, heute vermutlich moderner, nur um den Profit geht). Daß hinter den Unternehmern oder Ingenieuren Menschen stecken mit Verantwortungsgefühl, Augenmaß und Voraussicht, muß mit der Kraft der fortwährend wiederholten Verneinung aus der Welt geredet werden. Manchmal, meine ich, hat das sogar Erfolg.

Nun hat gerade bei den reichen Ländern des Westens – und nur hier und nicht bei noch im Aufstieg begriffenen armen Ländern der Dritten Welt – diese besorgte und manchmal geradezu feindliche Haltung gegenüber Bereichen der Technik und der Naturwissenschaft eingesetzt, die Naturwissenschaftler und Ingenieure noch heute oft ratlos und sprachlos findet. Ratlos vielleicht auch deshalb, weil sie in der Vergangenheit glaubten, ihre Pflicht gegenüber der Gesellschaft erfüllt zu haben, wenn sie in ihrem Beruf zuverlässig und sicher arbeiteten, was in ihrem Selbstverständnis auch immer Vernunft und Verantwortung gegenüber dieser Allgemeinheit einschloß.

Das Anliegen der Naturwissenschaftler und Ingenieure und ihre Verantwortung gegenüber der Gesellschaft haben sich nicht geändert, aber ihre Einstellung zu der geisteswissenschaftlichen Auseinandersetzung muß sich ändern. Sie müssen sich Gehör und Geltung in der Öffentlichkeit schaffen zu den Fragen nach der Notwendigkeit weiteren Wirtschaftswachstums, der langfristigen Arbeitsplatzsicherung, dem effektiven Schutz der Umwelt, der Verdeutlichung von Interessen der Allgemeinheit gegenüber Gruppen- oder Einzelinteressen, der Entlarvung von politischem Opportunismus anstelle notwendigen politischen Handelns aus der Sicht derjenigen, die zum Erhalt der Versorgung der Menschheit, aber auch des Biotops Erde *handeln müssen.* Diese Aktionen müssen für die mit der Technik und Naturwissenschaft Verbundenen von jetzt an – oder schon längst – eine zwangsläufige Erweiterung ihrer Aufgaben bedeuten. Sie müssen von der Richtigkeit ihres Planens und Handelns, von der gesellschaftlichen Notwendigkeit dieses Vorgehens auch andere überzeugen können. Sie müssen dazu beitragen, daß die Politiker ihr Handeln an tatsächlichen Alternativen orientieren können und nicht theoretische oder ideologisch geprägte und daher nicht zu verwirklichende wählen müssen. Insofern ist das Handeln der Ingenieure auch eminent politisch und nicht mehr nur technisch oder wirtschaftlich zu verstehen.

Die Aufgabe der Wissenschaftler, der Ingenieure, der Spezialisten, ist doppelt. Sie haben Problemlösungen zu erarbeiten, aber auch mit ihrem Fachwissen dazu beizutragen, die Urteilsfähigkeit aller, vornehmlich aber derjenigen, die entscheiden müssen, zu vertiefen.

Die beiden Ausdrücke *Fachwissen* und *Urteilsfähigkeit* erscheinen mir in diesem Zusammenhang besonders wichtig. Die Wissenschaftler werden lernen müssen, daß das Fachwissen einzelner Wissenschaftszweige erst zusammengefaßt, nämlich in der Relativierung zu anderen Vor- und Nachteilen, ein Gesamtbild ergeben kann, das richtige Entscheidungen ermöglicht. Entscheidungen, die beispielsweise in dem Begriffsdreieck Gesellschaft, Güterversorgung und Umweltschutz gefällt werden müssen, verlangen ein hohes Maß von interdisziplinärer und internationaler Zusammenarbeit, sie können auch wegen ihrer Komplexität niemals von einzelnen aus einem begrenzten Wissensstand heraus gefällt werden. Da diese Entscheidungen zugleich sittliche Qualifikationen verlangen, muß kumulierter Sachverstand sich auch an ethischen Normen ausrichten.

Aber die Fachleute unterschiedlicher Disziplinen und Nationen brauchen auch Instrumente gegenseitiger Unterrichtung und Verständigung. Da keiner seine (Fach-)Sprache und die der anderen gleichzeitig gut zu beherrschen vermag, ist anzustreben, daß möglichst viele neben der eigenen (Fach-)Sprache auch einiges von anderen verstehen und so in dem Zusammenwirken aller aus gemeinsamer Verständigung der günstigste weltweite Überlebenskompromiß gefunden werden kann. Wir brauchen den kontaktfreudigen, extrovertierten Spezialisten, der immer danach trachtet, seine Erkenntnisse und Ergebnisse in einen über sein Fachgebiet hinausgehenden Rahmen zu stellen. Mißverständnisse und Reibungsflächen zwischen den Wissenschaftlern bieten den Spielraum, in dem emotionale oder ideologische Argumentation gedeiht. Jede Ideologie ist Tochter der Engstirnigkeit, da ihre Entwicklungsfähigkeit im allgemeinen bald abgestorben ist und ihre musealen Werte von den Epigonen lediglich noch verwaltet werden, und daher abzulehnen gegenüber der naturwissenschaftlich und philosophisch gestützten pragmatischen und realistischen Vorgehensweise, die Lebensumstände der Menschen zu verbessern. Ideen sind als Hilfskonstruktionen nützlich, wenn und solange sie die Bereitschaft der Menschen aufrechterhalten und fördern, auf dem mühsamen Weg durch das Gestrüpp der tausendfachen Schwierigkeiten und Hindernisse unermüdlich vorwärts zu schreiten.

Vertiefte Urteilsfähigkeit muß das Vertrauen schaffen und erhalten, von dem die Arbeit des Spezialisten getragen werden muß. Damit wird der Versuch, den Spezialisten zum Fachidioten abzustempeln, scheitern und auch der Versuch, hochorganisierte Gesellschaften anarchistisch zu zerstören. Erinnern wir uns noch des bösen Wortes von den *Fachidioten*, zu denen viele Hochschullehrer in den 60er Jahren gestempelt wurden? An ihnen begann die systematische Vertrauensdemontage und der Abbruch zu den Brücken bestehenden Erfahrungswissens und überkommener Normen. Unsere *Kulturrevolution* schuf diesen Begriff des Fachidioten, sie brachte den Versuch der Sprachumdeutung. Es brauchte deshalb nicht erst eine neue Bücherverbrennung zu geben. Sind die Begriffe ihrer Inhalte beraubt, dann sind die Bücher tot.

Ein heute viel gebrauchtes Wort für die Zustimmung der Bürger zu einem bestimmten Vorgehen heißt *Akzeptanz*.

Die Akzeptanz gilt es zu erreichen, wenn neue Kraftwerke, Straßen, Fabriken, Flughäfen oder ähnlich unangenehme, offenbar immer nur anderen dienende Einrichtungen gebaut werden sollen. Es besteht kein Zweifel daran und entspricht dem Wesen eines demokratischen Staates, daß die Planer und Errichter aller dieser Anlagen einer Kontrolle unterliegen müssen, die letztendlich immer wieder zu prüfen hat, ob der angestrebte Zweck auch tatsächlich noch mit den Interessen und Bedürfnissen der Mehrheit übereinstimmt. So kann es durchaus sinnvoll sein, den Plan zu einer Straße fallenzulassen. So wird der Unternehmer den Bau einer Fabrik oder eines Kraftwerkes schon im eigenen Interesse unterlassen, wenn keine oder zu geringe Nachfrage nach den dort erzeugten Produkten besteht. Eine jedoch für notwendig befundene Handlung muß auch durchführbar sein und darf keinesfalls zum Schaden für viele durch eine kleine Gruppe unausführbar werden.

Zweifelsohne wird derjenige, der über den Bau solcher Anlagen entscheidet, von der Allgemeinheit Sachverstand und Vertrauenswürdigkeit zuerkannt erhalten müssen, um legitimiert zu sein. Hier ergibt sich nun eine konstruierbare neue Schwachstelle, die Akzeptanz unerreichbar zu machen.

Sachkompetenz und Vertrauenswürdigkeit der jeweiligen Aufgabe entsprechend müssen einander angemessen sein. Erfordert eine Aufgabe zu ihrer Lösung hohe Sachkompetenz, dann braucht der Ausführende auch entsprechende Vertrauenswürdigkeit.

Ich habe diese Gedanken, die sich mit der heutigen Art der Information des Bürgers und mit der Arbeit und der Darstellung der Arbeit des Spezialisten beschäftigen, so ausführlich behandelt, weil sie mit der Kreativität des Menschen zu tun haben. Kreativität, so sahen wir früher, entsteht aus Information, Urteils- und Organisationsvermögen, aus Phantasie, Intelligenz und Initiative, Tatkraft, Entscheidungs- und Verantwortungsbereitschaft. Es ist leicht einzusehen, daß diese Eigenschaften durch falsche oder oberflächliche Information beeinträchtigt werden. Information ermöglicht die Schaffung von Negentropie, sie wird damit zu einem lebenswichtigen Bestandteil unseres Handelns. Information zu beschaffen und zu bewerten erfordert den Spezialisten. Wie muß man dann bewußte Falschinformationen unter diesem Gesichtspunkt bewerten? Wie ordnet man die Sensationsmache der Regenbogenpresse ein? Kreativität und Kritik in ihrer Wechselwirkung zu betrachten, mit dem Spezialisten oder dem Entscheidenden auf der einen Seite und dem Beobachtenden und Prüfenden ihm gegenüber, erfordert, nach der Rolle der Kreativität auch noch die der Kritik zu untersuchen.

Wir beklagen heute oft, daß gegen die Technik und die Wirtschaft vorgebrachte Argumente völlig an der Sache vorbeigehen oder einfach unwahr sind und daß die Vertreter dieser Meinung entweder keine Gelegenheit hatten, sich sachkundig zu machen, oder das nicht wollten. Wir müssen, um dem entgegenzuwirken, die Bürger gegen diese Argumente kritisch machen, wir müssen sie auffordern, die Motive des Handelns *aller* Seiten zu erforschen, nachrechenbare Gegenvorschläge zu verlangen und ihre Realisierbarkeit zu prüfen. Die Zeiten für Rattenfänger und Scharlatane müssen schlecht werden, weil die Zeit kurz wird, die uns für eine Lösung unserer Probleme bleibt. Besonders gefährlich erscheinen mir unter diesen Rattenfängern jene Wissenschaftler, die ihre Legitimation, zu einem die Öffentlichkeit bewegenden Thema wie der Energieversorgung oder der Kernenergie zu sprechen, aus keiner wie auch immer gearteten Fachkenntnis zu dem Thema beziehen können und das bei ihrer Aussage nicht deutlich anmerken. Es ist unwissenschaftlich und unredlich, wenn von ihnen so Urteile formuliert werden.

Den Professorentitel in die Waagschale zu werfen, ohne die eigene Sachkenntnis markiert zu haben, kann den Vorwurf des Etikettenschwindels einbringen. Er kann über einen Vertrauensverlust die Wissenschaft insgesamt treffen – in einem Augenblick, in dem wir alle ihrer Mithilfe in hohem Maße bedürfen, um unsere Welt auch künftig lebensfähig zu erhalten. Damit ich nicht mißverstanden werde: Kritische Meinungen sind immer angebracht – unter Wissenschaftlern sollten sie gang und gäbe sein –, sie ermöglichen erst die wissenschaftliche Arbeit, aber sie sollten immer die Legitimierung desjenigen ausweisen, der sie ausspricht. Eine kritische Meinung steht zweifellos jedem zu, nur wird sie relativiert, wenn sie sich selber wieder kritisierbar macht dadurch, daß sie deutlich macht, vor welchem Hintergrund sie ausgesprochen wurde.

Häufig wird von den Gegnern der Kernenergie behauptet, man könne viele Wissenschaftler aufführen, die sich gegen die Kernenergie ausgesprochen hätten. Offensichtlich sind aber alle nicht in der Lage, ein einziges Mal ein Konzept vorzulegen, wie man die Energieversorgung im Rahmen des verfügbaren Kapitals und der verfügbaren Zeit anders sichern könnte, als es die Energieingenieure und Energiewirtschaftler heute für richtig halten. Vorschläge wie etwa die von Lovins entsprechen den Träumen eines im Wohlstand lebenden Menschen über die Schönheit einer Robinsonade. Mit Pfadfinderromantik beseitigen wir nicht den Hunger von einer Milliarde Menschen heute oder möglicherweise von mehreren Milliarden Menschen in 20 Jahren.

7.4 Kreativität und Kritik

Die Ingenieure werden sich auch selbst zu prüfen haben und sachkundig werden müssen in der geistigen Welt, in die ihr Tun eingebettet ist – von Malthus und Ricardo über Adam Smith und Marx bis in die jüngste Zeit, mit den Veröffentlichungen des Club of Rome. Es muß ihnen aber auch gelingen, die Kausalketten zu verdeutlichen, denen ihr Handeln unterliegt. Es genügt eben nicht, wie manche der sogenannten Zukunftsforscher es tun, ganze Warenhauskataloge von angeblichen Innovationen zu veröffentlichen, deren Zusammenstellung nur auf das Ziel hin geschieht, die Notwendigkeit der Kernenergie oder großer Kraftwerke oder allgemein die

Notwendigkeit des Handelns mit den heute gegebenen Möglichkeiten und Mitteln zu leugnen. So hintergehen sie zugleich viele Forscher, die sehr wohl um die Langfristigkeit ihrer Arbeit oder den sehr speziellen Zweck ihres Forschungszieles wissen.

Nehmen wir als Beispiel die Windräder, es gilt aber genauso für alle anderen Produkte, die wir heute in diesen wohlfeilen Warenhauskatalogen finden. Windräder seien in überschaubaren kleinen Fertigungen herzustellen, heißt es. Sollen dann, um einen früheren Gedanken zu wiederholen, der Stahl, das Aluminium und andere erforderliche Vorprodukte für diese Anlagen auch in kleinen überschaubaren Anlagen, in winzigen Stahlwerken, kleinen Aluminiumwerken hergestellt werden? Oder wo beginnt eine dennoch erforderliche Großtechnik berechtigt zu sein? Wenn aber schon Windräder helfen sollen, und zwar schnell, ist dann nicht doch die effektivere Großserienfertigung angebracht? Und wovon wird die angetrieben?

Diese Überlegung gilt genauso für den Ruf nach kleinen Wärmekraftwerken wie für die Produktion von Autos, Waschmaschinen oder Wärmepumpen.

Wir alle tragen Verantwortung dafür, nicht nur Kritisierte, auch Kritiker. Verantwortung tragen hat weniger mit dem Gefühl als mit der Vernunft zu tun. Ein verantwortungsbewußter Mensch muß nicht nur ethische und charakterliche Qualitäten haben, er muß vor allen Dingen lernbereit sein, er muß dem ernsthaften Argumentieren zugänglich sein.

Verantwortungsvolle Kritik ist geprägt von Urteilsfähigkeit. Wenn unter *Kritik*, so sahen wir, die Kunst der Beurteilung verstanden wird, dann enthält der Begriff *Beurteilung* auch die Vergleichsmöglichkeit zu vorhandenen oder früheren Gegebenheiten, die mit der kritisierten vergleichbar sind. Er enthält aber auch die Vergleichsmöglichkeit mit bloß gedachten Gegebenheiten, mit Utopien, wobei die Idealisierung dieser Utopien strenge Maßstäbe schafft, da gedachte Zustände allgemein nicht die Widrigkeiten des Alltags, die Unvollkommenheit der Menschen, menschlicher Zusammenschlüsse und die Härte natürlicher Lebensbedingungen zu berücksichtigen brauchen.

Ich fühle mich immer betroffen, wenn uns Teile der Jugend die moderne Technik nicht mehr abnehmen – das einzige Instrument, mit dem sie ihren idealistischen Traum, die Welt von Not zu befreien, erfüllen könnten. Sie weigern sich, weil sie gleichzeitig sehen müssen, daß die gleichen Denkkategorien der Technik zu Waffen und zu neuen Beherrschungsmechanismen führen. Wir können offensichtlich nicht glaubwürdig erklären, daß es falsch ist, die Technik für Mängel des menschlichen Zusammenlebens verantwortlich zu machen. Sie kann immer nur das Potential schaffen, durch dessen Einsatz menschliche Vernunft uns allen Nutzen bringen kann, sie vermag es nicht zu verhindern, daß menschliche Unvernunft dieses Potential zur Zerstörung einsetzt. Gilt das nicht für andere Bereiche genauso? Weder die Philosophie noch das Recht oder die Religion sind davon ausgenommen. Wir sprechen heute von Technikfolgenabschätzung. Müßten wir uns nicht, betrachten wir die Geschichte, mehr sorgen um eine Religions- oder Ideologiefolgenabschätzung?

Dennoch ist diese Kritik – so unbequem sie auch sein mag – ein wichtiges Element ethischen Fortschritts. Sie zwingt dazu, vorhandene Lebensumstände immer wieder neu durchzudenken. So meine ich auch, daß bei einer kritischen Betrachtung über die Kritik feststehen sollte, daß Kritikfähigkeit im Sinne von Urteilsfähigkeit zur Bewertung, verbunden mit dem Drang zur Verbesserung, das wertvollste Rüstzeug ist, das wir der Jugend vermitteln können. Kritikfähigkeit, die vieles einschließt, wie Sachverstand oder doch die Übung, sich sachverständig zu machen, Wertung nach ethischen Kategorien, Aufgeschlossenheit gegenüber Neuem und Fremdem, die Eignung, andere Meinungen gewissenhaft zu untersuchen und die eigene fortwährend zu überprüfen, gemäß dem Kantschen Wort: »Hab den Mut, deinen Verstand zu gebrauchen.« Kommt der Idealismus der Jugend hinzu, so ergibt sich jener Schwung, der Verkrustungen aufbricht und Beweglichkeit schafft. Offensichtlich sind Gesellschaftsformen, in denen Kritik unterdrückt wird, dazu verurteilt, bürokratisch zu erstarren. Dennoch, nichts ist vollkommen, und so stehen denn auch die Bereitschaft, Kritik zu üben, und die Fähigkeit zur Kritik oft nicht in rechtem

Verhältnis zueinander. Hier setzen Demagogen, Systemveränderer und Narren mit plakativen Billigargumenten an. So ist denn *Kritik* eines der liebsten Modewörter unserer Tage.

Wir leben heute in einem Staat mit Freiheiten für den einzelnen – bei hohem Wohlstand und sozialer Sicherheit – wie noch nie in unserer Geschichte. Und dennoch scheinen sich Enttäuschung, Kulturpessimismus und Staatsverdrossenheit als Früchte eines jahrelang gesäten Mißtrauens auszubreiten. Geschürte Furcht, besonders vor der Entwicklung der Technik, nimmt manchmal selbstzerstörerische Züge an, willig, den Ast abzusägen, auf dem wir alle sitzen. Sind das Erfolge einer Kritik, die uns manipulierbar machen will, anstatt zu helfen, gefügig für Ziele, die wir nicht kennen?

»Es gibt einen Terror des Guten, dessen Resultate schrecklicher sind als alle Irrtümer und Vergehen, die er ausmerzen will«, sagt Gerhard Szczesny (*Das sogenannte Gute*). Karl Popper (*Objektive Erkenntnis*) schreibt: »Der Versuch, den Himmel auf Erden einzurichten, produziert stets die Hölle.« Das drückt aus, was ich in diesem Zusammenhang meine. Ist das systematische Zerstören des Vertrauens zwischen den Menschen in einer hochorganisierten Gesellschaft, die den Spezialisten zum Überleben braucht, nicht bereits ein Stück dieser Hölle, hervorgerufen durch unsachliche und unlautere Kritik?

Albert Camus sagt in seinem Buch *L'homme révolté*, daß der wahre Rebell nicht derjenige ist, der mit der Rechtgläubigkeit einer revolutionären Ideologie übereinstimmt, sondern der, der fähig ist, zu jedem Unrecht »nein« zu sagen. Vermeintlich gute Ziele rechtfertigen nie böse Mittel.

Da ich vielleicht mißverstanden werden könnte, sage ich deutlich: Die lebensnotwendigen Innovationen unserer Zeit verursachen kulturellen Wandel. Er muß in jeder freien Gesellschaft problematisiert und durchdacht werden. Es ist geradezu ein Zeichen eines freien Staates, wenn diese Problematisierung heftig und auf offenem Markt ausgetragen wird. Staaten, in denen Protest nicht formuliert werden kann, bedürfen entweder keiner Verbesserung mehr, oder sie lassen keine Kritik zu – beides ist verdächtig. Nur: Kritik an der Sache braucht Sachargumente, Fachwissen, Vernunft und die Bereitschaft, eigene Ansichten durch bessere Gründe berichtigen zu lassen. Simple Weltverbesserungsformeln und gar militante Angriffe gegen Menschen oder Sachen als Folge einer vorgeblich kritischen Haltung zerstören die Gemeinschaft; sie sind abzulehnen.

Es wird zu den erstaunlichen Erkenntnissen unserer Generation gehören, feststellen zu müssen, daß diejenigen, die das Wort *Kritik* am häufigsten gebrauchen, die unkritischsten Mitbürger, die Mitläufer und Lautsprecher anderer Interessen sind. Treten sie in Gruppen auf, dann lassen sich die Le Bonschen Feststellungen (*Psychologie der Massen*) an ihnen deutlich ablesen, dann läßt sich auch die Art und Weise der Manipulation verstehen.

»Welche Ideen den Massen auch suggeriert werden mögen, zur Wirkung können sie nur kommen, wenn sie in sehr einfacher Form aufzunehmen sind und sich in ihrem Geist in bildhafter Erscheinung widerspiegeln.« Und: »Unter dem Einfluß einer der verschiedenen in ihrem Verstand aufgespeicherten Ideen folgt die Masse dem Zufall des Augenblicks und wird infolgedessen die verschiedenartigsten Taten begehen. Der völlige Mangel an kritischem Geist läßt sie die Widersprüche nicht sehen.« Und so kann man denn in einem Atemzug behaupten, Kernenergie sei nicht billiger als andere Energien, aber auch, Kapitalisten bauten Kernkraftwerke nur des Profits wegen.

Wer sich mit den Problemen einer kritischen Jugend auseinandersetzt, der muß sich bemühen, Kritik aber auch während dieser Auseinandersetzung immer wieder auf die vorgetragene eigene Meinung, auf sich selbst anzuwenden, seine Gedanken zu prüfen, damit kein Raum bleibt für das Nachreden von Vorurteilen, was die Kompetenz und das Recht nähme, angehört und – nach sorgfältiger Prüfung – auch ernst genommen zu werden.

Damit haben wir mehrere Voraussetzungen gefunden, die ein Kritiker zu erfüllen bereit sein muß:

- Er muß Urteilsfähigkeit besitzen.
- Er muß diese Urteilsfähigkeit im Rahmen der ihm zugänglichen Möglichkeiten vertiefen.

- Er muß bereit sein, den Weg seiner Urteilsfindung offenzulegen und damit selbst kritisierbar zu sein.
- Er muß, will er glaubwürdig bleiben, seine Lernfähigkeit auch an der Verarbeitung der gegen ihn vorgebrachten Kritik nachweisen.

Eine diesen Grundsätzen folgende Kritik reicht jedoch insgesamt noch nicht aus, da sie sich beschränken könnte auf die Urteile *schön* und *nicht schön* oder *gut* und *nicht gut* mit Zwischenstufen. Sie reicht deshalb nicht aus, weil sie nur in wenigen Fällen befriedigend ist, nämlich nur in denen, die nicht eine Problemlösung durch eine Handlung erheischen.

Ein Musikstück kann von einem Kritiker als schön oder nicht schön bezeichnet werden; das mag reichen.

Eine bei einem Schwerverletzten dringend erforderliche unmittelbare medizinische Entscheidung kann sich mit einer Kritik, die nur die Urteile *gut* und *nicht gut* enthält, für den Fall des *nicht gut* nicht begnügen, weil eine solche Kritik gar nichts zur Lösung des Problems beiträgt und allenfalls den behandelnden Arzt verunsichert. In diesem Fall ist das Urteil *nicht gut* nur zu rechtfertigen, wenn ihm gleichzeitig die Aussage hinzugefügt wird, was denn statt des kritisierten Vorschlags getan werden soll.

Hier liegt ein schwacher Punkt des heute breit gewordenen Kritisierens in vielen Bereichen unseres zwischenmenschlichen Lebens: Die Regierung und überhaupt die Politiker taugen nichts, die Gewerkschaften ersticken in Filzokratie, die Unternehmer sind a priori gewissenlose Schmarotzer, die allenfalls noch die landläufigen Schurken in Fernsehkrimis abzugeben vermögen, die Jugend hat keine Ideale und ist leicht durch extremistische Rattenfänger verführbar, die medizinische Versorgung obliegt geldgierigen Trotteln, die Techniker (der Mißmut zeigt sich schon bei abfällig Hingesagtem: die Technokraten) sind unfähig, die ökologischen und sozialen Auswirkungen ihres Tuns zu begreifen, und unfähig, Schäden abzuwenden, und überhaupt...

Anstelle der Wiedergabe eines fundierten Urteils ist unversehens aus einer Kritik nichts anderes als das Nachschwätzen eines Vorurteils geworden. Aus einem wie auch immer begründbaren Überdruß ist Leichtfertigkeit geworden, konnte Leichtfertigkeit werden, weil der Kritiker nicht gleichzeitig mit seinem Urteil einen überprüfbaren und damit ebenfalls kritisierbaren Vorschlag gemacht hat, wie denn eine Problemlösung aussehen könnte.

Wir müssen also den vier Voraussetzungen für eine Kritik eine weitere für den Fall anfügen, daß eine *Ja-nein-* oder *Gut-nicht-gut-*Beurteilung in der Kritik nicht ausreicht:

– Eine Kritik, die in einem Fall, in dem entschieden werden muß, zu einem negativen Urteil kommt, muß relativieren können, sie muß einen Vorschlag enthalten, der eine *Statt-dessen-*Entscheidung ermöglicht.

Hier scheiden sich nun die Geister sofort, nämlich in jene, die ohne entscheiden, also Verantwortung übernehmen zu müssen, Urteile fällen können, und jene, die entscheiden und verantworten müssen. Es ist für jemanden, der im täglichen Leben entscheiden muß, bestürzend, mit welcher Leichtfertigkeit oftmals von sogenannten Intellektuellen theoretische Modelle für bare Münze ausgegeben werden. Unzulässige Abstraktionen oder Vereinfachungen, längst überholte Ideologien werden zur Maxime eines Handelns gesetzt, das verheerende Folgen für die Mitmenschen haben könnte.

Wer weist diesen Kritikern Verantwortung zu?

Kritik ist ohne Verantwortung nicht berechtigt, sogar gefährlich. Was heißt nun Verantwortung für jemanden, der nicht zu entscheiden hat? In welcher Form kann man ihm die Folgen seines Tuns zurechnen? Jeder kennt eine Reihe von Menschen, die ihre Grundhaltung ein oder mehrere Male wesentlich oder sogar grundsätzlich geändert haben und das jeweils dann auch – und meistens mit zwischenzeitlichem Erfahrungsgewinn – begründen konnten. Ist durch ihre früheren Handlungen nichts weiter geschehen, mag das angehen. Wie rechtfertigt sich jedoch der Arzt, der, veranlaßt durch eine nicht begründete Kritik, einen vielleicht lebensrettenden Eingriff unterlassen hat? Wie rechtfertigt sich der Techniker, der dringend Erforderliches zur Sicherung der Versorgung mit Gütern heute und morgen, zur Erhaltung der Arbeitsplätze, zur Minderung der Not in Entwicklungsländern, zur Erhaltung oder Wiederherstellung einer gesunden Umwelt nicht tun konnte, weil seine Möglichkeiten den Anforderungen und Vergleichen mit Wunschbildern und Utopien nicht standhielten?

Wenn wir sehen, daß Entscheidungen zu verantworten sind, deren Tragweite so groß ist, daß sie einzelnen Menschen in ihrer materiellen Tragweite gar nicht mehr zugemessen werden können – was ist dann Verantwortung eigentlich?

Verantwortung übernimmt in dieser Wertung derjenige, und das sei hier wiederholt, der verantwortlich *handelt*, und das heißt wiederum nichts anderes, als daß er vor Entscheidungen mit allem Ernst die Folgen des von ihm beabsichtigten Tuns zu überblicken versucht, daß er alle ihm zugänglichen Informationen auswertet, und vor allem, daß er zu relativieren versteht, d. h. auszuwählen zwischen verschiedenen Möglichkeiten, die im allgemeinen alle mit wenn auch unterschiedlichen Alltagssorgen der Realität behaftet sind und deshalb nur schwer mit den Träumen der Utopie Schritt halten können, und daß er vor allem lernfähig ist – bereit, jeden Erfahrungszugewinn in weitere Entscheidungen einzubauen.

Hans Jonas führt in einem Aufsatz *Prinzip – Verantwortung – zur Grundlegung einer Zukunftsethik* diesen Gedanken weiter: »Der Mensch ist das einzige uns bekannte Wesen, das Verantwortung haben kann. Indem er sie haben kann, hat er sie. Die Fähigkeit zur Verantwortung bedeutet schon das Unterstelltsein unter ihr Gebot: Das Können führt mit sich das Sollen. Die Fähigkeit aber zur Verantwortung – eine ethische Fähigkeit – beruht in der ontologischen Befähigung des Menschen, zwischen Alternativen des Handelns mit Wissen und Wollen zu wählen. Verantwortung ist also komplementär zur Freiheit.«

Akzeptiert man diese Gedanken zur Verantwortung, dann zeigt sich eine Parallelität der Urteilsfindung des verantwortungsbereiten Kritikers und der Entscheidungsfindung des Kritisierten. Sie müßte ausreichen, zwischen beiden eine Verbindung zu schaffen, die unterschiedliche Erfahrungshorizonte auszugleichen gestattet, Urteil und Entscheidung also annähert. Dieser Jonassche Gedanke verlangt nach einer Spiegelung: Dem Sollen muß auch ein Können gegenüberstehen, was alle die Utopien ausscheidet, die sich nicht mit den Hauptsätzen der Thermodynamik, und da eben auch mit dem *Gesetz des Geschehens*, dem Entropieprinzip, vereinbaren lassen.

Das Eigenschaftswort *kritisch* wird heute auch noch in einer sinnveränderten Form verwendet. Kritisch kann danach auch ein noch Suchender sein, der zwar noch keinerlei oder nicht ausreichende Begründung für sein Urteil findet, jedoch glaubt, ein allgemein empfundenes Unbehagen oder ein Mißtrauen jedem Versuch einer Beurteilung zugrunde legen zu müssen. Diese Haltung kann so weit gehen, daß der Betreffende nichts mehr glaubt. Es gab früher den Ausdruck, daß jemand etwas *bekrittelte*, womit nörgeln gemeint war. Die Sinnverschiebung der Wortbedeutung *kritisch* wäre in diesem Zusammenhang die ausweglosеste Endform des Bekrittelns. Ist sie nicht auch eine Form des Nihilismus?

Eine letzte Form der kritischen Einstellung scheint mir den Wortmantel nur noch als Tarnkappe für den Handel mit Unwahrheiten zu mißbrauchen. Eine so gemeinte »kritische Einstellung« rechtfertigt die Lüge zur Verfolgung eines Zweckes, der mit dem Inhalt der Kritik, mit der beurteilten Sache, nichts zu tun hat. Angst und Neid sind dabei Brüder.

Kritisieren wir alle weiter, aber tun wir es, indem wir uns kritikfähig gemacht haben, und tun wir es, indem wir zunächst – bis zum Beweis des Gegenteils – Vertrauen in den anderen setzen. Es ist gefährlich, wenn, wie Hans Sachsse es sagt *(Anthropologie der Technik)*, »die Erziehung zum Mißtrauen es für klug und angebracht hält, den Menschen immer von unten her zu interpretieren, d.h. immer die niedrigsten Motive als die ausschlaggebendsten zu betrachten«. Liegt hier nicht eine neue wichtige Aufgabe, neben der Ausbildung zur Kritikfähigkeit Instrumente zu schaffen, die das Vertrauen der Menschen untereinander wieder festigen und auf eine belastbare Grundlage bringen?

7.5 Risiken und Relationen

In etwas mehr als 100 Jahren hat sich die Lebenserwartung der Menschen in Deutschland in etwa verdoppelt. Zweifellos ein Fortschritt, den wir in erster Linie den Naturwissenschaften, und da besonders der Technik und der Medizin, zu verdanken haben. In dieser Zeitspanne ist nicht nur die Lebens(zeit)erwartung der einzelnen, sondern auch der Lebensstandard der Menschen ungewöhnlich gestiegen. Das drückt sich beispielsweise auch darin aus, daß die wöchentliche Arbeitszeit noch im vorigen Jahrhundert in der Spitze 90 Stunden betrug, im allgemeinen wesentlich größere Plackerei bedeutete und auch große gesundheitliche Risiken in sich tragen konnte, während wir, die Bürger eines reichen Landes, dabei sind, heute unter wesentlich auch arbeitsmedizinisch günstigeren Arbeitsbedingungen die 40-Stunden-Woche auf breiter Front zu unterschreiten.

Wir leben länger, gesünder und müheloser, obwohl gerade in unserer Freizeit oftmals risikobegierig, wenn man das Rauchen, den Alkohol, übermäßige Ernährung, den Verkehr oder viele Sportarten betrachtet. Wir suchen dabei die Chance höheren Lebensgenusses unter Inkaufnahme höherer Risiken. Uns ist bewußt, daß Chance und Risiko zusammengehören, ja, daß diese Zusammengehörigkeit von Chance und Risiko sogar den gesuchten Reiz ausmacht, vermutlich weil sie als das bestimmende Element der Evolution uns eingeprägt ist. Die Schwierigkeit der Abschätzung von Chancen und Risiken in der Technik liegt für viele Menschen offensichtlich darin, daß sie ihren Nutzen oftmals nur indirekt oder aus Gewohnheit überhaupt nicht mehr wahrnehmen, während die Risiken subjektiv aufgenommen, wie durch ein Brennglas noch verstärkt durch die öffentliche Meinung erscheinen und dabei ein untragbares Mißverhältnis offenkundig zu werden scheint.

Eberhard Franck *(Risikobewertung in der Technik*, in Hosemann: *Risiko in der Industriegesellschaft)* findet eine Begründung für diese Gegebenheit in dem psychophysischen Grundgesetz von Weber und Fechner (1834, 1860) im Zusammenhang zwischen der objektiven Größe eines Reizes R (z.B. eines bedrohenden Risikos) und der subjektiven Empfindung dieses Reizes E. Er schreibt: »Danach wächst die Empfindungsstärke Δ E nicht proportional mit der absoluten Änderung der Reizstärke Δ R. Sie ist vielmehr proportional zur relativen Änderung der Reizstärke Δ R/R:

$$\Delta E \sim \frac{\Delta R}{R}$$

Je intensiver ein Reiz R ist, desto stärker muß sein Zuwachs Δ R sein, um eine Unterschiedswahrnehmung Δ E zu bewirken.«

Und weiter: »Lebt man im Durchschnitt auf einem vergleichsweise hohen Alltags-Risikoniveau (R groß) – etwa Menschen unter den schwierigen Überlebensbedingungen in Entwicklungsländern ohne soziale Absicherung durch die Gesellschaft –, so wird eine zusätzliche Risikobelastung Δ R nur noch mit geringer Sensitivität Δ E wahrgenommen. Die Belastbarkeit durch zusätzliche Risiken ist vergleichsweise groß, das Risikobewußtsein wird zunehmend indolent, es führt im Grenzfall zum Fatalismus.

Lebt man indes auf einem vergleichsweise niedrigen Alltags-Risikoniveau (R klein) – etwa Menschen unter den gesicherten Überlebensbedingungen in Industrieländern mit einem engmaschigen sozialen Netz –, so wird eine zusätzliche Risikobelastung Δ R mit starker Sensitivität Δ E wahrgenommen. Die Belastbarkeit durch zusätzliche Risiken wird dadurch gering, das Risikobewußtsein wird zunehmend sensitiv. Den Grenzfall dieser zunehmenden Sensitivität bildet die Überempfindlichkeit der Prinzessin auf der Erbse.«

Der Autor möchte dieser Franckschen Überlegung anhand eines eigenen Erlebnisses folgen. Als im Zusammenhang mit der Weltenergiekonferenz 1980 in München bei der Diskussion mit einem indischen Fachkollegen die Frage der Akzeptanz von Brutreaktoren angesprochen wurde, war seine Aussage auf diese Relation gerichtet mit der Bemerkung, daß jemand, der in Kalkutta Hunger leide, eine andere Einstellung zu dem verbleibenden geringen Restrisiko der Kernenergie habe als jemand, der wohlversorgt im

Westen lebe. Indien würde demzufolge Brutreaktoren weiterentwickeln, unabhängig davon, was der Westen tue.

Nun wird man der Franckschen Überlegung entgegenhalten, daß die Empfindung des Grundrisikos R und zuwachsende Risikobeträge Δ R eben keine objektiven Größen, sondern sehr subjektiv und beeinflußbar seien. Dennoch, meine ich, ist die Tendenz der Aussage auch in der Akzeptanzproblematik der Kernenergie (das gilt auch für andere Großanlagen bis zur Müllverbrennung) bestätigt zu finden, da auch bei uns die Menschen, die höhere Risiken tragen, offensichtlich weniger Angst gegenüber der heutigen Großtechnik empfinden als Menschen mit geringerem Lebensrisiko.

Franck sieht eine Möglichkeit, eine Bewertung zu schaffen in einer objektiven Risikoskala, die dem Bürger durch Vergleich der Risiken unterschiedlicher Art eine Orientierung da ermöglicht, wo er sich auf fachlich weniger vertrautes Gebiet begibt.

Dem wird immer wieder entgegengehalten, daß Risiken nicht miteinander vergleichbar seien, daß die bei Eintreffen von Risiken entstehenden Opfer beispielsweise im Straßenverkehr nicht mit denen beispielsweise von Bhopal vergleichbar seien, unter anderem mit der Begründung, in den Straßenverkehr begebe man sich freiwillig und man habe die Entscheidungsmöglichkeit, welchem Risiko man sich aussetzen wolle, während industrielle Katastrophen unabwendbar auf die Opfer zukämen. Abgesehen davon, daß viele Verkehrsteilnehmer, wie Kinder oder alte Menschen, gewissermaßen nur passiv am Verkehr teilnehmen (müssen), abgesehen auch davon, daß es zweifellos eine Grundforderung ethischen Verhaltens sein muß, Katastrophen wie Tschernobyl oder Bhopal zu verhindern, gibt es im Kontext dieses Buches eine Notwendigkeit für Vergleiche, dann nämlich, wenn wir berücksichtigen, daß wir heute insgesamt in der Verfügung über Kapital und Energie begrenzt sind und entscheiden müssen, wie die verfügbaren Mittel eingesetzt werden sollen, um den aus menschlichem Handeln möglicherweise entstehenden Schaden insgesamt gering zu halten, und dabei wird in der zu treffenden Bewertung den Gefährdungen einzelner Menschen oder Menschengruppen auch noch die Gefährdung des Biotops Erde gegenüberstehen.

Wir werden demzufolge das Eintreten von Risiken im Sinne größerer gesellschaftlicher Effizienz bei optimalem Einsatz der Mittel einzudämmen haben. Der Vergleich von Risiken unterschiedlicher Art hat damit einen ethischen Hintergrund, er ermöglicht, unser Sollen zu bestimmen.

Karl Popper sagt, daß Lernvorgänge nach dem Prinzip von Versuch und Irrtum ablaufen, er stellt aber auch fest, daß Wissenschaft die Methode der kühnen Vermutungen sei und der sinnreichen Versuche, sie zu widerlegen, und damit sei sie immer im Fluß. Für die Vermeidung von Risiken in der Großtechnik sind in der jüngsten Zeit Methoden ersonnen worden, die systematisch die denkbaren Vermutungen über Schadensabläufe aufsuchen und ihre Eintrittswahrscheinlichkeit durch vorweggenommene Gegenmaßnahmen praktisch auf Null reduzieren. Die Sicherheitswissenschaft systematisiert im direkten wie auch im übertragenen Sinn im Simulator den Ablauf vieler Versuche und Irrtümer, um Irrtümer und ihre Folgen in der Wirklichkeit auf ein Maß herabzudrücken, das andere gewöhnliche (gewohnte!) Risiken weit unterschreitet.

In der Kernenergie wurde zudem der Begriff der fehlerverzeihenden Technik geprägt, gewissermaßen eine Weiterführung des Popperschen *Trial and Error* auf einer der heutigen Situation in vielen Bereichen des menschlichen Handelns angemessenen Ebene, indem man ein System ersann, bei dem nicht aus dem Irrtum bzw. seinen Folgen gelernt wird, sondern so gehandelt wird, daß postulierte eingetretene Schäden beherrscht werden. Das geschieht durch eine zwiebelschalenähnliche Anordnung von Barrieren technischer Einrichtungen und menschlicher Zuständigkeiten. Die Eigenständigkeit und sichernde Wirkung jeder dieser Barrieren stellt praktisch sicher, daß nicht alle unabhängigen Funktionsträger gleichzeitig versagen, und erst dann bestünde die Gefahr einer katastrophalen Verkettung, wie sie in Tschernobyl aufgetreten ist.

Tschernobyl ist eben nicht die Widerlegung dieses Konzepts, weil es dort gar nicht angewendet worden ist. Auch in Harrisburg hat es eine Betriebsstörung mit teilweiser Kernschmelze gegeben, aber die Auswirkungen auf Menschen und Umwelt waren vernachlässigbar gering, weil in Harrisburg ein solches Barrierenkonzept bestand. Harrisburg hat als unfreiwilliges Großexperiment die sicherheitstechnische Überlegenheit des westlichen Konzepts erbracht.

Die Frage, ob die Lebensfähigkeit auf unserer Erde ohne Nutzung verantwortlich gebauter, betriebener und entsorgter Kerntechnik zu erhalten ist, wird angesichts drohender Verteilungskämpfe um zur Neige gehende Rohstoffe und Energien und möglicher Gefährdung des Klimas mit jedem Jahr erfolgreich betriebener westlicher Kernkraftwerke zugunsten einer Einbeziehung dieser Quelle in den Gesamtenergiefächer entschieden.

Es kann keinen Zweifel daran geben. Tschernobyl darf sich nicht wiederholen, aber auch Bhopal darf sich nicht wiederholen oder Katastrophen wie die kurz nach Tschernobyl erfolgte Explosion einer Produktgasleitung in der Ukraine oder eine Umweltkatastrophe wie die Havarie der Exxon Valdez. Im Hinblick auf die Kernenergie muß es uns gelingen, der besorgten Öffentlichkeit zu erklären, daß kaum eine vergleichbare andere Großtechnik dem hier geschilderten Barrierekonzept der *fehlerverzeihenden Technik* gleich zugänglich ist. Im übrigen: Vertrautheit nimmt Angst, und das bedeutet, daß es unvergleichlich schwieriger ist, die Zustimmung zur Kernenergie zu erzielen als beispielsweise zu den regenerative Energie nutzenden Wasserkraftwerken, dabei sind mehrere Dammbrüche durch natürliche Ursache (Longarone 1963 mit 2400 Toten, Frejus 1959 mit 400 Toten) und durch kriegerische Einwirkungen (Möhnetalsperre durch einen britischen Bomberverband 1943, 1200 Tote) allein in Westeuropa geschehen.

Betrachten wir Risiken, dann geht es also um Relationen.

- Wie ist das Gesamtrisiko zu mindern?
- Wie ist mit einer insgesamt begrenzten Verfügbarkeit an Kapital nicht nur dem direkten Einzelrisiko Rechnung zu tragen, sondern auch einem langzeitwirksamen durch Verschlechterung der Lebensbedingungen?

Eine allgemeine Antwort heißt: Wir müssen lernen zu relativieren, geht es uns wirklich um die Verminderung von Risiken.

7.6 Technik und Ethik

An der Kerntechnik entflammt in diesen Jahren erneut die Auseinandersetzung über Sinn, Vorteile, Schäden und Grenzen der Technik. Der Technik, die Anstrengungen vermindert, welche die Umwelt dem Menschen auferlegt, indem sie ihm diese Umwelt nutzbar macht oder sie zwingt, Formen anzunehmen, die ihn begünstigen – der Technik aber auch, die vermeintlich den Lebensraum des Menschen oder ihn selbst gefährden oder zerstören kann. Es gibt bei dieser Auseinandersetzung keine Unbeteiligten, die aus einem Glashaus den Ausgang unbetroffen beobachten dürfen. Bürger, auch als Verbraucher, Ingenieure und Naturwissenschaftler, Politiker und Beamte sind vielfältig aufgerufen, Entscheidungen vorzubereiten und auszuführen.

Alle suchen ihr Handeln ethischen Prinzipien unterzuordnen. Vor einigen Jahren übersandte ich, nach einer längeren Diskussion, einem unserer führenden Politiker Gedanken und Überlegungen zur Energiepolitik, die sich u. a. mit den nun schon seit vielen Jahren diskutierten Fragen der mengenmäßig gesicherten Energieversorgung und ihrer Bedeutung für den sozialen Frieden, mit der Akzeptanzfrage neuer Techniken und der übermäßigen Belastung unseres Lebensraums beschäftigten. Ich machte damals, wie auch heute, keinen Hehl daraus, daß ich eine Lösung der Probleme nur in einer sinnvollen Weiterentwicklung der Energieversorgung sähe, die sich langfristig auf Kohle und Kernenergie ausrichte. Hinsichtlich des Einsatzes der Kernenergie stimmte mein Gegenüber nicht zu und verwies auf das damals von Hans Jonas erschienene Buch *Das Prinzip Verantwortung*. Dieses Buch hatte die Diskussion über die ethischen Prinzipien, denen sich menschliches Verhalten im Einsatz von Naturwissenschaft und Technik unterzuordnen habe, erneut entfacht.

Jonas spricht von dem Erfordernis einer neuen Bescheidenheit, zu der wir kommen, wenn wir die Nahziele unseres Handelns von den Fernwirkungen her bewerten. Sie, diese neue Bescheidenheit, sei erforderlich, um die im vollen Lauf begriffene Ausplünderung, Artenverarmung und Verschmutzung des Planeten aufzuhalten, der Erschöpfung seiner Vorräte, wie auch einer durch Menschen verursachten unheilbaren Veränderung des Weltklimas vorzubeugen. Das zu erreichen, sei eine neue Frugalität in unserer Konsumgesellschaft vonnöten. Der bisher hochgehaltene Wert des Wagens, als einer Triebkraft technischen Fortschritts, geriete zu einem Unwert und damit zur Verantwortungslosigkeit. Die Sorge von Hans Jonas wird sicher allgemein geteilt, ob sein Abhilfevorschlag mehr als eine intellektuelle Übung ist, bezweifele ich.

Unserer Generation sind Begriffe wie Konsumterror als Folge des Überschwingens in wirtschaftlich wohlhabenden Gesellschaften nicht fremd. Es ist aber nicht zu übersehen, daß bei der überwiegenden Zahl der Menschen unseres Planeten, die in den unterversorgten Ländern des ehemaligen Ostblocks und in der Dritten Welt leben, eine Gefährdung unserer Welt aus Not entsteht. Jonas übersieht, daß das Wagen das Wahrnehmen von Chancen darstellt und Chancen immer mit Risiken verbunden sind, daß das Wagen immer auch im Abwägen verschiedener Möglichkeiten mit unterschiedlichen Vor- und Nachteilen besteht und das Abwägen seinerseits ein Bewerten voraussetzt. Er muß sehr wohl gefragt werden, was wir in den wohlversorgten Ländern unserer Erde denn wagen müssen und welche Risiken uns zumutbar sind, wollen wir durch unser Wagen verhindern, daß andere aus Not gezwungen sind, weit größere Risiken für sich und uns einzugehen. *Risikobereitschaft aus Solidarität zur Verminderung weit größerer Gefährdung anderer ist ein ethisches Gebot.*

Wagen heißt entscheiden und danach handeln, wobei nicht nur das Handeln, sondern, mit oftmals schlimmerer Wirkung, das Unterlassen Schaden hervorruft. Der Handelnde wird immer sein Tun an der Kritik gespiegelt sehen, schlimmstenfalls einer Kritik, die sein Handeln mit einer Utopie vergleicht. Wegen der Realitätsbezogenheit muß sein Handeln dabei in ethischer Hinsicht immer der Utopie unterliegen, wobei die Utopie sogar zu einer Gefahr wird, wenn sie zu einem machtgestützten Dogma erstarrt. Beispiele sind gerade in jüngster Zeit deutlich zu studieren.

Handeln, um ausreichende Lebensbedingungen der Menschen zu ermöglichen oder sie zu verbessern, ist an das Zusammenwirken von Naturwissenschaft in ihrer Ausformung bis zur Technik einerseits und zur Wirtschaft andererseits gebunden.

Wenn man von zeitlichen oder räumlichen Fernwirkungen spricht, wie wägt man die Not und das Kindersterben in der Sahelzone gegenüber höchstem Aufwand zur Verminderung auch kleinster Risiken bei uns?

Ist es eher vertretbar, übermäßig schnell fossile Energien aufzubrauchen, die Atmosphäre zu belasten und kommende Generationen an ihnen zu verarmen, als ihnen radioaktiven Müll zu hinterlassen, für dessen Entfernung aus der Ökosphäre Kapital zurückgestellt ist und Verfahren erprobt sind?

Es dürfte zudem kein Zweifel daran bestehen, daß Impulse zur Verbesserung der Situation vorrangig von den reichen Industrieregionen auszugehen haben.

Langfristig ausgerichtete Energie- und Güterversorgung und Umweltschutz für einen dauerhaften Erhalt der Lebensfähigkeit auf unserer Erde können jedoch zumindest von dem Teil der Menschen, die heute noch unter dem Existenzminimum leben, nicht als unmittelbar beeinflussendes Selbstinteresse zur Maxime ihres Handelns in ihrem täglichen Kampf um das Überleben werden und im Jonasschen Sinn die Nahziele ihres Handelns von den Fernwirkungen her bestimmen.

Man muß Jonas ausdrücklich zustimmen, wenn er an anderer Stelle *(Prinzip Verantwortung – zur Grundlegung einer Zukunftsethik)* sagt: »Es ist in der Tat eine der vornehmsten, selbstbezogenen Pflichten des Prinzips Verantwortung, durch jetziges Tun in Freiheit künftigem Zwang zur Unfreiheit vorzubeugen und so sich selbst den weitesten Spielraum auch bei den Nachkommen offenzuhalten.«

Nach fast 40jähriger Tätigkeit in der Energiewirtschaft und -technik vermag der Autor keine Technik zu sehen, die in der verfügbaren Zeit von einer, allenfalls zwei Generationen und mit dem verfügbaren Kapital die Aufgabe einer ausreichenden Energieversorgung und zugleich der notwendigen Verminderung der Umweltschädigung auch nur annähernd so gut zu leisten vermöchte wie die Kernenergie. Ihre Einführung wird damit zu einer ethischen Notwendigkeit. Ihre Einführung zu ermöglichen wird damit zu einer Pflicht für alle diejenigen, die neben den Wissenschaftlern, Ingenieuren und Wirtschaftlern zu handeln haben.

Sicherlich ist die von Jonas angesprochene Frugalität zu begrüßen, wenn sie Überschüsse für Notleidende produziert, wenn sie materielle Abstützung einer Begrenzung des Bevölkerungswachstums wird, sie darf aber nicht eine Verhaltensweise hervorrufen, die sich zur Behinderung von Hilfeleistung ausweitet, weil sie Realitäten leugnet, weil sie das *Gesetz des Geschehens* nicht kennt oder nicht kennen will.

Der Biologe Hans Mohr schreibt *(Natur und Moral)*, daß es Aufgabe der Ethik sei, sittliches Verhalten rational zu begründen und damit normativ zu wirken.

Das Zusammenwirken der Produktionsfaktoren Kreativität, Exergie, Rohstoff, ihre Austauschbarkeit gegeneinander, die Verbindung zur notwendigen Schaffung ausreichenden Kapitals sind an langfristig, ausreichend und preiswürdig zu schaffende Exergie und damit an Energie gebunden. Die Techniken, die wir heute beherrschen, und dazu gehört die Kernenergie, sind zur Schaffung dieser Energie aus ethischer Notwendigkeit einzusetzen, um das Bevölkerungswachstum friedlich und human zu bremsen. Mohr: »Für die Rückkehr zum einfachen Leben, selbst wenn es erstrebenswert wäre, gibt es viereinhalb Milliarden Menschen zuviel auf diesem Planeten. Wir müssen, wenn wir weiterleben wollen, die Defekte, die Regreßerscheinungen unserer Kultur durch wissenschaftlich-technischen Prozeß, durch die äußerste Konzentration objektiven Wissens, überkompensieren. Es gibt keine Alternative zum Vertrauen in Wissenschaft und Technik.«

Selbstverständlich obliegt es dem Staat als letztverbindlicher Instanz, den alle gemeinsam bilden und in dem und für den sie wirken, die gesellschaftlichen Aktivitäten auch im Bereich fortschrittlicher Technologien zu ordnen – und hier ist offensichtlich besondere Anstrengung bei der Energieversorgung, insbesondere der Kerntechnik, notwendig!

Hat die Wissenschaft sittliches Verhalten rational zu begründen, so hat der Repräsentant der Gemeinschaft aller normativ zu wirken. Er hat repräsentativ und gegenwartsbezogen das Zusammenhandeln seiner Menschen zum Allgemeinwohl zu ermöglichen.

Vermögen Parlament oder Regierung nicht ihre Zuständigkeiten wahrzunehmen, normativ zu wirken, letztinstanzlich zu ordnen, wird also das Recht nicht überzeugend ausgeübt, so muß sich die Entscheidungsbildung notwendigerweise – da Nichtentscheiden keine Alternative ist – auf andere, nach außen, auf den Dialog zwischen den Bürgern untereinander oder zwischen Bürgern und Industrie verlagern.

Das Phänomen *Bürgerinitiative* ist in den letzten Jahren Bestandteil der allgemeinen Diskussion geworden. In ihr tritt das von Gruppen der Bevölkerung vorgeblich im Allgemeinwohl ausgeübte Interesse an die Seite des Staates, von ihrem Anspruch her bisweilen über den Staat. Aber auch sie müssen sich an ethischen Prinzipien messen lassen, müssen zu relativieren, müssen letztlich Machbares von nur Wünschbarem zu trennen vermögen.

Welche sozialen Spannungen erwarten wir bei uns, wenn notwendige technische Strukturveränderungen weiterhin im wahltaktischen Pokerspiel steckenbleiben? Warum werden bei uns nicht Gutachten angefertigt, wie zum Beispiel in Kanada, die Gefährdung und Schädigung durch die unterschiedlichen Primärenergien miteinander vergleichen? Dort hat sich gezeigt, daß die Kernenergie in bezug auf Sicherheit nach dem Erdgas, aber vor der Sonnenenergie rangiert. Warum überzeugen Gutachten nicht wenigstens alle jene mit den Aufklebern *Atomkraft? – Nein danke* an ihren Autos davon, doch besser öffentliche Verkehrsmittel zu benutzen? Es darf auch nicht dazu kommen, daß wir unsere repräsentative Demokratie gewaltsam in eine quasi-plebiszitäre Demokratie umwandeln lassen. Kleine, auch noch so aktive oder gar militante Gruppen von Bürgern vermögen die Aufträge nicht rückgängig zu machen, die große Anteile der Bürger durch die Wahl erteilen. Die 5-Prozent-Hürde in unserem Wahlsystem soll doch wohl eine Blokkade des politischen Systems durch Minderheiten verhindern. Vermutlich stellen Entscheidungen über die Technik der Zukunft an die Berufs- und Lebenserfahrung der einzelnen Parlamentarier hohe Anforderungen. Könnte es sein, daß die Stufenleitern heutiger politischer Hierarchie nicht ausreichen, breiten Sachverstand, lange Berufserfahrung und einen die Interessen aller Gruppen des Volkes vertretenden Querschnitt von Bürgern ins Parlament zu bringen? Wie weit sind wir noch von der Regierung durch die *Erzogenen* im Platonschen Sinn entfernt?

Warum steigern wir nicht die Lebensfreundlichkeit auf unserer Erde da, wo die für uns angestrebte Sonderstellung nicht auf Kosten des Überlebenskompromisses für alle geht? Warum bekämpfen wir nicht den Tabak-, Alkohol- und Drogenmißbrauch mit dem gleichen sektiererischen Eifer wie Kraftwerke?

Der Mensch wird unterscheiden lernen müssen zwischen mutwilligen Störungen des natürlichen Gleichgewichts und lebensnotwendigen Störungen dieses Gleichgewichts – lebensnotwendig für ihn und seine heutigen und zukünftigen Erfordernisse.

Solche Störungen eines natürlichen Gleichgewichts werden durch jede menschliche Handlung hervorgerufen, die ihm Vorteile über den Augenblick hinaus verschaffen soll.

Die Rodung von Ackerland, die Trockenlegung von Sümpfen, die Eindeichung und Begradigung von Flüssen gehören genauso hierher wie die Anwendung von Chemieprodukten zur Steigerung und Haltbarmachung der Ernte, der Bau von Wasserkraftwerken oder Stahlwerken. Welcher Sittenkodex begründet in unserem Umgang mit dem Lebenden, daß die Ausrottung von Ratten zulässig, die von Tauben dagegen verwerflich sei?

Wird nicht hier das Erfordernis humanen Handelns über bloß soziales Handeln hinaus deutlich?

Die Grundfrage der Ethik: »Was sollen wir tun?« muß das Können mit einschließen, und da kommen Naturwissenschaft und Technik, da kommt aber auch die Wirtschaft ins Spiel, wenn wir uns die im Kapitel 5 erläuterte Bedeutung des Kapitals vor Augen führen. Es geht bei der Versorgung der Menschen wie auch beim Umweltschutz um den Erhalt der Symbiose alles Lebenden durch Taten, durch Handlungen. Es ist gefährlich, sich mit einer Gesinnungsethik zufriedenzugeben, die auf Utopien aufbaut, ohne Rücksicht auf Begrenzungen in der Zeit oder in den Produktionsfaktoren und ohne Rücksicht auf das wirkliche Verhalten der Menschen und auf ihre Wünsche. Wir brauchen eine Verantwortungsethik, die die Moralität menschlichen Handelns im Rahmen der gegebenen Möglichkeiten würdigt.

In diesem Sinn werden Naturwissenschaft und Technik die Welt ständig verändern – und verändern müssen. Sie geben Impulse, die im politischen Raum als politisches Handeln wirksam und erkennbar werden. Das Anheben der Lebensqualität als politisches Programm wird mehr und mehr, losgelöst von Ideologien und Ersatzreligionen, nur in dem Maß durchführbar, in dem der Fortschritt der Technik Möglichkeiten schafft, alte Lebensräume zu erhalten und zugleich einer wachsenden Menschheit neuen Lebensraum zu schaffen.

Das Wort Lenins *Vertrauen ist gut, Kontrolle ist besser* mag in primitiven Organisationsstrukturen postrevolutionärer Staaten, gewissermaßen in der Stunde Null, seine Berechtigung haben. Je schwieriger in industrialisierten und verzahnten Volkswirtschaften die Entscheidungsvorgänge werden, desto mehr gilt die Umkehrung dieses Wortes. *Kontrolle ist gut, Vertrauen ist besser.*

Vertrauen als Basis der Zusammenarbeit, Vertrauen schafft dem einzelnen auch den Freiraum, sich in einer technischen Welt bewegen zu können, ohne Orwells überwachenden großen Bruder fürchten zu müssen. Vertrauen schafft es, die einzigartigen komplexen Ordnungssysteme, vom Staat bis zum einzelnen Lebewesen, durch Mithilfe anderer zu fördern. Vertrauen ist die Voraussetzung dafür, daß sich die Kreativität des Menschen voll entfalten kann.

Freiheit und Zusammenarbeit bedingen einander insofern, als in unserer technologischen, differenzierten Welt Freiheit des einzelnen ohne Zusammenarbeit mit allen nicht möglich ist. Eine Freiheit, die besteht, ohne die Freiheit anderer zu schmälern, wird auch die Freiheit aller ermöglichen.

Vernunft und Freiheit des einzelnen und Vertrauen und Zusammenarbeit in der Gemeinschaft sind damit die Grundlage unserer Zukunft, sie schaffen die Menschlichkeit, die allem Handeln erst Sinn verleiht. Sie müssen die Basis ethischen Handelns bilden.

Zu Beginn des Kapitels *Die Gegensätze und die Hauptsätze* habe ich den Anfang des zweiten Bandes von Schopenhauers *Welt als*

Wille und Vorstellung zitiert, mit seiner Beschreibung unserer Erde, in der er sie als kleine, beleuchtete Kugel sieht, die sich im unendlichen Raum um eine der zahllosen leuchtenden Kugeln wälzt. Er fährt dann fort: »Jedoch ist es für ein denkendes Wesen eine mißliche Lage, auf einer jener zahllosen, im grenzenlosen Raum frei schwebenden Kugeln zu stehen, ohne zu wissen, woher noch wohin, und nur eins zu sein von unzählbaren ähnlichen Wesen, die sich drängen, treiben, quälen, rastlos und schnell entstehend und vergehend, in anfangs- und endloser Zeit...« Ein quälend negatives und hoffnungsloses Bild. Lehnen wir das Leben nicht ab, bejahen wir es, schon aus Ehrfurcht vor dieser wunderbaren Schöpfung, die wir jeden Tag ein wenig mehr verstehen und damit auch bewundern lernen. Lohnt es nicht allein schon zu leben, um des Erkennens und Verstehens willen? Bejahen wir das Leben in der Erkenntnis, daß uns Technik und Naturwissenschaft die Mittel an die Hand geben, eine Welt zu schaffen, in der die Menschen im Gleichgewicht mit der Natur und ohne materielle Sorgen leben könnten, wenn sie es schaffen, mit ihren Dämonen fertig zu werden – mit Dämonen, die sie immer wieder in kultische Ersatzhandlungen zurückfallen lassen, wo sie rationalem Vorgehen verpflichtet wären. Der Mensch ist nicht nur fähig zu rationalem Vorgehen, er ist auch dazu verpflichtet, weil allein rationales Vorgehen, verbunden mit dem Schopenhauerschen Mit-leiden, Menschlichkeit zu schaffen vermag, nach der sich doch alle sehnen.

Schopenhauers Bild von unserer Erde möchte ich einige Sätze aus einer Tischrede des früheren Bundespräsidenten Carstens anläßlich der Verleihung des Werner-von-Siemens-Ringes 1979 entgegenstellen, in der er einen nicht genannten amerikanischen Dichter zitiert: »Die Erde zu sehen, wie sie wirklich ist, klein, blau und schön in der ewigen Stille, in der sie gleitet, heißt, uns selbst zu sehen als Reiter auf der Erde, als Brüder auf dieser hellen Lieblichkeit in der ewigen Kälte, Brüder, die jetzt wissen, daß sie wahrhaft Brüder sind.«

8. Das System Erde – Mensch Wovon haben wir auszugehen? – Was sollen wir tun?

Der Biologe Mohr schreibt in dem bereits zitierten Buch *(Natur und Moral):* »Der Mensch stößt an seine ökologischen Grenzen ... Die Populationsgröße des Homo sapiens ist infolge günstiger Umstände (Wissenschaft, Technik, Medizin) weit über die Tragekapazität des Biotops geraten. Die Situation unserer Population ist krisenhaft instabil. Dies ist kein Scheinproblem, sondern eine tödliche Bedrohung.«

Diese Bedrohung abzuwehren, indem die Weltbevölkerung auf friedliche und humane Weise in Einklang mit den Möglichkeiten des Biotops Erde gebracht wird, heißt einerseits, den Anstieg der Bevölkerung durch eine schnell gesteigerte Güterproduktion für und in den Regionen mit großem Bevölkerungswachstum und die aus Not geborene Schädigung der Erde zu bremsen, und es heißt andererseits, in Industriestaaten Substitutionsvorgänge bei knapper werdenden Rohstoffen, zum Beispiel auf dem Gebiet der Energie, einzuleiten, die den Aufbruch in der Dritten Welt unterstützen, zugleich aber auch die Gefährdungen der Weltenergieversorgung vermindern, und es heißt weiter, dem Umweltschutz durch Verminderung unzulässiger Stoffströme zu entsprechen und den weltumspannenden Austausch von Erfahrungswissen voranzubringen.

Das Anwachsen der Weltbevölkerung wird um so eher und bei einer geringeren Menschenzahl und damit bei einem längerfristig geringeren Energie- und Güterverbrauch und bei größerer Schonung der Umwelt anzuhalten sein, je eher eine befriedigende Versorgung erreicht ist.

Das erfordert weltweites wirtschaftliches Wachstum, das aus diesem Grund sogar zu einem ethischen Erfordernis wird.

Wirtschaftswachstum setzt ausreichende Verfügbarkeit über die Produktionsfaktoren Kreativität, Exergie, Rohstoff voraus, auch zur Schaffung von Kapital als vor jeder Güterproduktion aufzubringender Gestaltungsenergie. Diese Gestaltungsenergie, bestehend aus Kreativität und (umweltfreundlich erzeugter) Exergie, muß wirtschaftliches Wachstum als qualitatives Wachstum ermöglichen mit einer wachsenden Entlastung des Produktionsfaktors Rohstoff, da die Stoffumsätze und nicht die Energieumsätze das Klima und damit die Lebensfähigkeit des Systems Erde – Mensch beeinträchtigen, und zwar gerade bezogen auf Lebensfähigkeit für den Menschen. Das Biotop Erde ist schließlich auch Hunderte von Millionen Jahren ohne den Menschen ausgekommen.

Das überhastete Aufbrauchen der in Jahrmillionen gespeicherten Vorräte und die Zerstörung eines Teils des in ebenfalls langen Zeiträumen aufgebauten genetischen Potentials durch Umweltschäden verkürzen auch die Spanne der Lebensfähigkeit des Menschen auf der Erde.

Kreativität ist das Instrument des Menschen, die ihm erreichbaren Produktionsfaktoren Exergie und Rohstoff gut zu nutzen, was auch für ihre gegenseitige Austauschbarkeit zur Vermeidung von Engpässen und zum Schutz der Umwelt und insbesondere auch für das Kapital als vor jeder Produktion eingesetzter Gestaltungsenergie gilt.

Die Austauschbarkeit der Produktionsfaktoren Kreativität, Exergie, Rohstoff ist ökonomisch wie ökologisch zu optimieren. Nur effiziente Volkswirtschaften sind reich, und nur reiche Volkswirtschaften können aufwendigen Umweltschutz bezahlen.

Wenn Energieengpässe zu beseitigen sind und das Biotop Erde zu schützen ist, dann brauchen wir eine Weltwirtschaftspolitik, die uns mit dem besten uns verfügbaren Instrument, der Marktwirtschaft, die Aufgabe zu lösen ermöglicht. *Wir müssen ein weltweites Ordnungssystem schaffen, das bewirkt, daß die Kapitalbildung steigt und Kapital von selbst dahin wandert, wo es im Sinne der langfristig ausreichenden Versorgung und der friedlichen Begrenzung des Bevölkerungswachstums günstig wirkt.*

Das bedeutet jedoch:

Kreativität muß transferiert werden wie auch die Fähigkeit, Kreativität zu entwickeln und wirksam werden zu lassen, aber auch die Möglichkeit zu schaffen, Arbeitsfähigkeit in großem Maßstab ausreichend und umweltunschädlich in den weniger entwikkelten Ländern verfügbar zu machen und einsetzen zu können.
Erdgas, Öl und Kohle sind die Grundlagen heutiger Energieversorgung. Im Verlauf der Menschheitsgeschichte werden sie jedoch nur relativ kurze Zeit die Hauptlast der Energieversorgung tragen können. Energiewirtschaft und Energietechnik sind deshalb so auszurichten, daß bei steigender Effizienz und verminderter Umweltschädigung der Einsatz »fossiler« Energien in wachsendem Maß in denjenigen Regionen und Verbrauchssektoren geschieht, in denen sie nicht oder nur mit untragbarem Kapitalaufwand zu ersetzen sind.

Langfristig gesehen wird das Verhältnis von »fossilen« zu nuklearen Energiemengen, die ein Industriestaat einsetzt, als Zeichen dafür zu werten sein, in welchem Maß er den Weltenergiemarkt zugunsten der energie- und kapitalschwachen Länder der Dritten Welt entlastet, das Biotop Erde schützt sowie Effizienzsteigerungen bei dem unumgänglichen Einsatz fossiler Energien bewirkt.

Wenn der Mensch die Umwelt durch die Dissipation von Stoffen (auch bei der Energieumwandlung) und nicht durch die Dissipa-

tion von Energie schädigt, dann ist die Lebensfähigkeit des Biotops Erde dadurch zu schützen, daß die drei Produktionsfaktoren Kreativität, Exergie, Rohstoffe in weiten Grenzen gegeneinander ausgetauscht werden und die beiden ersten – bei Einsatz der Kernenergie – als mengenmäßig und zeitlich unbegrenzt verfügbar eingesetzt werden, *um Stoffströme zu reduzieren oder Rohstoffe zu rezyklieren oder schädliche oder knapp werdende durch andere zu ersetzen.*

Optimaler Einsatz des Kapitals im Sinne ausreichender Versorgung und erforderlichen Umweltschutzes muß unwirtschaftliche also Kapital vergeudende Lösungen zurückdrängen, da sich Kapital letztlich auf Exergie und damit auf vorab eingesetzte heute noch überwiegend »fossile« Energie zurückführen läßt. *Die kapitalaufwendige Nutzung regenerativer Energie muß deshalb den mit weiterer Technisierung unseres Lebens zweifellos größer werdenden Nischen oder extremen Versorgungssituationen vorbehalten bleiben.*

Die Lebensfähigkeit des immer komplexer werdenden Systems Erde – Mensch wird nur erhalten, wenn Vertrauen das notwendige Handeln ermöglicht. Mißbrauch und unbegründetes, mutwilliges Zerstören von Vertrauen sind schwere Vergehen gegen dieses System.

In etwas mehr als der vor uns liegenden nächsten Generation wird die Menschheit soviel an fossilen Energien verbrauchen, wie sie bisher, seit es sie gibt, verbraucht hat, und das wird etwa die Hälfte der nach heutigen Methoden gewinnbaren noch vorhandenen fossilen Energien sein. Die Nutzung der Kernenergie als dem einzigen Mittel, langfristig unbegrenzt und mit hoher Ausbeute umweltfreundlich Exergie innerhalb der noch verfügbaren Zeit von vielleicht zwei oder drei Generationen zu gewinnen, um mit ihr die bestehenden Möglichkeiten der Energieversorgung zu ergänzen, wird möglicherweise zur Kernfrage dafür, ob es uns gelingt, eine Verminderung der strukturellen Entropie des Systems Erde mit komplexeren lebensfreundlicheren Ordnungssystemen nach dem Entwicklungsprinzip des Entropiegedankens aufzubauen, allerdings unter Vermehrung der thermodynamischen Entropiezunahme, die als Müll immer weiter schadlos an das Weltall abgegeben wird, oder ob uns der Wärmetod in einer anderen als der ursprünglich in der Naturwissenschaft angesprochenen Form einholt und die langfristig weitere Verwirklichung des Unwahrscheinlichen, des Lebens nämlich, unterbindet.

Vielleicht ist der Verschleiß an Kreativität, den wir uns leisten, ohne damit einen äquivalenten Aufbau von Ordnungssystemen zu erreichen, in der trügerischen Hoffnung, das Perpetuum mobile zweiter Art verwirklichen zu können, indem wir gegen das *Gesetz des Geschehens* verstoßen, die in den Mantel der Gesinnungsethik eingehüllte tödlichste Bedrohung für das Biotop Erde.

Literaturverzeichnis

Abel, Wilhelm, *Massenarmut und Hungerkrisen im vorindustriellen Europa*. Verlag Paul Parey, Hamburg und Berlin 1974

Auerbach, Felix, *Die Weltherrin und ihr Schatten*. Verlag Gustav Fischer, Jena 1902

Auerbach, Felix, *Ektropismus oder die physikalische Theorie des Lebens*. Verlag Wilhelm Engelmann, Leipzig 1910

Barth, Hans, *Die Idee der Ordnung*. Rentsch-Verlag, Zürich 1958

Boltzmann, Ludwig, *Der zweite Hauptsatz der mechanischen Wärmetheorie*. Vortrag anläßlich einer feierlichen Sitzung der Kaiserlichen Akademie der Wissenschaften, Gehold's + Sohn, Wien 1886

Boltzmann, Ludwig, *Populäre Schriften* (ausgewählt von Engelhart Broda). Friedr. Vieweg & Sohn Verlagsgesellschaft, Braunschweig und Wiesbaden 1979

Breuer, Reinhard, *Die Pfeile der Zeit. Über das Fundamentale in der Natur*. Meyster Verlag, München 1984

Brillouin, L., *Science and Information Theories*. New York 1956

Büchel, Wolfgang, *Philosophische Probleme der Physik*. Herder Verlag, Freiburg, Basel und Wien 1965

Carnot, Sadi, *Reflexions sur la puissance motrice du feu et les machines propres à développer cette puissance*. Verlag Bachelier, Paris 1824

Clausius, Rudolf, *Über verschiedene für die Anwendung bequeme Formen der Hauptgleichungen der Wärmetheorie*. In: *Clausius' Abhandlungen über die mechanische Wärmetheorie*. Friedr. Vieweg & Sohn Verlagsgesellschaft, Braunschweig 1864

Cordes, J. F., *Industrie und Umwelt.* »Der Chemieunterricht«, Jahrgang 7 (1976), Heft 1

Cramer, Friedrich, *Chaos und Ordnung – die komplexe Struktur des Lebendigen.* Deutsche Verlags-Anstalt, Stuttgart 1989

Deutsche Gesellschaft für die Vereinten Nationen, *Weltbevölkerungsbericht 1988: Die Zukunft sichern.* Bonn 1988

Eddington, Sir Arthur, *Das Weltbild der Physik (The nature of the physical world).* Friedr. Vieweg & Sohn Verlagsgesellschaft, Braunschweig 1931

Ehrlich, Paul R., Ehrlich, Anne H., Holdren, John P., *Ecoscience – Population, Resources, Environment.* W. H. Freeman and Company, San Francisco 1977

Eigen, Manfred, *Perspektiven der Wissenschaft.* Deutsche Verlags-Anstalt, Stuttgart 1988

Eigen, Manfred und Winkler, Ruth, *Das Spiel. Naturgesetze steuern den Zufall.* Verlag R. Piper, München und Zürich 1975

Einstein, Albert, *Das Raum-, Feld- und Ätherproblem in der Physik.* Weltkraftkonferenz, Berlin 1930

Fast, J. D., *Entropie.* Philips Technische Bibliothek, Hilversum 1960

Fischer, Ernst Peter, *Sowohl als auch – Denkerfahrungen der Naturwissenschaften.* Rasch und Röhring Verlag, Hamburg und Zürich 1987

Franck, Eberhard, Risikobewertung in der Technik. In: Hosemann, Gerhard (Herausgeber), *Risiko in der Industriegesellschaft.* Erlanger Forschungen, Erlangen 1989

Friedrich, R., Kallenbach, U., Thöne, E., Voß, A., *Externe Kosten der Stromerzeugung.* Verlags- und Wirtschaftsgesellschaft der Elektrizitätswerke (VWEW) Frankfurt am Main, Frankfurt am Main 1990

Fucks, Wilhelm, *Formeln zur Macht. Prognosen über Völker, Wirtschaft, Potentiale.* Deutsche Verlags-Anstalt, Stuttgart 1965

Georgescu-Roegen, Nicholas, *The Entropy Law und the Economic Process.* Harvard University Press, Cambridge (Mass.) 1971

Georgescu-Roegen, Nicholas, *The Entropy Law and the Economic Process in Retrospect.* IÖW, Institut für ökologische Wirtschaftsforschung, Berlin 1987

Heisenberg, Werner, *Der Teil und das Ganze.* Verlag R. Piper, München 1972

Heisenberg, Werner, *Ordnung der Wirklichkeit.* Serie Piper, Verlag R. Piper, München und Zürich 1989

Heisenberg, Werner, *Physik und Philosophie.* Verlag Ullstein, Berlin 1990

Helm, Georg, *Die Lehre von der Energie.* Verlag von Arthur Felix, Leipzig 1887

Heumann, Wolfram, *Evolution frühesten Lebens.* In: Siewing, Rolf, Evolution. Gustav Fischer Verlag, Stuttgart 1978

Jonas, Hans, *Das Prinzip Verantwortung.* Insel Verlag, Frankfurt am Main 1979

Jonas, Hans, *Prinzip Verantwortung – Zur Grundlegung einer Zukunftsethik.* In: *Philosophische Betrachtungen zur Zukunft der Technik.* VDI-Verlag, Düsseldorf 1986

King und Schneider, *Die globale Revolution.* Ein Bericht des Rates des Club of Rome. Spiegel Spezial 2/91, Hamburg 1991

Knizia, Klaus, *Die Thermodynamik des Dampfkraftprozesses.* Springer-Verlag, Berlin, Heidelberg und New York 1966

Knizia, Klaus, *Zur Entwicklung kombinierter Gasturbinen-Dampfturbinenprozesse für unterschiedliche Primärenergien.* »VGB-Kraftwerkstechnik«, 65. Jahrgang (1985), Heft 6

Knizia, Klaus, *Das Gesetz des Geschehens.* Econ Verlag, Düsseldorf und Wien 1986

Knizia, Klaus, *Energieversorgung – Utopie und Wirklichkeit.* »VGB-Kraftwerkstechnik«, 68. Jahrgang (1988), Heft 11

Knizia, Klaus und Manfred, Simon, *Kohlegefeuerte Kombi-Anlagen und Kraftwerke mit Hochtemperaturreaktoren für die Energieversorgung von morgen.* »BWK«, Band 41 (1989), Nr. 9

Knizia, Klaus und Schwarz, Dietrich, *Die Rolle der Kernenergie im globalen Energie-Szenario des 21. Jahrhunderts.* »VGB-Kraftwerkstechnik«, 70. Jahrgang (1990), Heft 12

Kreuzer, Helmut, *Literarische und naturwissenschaftliche Intelligenz. Dialog über die ›zwei Kulturen‹.* Ernst Klett Verlag, Stuttgart 1969

Kugeler, Kurt und Schulten, Rudolf, *Hochtemperaturreaktortechnik.* Springer-Verlag, Berlin, Heidelberg, New York, London, Paris, Tokio und Hongkong 1989

Landsberg, P. T., *Entropy and the unity of knowledge.* University of Wales Press, Cardiff 1961

Lange, Heinrich, *Geschichte der Grundlagen der Physik.* Band II, Verlag Karl Alher, Freiburg und München 1961

Le Bon, Gustave, *Psychologie der Massen*. Alfred Kröner Verlag, Stuttgart 1973

Luhmann, Niklas, *Die Wirtschaft der Gesellschaft*. Suhrkamp Verlag, Frankfurt am Main 1988

Lübbe, Hermann, *Politischer Moralismus. Der Triumph der Gesinnung über die Urteilskraft*. Siedler Verlag, Berlin 1987

Marchetti, Cesare, *How to Solve the CO_2-Problem Without Tears*. International Institute for Applied Systems Analysis, Laxenburg (Österreich) 1988

Matschoß, Conrad, *Geschichte der Dampfmaschine* (reprographischer Druck der Ausgabe Berlin 1901). Gerstenberg Verlag, Hildesheim 1977

Mayer, Julius Robert, *Bemerkungen über die Kräfte in der unbelebten Natur*. In: *Liebigs und Wöhlers Annalen der Chemie und Pharmacie*. 1842

Meadows, D. et al., *Grenzen des Wachstums*. Deutsche Verlags-Anstalt, Stuttgart 1972

Mohr, Hans, *Natur und Moral. Ethik in der Biologie*. Wissenschaftliche Buchgesellschaft, Darmstadt 1987

Monod, Jacques, *Zufall oder Notwendigkeit*. Verlag R. Piper, München 1972

Ostwald, Wilhelm, *Vorlesungen über Naturphilosophie*. Verlag von Veit & Comp, Leipzig 1902

Peacocke, A. R., *An introduction to the physical chemistry of biological organisation*. Clarendon Press, Oxford 1983

Picht, Georg, *Prognose – Utopie – Planung*. In: *Wahrheit – Vernunft – Verantwortung*. Ernst Klett Verlag, Stuttgart 1969

Planck, Max, *Vorlesungen über Thermodynamik* (erweiterte Auflage 1897). Verlag Walter de Gruyter, Berlin 1960

Pons, Walter, *Steht uns der Himmel offen? Entropie – Ektropie – Ethik*. Krausskopf-Verlag, Wiesbaden 1960

Popper, Karl R., *Objektive Erkenntnis*. Verlag Hoffmann und Campe, Hamburg 1973

Prigogine, Ilya, *Vom Sein zum Werden*. Verlag R.Piper, München und Zürich 1980

Prigogine, Ilya, *Dialog mit der Natur*. Verlag R. Piper, München und Zürich 1981

Riecke, Eduard, *Rudolf Clausius.* Dietrichsche Verlags-Buchhandlung, Göttingen 1988

Sachsse, Hans, *Anthropologie der Technik.* Friedr. Vieweg & Sohn Verlagsgesellschaft, Braunschweig und Wiesbaden 1978

Sachsse, Hans, *Ökologische Philosophie.* Wissenschaftliche Buchgesellschaft, Darmstadt 1984

Schaefer, Helmut, *Zentrale und dezentrale Energieversorgung – Wunschvorstellung und Realität.* Springer-Verlag, Berlin und Heidelberg 1987

Schelsky, Helmut, *Die Arbeit tun die anderen* (erweiterte Auflage). Westdeutscher Verlag, Opladen 1975

Schrödinger, Erwin, *Was ist Leben?* Leo Lehnen Verlag, München 1951

Schwarz, D., *Bericht über die 8. Internationale Hochtemperaturreaktortagung in San Diego, Kalifornien, USA, 15./16. September 1986.* »VGB-Kraftwerkstechnik«, 66. Jahrgang (1986), Heft 11, S. 1029 bis 1036

Schwarz, Dietrich, *Ethische und soziale Aspekte in ganzheitlichen Risikobetrachtungen, bezogen auf den Gegenstand der Kernenergie.* In: Chakraborty, S. und Yadigaroglu, G., *Ganzheitliche Risikobetrachtungen.* Verlag TÜV Rheinland, Köln 1991

Severin, *Abhandlungen der königlichen technischen Deputation für Gewerbe.* Verlag August Petsch, Berlin 1826

Sommerfeld, Arnold, *Vorlesungen über theoretische Physik.* Dieterich Verlag, Wiesbaden ²1977

Spengler, Oswald, *Der Untergang des Abendlandes.* C. H. Becksche Verlagsbuchhandlung Oskar Beck, München 1923

Stegmüller, Wolfgang, *Hauptströmungen der Gegenwartsphilosophie.* Alfred Kröner Verlag, Stuttgart 1975

Stürmer, Michael, *Öl, Gipfel und Illusionen.* »Frankfurter Allgemeine Zeitung« vom 16. 7. 1991

Szilard, Leo, *Über die Entropieverminderung in einem thermodynamischen System bei Eingriffen intelligenter Wesen.* »Zeitschrift für Physik«, Band 53 (1928)

Toulmin, Stephen, *Kritik der kollektiven Vernunft.* Suhrkamp Verlag, Frankfurt am Main 1978

USEA, United States Energy Association, *Countdown to the next crisis.* U.S. Member Committee of The World Energy Conference, April 1988

Vollmer, Gerhard, *Evolutionäre Erkenntnistheorie*. S. Hirzel Verlag, Stuttgart 1975

Weyl, Hermann, *Raum – Zeit – Materie*. Verlag Julius Springer, Berlin 1923

Whittaker, Sir Edmund, *Von Euklid zu Eddington*. Humboldt-Verlag, Wien und Stuttgart 1952

World Energy Conference, *Conservation Commission, World Energy – Looking ahead to 2020*. IPC Science and Technologie Press, Guildford (UK) 1978

World Energy Conference, *Energy 2000 – 2020: World Prospects and Regional Stresses*. Graham & Trotmann Ltd., London 1983

World Energy Conference, *Future Stresses for Energy Resources, Energy Abundance Myth or Reality*. Graham & Trotmann Ltd., London 1986

World Energy Conference, *World Energy Horizons 2000 – 2020*. Editions Technique, Paris 1989